第二版

电路（下）

李裕能　夏长征　主编

图书在版编目(CIP)数据

电路．下/李裕能，夏长征主编．—2版.—武汉：武汉大学出版社，2015.1
ISBN 978-7-307-14780-5

Ⅰ.电… Ⅱ.①李… ②夏… Ⅲ. 电路理论—高等学校—教材
Ⅳ.TM13

中国版本图书馆 CIP 数据核字(2014)第 263859 号

责任编辑：胡 艳　　责任校对：鄢春梅　　版式设计：马 佳

出版发行：**武汉大学出版社**　(430072 武昌 珞珈山)
(电子邮箱：cbs22@ whu.edu.cn 网址：www.wdp.com.cn)
印刷：湖北睿智印务有限公司
开本：787×1092 1/16　印张：15　字数：350 千字　插页：1
版次：2004 年 8 月第 1 版　　2015 年 1 月第 2 版
2015 年 1 月第 2 版第 1 次印刷
ISBN 978-7-307-14780-5　　定价：30.00 元

前　言

“电路”是工科电类专业的一门重要的技术基础课，是大学生接触到的一门理论严密、逻辑性强、内容繁多而难以掌握的课程。通过本课程的学习，为后续课程的学习提供了具有一定深度和广度的电路理论知识。要真正学好这门课，并非易事，为此，本书力求遵循由浅入深、由易到难的原则，注重于基本原理、基本概念、基本分析方法的阐述，并尽力使难点分散。本书具有较完善的体系，在内容的编排上，充分考虑到学生的数学、物理基础；在内容的选择上，尽量满足电类各专业教学的需要。为了帮助读者深入理解基本概念和灵活选择分析方法，在书中引入了较多的例题，以便于读者自学；各章末还附有难易适度的练习题供教学选用。

电路理论主要包括电路分析和电路综合两个方面的内容，本书以电路分析为主。考虑到某些专业的教学需要，下册书末编入了磁路和电路计算机辅助分析简介。

全书以课内教学 130 学时编写的。书中第 3、4、5、6、7、8、9、10、11 章和附录 B 由李裕能编写；第 1、2、12、13、14、15 章和附录 A 由夏长征编写。全书承蒙杨宪章教授仔细审阅，并提出许多宝贵意见；本书编写过程中曾得到彭正未教授的指导；在书稿审订过程中，武汉大学电气工程学院电工原理教研室熊元新教授、胡钋副教授、樊亚东副教授等全体同仁提出了许多有益的建议。谨在此一并表示衷心感谢。

由于编者水平有限，谬误之处在所难免，恳请广大读者批评指正。

编　者

2014 年 6 月

目　　录

第9章　一阶电路和二阶电路

本章的主要内容有:动态电路及其方程,动态电路的换路定则及初始条件的计算,一阶电路的时间常数,一阶电路的零输入响应,一阶电路的零状态响应,一阶电路的全响应,一阶电路的阶跃响应,一阶电路的冲激响应,二阶电路的零输入响应,二阶电路的零状态响应及阶跃响应,二阶电路的冲激响应和卷积积分。

9.1　一阶电路和高阶电路

9.1.1　动态电路

电路有两种工作状态:稳态和动态。

当电路在直流电源的作用下,各条支路的响应也都是直流时;当电路在正弦交流电源的作用下,各条支路的响应也都是正弦交流时,这两种电路称为稳态电路,即电路处于稳定工作状态。描述直流稳态电路的方程是代数方程;用相量法分析交流电路时,描述交流稳态电路的方程也是代数方程。前面我们研究的就是稳态电路。

当电路中存在储能元件(电感和电容),并且电路中的开关被断开或闭合,使得电路的接线方式或元件参数发生变化(称此过程为换路)时,电路将从一种稳态过渡到另外一种稳态。这一过渡过程一般不能瞬间完成,需要经历一段时间,在这段时间里电路处于一种动态过程,所以称为动态电路。

描述动态电路的方程是微分方程。动态电路中独立储能元件的个数称为电路的阶数,电路的阶数也就是微分方程的阶数。例如,有一个独立储能元件的电路称为一阶电路,如图9-1(a)所示电路,描述这个一阶电路的方程是一阶微分方程;有两个独立储能元件的电路称为二阶电路,描述这个二阶电路的方程是二阶微分方程;有两个或两个以上独立储能元件的电路称为高阶电路。

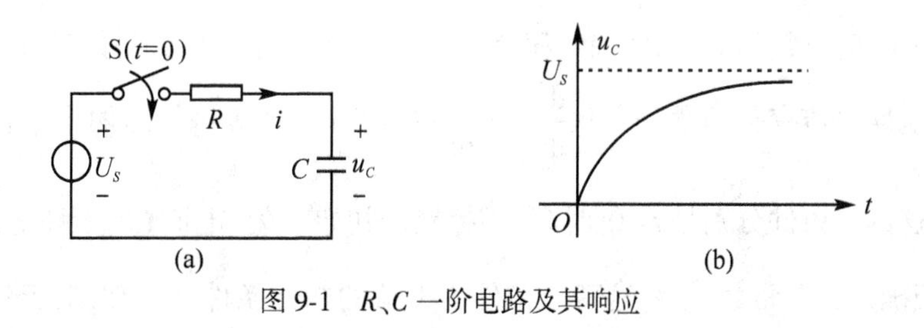

图9-1　R、C一阶电路及其响应

9.1.2　分析动态电路的步骤

当电路中的开关 S 被断开或闭合时，使电路的接线方式或元件参数会发生变化，称此过程为换路。换路这一时刻记为 $t=0$，换路前的一瞬间记为 $t=0_-$，换路后的一瞬间记为 $t=0_+$，换路后电路达到新的稳态的时间记为 $t=\infty$。

要分析计算电路在发生过渡过程时各条支路的响应，首先要根据换路后的电路结构列写电路的微分方程；然后求解上述微分方程，计算出方程的通解；最后由电路的初始条件确定积分常数，求出满足电路初始条件的一个解。分析动态电路的这种方法称为时域分析法，亦称为经典法。

例如，对于图 9-1(a)所示一阶电路，开关 S 原先是断开的，且电路已处于稳定状态，当 $t=0$时开关 S 闭合，求 $t\geqslant 0$ 时电容电压 $u_C(t)$。

第一步：根据换路后的电路结构列写电路的微分方程：$Ri+u_C=U_S$；由于 $i=C\dfrac{\mathrm{d}u_C}{\mathrm{d}t}$，故电路的微分方程为：$RC\dfrac{\mathrm{d}u_C}{\mathrm{d}t}+u_C=U_S$。

第二步：求解上述微分方程，计算出方程的通解。由数学知识判断，上述方程是一阶线性常系数非齐次方程，该方程的通解为：$u_C=U_S+A\mathrm{e}^{-t/RC}$，其中 A 为积分常数。

第三步：由电路的初始条件确定积分常数，求出 $A=-U_S$。

最后求出满足电路初始条件的一个解，电容电压为 $u_C=U_S-U_S\mathrm{e}^{-t/RC}$。电容电压的变化规律如图 9-1(b)所示。

现在我们来分析一下电容电压的变化。当 $t<0$ 时，电路处于一种稳态，$u_C=0$。当 $t=\infty$ 时，电路又达到一种新的稳态，$u_C=U_S$。当 $0\leqslant t<\infty$ 时，电路处于两种稳态之间的过渡阶段，电容电压由零开始按指数规律增长，最后达到电源电压的值 U_S。本章就是要研究这一过渡阶段电路中的响应。我们在这里只是粗略地描述分析动态电路的主要步骤，详细内容将在后面几节里深入分析。

9.2　电路动态过程的初始条件

在高等数学常微分方程章节中可知，要计算出微分方程$\dfrac{\mathrm{d}^2y}{\mathrm{d}t^2}+a\dfrac{\mathrm{d}y}{\mathrm{d}t}+by=f(t)$的特定解，应给出两个条件：$y\Big|_{t=0_+}=m,\dfrac{\mathrm{d}y}{\mathrm{d}t}\Big|_{t=0_+}=n$。这两个条件分别是 $t=0_+$时刻（即初始时刻）函数 y 的值和函数 y 的一阶导数的值，以便确定积分常数，故称这两个条件为初始条件。对于求解一个描述二阶电路电流变化的微分方程$\dfrac{\mathrm{d}^2i}{\mathrm{d}t^2}+a\dfrac{\mathrm{d}i}{\mathrm{d}t}+bi=f(t)$，也应该知道两个条件：$i\Big|_{t=0_+}=m$，$\dfrac{\mathrm{d}i}{\mathrm{d}t}\Big|_{t=0_+}=n$，这两个条件分别是 $t=0_+$时刻（即换路的初始时刻）电流 i 的值和电流 i 的一阶导数的值，以便确定积分常数，故称这两个条件为电流的初始条件。通常，对于任何一个电路

问题,其初始条件是不能随意给定的,因为它要根据电路在换路前后瞬间某些物理量应遵循的规律来确定。在这一节里,我们正是要研究电路在换路前后瞬间电容电压和电感电流应遵循的规律。

9.2.1 电路的换路定则

对于线性电容来说,在任意时刻其电荷与电流的关系为 $\mathrm{d}q = i_C \mathrm{d}t$,将这一表达式两边从 t_0 到 t 积分可得

$$\int_{q(t_0)}^{q(t)} \mathrm{d}q = \int_{t_0}^{t} i_C(\xi)\mathrm{d}\xi$$

$$q(t) - q(t_0) = \int_{t_0}^{t} i_C(\xi)\mathrm{d}\xi$$

令 $t_0 = 0_-$,$t = 0_+$ 可以得到

$$q(0_+) = q(0_-) + \int_{0_-}^{0_+} i_C \mathrm{d}t \tag{9-1}$$

即

$$u_C(0_+) = u_C(0_-) + \frac{1}{C}\int_{0_-}^{0_+} i_C \mathrm{d}t \tag{9-2}$$

在一般情况下,时间由 0_- 到 0_+,即在换路前后瞬间,电容电流 i_C 为有限值,故式(9-1)、式(9-2) 中的积分项等于零。因此可以得到

$$q(0_+) = q(0_-) \tag{9-3}$$

$$u_C(0_+) = u_C(0_-) \tag{9-4}$$

由式(9-3)、式(9-4) 可以看出,在换路前后瞬间,电容的电荷和电压都不能发生跃变,即电容器的电荷和电压在换路前后瞬间是相等的。式(9-4) 中的 $u_C(0_+)$ 称为电容的初始条件,该条件称为独立初始条件。

对于线性电感来说,在任意时刻其磁链与电压的关系为 $\mathrm{d}\psi = u_L \mathrm{d}t$,将这一表达式两边从 t_0 到 t 积分可得

$$\int_{\psi(t_0)}^{\psi(t)} \mathrm{d}\psi = \int_{t_0}^{t} u_L(\xi)\mathrm{d}\xi$$

$$\psi(t) - \psi(t_0) = \int_{t_0}^{t} u_L(\xi)\mathrm{d}\xi$$

令 $t_0 = 0_-$,$t = 0_+$ 可以得到

$$\psi(0_+) = \psi(0_-) + \int_{t_0}^{t} u_L(\xi)\mathrm{d}\xi \tag{9-5}$$

即

$$i_L(0_+) = i_L(0_-) + \frac{1}{L}\int_{t_0}^{t} u_L(\xi)\mathrm{d}\xi \tag{9-6}$$

在一般情况下,时间由 0_- 到 0_+,即在换路前后瞬间,电感电压 u_L 为有限值,故式(9-5)、式(9-6) 中的积分项等于零。因此可以得到

$$\psi(0_+) = \psi(0_-) \tag{9-7}$$

$$i_L(0_+) = i_L(0_-) \tag{9-8}$$

由式(9-7)、式(9-8)可以看出，在换路前后瞬间，电感的磁链和电流都不能发生跃变，即电感的磁链和电流在换路前后瞬间是相等的。式(9-8)中的 $i_L(0_+)$ 称为电感的初始条件，该条件也称为独立初始条件。式(9-3)、式(9-4)、式(9-7)、式(9-8)统称为动态电路的换路定则。

在换路前瞬间，电容的能量为$\frac{1}{2}Cu_C^2(0_-)$，在换路后瞬间，电容的能量为$\frac{1}{2}Cu_C^2(0_+)$。在换路前后瞬间电容的能量一般是守恒的，所以在换路前后电容的电压应该相等。由于功率$p=\frac{\mathrm{d}w}{\mathrm{d}t}$，如果在换路前后瞬间电容的能量不相等，则电源的功率为无限大，这一般是不可能的。在换路前瞬间，电感的能量为$\frac{1}{2}Li_L^2(0_-)$，在换路后瞬间，电感的能量为$\frac{1}{2}Li_L^2(0_+)$。在换路前后瞬间电感的能量一般也是守恒的，所以在换路前后电感的电流应该相等。由于功率$p=\frac{\mathrm{d}w}{\mathrm{d}t}$，如果在换路前后瞬间电感的能量不相等，则电源的功率为无限大，这一般也是不可能的。

9.2.2　如何计算电路的初始条件

对于一个动态电路，其独立的初始条件是 $u_C(0_+)$ 和 $i_L(0_+)$，其余的是非独立初始条件。如果要计算电路的初始条件，首先应计算独立的初始条件 $u_C(0_+)$ 和 $i_L(0_+)$。可以由换路前的电路计算出 $u_C(0_-)$ 和 $i_L(0_-)$，然后由换路定则即可求得 $u_C(0_+)$ 和 $i_L(0_+)$。其次将换路后电路中的电容用一个电压源替代，这个电压源的电压值等于 $u_C(0_+)$；将换路后电路中的电感用一个电流源替代，这个电流源的电流值等于 $i_L(0_+)$；电路中的独立电源按 $t=0_+$ 取值(如果是直流电源则不变)；这样就可以画出一个换路后的等效电路。在这个等效电路中就可以求出所需要的非独立初始条件。

例 9-1　图 9-2 所示电路原已处于稳定状态，且电容 C 上无电荷。已知 $U=100\text{V}$，$R=4\Omega$，$R_1=6\Omega$，$C=10\mu\text{F}$，$L=3\text{H}$。求开关S闭合后瞬间各条支路电流及电容电压、电感电压。

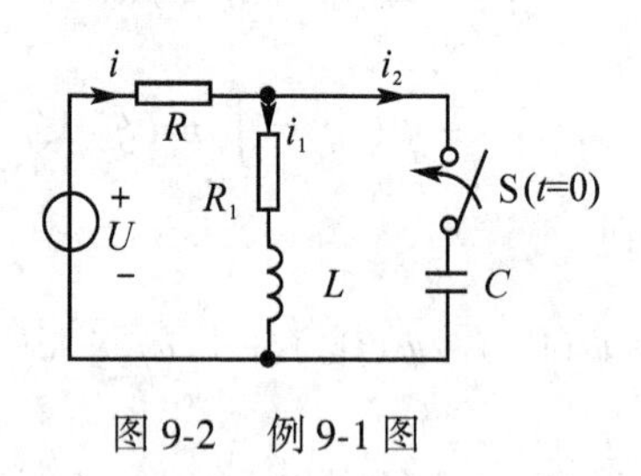

图 9-2　例 9-1 图

解　(1) 求独立初始条件。开关S闭合之前，电路已处于稳定状态，由于电容 C 上无电荷，所以 $u_C(0_-)=0\text{V}$；$i_L(0_-)=\frac{U}{R+R_1}=\frac{100}{4+6}=10\text{A}$。

(2) 画等效电路。$u_C(0_+)=u_C(0_-)=0\text{V}$；$i_L(0_+)=i_L(0_-)=10\text{A}$。将换路后电路中的电

容用一个电压源替代，这个电压源的电压值等于 $u_C(0_+)=0\text{V}$；将换路后电路中的电感用一个电流源替代，这个电流源的电流值等于 $i_L(0_+)=10\text{A}$；电路中的独立直流电压源不变。这样就可以画出一个换路后的等效电路，如图 9-3 所示。

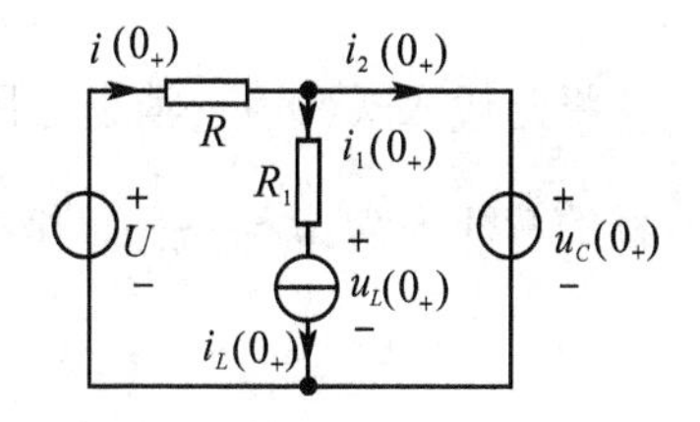

图 9-3　例 9-1 等效电路

（3）求非独立初始条件。

$$i(0_+)=\frac{U}{R}=\frac{100}{4}=25\text{A}$$

$$i_1(0_+)=i_L(0_+)=10\text{A}$$

$$i_2(0_+)=i(0_+)-i_1(0_+)=25-10=15\text{A}$$

由于 $R_1 i_1(0_+)+u_L(0_+)=0$，故 $u_L(0_+)=-R_1 i_1(0_+)=-6\times 10=-60\text{V}$。

9.3　一阶电路的零输入响应

如果动态电路在换路之后电路中无独立电源，由换路之前储能元件储存的能量在电路中产生响应，此时电路中没有外加激励，则称这种响应称为零输入响应。零输入响应实质上就是储能元件释放能量的过程。

9.3.1　R、C 电路的零输入响应

如图 9-4(a) 所示电路，U_0 是一个直流电压源，换路之前开关 S 接通触点 1，且电路已处于稳定状态。当 $t=0$ 时，开关 S 由触点 1 切换到触点 2，当 $t\geqslant 0$ 时，试分析 R、C 电路中 u_C、u_R、i 的变化规律。

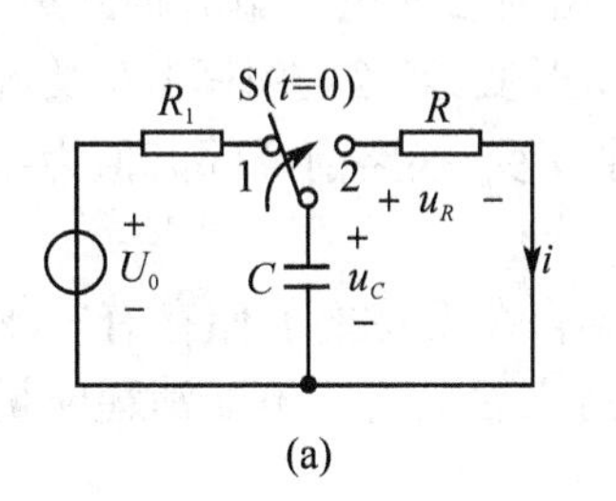

(a)

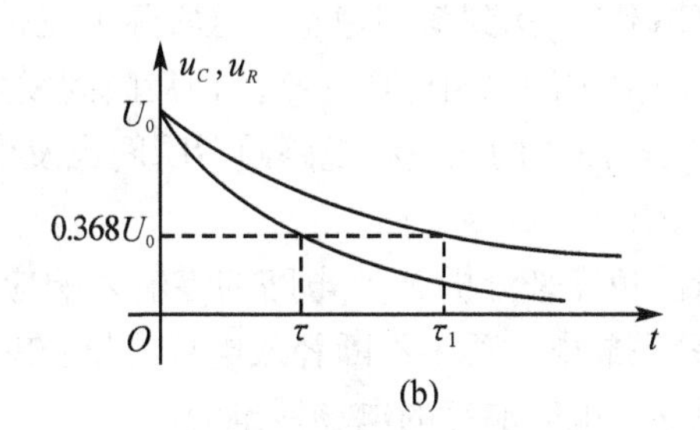

(b)

图 9-4　R、C 电路的零输入响应

当 $t\geqslant 0$ 时，在 R、C 回路中，可列出 KVL 方程：$u_C-u_R=0$。由于 $u_R=Ri$，将 $i=-C\dfrac{\mathrm{d}u_C}{\mathrm{d}t}$ 代入 KVL 方程，得到一个一阶常系数线性齐次微分方程

$$RC\frac{\mathrm{d}u_C}{\mathrm{d}t}+u_C=0 \tag{9-9}$$

上述微分方程可以用分离变量积分法求解。在此用常系数线性齐次微分方程的一般解

法求出它的通解,其具体步骤是首先令其通解形式为

$$u_C(t)=Ae^{pt}$$

将此代入式(9-9),消去公因子 Ae^{pt} 便得到原微分方程的特征方程:$RCp+1=0$。特征方程的特征根为:$p=-\dfrac{1}{RC}$。微分方程的通解为

$$u_C(t)=Ae^{pt}=Ae^{-\frac{t}{RC}} \tag{9-10}$$

其中,A 为积分常数。现在由电路的初始条件来确定积分常数:电路在换路之前已处于稳定状态,电容在直流稳态电路中相当于开路,故 U_0、R_1、C 回路中的电流为零,也就是说,按回路的KVL方程可计算出换路前电容电压 $u_C(0_-)=U_0$,即电容被充电至电源电压。由换路定则 $u_C(0_+)=u_C(0_-)$,可以求出 $u_C(0_+)=U_0$。将 $t=0_+$ 代入式(9-10),可得到积分常数 $A=U_0$,从而得到给定初始条件下电容电压的零输入响应

$$u_C=U_0e^{-\frac{t}{RC}}\quad(t\geqslant 0_+) \tag{9-11}$$

这就是在换路之后 R、C 电路中电容电压的变化规律。回路中的电流和电阻电压也可以计算出来,即

$$\begin{aligned}i&=-C\frac{du_C}{dt}=-C\frac{d}{dt}(U_0e^{-\frac{t}{RC}})=-C\left(-\frac{1}{RC}\right)U_0e^{-\frac{t}{RC}}\\&=\frac{U_0}{R}e^{-\frac{t}{RC}}\quad(t\geqslant 0_+)\end{aligned} \tag{9-12}$$

$$u_R=u_C=U_0e^{-\frac{t}{RC}}\quad(t\geqslant 0_+) \tag{9-13}$$

现根据电容电压和电阻电压的表达式,绘出换路之后它们的变化规律如图9-4(b)所示。从图中可以看出,电容电压和电阻电压都是按同样的指数衰减规律变化的。电容电压在换路前后瞬间没有发生跃变,从初始值 U_0 开始按规律指数衰减,从理论上讲,当 $t=\infty$ 时,电容电压衰减到零,达到新的稳态。这实际上就是换路前被充电的电容换路后开始放电的物理过程。电路中的电阻电压在换路前后瞬间发生了跃变,换路前瞬间其值为零,换路后瞬间其值为 U_0;电路中的电流在换路前后瞬间也发生了跃变,换路前瞬间其值为零,换路后瞬间其值为 U_0/R。

从能量的角度来分析 R、C 电路的零输入响应:电容在换路之前储存有电场能量,在换路之后,电容在放电过程中不断释放电场能量;在换路之后电阻则不断消耗能量,将电场能量转变为热能。电容储存的电场能量为

$$W_C=\frac{1}{2}CU_0^2$$

电阻消耗的能量为

$$\begin{aligned}W_R&=\int_0^\infty i^2R\,dt=\int_0^\infty\left(\frac{U_0}{R}e^{-\frac{t}{RC}}\right)^2R\,dt=\left[-\frac{RC}{2}\frac{U_0^2}{R}e^{-\frac{2t}{RC}}\right]_0^\infty\\&=\frac{1}{2}CU_0^2\end{aligned}$$

电阻消耗的能量刚好与电容器储存的电场能量相等。

9.3.2　时间常数

动态电路的过渡过程所经历的时间长短,取决于电容电压衰减的快慢。而电容电压衰减的快慢又取决于衰减指数$\frac{1}{RC}$。令 $RC = \tau$,τ 称为时间常数,它的单位为秒,这是因为

$$[\tau] = [RC] = [\text{欧姆}][\text{法拉}] = \frac{[\text{伏特}]}{[\text{安培}]}\frac{[\text{库仑}]}{[\text{伏特}]} = \frac{[\text{伏特}]}{[\text{安培}]}\frac{[\text{安培}][\text{秒}]}{[\text{伏特}]} = [\text{秒}]$$

将 $RC = \tau$ 代入式(9-11)、式(9-12) 可得到

$$u_C = U_0 e^{-\frac{t}{\tau}} \quad (t \geqslant 0_+) \tag{9-14}$$

$$i = \frac{U_0}{R} e^{-\frac{t}{\tau}} \quad (t \geqslant 0_+) \tag{9-15}$$

在式(9-14) 中,令 $t = \tau$,则电容电压在这一时刻的值为

$$u_C = U_0 e^{-\frac{\tau}{\tau}} = U_0 e^{-1} = 0.368U_0$$

也就是说,在时间为 τ 这一时刻,电容电压衰减到初始电压 U_0 的36.8%,如图9-4(b) 所示。换句话说,τ 就是电容电压衰减到初始电压的0.368 倍所需要的时间。τ 值越大,电压衰减越慢,图中 $\tau_1 > \tau$,相对说来 τ_1 所对应的曲线比 τ 所对应的曲线衰减要慢一些。电路的时间常数 τ 与 R、C 之乘积成正比,与电路的初始状态无关。在一些控制电路中,正是通过改变 R、C 参数来调整时间常数,以达到改变电容的放电曲线。

从理论上讲,R、C 电路的动态过程需要经历无限长时间才能结束,也就是说,当 $t = \infty$ 时,式(9-14) 中的电压和式(9-15) 中的电流才衰减到零,达到新的稳态。但实际上,当时间 $t = 5\tau$ 时,$u_C = U_0 e^{-5} = 0.007U_0$。此时电容电压已接近于零,电容的放电过程已基本结束,所以工程上一般认为动态电路的动态过程持续时间为 $4\tau \sim 5\tau$。

例 9-2　一组电容量为40μF 的电容器从高压电网上退出运行,在退出前瞬间电容器的电压为3.5kV,退出后电容器经本身的泄漏电阻放电,等效电路如图9-5 所示。已知其泄漏电阻 $R = 100\text{M}\Omega$。(1) 求电路的时间常数;(2) 经过多长时间电容电压下降到1 000V? (3) 经过多长时间电容放电基本结束?

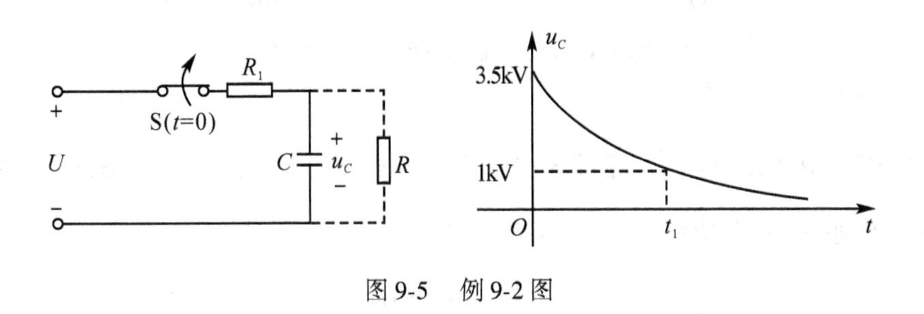

图 9-5　例 9-2 图

解　(1) 当电容器从高压电网上退出运行,即开关 S 断开之后,就是一个 R、C 放电电路。由于 $u_C(0_-) = 3\,500\text{V}$,所以 $u_C(0_+) = u_C(0_-) = 3\,500\text{V}$。电容放电时电压的变化规律为

$$u_C(t) = 3\ 500\mathrm{e}^{-\frac{t}{RC}}\mathrm{V} \quad (t \geqslant 0_+)$$

电路的时间常数　　$\tau = RC = 100 \times 10^6 \times 40 \times 10^{-6} = 4\ 000\mathrm{s}$

(2) 设电容电压下降到 1 000V 的时间为 t_1,则

$$1\ 000 = 3\ 500\mathrm{e}^{-\frac{t_1}{4\ 000}}$$

解得 $t_1 = 5\ 000\mathrm{s} = 1\mathrm{h}23\mathrm{min}20\mathrm{s}$, 即电容退出运行后经过 1h23min20s, 其电压降到 1 000V。

(3) 整个放电过程经历的时间为

$$t = 5\tau = 5 \times 4\ 000 = 20\ 000\mathrm{s} = 5\mathrm{h}33\mathrm{min}20\mathrm{s}$$

即电容退出运行后经过 5h33min20s,其放电过程基本结束。

通过以上例题分析可知,当储能元件电容从电路中退出运行后,电容器的两个极板仍然带有电荷,其两端电压不为零,这一电压可能会危害设备安全或人身安全。电感也具有同样的特性,在工作中应特别注意。

9.3.3　R、L 电路的零输入响应

如图 9-6(a) 所示电路,U_0 是一个直流电压源,换路之前,开关 S 接通触点 1,且电路已处于稳定状态。当 $t=0$ 时,开关 S 由触点 1 切换到触点 2。当 $t \geqslant 0$ 时,试分析 R、L 电路中 i、u_L、u_R 的变化规律。

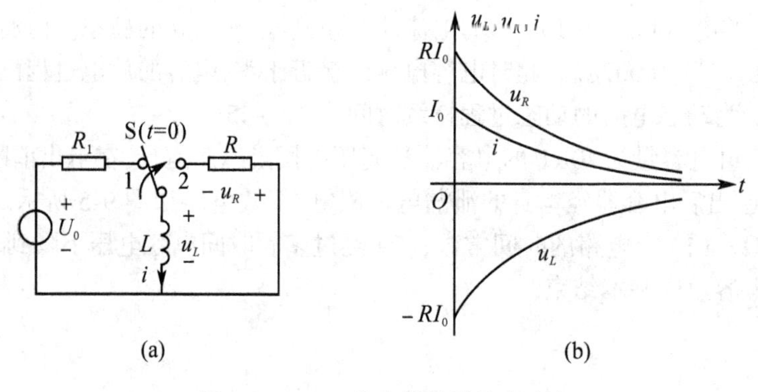

图 9-6　R、L 一阶电路的零输入响应

当 $t \geqslant 0$ 时,在 R、L 回路中,可列出 KVL 方程:$u_L + u_R = 0$。由于 $u_R = Ri$,$u_L = L\dfrac{\mathrm{d}i}{\mathrm{d}t}$,代入 KVL 方程,得到一个一阶常系数线性齐次微分方程:

$$L\frac{\mathrm{d}i}{\mathrm{d}t} + Ri = 0$$

上述微分方程的特征方程为:$Lp + R = 0$。特征方程的特征根为 $p = -\dfrac{R}{L}$。微分方程的通解为

$$i = Ae^{pt} = Ae^{-\frac{R}{L}t} \tag{9-16}$$

令 $\frac{L}{R}=\tau$，τ 称为 R、L 电路的时间常数，它的单位仍然为秒，则式(9-16) 为

$$i = Ae^{-\frac{t}{\tau}}$$

其中，A 为积分常数。现在就由电路的初始条件来确定积分常数：电路在换路之前已处于稳定状态，电感在直流稳态电路中相当于短路，故 U_0、R_1、L 回路中的电流为 $i_L(0_-)=U_0/R_1$，令 $U_0/R_1=I_0$。由换路定则 $i_L(0_+)=i_L(0_-)$，得到 $i_L(0_+)=I_0$。将 $t=0_+$ 代入式(9-16)，可求得积分常数 $A=I_0$，从而得到给定初始条件下电感电流的零输入响应：

$$i = I_0e^{-\frac{t}{\tau}} \quad (t \geqslant 0_+) \tag{9-17}$$

电感电压：

$$u_L = L\frac{di}{dt} = -RI_0e^{-\frac{t}{\tau}} \quad (t \geqslant 0_+) \tag{9-18}$$

电阻电压：

$$u_R = Ri = RI_0e^{-\frac{t}{\tau}} \quad (t \geqslant 0_+) \tag{9-19}$$

将 i、u_L、u_R 的波形图绘出来，如图 9-6(b) 所示。从图中可以看出，电感电压、电阻电压和电感电流都是按同样的指数衰减规律变化的。电感电流在换路前后瞬间没有发生跃变，从初始值 I_0 开始按规律指数衰减，从理论上讲，当 $t=\infty$ 时，电感电流衰减到零，达到新的稳态。这实际上就是换路前储存磁场能量的电感，在换路后开始释放能量的物理过程。电路中的电阻 R 的电压在换路前后瞬间发生了跃变，换路前瞬间其值为零，换路后瞬间其值为 RI_0；电路中的电感电压在换路前后瞬间也发生了跃变，换路前瞬间其值为零，换路后瞬间其值为 $-RI_0$。

从能量的角度来分析 R、L 电路的零输入响应：电感在换路之前储存有磁场能量，在换路之后不断释放磁场能量；在换路之后，电阻 R 则不断消耗能量，将磁场能量转变为热能。

应该注意的是，在 R、C 电路中时间常数 τ 与电阻 R 成正比，电阻 R 越大，时间常数 τ 越大；而在 R、L 电路中，时间常数 τ 与电阻 R 成反比，电阻 R 越大，时间常数 τ 越小。

例 9-3　图 9-7 电路是用直流电压表测量电感线圈电压的接线。已知线圈电阻 $R=1\Omega$，电感 $L=2H$，电压表内阻 $R_V=5\ 000\Omega$，电源电压 $U=10V$，电路已处于稳定状态。求开关 S 断开后流过电压表的电流和电压表承受的最高电压。

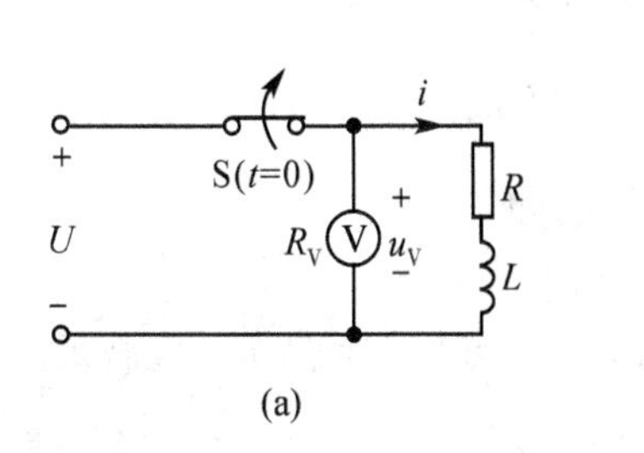

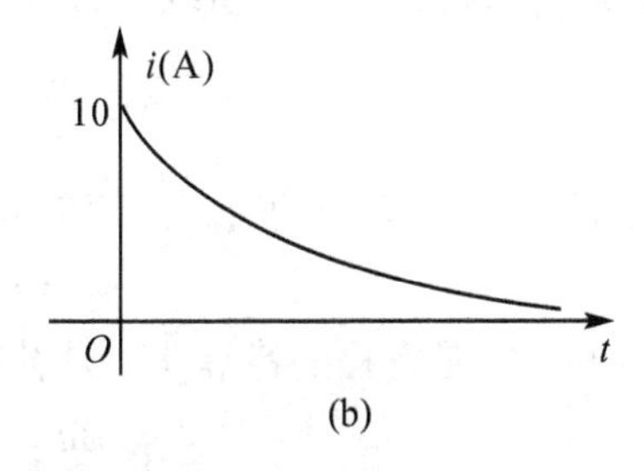

图 9-7　例 9-3 电路图及电流波形

解　当开关S断开后,电路中的响应为零输入响应。电路的时间常数为

$$\tau = \frac{L}{R + R_V} = \frac{2}{1 + 5\ 000} \approx 0.4 \times 10^{-3}\text{s}$$

开关S断开后流过电压表的电流为

$$i = Ae^{-\frac{t}{\tau}} = Ae^{-2\ 500t}$$

电感电流的初始值为

$$i_L(0_+) = i_L(0_-) = \frac{U}{R} = \frac{10}{1} = 10\text{A}$$

将 $t = 0_+$ 代入电流表达式,求得 $A = 10$,所以:

$$i = 10e^{-2\ 500t}\text{A} \quad (t \geqslant 0_+)$$

电压表承受的电压为

$$u_V = -Ri = -5\ 000 \times 10e^{-2\ 500t} = -50\ 000e^{-2\ 500t}\text{V} \quad (t \geqslant 0_+)$$

当 $t = 0$ 时,电压表承受的电压最高,其值为

$$u_{max} = -50\ 000\text{V}$$

由以上分析可以看出,电压表承受的电压很高,有可能损坏电压表。因此,在断开开关之前,应拆除电压表,或将它经过并联电阻短路。

9.4　一阶电路的零状态响应

如果动态电路在换路之前,电路中的储能元件没有储存能量,即在换路之前电容电压或电感电流为零。这种电路独立初始条件为零的情形,称为零状态。这时,由换路之后电路中的电源在电路中产生响应,这种响应称为零状态响应。零状态响应实质上就是储能元件储存能量的过程。

9.4.1　R、C 电路的零状态响应

如图9-8(a)所示电路,U_S 是一个直流电压源,开关S在 $t = 0$ 时闭合。当 $t \geqslant 0$ 时,试分析 R、C 电路中 u_C、u_R、i 的变化规律。

当 $t \geqslant 0$ 时,在 U_S、R、C 回路中,可列出KVL方程:$u_C + u_R = U_S$。由于 $u_R = Ri$,$i = C\frac{du_C}{dt}$,将其代入KVL方程,得到一个一阶线性常系数非齐次微分方程:

$$RC\frac{du_C}{dt} + u_C = U_S \tag{9-20}$$

由数学知识可知,该方程的通解由两部分组成,即

$$u_C = u'_C + u''_C \tag{9-21}$$

式(9-21)中 u'_C 是方程的特解,u''_C 是补充函数。方程的特解 u'_C 应满足:

$$RC\frac{du'_C}{dt} + u'_C = U_S \tag{9-22}$$

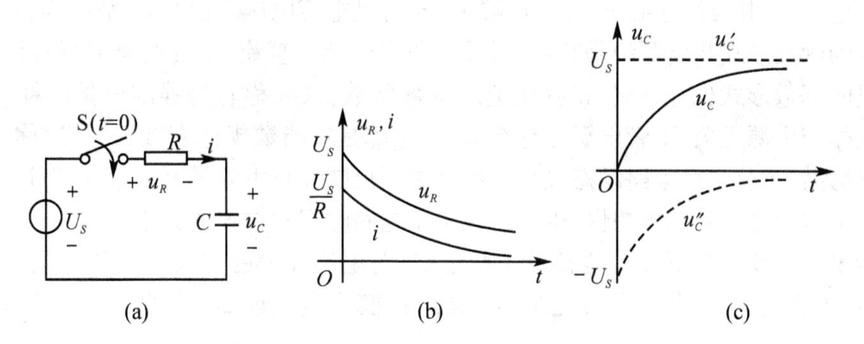

图 9-8　R、C 电路的零状态响应

补充函数 u''_C 应满足：

$$RC\frac{\mathrm{d}u''_C}{\mathrm{d}t}+u''_C=0 \tag{9-23}$$

适合于式(9-22) 的任何一个解都可以作为方程的特解。当电路达到新的稳态必定也满足方程。电路达到新的稳态时，电容电压 u_C 应等于电源电压 U_S。故特解为

$$u'_C=U_S \tag{9-24}$$

式(9-23) 的解为

$$u''_C=A\mathrm{e}^{pt}=A\mathrm{e}^{-\frac{t}{RC}} \tag{9-25}$$

方程的通解为

$$u_C=u'_C+u''_C=U_S+A\mathrm{e}^{-\frac{t}{RC}} \tag{9-26}$$

现在就由电路的初始条件来确定积分常数：电路在换路之前已处于稳定状态，$u_C(0_-)=0$。由换路定则 $u_C(0_+)=u_C(0_-)=0$，将 $t=0_+$ 代入式(9-26)，可得到积分常数 $A=-U_S$。在给定初始条件下电容电压响应为

$$u_C=U_S-U_S\mathrm{e}^{-\frac{t}{RC}}=U_S(1-\mathrm{e}^{-\frac{t}{RC}})\quad(t\geqslant 0_+) \tag{9-27}$$

这就是在换路之后 R、C 电路中电容电压的变化规律。回路中的电流和电阻电压也可以计算出来

$$i=C\frac{\mathrm{d}u_C}{\mathrm{d}t}=C\frac{\mathrm{d}}{\mathrm{d}t}(U_S-U_S\mathrm{e}^{-\frac{t}{RC}})$$

$$=\frac{U_S}{R}\mathrm{e}^{-\frac{t}{RC}}\quad(t\geqslant 0_+) \tag{9-28}$$

$$u_R=Ri=U_S\mathrm{e}^{-\frac{t}{RC}}\quad(t\geqslant 0_+) \tag{9-29}$$

分别将电容电流、电阻电压和电容电压的波形画于图 9-8(b)、图 9-8(c) 中。R、C 电路的零状态响应实际上就是电源经过一个电阻给电容充电的过程。由图中可以看出：在换路前后电容电压没有发生跃变，当充电开始后电容电压逐渐上升，当电路达到稳定状态时，电容电压等于电源电压；充电电流在换路前后发生了跃变，由零突然上升至 U_S/R，当充电开始

后电流逐渐下降，当电路达到稳定状态时，充电电流等于零。

电容电压 u_C 由两部分组成，其中特解 $u'_C = U_S$ 是电容电压的稳态值，故称为稳态分量。稳态分量的函数形式与电源的函数形式相同，即当电源为直流、正弦交流或指数函数时，其稳态分量的函数形式也为直流、正弦交流或指数函数，故又称它为强制分量。补充函数 u''_C 的变化规律与电源无关，不管电源是什么形式，它都是按指数规律衰减到零，故称它为暂态分量，也称为自由分量。电路动态过程的特点主要反映在自由分量上，电路动态过程进展的快慢取决于自由分量衰减的快慢，也就是取决于电路时间常数 τ 的大小。

从能量的角度来分析 R、C 电路的零状态响应：电容在换路之前没有储存电场能量，在换路之后，电源通过电阻给电容充电，将电能转换为电场能量，电容最后储存的电场能量为

$$W_C = \frac{1}{2}CU_S^2$$

在充电过程中，电阻消耗的能量为

$$W_R = \int_0^\infty i^2 R\mathrm{d}t = \int_0^\infty \left(\frac{U_S}{R}\mathrm{e}^{-\frac{t}{RC}}\right)^2 R\mathrm{d}t = \left[-\frac{RC}{2}\frac{U_S^2}{R}\mathrm{e}^{-\frac{2t}{RC}}\right]_0^\infty$$

$$= \frac{1}{2}CU_S^2$$

电阻消耗的能量刚好与电容器储存的电场能量相等，这说明电源输出的能量有一半储存在电容器中，另外一半被电阻消耗了，充电的效率为 50%。

9.4.2　R、L 电路的零状态响应

如图 9-9(a) 所示电路，I_S 是一个直流电流源，开关 S 在 $t = 0$ 由触点 1 切换到触点 2，当 $t \geqslant 0$ 时，试分析电感电流 i_L 的变化规律。

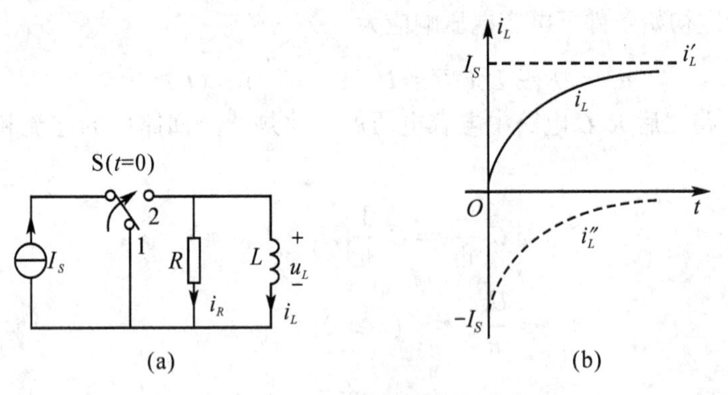

图 9-9　R、L 电路的零状态响应

当 $t \geqslant 0$ 时，可列出 KCL 方程：$i_R + i_L = I_S$。由于 $i_R = \dfrac{u_L}{R} = \dfrac{L}{R}\dfrac{\mathrm{d}i_L}{\mathrm{d}t}$，代入 KCL 方程，得到一个一阶常系数线性非齐次微分方程：

$$\frac{L}{R}\frac{\mathrm{d}i_L}{\mathrm{d}t}+i_L=I_S \tag{9-30}$$

由数学知识可知,该方程的通解由两部分组成,即

$$i_L=i'_L+i''_L \tag{9-31}$$

式(9-31)中i'_L是方程的特解,i''_L是补充函数。方程的特解i'_L应满足:

$$\frac{L}{R}\frac{\mathrm{d}i'_L}{\mathrm{d}t}+i'_L=I_S \tag{9-32}$$

补充函数i''_L应满足:

$$\frac{L}{R}\frac{\mathrm{d}i''_L}{\mathrm{d}t}+i''_L=0 \tag{9-33}$$

适合于式(9-32)的任何一个解都可以作为方程的特解。当电路达到新的稳态时,也必定满足方程。电路达到新的稳态时,电感电流i_L应等于电源电流I_S,故特解为

$$i'_L=I_S \tag{9-34}$$

式(9-33)的解为

$$i''_L=A\mathrm{e}^{pt}=A\mathrm{e}^{-\frac{R}{L}t} \tag{9-35}$$

方程的通解为

$$i_L=i'_L+i''_L=I_S+A\mathrm{e}^{-\frac{R}{L}t} \tag{9-36}$$

现在就由电路的初始条件来确定积分常数:电路在换路之前已处于稳定状态,$i_L(0_-)=0$。由换路定则$i_L(0_+)=i_L(0_-)=0$,将$t=0_+$代入式(9-36),可得到积分常数$A=-I_S$。在给定初始条件下电感电流响应为

$$i_L=I_S-I_S\mathrm{e}^{-\frac{R}{L}t}=I_S(1-\mathrm{e}^{-\frac{R}{L}t})\quad(t\geqslant 0_+) \tag{9-37}$$

电感电流的变化规律如图9-9(b)所示。

例9-4 图9-10(a)电路中,电容原未充电。已知$U_S=200\text{V}$,$R=500\Omega$,$C=2\mu\text{F}$。当$t=0$时开关S闭合,求:(1)开关闭合后电路中的电容电压和充电电流;(2)开关闭合后1ms时电路中的电容电压和充电电流;(3)电容电压达到100V所需的时间。

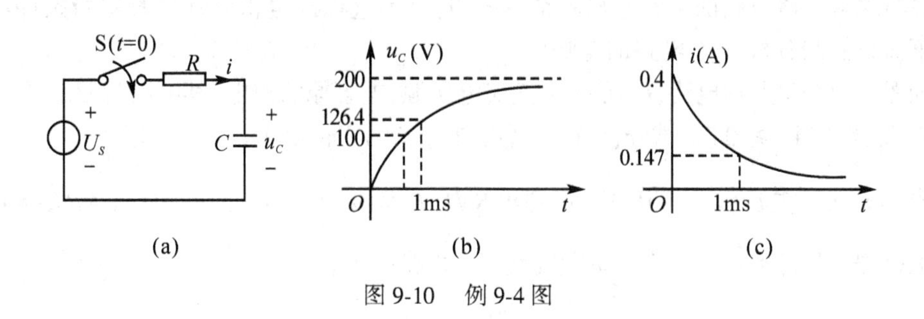

图9-10 例9-4图

解 (1)求开关闭合后电路中的电容电压和充电电流。

电路的时间常数:$\tau=RC=500\times2\times10^{-6}=1\text{ms}$,根据式(9-27)、式(9-28)可计算电路中

的电容电压和充电电流分别为

$$u_C = U_S - U_S e^{-\frac{t}{RC}} = U_S(1 - e^{-\frac{t}{RC}})$$
$$= 200(1 - e^{-1\,000t})\text{V} \quad (t \geqslant 0_+)$$
$$i = C\frac{du_C}{dt} = C\frac{d}{dt}(U_S - U_S e^{-\frac{t}{RC}})$$
$$= \frac{U_S}{R}e^{-\frac{t}{RC}} = 0.4e^{-1\,000t}\text{A} \quad (t \geqslant 0_+)$$

(2) 求开关闭合后 1ms 时电路中的电容电压和充电电流。

当 $t = 1\text{ms}$ 时:

$$u_C = 200(1 - e^{-1\,000t}) = 200(1 - e^{-1}) = 126.4\text{V}$$
$$i = 0.4e^{-1\,000t} = 0.4e^{-1} = 0.147\text{A}$$

(3) 求电容电压达到 100V 所需的时间。

设电容电压达到 100V 所需的时间为 t,则

$$200(1 - e^{-1\,000t}) = 100$$
$$200e^{-1\,000t} = 100$$

解得 $t = 0.693\text{ms}$。

分别将电容电压和电流的变化曲线绘于图 9-10(b)、图 9-10(c)。

9.5　一阶电路的全响应

前面分别研究了一阶电路的零输入响应和一阶电路的零状态响应,在此基础上,再来分析一阶电路的全响应。所谓全响应,是指在换路之前,电路中的储能元件储存有能量,在换路之后,电路中有独立电源,这种电路的响应就称为全响应。

9.5.1　R、C 电路的全响应

求解一阶电路的全响应的问题,仍然是求解一阶常系数线性非齐次微分方程的问题。其步骤与求解一阶电路的零状态响应是一样的,只不过在确定积分常数时初始条件不同而已。下面我们来分析 R、C 电路的全响应。

如图 9-11(a) 所示电路,U_S 是一个直流电压源,电容原已充电,其电压为 U_0。开关 S 在 $t = 0$ 时闭合。当 $t \geqslant 0$ 时,试分析 R、C 电路中 u_C、i 的变化规律。

当 $t \geqslant 0$ 时,在 U_S、R、C 回路中,可列出 KVL 方程:$u_C + u_R = U_S$。由于 $u_R = Ri$,$i = C\frac{du_C}{dt}$,代入 KVL 方程,得到一个一阶常系数线性非齐次微分方程

$$RC\frac{du_C}{dt} + u_C = U_S \tag{9-38}$$

由数学知识可知,该方程的通解由两部分组成,即

$$u_C = u_C' + u_C'' \tag{9-39}$$

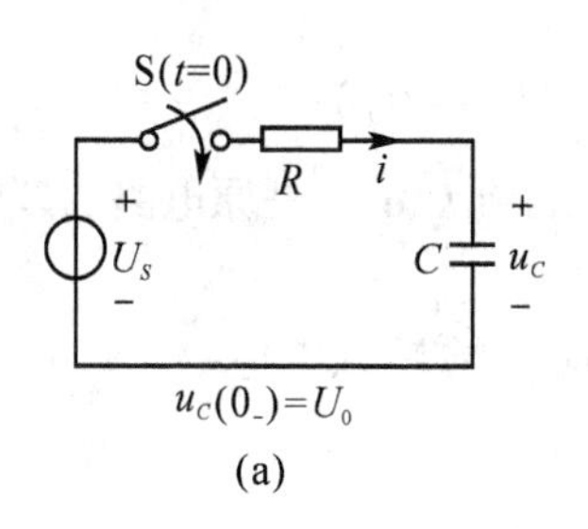

(a)

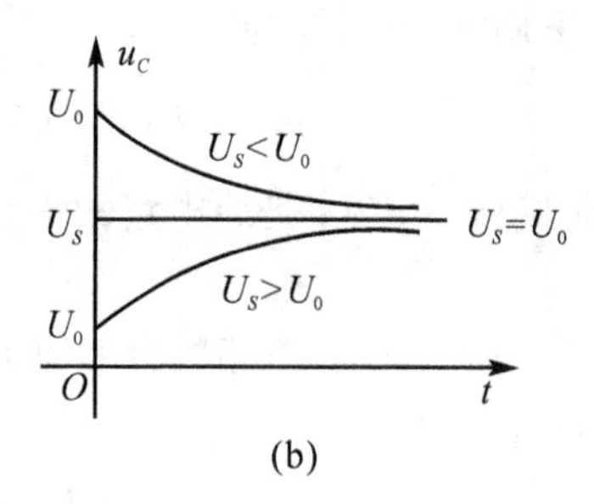

(b)

图 9-11　一阶电路的全响应

式(9-39) 中 u'_C 是方程的特解，u''_C 是补充函数。方程的特解 u'_C 应满足：

$$RC\frac{\mathrm{d}u'_C}{\mathrm{d}t}+u'_C=U_S \tag{9-40}$$

补充函数 u''_C 应满足

$$RC\frac{\mathrm{d}u''_C}{\mathrm{d}t}+u''_C=0 \tag{9-41}$$

适合于式(9-40) 的任何一个解都可以作为方程的特解。当电路达到新的稳态时也必定满足方程。电路达到新的稳态时，电容电压 u_C 应等于电源电压 U_S。故特解为

$$u'_C=U_S \tag{9-42}$$

式(9-41) 的解为

$$u''_C=A\mathrm{e}^{pt}=A\mathrm{e}^{-\frac{t}{RC}} \tag{9-43}$$

方程的通解为

$$u_C=u'_C+u''_C=U_S+A\mathrm{e}^{-\frac{1}{RC}} \tag{9-44}$$

现在就由电路的初始条件来确定积分常数：电路在换路之前已处于稳定状态，$u_C(0_-)=U_0$。由换路定则 $u_C(0_+)=u_C(0_-)=U_0$，将 $t=0_+$ 代入式(9-44) 可得到积分常数 $A=U_0-U_S$。电容电压为

$$u_C=U_S+(U_0-U_S)\mathrm{e}^{-\frac{t}{RC}}\quad(t\geqslant 0_+) \tag{9-45}$$

式中，第一项 U_S 是电容电压的稳态分量，第二项 $(U_0-U_S)\mathrm{e}^{-\frac{t}{RC}}$ 是电容电压的暂态分量，也就是说：

一阶电路的全响应 = 稳态分量 + 暂态分量

电路中的电流：

$$i=C\frac{\mathrm{d}u_C}{\mathrm{d}t}=C\frac{\mathrm{d}}{\mathrm{d}t}[U_S+(U_0-U_S)\mathrm{e}^{-\frac{t}{RC}}]$$

$$=\frac{U_S-U_0}{R}\mathrm{e}^{-\frac{t}{RC}}\quad(t\geqslant 0_+)$$

电流响应也是稳态分量与暂态分量之和，这是电流的暂态分量，其稳态分量为零。

图 9-11(b) 画出了 $U_S > U_0$、$U_S = U_0$、$U_S < U_0$ 三种情况下电容电压的波形图。将式 (9-45) 作一下调整,可改写为

$$u_C = U_S(1 - e^{-\frac{t}{RC}}) + U_0 e^{-\frac{t}{RC}} \quad (t \geqslant 0_+) \tag{9-46}$$

上式,第一项 $U_S(1 - e^{-\frac{t}{RC}})$ 是原电路的零状态响应,第二项 $U_0 e^{-\frac{t}{RC}}$ 是原电路的零输入响应。也就是说:

一阶电路的全响应 = 零状态响应 + 零输入响应

其电流:

$$i = \frac{U_S - U_0}{R} e^{-\frac{t}{RC}} = \frac{U_S}{R} e^{-\frac{t}{RC}} - \frac{U_0}{R} e^{-\frac{t}{RC}}$$

这也是由零状态响应与零输入响应相叠加的结果。前一项是零状态响应,而后一项是零输入响应。

9.5.2　求解一阶电路的三要素法

前面我们已经分析了 R、C 一阶电路的全响应,其步骤是根据换路后的电路列 KVL 方程,然后求解微分方程,最后由电路的初始条件确定积分常数,求出电容电压为

$$u_C = U_S + (U_0 - U_S) e^{-\frac{t}{RC}}$$

上式中的第一项 U_S 是电容电压的稳态分量,也就是当 $t = \infty$ 时,电路达到稳定状态后电容电压的值,可以表示为 $u_C(\infty) = U_S$;第二项 $(U_0 - U_S) e^{-\frac{t}{RC}}$ 是电容电压的暂态分量,其中 U_0 是电容电压的初始值,也就是 $t = 0_+$ 时刻电容电压值,可以表示为 $u_C(0_+) = U_0$。U_S 是电容电压的稳态值,但它是在求电路的时间常数 A 时得到的,求电路的时间常数时令时间 $t = 0_+$,故可以表示为 $u_C(\infty) \big|_{t=0_+} = U_S$。$RC$ 为电路的时间常数,令 $RC = \tau$,也就是说,电容电压的表达式为

$$u_C(t) = u_C(\infty) + [u_C(0_+) - u_C(\infty) \big|_{t=0_+}] e^{-\frac{t}{\tau}} \tag{9-47}$$

如果电路中的电源是直流电源,电容电压的稳态值 $u_C(\infty)$ 不是时间的函数,也就是说,$u_C(\infty) \big|_{t=0_+} = u_C(\infty)$,电容电压的表达式为

$$u_C(t) = u_C(\infty) + [u_C(0_+) - u_C(\infty)] e^{-\frac{t}{\tau}} \tag{9-48}$$

我们将上述分析推广到一般情况:$f(t)$ 表示待求响应;$f(\infty)$ 表示待求响应的稳态值;$f(0_+)$ 表示待求响应的初始值;τ 为电路的时间常数,则待求响应为

$$f(t) = f(\infty) + \left[f(0_+) - f(\infty) \big|_{t=0_+}\right] e^{-\frac{t}{\tau}} \tag{9-49}$$

我们将待求响应的稳态值 $f(\infty)$、待求响应的初始值 $f(0_+)$、电路的时间常数 τ 称为求解一阶电路全响应的三要素,这种求一阶电路全响应的方法称为三要素法。

如果电路中的电源是直流电源,待求响应的稳态值 $f(\infty)$ 不是时间的函数,也就是说 $f(\infty) \big|_{t=0_+} = f(\infty)$。待求响应的表达式为

$$f(t) = f(\infty) + [f(0_+) - f(\infty)] e^{-\frac{t}{\tau}} \tag{9-50}$$

需要强调说明的是，求解一阶电路全响应的三要素法，除了用于求全响应，也可以用于求零输入响应和零状态响应。如果待求响应的稳态值$f(\infty)=0$，则式(9-49)为

$$f(t)=f(0_+)\mathrm{e}^{-\frac{t}{\tau}} \tag{9-51}$$

这就是一阶电路的零输入响应。如果待求响应的初始值$f(0_+)=0$，则式(9-49)为

$$f(t)=f(\infty)(1-\mathrm{e}^{-\frac{t}{\tau}}) \tag{9-52}$$

这就是一阶电路的零状态响应。

电路的时间常数τ的确定：由式(9-45)可知，响应中含有τ的这一项是暂态分量，暂态分量是解齐次方程得到的，齐次方程中电源激励为零，所以在求时间常数时，在电路中令其全部独立电源为零，即将电压源短路，将电流源开路，从储能元件处看进去，将电路中的电阻支路进行串联、并联简化，简化为一个电阻R'和电容C（或电感L）的串联回路。对于R、C电路，$\tau=R'C$；对于R、L电路，$\tau=\dfrac{L}{R'}$。

例 9-5　图 9-12(a)所示电路，已知$U_S=20\text{V}$，$u_C(0_-)=5\text{V}$，$R_1=R_2=10\Omega$，$R_3=5\Omega$，$C=40\mu\text{F}$。求开关闭合后的电容电压。

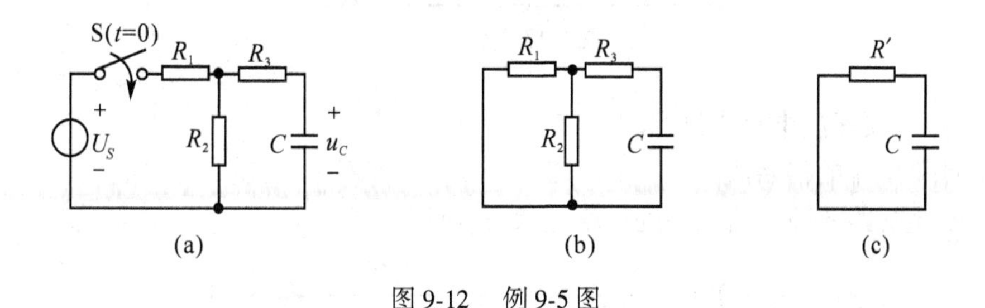

图 9-12　例 9-5 图

解　用三要素法求解该例题。

(1) 计算电容电压的初始值。

由换路定则可得　$u_C(0_+)=u_C(0_-)=5\text{V}$

(2) 计算电容电压的稳态值。

当电路达到稳定状态时，电容电压为

$$u_C(\infty)=\frac{R_2}{R_1+R_2}U_S=10\text{V}$$

(3) 求电路的时间常数。

将电压源短接，如图 9-12(b)所示。从电容端看进去，将电阻进行串并简化为R'，如图 9-12(c)所示。

$$R'=\frac{R_1R_2}{R_1+R_2}+R_3=10\Omega$$

电路的时间常数为

$$\tau=R'C=10\times40\times10^{-6}=400\mu\text{s}$$

(4) 计算电容电压。

由式(9-48)可得

$$
\begin{aligned}
u_C(t) &= u_C(\infty) + [u_C(0_+) - u_C(\infty)]e^{-\frac{t}{\tau}} \\
&= 10 + [5 - 10]e^{-2\,500t} \\
&= 10 - 5e^{-2\,500t}\text{V} \quad (t \geqslant 0_+)
\end{aligned}
$$

例 9-6　图 9-13 所示电路为继电器保护电路。当流过继电器的电流达到规定的数值时，继电器动作，使输电线脱离电源而达到保护作用。已知电源电压 $U_S = 220\text{V}$，输电线电阻 $R_1 = 0.5\Omega$，负载电阻 $R_2 = 20\Omega$，继电器线圈电阻 $R = 4.5\Omega$，电感 $L = 0.2\text{H}$。继电器动作整定电流为 20A。问当负载发生短路故障后经过多长时间继电器动作？

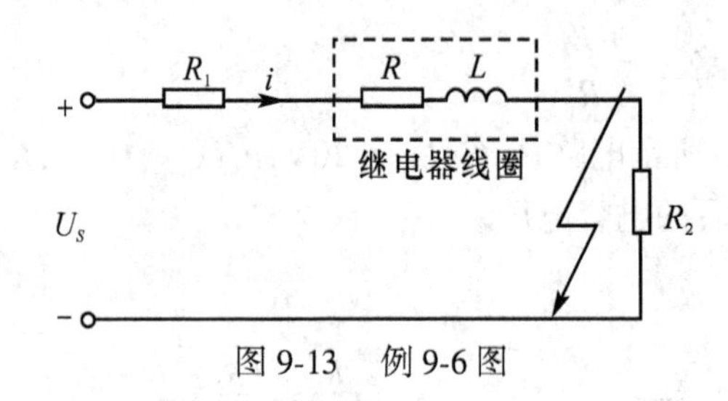

图 9-13　例 9-6 图

解　用三要素法求解该例题。

(1) 计算电流的初始值。

负载发生短路故障之前电路处于稳定状态，所以

$$
i(0_-) = \frac{U_S}{R_1 + R + R_2} = \frac{220}{0.5 + 4.5 + 20} = 8.8\text{A}
$$

当负载发生短路故障之后电流的初值为

$$
i(0_+) = i(0_-) = 8.8\text{A}
$$

(2) 计算电流的稳态值。

当负载发生短路故障之后电流的稳态值为

$$
i(\infty) = \frac{U_S}{R_1 + R} = \frac{220}{0.5 + 4.5} = 44\text{A}
$$

(3) 计算电路的时间常数。

当负载发生短路故障之后电路的时间常数为

$$
\tau = \frac{L}{R_1 + R} = \frac{0.2}{0.5 + 4.5} = 0.04\text{s}
$$

(4) 计算电路电流。

$$
\begin{aligned}
i(t) &= i(\infty) + [i(0_+) - i(\infty)]e^{-\frac{t}{\tau}} \\
&= 44 + [8.8 - 44]e^{-\frac{t}{0.04}} \\
&= 44 - 35.2e^{-\frac{t}{0.04}}\text{A} \quad (t \geqslant 0_+)
\end{aligned}
$$

(5) 计算继电器动作时间。

设故障后 t_0 时继电器动作，即 $i(t_0)=20\text{A}$。代入上式，得

$$44-35.2\text{e}^{-\frac{t_0}{0.04}}=20$$

$$35.2\text{e}^{-\frac{t_0}{0.04}}=24$$

解得

$$t_0=0.04\ln 1.47=0.015\ 3\text{s}$$

当负载发生短路故障后 0.015 3s 继电器动作，使故障点与电源断开。

例 9-7 正弦交流电源 $u(t)=311\sin(314t+60°)\text{V}$ 与电阻 $R=5\Omega$、电感 $L=0.3\text{H}$ 的线圈在 $t=0$ 时接通，求电路中的电流 $i(t)$。

解 由于是一阶电路，可以用三要素法进行分析。

(1) 计算电流的初始值。

$$i(0_+)=i(0_-)=0$$

(2) 计算电流的稳态值。

$$i(\infty)=I_{\text{m}}\sin(314t+60°-\varphi)$$

其中：

$$I_{\text{m}}=\frac{U_{\text{m}}}{\sqrt{R^2+(\omega L)^2}}=\frac{311}{\sqrt{5^2+(314\times 0.3)^2}}=3.30\text{A}$$

$$\varphi=\arctan\frac{\omega L}{R}=\arctan\frac{314\times 0.3}{5}=86.96°$$

即：

$$i(\infty)=3.30\sin(314t+60°-86.96°)=3.30\sin(314t-26.96°)\text{A}$$

$$i(\infty)\Big|_{t=0_+}=3.30\sin(314t-26.96°)_{t=0_+}=3.30\sin(-26.96°)=-1.50\text{A}$$

(3) 计算电路的时间常数。

$$\tau=\frac{L}{R}=\frac{0.3}{5}=0.06\text{s}$$

(4) 计算电路电流。

$$\begin{aligned}i(t)&=i(\infty)+\left[i(0_+)-i(\infty)\Big|_{t=0_+}\right]\text{e}^{-\frac{t}{\tau}}\\&=3.30\sin(314t-26.96°)+[0-(-1.50)]\text{e}^{-16.67t}\\&=3.30\sin(314t-26.96°)+1.50\text{e}^{-16.67t}\text{A}\quad(t\geqslant 0_+)\end{aligned}$$

9.6 阶跃函数和一阶电路的阶跃响应

9.6.1 阶跃函数

1. 单位阶跃函数

对于图 9-14(a) 所示零状态电路中，开关 S 的动作引起电压 $u(t)$ 的变化，可以用单位阶跃函数 $\varepsilon(t)$ 来表示。单位阶跃函数的定义式为

$$\varepsilon(t)=\begin{cases}0 & (t\leqslant 0_-)\\ 1 & (t\geqslant 0_+)\end{cases} \tag{9-53}$$

其波形图如图 9-14(b) 所示。函数在 $t=0$ 处出现一个台阶形跃变,且台阶的高度为 1 个单位,故称它为单位阶跃函数。函数在 $t=0$ 时的值是不确定的,在本课程中,它取什么值无关紧要。

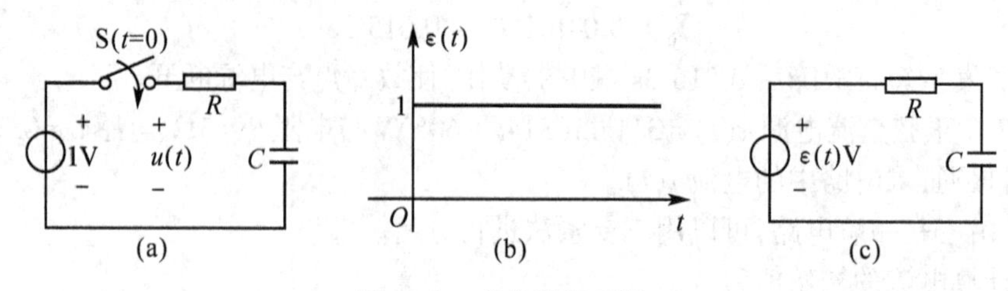

图 9-14　单位阶跃函数

因此,从概念上讲,可以用单位阶跃函数来替代开关S的动作,图9-14(a) 所示零状态电路就可以用图9-14(c) 所示零状态电路来描述。图9-14(a) 所示零状态电路,开关S闭合之前,即当 $t\leqslant 0_-$ 时,电压 $u(t)=0\text{V}$;开关S闭合之后,即当 $t\geqslant 0_+$ 时,电压 $u(t)=1\text{V}$。由于1V 的电压源是突然加上去的,可以看做是一个单位阶跃函数激励,因此可以用图 9-14(c) 来描述。由于单位阶跃函数能表达电路中开关 S 的动作,它可以作为这一物理过程的数学模型,所以也称它为开关函数。

2. 阶跃函数

阶跃函数用 $k\varepsilon(t)$ 来表示,其中 k 为常数。阶跃函数的定义式为

$$k\varepsilon(t)=\begin{cases}0 & (t\leqslant 0_-)\\ k & (t\geqslant 0_+)\end{cases} \tag{9-54}$$

阶跃函数的波形与图 9-14(b) 是一样的,只不过它的高度不是 1 而是 k。在电路中,如果电压源 u_S 在 $t=0$ 时接入,其表达式为:$u_S(t)=u_S\,\varepsilon(t)$;如果电流源 i_S 在 $t=0$ 时接入,其表达式为:$i_S(t)=i_S\,\varepsilon(t)$;如果电源激励都是直流时,则 u_S 或 i_S 都是常数,$u_S\,\varepsilon(t)$ 或 $i_S\,\varepsilon(t)$ 就是阶跃函数。

3. 延迟单位阶跃函数

延迟单位阶跃函数用 $\varepsilon(t-t_0)$ 来表示。延迟单位阶跃函数的定义式为

$$\varepsilon(t-t_0)=\begin{cases}0 & (t\leqslant t_{0_-})\\ 1 & (t\geqslant t_{0_+})\end{cases} \tag{9-55}$$

其波形图如图 9-15(a) 所示。函数在 $t=t_0$ 处出现一个台阶形跃变,且台阶的高度为 1 个单位,它比单位阶跃函数的出现时间延迟了 t_0,故称为延迟单位阶跃函数。

用某已知函数与延迟单位阶跃函数相乘,可以改变已知函数的波形。例如,图 9-15(b)

所示的函数$f(t)=A\sin\omega t$的正弦波形,如果将延迟单位阶跃函数$\varepsilon(t-t_0)$乘以正弦函数$f(t)$,就得到图 9-15(c) 所示的波形。延迟单位阶跃函数乘以某已知函数,其作用是在任意时刻"起始"该函数。

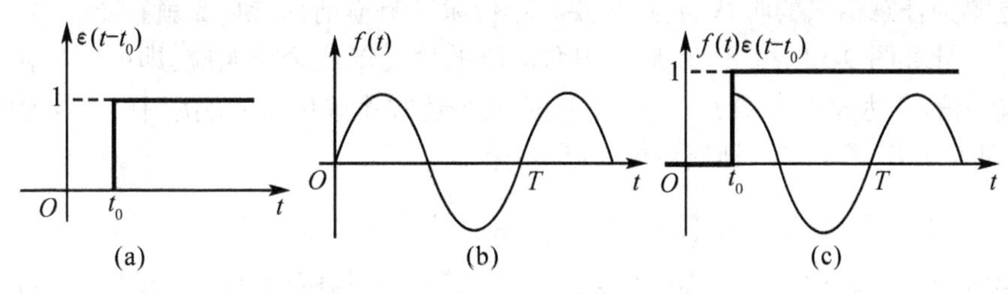

图 9-15　延迟单位阶跃函数及其作用

用某已知函数与该函数的延迟函数相加,也可以改变已知函数的波形。例如,图 9-15(b) 所示的函数$f(t)=A\sin\omega t$的正弦波形;如果将正弦函数延迟$\frac{T}{2}$即成为$f\left(t-\frac{T}{2}\right)\varepsilon\left(t-\frac{T}{2}\right)$,也就是图 9-16(a) 中的虚线构成的波形;$f(t)\varepsilon(t)+f\left(t-\frac{T}{2}\right)\varepsilon\left(t-\frac{T}{2}\right)$就成为图 9-16(a) 波形的左端部分——单个正弦波的前半周,其余部分全部为零。

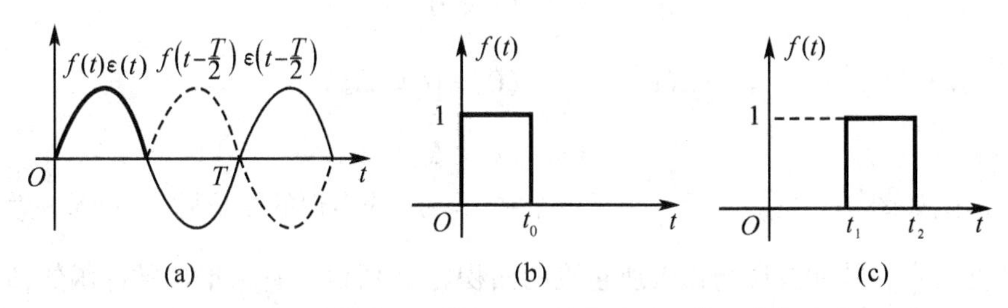

图 9-16　用单位阶跃函数和延迟单位阶跃函数组成的波形

用单位阶跃函数$\varepsilon(t)$与延迟单位阶跃函数$\varepsilon(t-t_0)$相减,还可以组成某些特殊的波形。例如,$\varepsilon(t)-\varepsilon(t-t_0)$就可以得到图 9-16(b) 所示的一个方波。用延迟单位阶跃函数$\varepsilon(t-t_1)$与延迟单位阶跃函数$\varepsilon(t-t_2)$相减,即$\varepsilon(t-t_1)-\varepsilon(t-t_2)$,就可以得到图 9-16(c) 所示的一个延迟的方波。利用类似的方法,还可以组成许多特殊的波形。

9.6.2　一阶电路的阶跃响应

要计算图 9-14(c) 所示 R、C 串联电路的单位阶跃响应,仍然可以用三要素法来求解。电容电压的初值$u_C(0_+)=u_C(0_-)=0\text{V}$,电容电压的稳态值$u_C(\infty)=1\text{V}$,电路的时间常数$\tau=RC$。所以电容电压为

$$u_C(t) = 1 + [0 - 1]\mathrm{e}^{-\frac{t}{\tau}}$$
$$= \left(1 - \mathrm{e}^{-\frac{t}{\tau}}\right)\varepsilon(t)$$

电容电压响应表达式的后面乘以 $\varepsilon(t)$，其作用是确定响应的“起始” 时间为 0_+。如果要计算电源为任意值 k 的阶跃响应，只要在单位阶跃响应前面乘以 k 就行了。

如果要计算图 9-14(c) 所示 R、C 串联电路的延迟单位阶跃响应，即电源的接入时间为 t_0，电源电压的表达式应为 $\varepsilon(t-t_0)$。其响应的表达式将单位阶跃响应中的 t 改变为 $t-t_0$ 就可以了，即 R、C 串联电路的延迟单位阶跃响应为

$$u_C(t - t_0) = \left(1 - \mathrm{e}^{-\frac{t-t_0}{\tau}}\right)\varepsilon(t - t_0)$$

电容电压响应表达式的后面乘以 $\varepsilon(t-t_0)$，其作用是确定响应的“起始” 时间为 t_{0+}。如果要计算电源为任意值 k 的阶跃响应，只要在延迟单位阶跃响应前面乘以 k 就行了。

9.7　冲激函数和一阶电路的冲激响应

9.7.1　冲激函数

在介绍冲激函数之前，先介绍单位脉冲函数的概念。

1. 单位脉冲函数

单位脉冲函数的定义为

$$f(t) = \begin{cases} 0 & (t < 0_-) \\ \dfrac{1}{\Delta} & (0_- \leqslant t \leqslant \Delta_+) \\ 0 & (t > \Delta_+) \end{cases} \tag{9-56}$$

其波形图如图 9-17(a) 所示。它是一个在 $t = 0_+$ 处出现的矩形脉冲，脉冲的宽度为 Δ，脉冲的高度为$\dfrac{1}{\Delta}$。脉冲波形与横轴所包围的面积为 1，所以称它为单位脉冲函数，即

$$S = \int_0^{\infty} f(t)\,\mathrm{d}t = \Delta\,\frac{1}{\Delta} = 1$$

2. 单位冲激函数和冲激函数

单位冲激函数用 $\delta(t)$ 表示，其定义为

$$\begin{cases} \delta(t) = 0 \quad (t \neq 0) \\ \displaystyle\int_{-\infty}^{\infty} \delta(t)\,\mathrm{d}t = 1 \end{cases} \tag{9-57}$$

其波形图如图 9-17(b) 所示。它是在 $t = 0$ 时刻出现的一个向上的冲激量，这个冲激量的宽度很窄，即出现的时间很短，冲激量的高度很高，用一个向上的箭头来表示它，并在其旁边标明数字“1”，表示冲激量所包围的面积为 1，它表明了冲激量的强度。电路中已充电的

电容器被突然短路放电、自然界的雷击放电现象等，都是在极短时间里出现的强电流，这种电流就可以用单位冲激函数 $\delta(t)$ 来近似模拟。电容量为 100μF 的电容器被充电至 10 000V，将其短接，其放电电流就是 $1\delta(t)$ A。

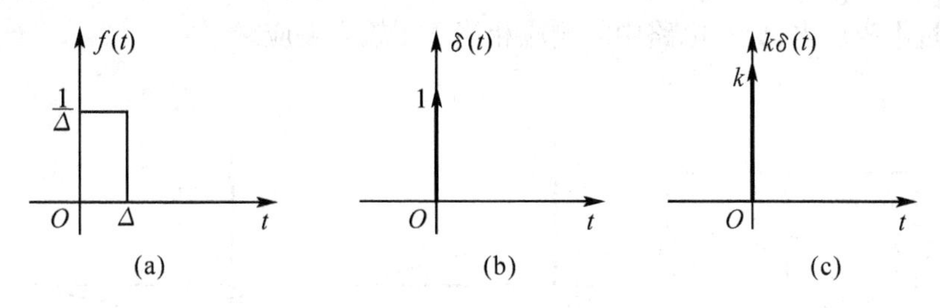

图 9-17　脉冲函数和冲激函数

如果单位冲激函数 $\delta(t)$ 的出现时间不是 0 而是 t_0，则称它为延迟单位冲激函数，其表达式为 $\delta(t-t_0)$。如果单位冲激函数 $\delta(t)$ 前面的系数不是 1 而是一个任意常数 k，则称它为冲激函数，其表达式为 $k\delta(t)$，其波形图如图 9-17(c) 所示，其旁边标明一个数字"k"，表示冲激量所包围的面积为 k，它表明了冲激量的强度。如果冲激函数 $k\delta(t)$ 的出现时间不是 0 而是 t_0，则称它为延迟冲激函数，其表达式为 $k\delta(t-t_0)$。

9.7.2　阶跃函数、脉冲函数、冲激函数的关系

阶跃函数、脉冲函数、冲激函数之间存在一定的关系，我们分别予以研究。

单位脉冲函数的脉冲宽度 Δ 趋近于零，取极限就是冲激函数，即

$$\lim_{\Delta\to 0} f(t) = \delta(t) \tag{9-58}$$

当单位脉冲函数的脉冲宽度 Δ 趋近于零，则其高度 $\frac{1}{\Delta}$ 就趋于无限大，单位脉冲函数就成为单位冲激函数。

单位冲激函数在时间段 $-\infty$ 到 t 的积分就是单位阶跃函数，即

$$\int_{-\infty}^{t} \delta(t)\,\mathrm{d}t = \int_{0_-}^{0_+} \delta(t)\,\mathrm{d}t = \begin{cases} 0 & (t \leqslant 0_-) \\ 1 & (t \geqslant 0_+) \end{cases} = \varepsilon(t) \tag{9-59}$$

单位阶跃函数是一种理想波形的抽象，在 $t=0$ 处它的上升速率非常大，在该处求导数就是一个宽度很小而高度很大的脉冲；在 $t \neq 0$ 的点求导，则等于零，所以单位阶跃函数的导数就是单位冲激函数，即

$$\frac{\mathrm{d}}{\mathrm{d}t}\varepsilon(t) = \delta(t) \tag{9-60}$$

9.7.3　一阶电路的冲激响应

1. *R*、*C* 电路的冲激响应

图 9-18(a) 所示电路，冲激电流源作用于 R、C 并联零状态电路。要计算电容电压、电流

的变化规律，首先分析其物理过程：当 $t \leqslant 0_-$ 时，电流源 $k\delta(t)=0$，电流源相当于开路，$u_C(0_-)=0$。当 $0_- < t < 0_+$ 这一瞬间，冲激电流源对电容充电，电容储存能量，电容电压突然升高，$u_C(0_+) \neq 0$，也就是说，当电路中存在冲激电源时，上一节推导出的一般情况下的换路定则 $u_C(0_-)=u_C(0_+)$ 不再适用。当 $t \geqslant 0_+$ 之后，电流源 $k\delta(t)=0$，此时电流源又相当于开路，电容通过电阻放电，此时电路中的响应相当于零输入响应。

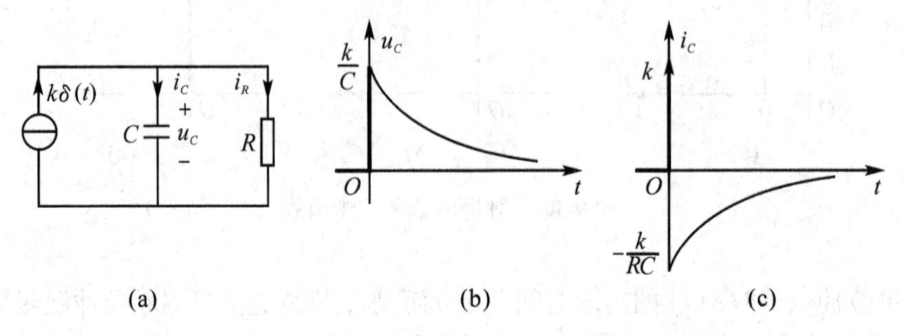

图 9-18　R、C 电路的冲激响应

当 $t \geqslant 0_+$ 之后，电路的电流方程为：$i_C + i_R = 0$。其微分方程为

$$C\frac{\mathrm{d}u_C}{\mathrm{d}t}+\frac{u_C}{R}=0 \tag{9-61}$$

方程的解为

$$u_C = A\mathrm{e}^{-\frac{t}{\tau}} \tag{9-62}$$

上式中 $\tau = RC$。为了确定积分常数 A，现在来计算电路中电容电压的初始值 $u_C(0_+)$。当$t=0$ 时，电路的电流方程为：$i_C + i_R = k\delta(t)$。其微分方程为

$$C\frac{\mathrm{d}u_C}{\mathrm{d}t}+\frac{u_C}{R}=k\delta(t) \tag{9-63}$$

在上式中，$C\frac{\mathrm{d}u_C}{\mathrm{d}t}$ 与$\frac{u_C}{R}$ 相加等于一个冲激函数，那么是否这两项分别都是冲激函数呢？回答是否定的。如果$\frac{u_C}{R}$ 是冲激函数，则 $C\frac{\mathrm{d}u_C}{\mathrm{d}t}$ 应该是冲激函数的一阶导数，这显然不能和方程的右边相等。也就是说，$\frac{u_C}{R}$ 不是冲激函数，而 $C\frac{\mathrm{d}u_C}{\mathrm{d}t}$ 则是冲激函数。对上述方程两边同时积分，有

$$\int_{0_-}^{0_+} C\frac{\mathrm{d}u_C}{\mathrm{d}t}\mathrm{d}t+\int_{0_-}^{0_+}\frac{u_C}{R}\mathrm{d}t=\int_{0_-}^{0_+}k\delta(t)\,\mathrm{d}t \tag{9-64}$$

在上式中，由于$\frac{u_C}{R}$ 不是冲激函数，所以这一项积分为零，故有

$$C[u_C(0_+)-u_C(0_-)]=k$$

$$u_C(0_+)=\frac{k}{C}$$

由此可求得积分常数 $A=\dfrac{k}{C}$,代入式(9-62)求出电容电压为

$$u_C=\frac{k}{C}\mathrm{e}^{-\frac{t}{\tau}}=\frac{k}{C}\mathrm{e}^{-\frac{t}{RC}}\varepsilon(t)$$

电容电流为

$$i_C=C\frac{\mathrm{d}u_C}{\mathrm{d}t}=k\left[\mathrm{e}^{-\frac{t}{RC}}\delta(t)-\frac{1}{RC}\mathrm{e}^{-\frac{t}{RC}}\varepsilon(t)\right]$$

$$=k\left[\delta(t)-\frac{1}{RC}\mathrm{e}^{-\frac{t}{RC}}\varepsilon(t)\right]$$

电容电压、电流的波形如图 9-18(b)、图 9-18(c)所示。在 $t=0$ 瞬间,冲激电流源 $k\delta(t)$ 全部流入电容,给电容充电,使电容电压发生跃变。随后电源支路相当于开路,电容通过电阻放电,电容电压降低,放电电流逐渐减小,直至为零。

2. *R*、*L* 电路的冲激响应

图 9-19(a)所示电路,冲激电压源作用于 *R*、*L* 串联零状态电路。要计算电感电流、电压的变化规律,首先分析其物理过程:当 $t\leqslant 0_-$ 时,电压源 $k\delta(t)=0$,电压源相当于短路,$i_L(0_-)=0$。在 $0_-<t<0_+$ 这一瞬间,冲激电压源对电感提供能量,电感储存能量,电感电流突然增大,$i_L(0_+)\neq 0$,也就是说,当电路中存在冲激电源时,上一节推导出的一般情况下的换路定则 $i_L(0_-)=i_L(0_+)$ 不再适用。在 $t\geqslant 0_+$ 之后,电压源 $k\delta(t)=0$,此时电压源又相当于短路,电感通过电阻释放能量,此时电路中的响应相当于零输入响应。

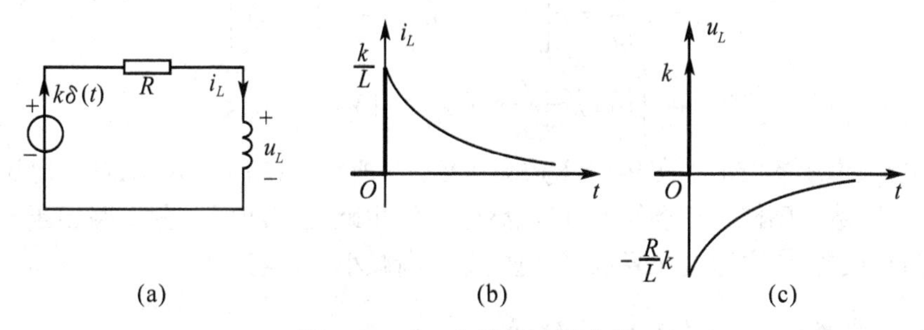

图 9-19 *R*、*L* 电路的冲激响应

在 $t\geqslant 0_+$ 之后,电路的电压方程为:$u_L+u_R=0$。其微分方程为

$$Ri_L+L\frac{\mathrm{d}i_L}{\mathrm{d}t}=0 \tag{9-65}$$

方程的解为

$$i_L=A\mathrm{e}^{-\frac{t}{\tau}} \tag{9-66}$$

式中,$\tau=L/R$。为了确定积分常数 A,现在来计算电路中电感电流的初始值 $i_L(0_+)$。当 $t=0$ 时,电路的电流方程为:$u_L+u_R=k\delta(t)$。其微分方程为

$$Ri_L + L\frac{\mathrm{d}i_L}{\mathrm{d}t} = k\delta(t) \tag{9-67}$$

式中，$L\frac{\mathrm{d}i_L}{\mathrm{d}t}$ 与 Ri_L 相加等于一个冲激函数，那么是否这两项分别都是冲激函数呢？回答也是否定的。如果 Ri_L 是冲激函数，$L\frac{\mathrm{d}i_L}{\mathrm{d}t}$ 则应该是冲激函数的一阶导数，这显然不能和方程的右边相等。也就是说 Ri_L 不是冲激函数，而 $L\frac{\mathrm{d}i_L}{\mathrm{d}t}$ 则是冲激函数。对上述方程两边同时积分，得

$$\int_{0_-}^{0_+} Ri_L\mathrm{d}t + \int_{0_-}^{0_+} L\frac{\mathrm{d}i_L}{\mathrm{d}t}\mathrm{d}t = \int_{0_-}^{0_+} k\delta(t)\,\mathrm{d}t \tag{9-68}$$

在上式中，由于 Ri_L 不是冲激函数，所以这一项积分为零，故

$$L[i_L(0_+) - i_L(0_-)] = k$$

$$i_L(0_+) = \frac{k}{L}$$

将上式代入式(9-66)中，可求得积分常数 $A = \frac{k}{L}$，将 A 代回式(9-66)求出电感电流

$$i_L = \frac{k}{L}\mathrm{e}^{-\frac{t}{\tau}} = \frac{k}{L}\mathrm{e}^{-\frac{R}{L}t}\,\varepsilon(t)$$

电感电压为

$$u_L = L\frac{\mathrm{d}i_L}{\mathrm{d}t} = k\left[\mathrm{e}^{-\frac{R}{L}t}\delta(t) - \frac{R}{L}\mathrm{e}^{-\frac{R}{L}t}\,\varepsilon(t)\right]$$

$$= k\left[\delta(t) - \frac{R}{L}\mathrm{e}^{-\frac{R}{L}t}\,\varepsilon(t)\right]\mathrm{V}$$

电感电流、电压的波形如图 9-19(b)、图 9-19(c)所示。在 $t = 0$ 瞬间，冲激电压源 $k\delta(t)$ 全部流入电感，给电感储存磁场能量，使电感电流发生跃变。随后电源支路相当于短路，电感通过电阻释放能量，电感电压降低，放电电流逐渐减小，直至为零。

9.7.4　冲激响应与阶跃响应的关系

前面已经介绍过，单位冲激函数在时间段 $-\infty$ 到 t 的积分就是单位阶跃函数；单位阶跃函数的微分就是单位冲激函数。而冲激响应与阶跃响应之间也存在类似的关系。设一阶电路的阶跃响应为 $s(t)$，一阶电路的冲激响应为 $h(t)$，它们之间的关系为

$$h(t) = \frac{\mathrm{d}s(t)}{\mathrm{d}t} \tag{9-69}$$

$$s(t) = \int_{-\infty}^{t} h(t)\,\mathrm{d}t \tag{9-70}$$

现在我们来证明这种关系。图 9-17(a)所示的单位脉冲函数可以用两个阶跃函数之差来表示，即

$$f(t)=\frac{1}{\Delta}[\varepsilon(t)-\varepsilon(t-\Delta)]$$

电路对单位脉冲函数的响应为$\frac{1}{\Delta}[s(t)-s(t-\Delta)]$,由此可求出电路对单位冲激函数的响应,有

$$h(t)=\lim_{\Delta\to 0}\frac{1}{\Delta}[s(t)-s(t-\Delta)]$$

应用罗必塔法则将上式分子分母对Δ求导,可得

$$h(t)=\lim_{\Delta\to 0}\frac{\mathrm{d}[s(t)-s(t-\Delta)]}{\mathrm{d}\Delta}=\lim_{\Delta\to 0}\frac{\mathrm{d}s(t-\Delta)}{\mathrm{d}(t-\Delta)}$$
$$=\frac{\mathrm{d}s(t)}{\mathrm{d}t}$$

即线性电路的单位阶跃响应对时间的导数就是该电路的单位冲激响应;反之,线性电路的单位冲激响应对时间的积分就是该电路的单位阶跃响应,即

$$s(t)=\int_{-\infty}^{t}h(t)\mathrm{d}t$$

例如,对于计算图9-20所示电路的单位冲激响应,我们可以先用三要素法计算该电路的单位阶跃响应 $u_C(t)=s(t)=(1-\mathrm{e}^{-\frac{t}{RC}})\ \varepsilon(t)$, 然后再用微分求其单位冲激响应。

$$u_C(t)=h(t)=\frac{\mathrm{d}s(t)}{\mathrm{d}t}=\frac{\mathrm{d}}{\mathrm{d}t}(1-\mathrm{e}^{-\frac{t}{RC}})\ \varepsilon(t)$$
$$=\frac{1}{RC}\mathrm{e}^{-\frac{t}{RC}}\varepsilon(t)+(1-\mathrm{e}^{-\frac{t}{RC}})\delta(t)$$
$$=\frac{1}{RC}\mathrm{e}^{-\frac{t}{RC}}\varepsilon(t)$$

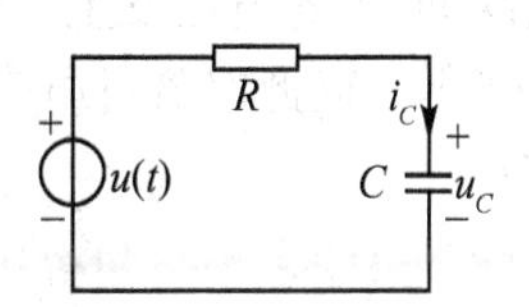

图9-20　R、C电路的冲激响应

9.7.5　电容电压和电感电流的跃变

前面在分析一阶电路的冲激响应过程中,已经介绍了当电路中存在冲激电源时,电容电压和电感电流在换路前后瞬间发生跃变。除此之外,在以下介绍的两种情况下,电容电压和电感电流在换路前后瞬间也将要发生跃变。由于电容电压和电感电流的跃变,也会在电路中产生冲激响应。

1. 换路后由纯电容构成的回路或由电容与电压源构成的回路

图9-21(a)所示电路为理想电压源与零初始条件电容、电阻并联电路接通,换路后的电路有电容与电压源构成的回路,我们现在通过一个例题来分析电容电压与电流的变化规律。

例9-8　图9-21(a)所示电路中,已知电源电压 $U_S=300\mathrm{V}$, $C_1=50\mu\mathrm{F}$, $C_2=100\mu\mathrm{F}$, $R_1=5\,000\Omega$, $R_2=10\,000\Omega$,电容原未充电。求开关S闭合后两个电容的电压和电流的变化规律。

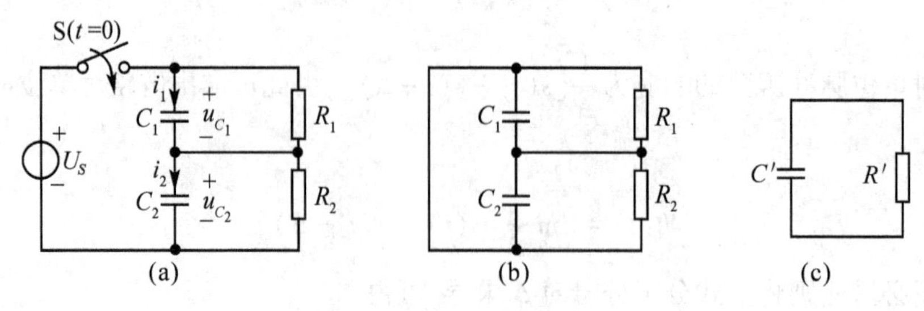

图 9-21　R、C 电路的响应

解　此电路虽然有两个电容,但是电容电压 u_{C_1}、u_{C_2} 只有一个是独立的,即只有一个独立的储能元件。所以该电路还是一阶电路,可以用三要素法进行分析。

在换路之前由于电容未充电,即 $u_{C_1}(0_-)=u_{C_2}(0_-)=0$,而在换路之后瞬间电路中左边回路应满足 KVL 方程:

$$u_{C_1}(0_+)+u_{C_2}(0_+)=U_S \tag{9-71}$$

显然,在换路前后电容电压发生了跃变,现在来求电容电压的初值。在电压源与电容接通瞬间,电容电压发生了跃变,由电容电流与电容电压的关系分析,此时电容电流必定为冲击函数。而此时流过电阻的电流相比之下较小,可以忽略。即可以认为电路中两电容电流相等

$$i_1=C_1\frac{\mathrm{d}u_{C_1}}{\mathrm{d}t}=i_2=C_2\frac{\mathrm{d}u_{C_2}}{\mathrm{d}t} \tag{9-72}$$

于是可以得到在换路之后瞬间有

$$C_1u_{C_1}(0_+)=C_2u_{C_2}(0_+) \tag{9-73}$$

也就是说,在换路之后瞬间两电容器所充的电荷量相等。联立求解式(9-71)、式(9-73)得

$$u_{C_1}(0_+)=\frac{C_2}{C_1+C_2}U_S=200\text{V}$$

$$u_{C_2}(0_+)=\frac{C_1}{C_1+C_2}U_S=100\text{V}$$

当电路达到稳态之后,电容相当于开路,所以两个电容器的稳态电压为

$$u_{C_1}(\infty)=\frac{R_1}{R_1+R_2}U_S=100\text{V}$$

$$u_{C_2}(\infty)=\frac{R_2}{R_1+R_2}U_S=200\text{V}$$

将电压源短接求电路的时间常数,如图 9-21(b) 所示。两个电容和两个电阻分别变成为并联,如图 9-21(c) 所示。其等效电容和等效电阻为

$$C'=C_1+C_2=150\mu\text{F}$$

$$R' = \frac{R_1 R_2}{R_1 + R_2} = 3\ 333\Omega$$

电路的时间常数 $\tau = R'C' = 150 \times 10^{-6} \times 3\ 333 = 0.5\text{s}$。所以两个电容的电压分别为

$$u_{C_1} = 100 + (200 - 100)\text{e}^{-2t} = (100 + 100\text{e}^{-2t})\varepsilon(t)\text{V}$$

$$u_{C_2} = 200 + (100 - 200)\text{e}^{-2t} = (200 - 100\text{e}^{-2t})\varepsilon(t)\text{V}$$

两个电容的电流分别为

$$i_1 = C_1 \frac{\text{d}u_{C_1}}{\text{d}t} = 50 \times 10^{-6}\{[(-2) \times 100\text{e}^{-2t}]\varepsilon(t) + (100 + 100\text{e}^{-2t})\delta(t)\}$$

$$= -0.01\text{e}^{-2t}\varepsilon(t) + 0.01\delta(t)\text{A}$$

$$i_2 = C_2 \frac{\text{d}u_{C_2}}{\text{d}t} = 100 \times 10^{-6}\{[(-2) \times (-100\text{e}^{-2t})]\varepsilon(t) + (200 - 100\text{e}^{-2t})\delta(t)\}$$

$$= 0.02\text{e}^{-2t}\varepsilon(t) + 0.01\delta(t)\text{A}$$

例 9-9 如图 9-22 所示电路开关 S 闭合前已处于稳定状态，电容 C_2 原未充电。已知 $U_S = 100\text{V}, C_1 = 2\mu\text{F}, C_2 = 3\mu\text{F}, R = 1\ 000\Omega$。在 $t = 0$ 时开关 S 闭合，求 $t \geqslant 0$ 时的电容电压和各支路电流。

解 虽然该电路在换路之后有两个电容，但它们的电压是不独立的，所以还是一个一阶电路，仍然可以用三要素法分析。我们首先计算电容电压的初值。由于开关 S 闭合前电路已处于稳定状态，电容 C_1 的电压应等于电源电压，即 $u_{C_1}(0_-) = U_S = 100\text{V}$。由于电容 C_2 原未充电，故 $u_{C_2}(0_-) = 0\text{V}$。从开关 S 闭合后瞬间开始，两电容直接并联，并联后的等效电容为 $C = C_1 + C_2$。两个电容的电压应相等，即 $u_{C_1}(0_+) = u_{C_2}(0_+)$。也就是说在换路前后瞬间，两个电容器的电压都发生了跃变。在换路前后瞬间，两个电容器应遵循的规律是 $q(0_-) = q(0_+)$。即 $C_1 u_{C_1}(0_-) = (C_1 + C_2)u_C(0_+)$，代入数值可得

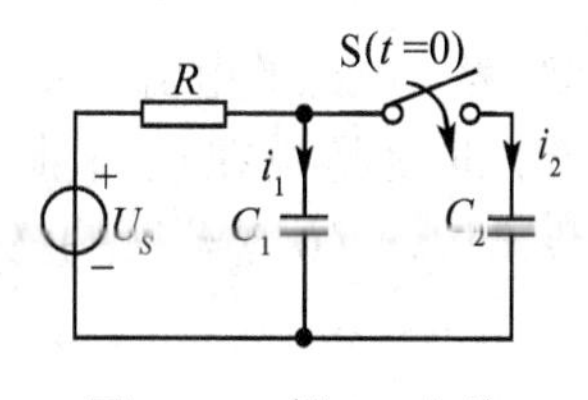

图 9-22 例 9-9 电路

$$u_C(0_+) = \frac{C_1}{C_1 + C_2} u_{C_1}(0_-) = 40\text{V}$$

两个电容电压的初值 $u_{C_1}(0_+) = u_{C_2}(0_+) = 40\text{V}$

两个电容电压的稳态值 $u_{C_1}(\infty) = u_{C_2}(\infty) = 100\text{V}$

电路的时间常数为 $\tau = RC = 1\ 000 \times (2 + 3) \times 10^{-6} = 5\text{ms}$。两个电容的电压分别为

$$u_{C_1}(t) = 100 + (40 - 100)\text{e}^{-200t} = 100 - 60\text{e}^{-200t} = 100 - 60\text{e}^{-200t}\varepsilon(t)\text{V}$$

$$u_{C_2}(t) = 100 + (40 - 100)\text{e}^{-200t} = (100 - 60\text{e}^{-200t})\varepsilon(t)\text{V}$$

两个电容的电流分别为

$$i_1 = C_1 \frac{\text{d}u_{C_1}}{\text{d}t} = 2 \times 10^{-6}\{[(-200) \times (-60\text{e}^{-200t})]\varepsilon(t) + (-60\text{e}^{-200t})\delta(t)\}$$

$$= 0.024\text{e}^{-200t}\varepsilon(t) - 1.2 \times 10^{-4}\delta(t)\text{A}$$

$$i_2 = C_2 \frac{\mathrm{d}u_{C_2}}{\mathrm{d}t} = 3 \times 10^{-6}\{[(-200) \times (-60\mathrm{e}^{-200t})]\varepsilon(t) + (100 - 60\mathrm{e}^{-200t})\delta(t)\}$$

$$= 0.036\mathrm{e}^{-200t}\varepsilon(t) + 1.2 \times 10^{-4}\delta(t)\mathrm{A}$$

2. 换路后由纯电感构成的割集或由电感与电流源构成的割集

图 9-23 所示电路为换路后由纯电感构成的割集,这种电路中电感电流在换路前后将发生跃变。我们现在通过一个例题来分析电感电流的变化规律。

例 9-10　如图 9-23 所示电路在开关 S 断开之前已处于稳定状态。当 $t=0$ 时开关 S 断开,求 $t \geqslant 0$ 时回路中的电流 i。已知 $E = 10\mathrm{V}, R_1 = 2\Omega, R_2 = 3\Omega, L_1 = 0.3\mathrm{H}, L_2 = 0.1\mathrm{H}$。

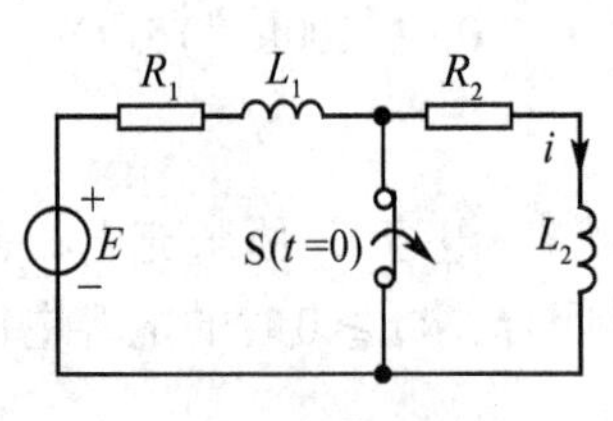

图 9-23　例 9-10 电路

解　虽然该电路在换路之后有两个电感,但它们的电流是不独立的,所以还是一个一阶电路,仍然可以用三要素法分析。我们首先计算电感电流的初值。由于开关 S 断开前电路已处于稳定状态,电感 L_1 的电流可以计算出来,即 $i_{L_1}(0_-) = E/R_1 = 10/2 = 5\mathrm{A}$。由于电感 L_2 原被开关短接,故 $i_{L_2}(0_-) = 0\mathrm{A}$。从开关 S 断开后瞬间开始,两电感直接串联,串联后的等效电感为 $L = L_1 + L_2$。两个电感的电流应相等,即 $i_{L_1}(0_+) = i_{L_2}(0_+)$,也就是说,在换路前后瞬间,两个电感的电流都发生了跃变。在换路前后瞬间,两个电感元件的磁场能量的总和应相等,也就是说在换路前后瞬间两个电感元件应遵循的规律是磁链不变,$\psi(0_-) = \psi(0_+)$,即 $L_1 i_{L_1}(0_-) = (L_1 + L_2) i_L(0_+)$,代入数值可得

$$i_L(0_+) = \frac{L_1}{L_1 + L_2} i_{L_1}(0_-) = 3.75\mathrm{A}$$

两个电感电流的稳态值 $i_{L_1}(\infty) = i_{L_2}(\infty) = \dfrac{E}{R_1 + R_2} = 2\mathrm{A}$

电路的时间常数为 $\tau = \dfrac{L}{R} = \dfrac{0.3 + 0.1}{2 + 3} = \dfrac{1}{12.5}\mathrm{s}$。串联回路的电流为

$$i(t) = 2 + (3.75 - 2)\mathrm{e}^{-12.5t}$$

$$= (2 + 1.75\mathrm{e}^{-12.5t})\varepsilon(t)\mathrm{A}$$

9.8　二阶电路的零输入响应

当电路中有两个独立的储能元件时,称为二阶电路。描述这种二阶电路的方程是二阶微分方程。电路中有一个电感元件和一个电容元件的电路是一种典型的二阶电路。

9.8.1　R、L、C 电路的方程及求解

如图 9-24 所示 R、L、C 串联电路中,$t < 0$ 时电容已充电,其电压为 U_0。当 $t = 0$ 时开关 S 闭合,现在我们来分析 $t \geqslant 0$ 时电容电压、电感电压和回路电流的变化规律。$t > 0$ 时电路的电压方程为

$$u_R + u_L - u_C = 0$$

其中，$u_R = Ri = -RC\frac{\mathrm{d}u_C}{\mathrm{d}t}, u_L = L\frac{\mathrm{d}i}{\mathrm{d}t} = -LC\frac{\mathrm{d}^2 u_C}{\mathrm{d}t^2}$。将$u_R$、$u_L$代入上式，得到

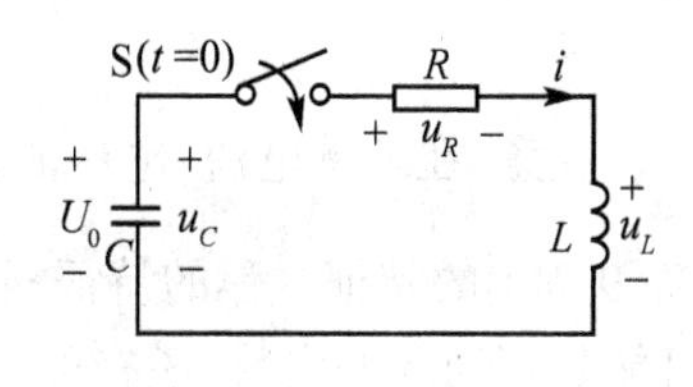

图 9-24 R、L、C 放电电路

$$LC\frac{\mathrm{d}^2 u_C}{\mathrm{d}t^2} + RC\frac{\mathrm{d}u_C}{\mathrm{d}t} + u_C = 0 \tag{9-74}$$

上式是一个以电容电压为待求量的二阶常系数线性齐次方程。该方程的特征方程为

$$LCp^2 + RCp + 1 = 0$$

特征方程的特征根为

$$p_1 = -\frac{R}{2L} + \sqrt{\left(\frac{R}{2L}\right)^2 - \frac{1}{LC}} = -\delta + \sqrt{\delta^2 - \omega_0^2} \tag{9-75}$$

$$p_2 = -\frac{R}{2L} - \sqrt{\left(\frac{R}{2L}\right)^2 - \frac{1}{LC}} = -\delta - \sqrt{\delta^2 - \omega_0^2} \tag{9-76}$$

式中，$\delta = \frac{R}{2L}, \omega_0 = \frac{1}{\sqrt{LC}}$。方程的通解为

$$u_C = A_1 \mathrm{e}^{p_1 t} + A_2 \mathrm{e}^{p_2 t} \tag{9-77}$$

其中，A_1、A_2为积分常数。现在由电路的初始条件来确定积分常数。电路的初始条件为

$$u_C(0_+) = u_C(0_-) = U_0$$
$$i_L(0_+) = i_L(0_-) = 0$$

由于电感电流$i_L = -C\frac{\mathrm{d}u_C}{\mathrm{d}t}$，故可以得到$C\frac{\mathrm{d}u_C}{\mathrm{d}t}\bigg|_{t=0_+} = 0$。将电容电压的初始条件代入式(9-77)得到

$$A_1 + A_2 = U_0$$
$$p_1 A_1 + p_2 A_2 = 0$$

联立求解上面两个方程可得

$$A_1 = \frac{p_2}{p_2 - p_1}U_0$$

$$A_2 = -\frac{p_1}{p_2 - p_1}U_0$$

将求得的积分常数A_1、A_2代入式(9-77)，即可得到电容电压为

$$u_C = \frac{U_0}{p_2 - p_1}(p_2 \mathrm{e}^{p_1 t} - p_1 \mathrm{e}^{p_2 t}) \tag{9-78}$$

电感电流为

$$i_L = -C\frac{\mathrm{d}u_C}{\mathrm{d}t} = -\frac{U_0}{L(p_2 - p_1)}(\mathrm{e}^{p_1 t} - \mathrm{e}^{p_2 t}) \tag{9-79}$$

电感电压为

$$u_L = L\frac{\mathrm{d}i}{\mathrm{d}t} = -\frac{U_0}{p_2 - p_1}(p_1 e^{p_1 t} - p_2 e^{p_2 t}) \tag{9-80}$$

注意,在电感电流、电压的计算过程中应用了关系式 $p_1 p_2 = \frac{1}{LC}$。电容放电过程的规律与式(9-74)的特征方程的特征根 p_1、p_2 的性质有关。特征根 p_1、p_2 有可能是相等的实数,也有可能是不相等的实数,还有可能是不相等的虚数,这要取决于 R、L、C 参数之间的关系。现在分别进行讨论。

9.8.2　分三种情况讨论

1. $\delta > \omega_0 \left(R > 2\sqrt{\frac{L}{C}}\right)$

当 $\delta > \omega_0$ 时,p_1、p_2 是两个不相等的负实根,由式(9-78)可以看出,电容电压是衰减的指数函数。电容电压由两项组成,因为 $|p_1| < |p_2|$,又由于 $p_1 > p_2$,故有 $e^{p_1 t} > e^{p_2 t}$,电容电压 u_C 的第二项比第一项衰减得快些。电容电压的波形如图 9-25(a)所示,从图中可以看出,电容电压从 U_0 开始单调地衰减到零,电容一直处于放电状态,所以称这种情况为非振荡放电过程。

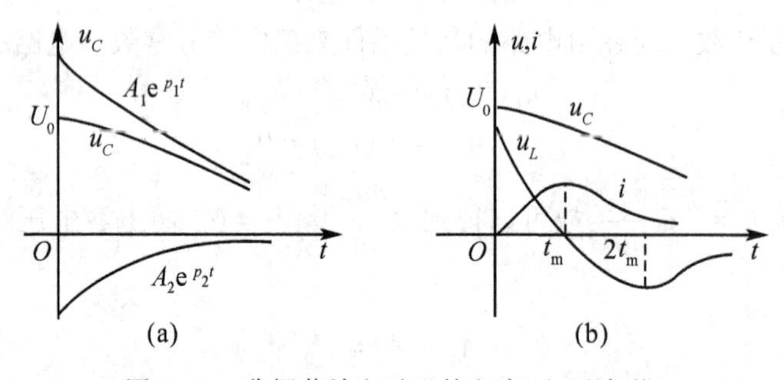

图 9-25　非振荡放电过程的电流、电压波形

图 9-25(b)绘出了电容电压、电感电流和回路电流随时间的变化曲线。由式(9-79)可知,当 $t=0$ 时,回路电流 $i=0$,此时电容电压最高,电感电压最高;随着时间的增加,回路电流逐渐增大,电容电压、电感电压逐渐减小;在这个过程中,电容释放电场能量,电阻将部分电场能量转变成为热能,电感将部分电场能量转变成为磁场能量。当 $t = t_m$ 时,回路电流达到最大,此时电容电压继续减小,电感电压减小到零,电感储存的磁场能量达到最大。当 $t > t_m$ 时,回路电流逐渐减小,此时电容电压继续减小,电感电压变为负值,即改变了方向,在这个过程中,电容继续释放电场能量,电感的磁场能量开始减少,这些能量全部由电阻吸收,转变成为热能。当这些能量全部被电阻消耗完时,$u_C = 0$,$u_L = 0$,$i = 0$。放电过程全部结束。

当 $t = t_m$ 时,回路电流达到最大,此时 $\frac{\mathrm{d}i_L}{\mathrm{d}t} = 0$,即电感电压 $u_L = 0$,也就是

$$p_1 e^{p_1 t_m} - p_2 e^{p_2 t_m} = 0$$

解得

$$t_m=\frac{\ln\frac{p_2}{p_1}}{p_1-p_2}$$

在 t_m 这一时刻,电感电压为零;当 $t\to\infty$ 时,电感电压也为零。在 t_m 到 ∞ 之间这一区间,电感电压有一个极小值,其出现的时间为$\frac{du_L}{dt}=0$ 这一时刻。因而有

$$t=2\frac{\ln\frac{p_2}{p_1}}{p_1-p_2}=2t_m$$

2. $\delta<\omega_0\left(R<2\sqrt{\frac{L}{C}}\right)$

当 $\delta<\omega_0$ 时,p_1、p_2 是一对共轭复根

$$p_1=-\delta+\sqrt{\delta^2-\omega_0^2}=-\delta+j\sqrt{\omega_0^2-\delta^2}=-\delta+j\omega \tag{9-81}$$

$$p_2=-\delta-\sqrt{\delta^2-\omega_0^2}=-\delta-j\sqrt{\omega_0^2-\delta^2}=-\delta-j\omega \tag{9-82}$$

式中,$\omega=\sqrt{\omega_0^2-\delta^2}$,将 p_1、p_2 代入式(9-78)中,得到电容电压

$$\begin{aligned}u_C&=\frac{U_0}{p_2-p_1}(p_2e^{p_1t}-p_1e^{p_2t})\\&=\frac{U_0}{(-\delta-j\omega)-(-\delta+j\omega)}[(-\delta-j\omega)e^{(-\delta+j\omega)t}-(-\delta+j\omega)e^{(-\delta-j\omega)t}]\\&=-\frac{U_0}{2j\omega}e^{-\delta t}[-\delta(e^{j\omega t}-e^{-j\omega t})-j\omega(e^{j\omega t}+e^{-j\omega t})]\\&=U_0e^{-\delta t}\left\{\frac{\delta}{\omega}\left[\frac{1}{2j}(e^{j\omega t}-e^{-j\omega t})+\frac{1}{2}(e^{j\omega t}+e^{-j\omega t})\right]\right\}\\&=\frac{\omega_0}{\omega}U_0e^{-\delta t}\left(\frac{\delta}{\omega_0}\sin\omega t+\frac{\omega}{\omega_0}\cos\omega t\right)\end{aligned}$$

用一个直角三角形来描述 ω、ω_0 与 δ 的关系,如图9-26所示。由图中可以得出:$\frac{\delta}{\omega_0}=\cos\beta$,$\frac{\omega}{\omega_0}=\sin\beta$。于是电容电压的表示式为

$$\begin{aligned}u_C&=\frac{\omega_0}{\omega}U_0e^{-\delta t}(\cos\beta\sin\omega t+\sin\beta\cos\omega t)\\&=\frac{\omega_0}{\omega}U_0e^{-\delta t}\sin(\omega t+\beta)\end{aligned} \tag{9-83}$$

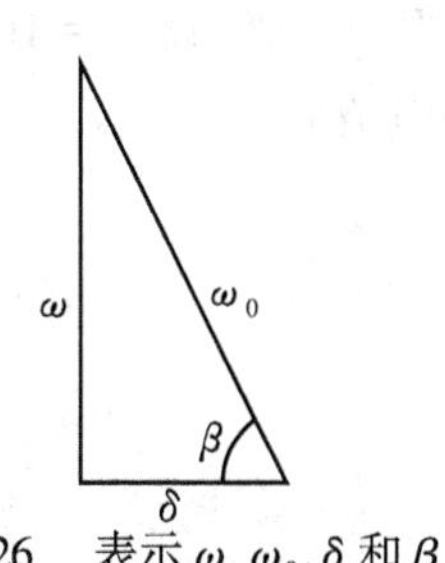

图9-26　表示 ω、ω_0、δ 和 β 相互关系的三角形

回路电流为

$$i = -C\frac{\mathrm{d}u_C}{\mathrm{d}t} = \frac{U_0}{\omega L}\mathrm{e}^{-\delta t}\sin\omega t \tag{9-84}$$

电感电压为

$$u_L = L\frac{\mathrm{d}i}{\mathrm{d}t} = -\frac{\omega_0}{\omega}U_0\mathrm{e}^{-\delta t}\sin(\omega t - \beta) \tag{9-85}$$

从电容电压的表达式可以看出，它是一个振幅按指数规律衰减的正弦函数，其振幅的变化规律是 $\pm\frac{\omega_0}{\omega}U_0\mathrm{e}^{-\delta t}$，它的波形是以此为包络线的衰减的正弦曲线，电容电压幅值衰减的快慢取决于 δ，故称它为衰减系数。δ 数值越小，幅值衰减越慢；当 $\delta = 0$ 时，即电阻 $R = 0$ 时，幅值就不衰减，电容电压波形就是一个等幅振荡波形。电容电压作周期性变化，即是说它的极板电压时正时负，这说明电容并不是一直处于放电状态，而是处于放电和充电的交替状态，也就是说，电容和电感之间存在着能量交换，这种能量交换是通过电流来实现的，电流方向的不断改变，正好说明了能量在电容与电感之间转移。在能量的转移过程中，电阻总是消耗能量的，使整个电路系统的能量减少，从而使电容电压的振幅值衰减。当 $t \to \infty$ 时，电容电压衰减到零，电容的放电过程结束。正弦函数的角频率为 ω，称为电路的固有角频率。

电路的这种状态称为振荡放电。电容电压和回路电流的波形如图 9-27 所示；振荡放电过程中电感电压的波形如图 9-28 所示。

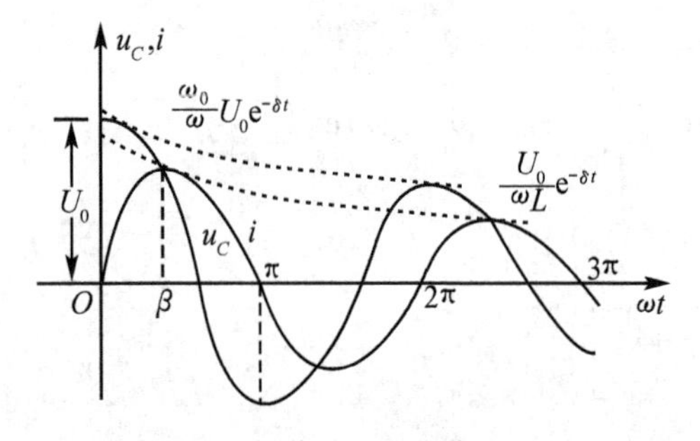

图 9-27　振荡放电过程中 u_C、i 波形

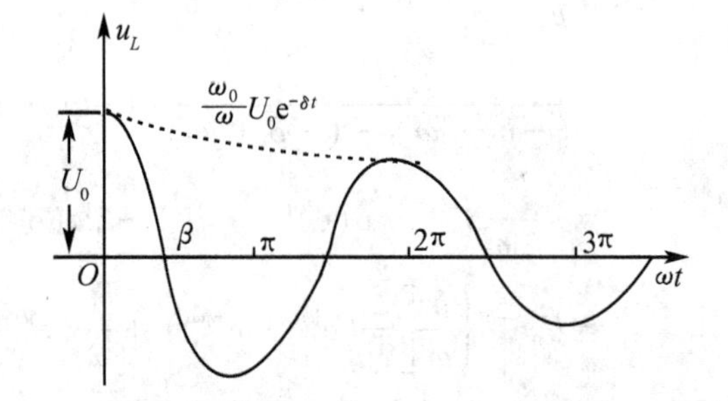

图 9-28　振荡放电过程中 u_L 波形

例 9-11　图 9-29 电路中开关 S 原来是闭合的，且电路已处于稳定状态。已知 $U = 200\mathrm{V}$，$R = R_1 = 1\,000\Omega$，$C = 100\mu\mathrm{F}$，$L = 10\mathrm{H}$。开关 S 在 $t = 0$ 时断开，试求 $t \geqslant 0$ 时的电容电压 u_C 和回路电流 i。

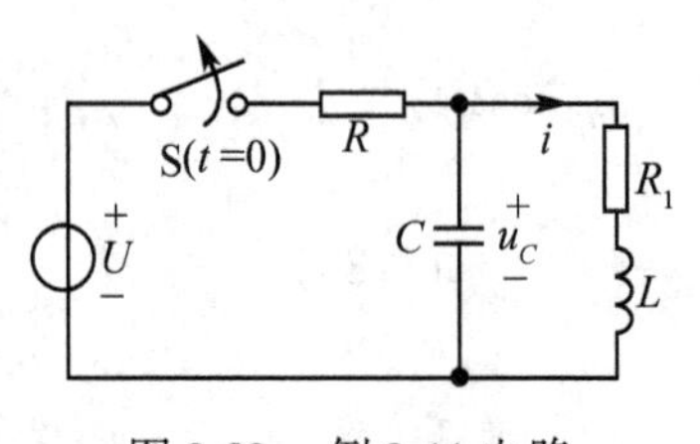

图 9-29　例 9-11 电路

解 当开关 S 在 $t=0$ 时断开，即 $t \geqslant 0$ 时，电路的 KVL 方程为

$$LC\frac{\mathrm{d}^2u_C}{\mathrm{d}t^2}+RC\frac{\mathrm{d}u_C}{\mathrm{d}t}+u_C=0$$

该方程的特征方程为

$$LCp^2+RCp+1=0$$

代入 R、L、C 的参数可得：$10^{-3}p^2+10^{-1}p+1=0$，即

$$p^2+100p+1\,000=0$$

特征方程的特征根为

$$p_1=\frac{-100+\sqrt{10\,000-4\,000}}{2}=-11.27$$

$$p_2=\frac{-100-\sqrt{10\,000-4\,000}}{2}=-88.73$$

方程的解为

$$u_C=A_1\mathrm{e}^{-11.27t}+A_2\mathrm{e}^{-88.73t}$$

回路中的电流为

$$i=-C\frac{\mathrm{d}u_C}{\mathrm{d}t}=-100\times10^{-6}(-11.27A_1\mathrm{e}^{-11.27t}-88.73A_2\mathrm{e}^{-88.73t})$$

其中，A_1、A_2 为积分常数。现在由电路的初始条件来确定积分常数。在换路之前电路已处于稳定状态，即

$$i(0_-)=\frac{U}{R+R_1}=\frac{200}{2\,000}=0.1\text{A}$$

$$u_C(0_-)=R_1\times i(0_-)=1\,000\times0.1=100\text{V}$$

电路的初始条件为：$u_C(0_+)=u_C(0_-)=100\text{V}$，$i_L(0_+)=i_L(0_-)=0.1\text{A}$。代入电容电压 u_C 和回路电流 i 的表达式，可得

$$A_1+A_2=100$$

$$-100\times10^{-6}(-11.27A_1-88.73A_2)=0.1$$

解得 $A_1=101.62$，$A_2=-1.640$。最后求得电容电压 u_C 和回路电流 i 的值：

$$u_C=(101.62\mathrm{e}^{-11.27t}-1.620\mathrm{e}^{-88.73t})\text{V}\quad(t\geqslant0_+)$$

$$i=-100\times10^{-6}(-11.27\times101.62\mathrm{e}^{-11.27t}+88.73\times1.620\mathrm{e}^{-88.73t})$$

$$=(0.1145\mathrm{e}^{-11.27t}-0.01437\mathrm{e}^{-88.73t})\text{A}\quad(t\geqslant0_+)$$

3. $\boldsymbol{\delta=\omega_0}\left(\boldsymbol{R=2\sqrt{\frac{L}{C}}}\right)$

当 $\delta=\omega_0$ 时，p_1、p_2 是一对相等的负实根

$$p_1=p_2=-\delta \tag{9-86}$$

此时将 $p_1=p_2=-\delta$ 代入式(9-78) 计算电容电压：

$$u_C=\frac{U_0}{p_2-p_1}(p_2\mathrm{e}^{p_1t}-p_1\mathrm{e}^{p_2t})$$

由于 $p_1 = p_2$，上式电容电压是一个不定式。利用罗必达法则来计算其结果，即

$$u_C = U_0 \lim_{p_1 \to p_2} \frac{\dfrac{d}{dp_1}(p_2 e^{p_1 t} - p_1 e^{p_2 t})}{\dfrac{d}{dp_1}(p_2 - p_1)}$$

$$= U_0 \lim_{p_1 \to p_2} \frac{p_2 t e^{p_1 t} - e^{p_2 t}}{-1} = U_0(1 - p_2 t) e^{p_2 t}$$

$$= U_0(1 + \delta t) e^{-\delta t} \tag{9-87}$$

同时可以求出回路电流和电感电压

$$i = -C \frac{du_C}{dt} = \frac{U_0}{L} t e^{-\delta t} \tag{9-88}$$

$$u_L = L \frac{di}{dt} = U_0(1 - \delta t) e^{-\delta t} \tag{9-89}$$

从以上 3 个式子可以看出，电容电压、回路电流和电感电压是单调衰减函数，电路的放电过程仍然属于非振荡性质。但是，它正好介于振荡与非振荡之间，所以称它为临界非振荡状态。此时的电阻值 $R = 2\sqrt{\dfrac{L}{C}}$ 称为临界电阻。其波形图与图 9-25 相似。令 $\dfrac{di}{dt} = 0$，可以得到电流最大值出现的时间为

$$t = t_m = \frac{1}{\delta}$$

根据以上分析可知，二阶电路的零输入响应的变化规律取决于特征方程的特征根，而特征根又取决于电路的结构和电路的参数；当电阻值 $R > 2\sqrt{\dfrac{L}{C}}$ 时，电路的响应为非振荡性质，习惯上称它为过阻尼情况；当电阻值 $R = 2\sqrt{\dfrac{L}{C}}$ 时，电路的响应为临界状态，习惯上称它为临界阻尼情况；当电阻值 $R < 2\sqrt{\dfrac{L}{C}}$ 时，电路的响应为振荡性质，习惯上称它为欠阻尼情况，当电阻值 $R = 0$ 时，电路的响应为等幅振荡，习惯上称它为无阻尼情况。

9.9　二阶电路的零状态响应及阶跃响应

如图 9-30 所示的 R、L、C 串联电路中，电容 C 原先没有储存能量，开关 S 原来是断开的，且电路已处于稳定状态。开关 S 在 $t = 0$ 时闭合与直流电源接通，求 $t \geqslant 0$ 时的电容电压 u_C、回路电流 i 和电感电压 u_L。这就是 R、L、C 串联电路在阶跃函数激励下的零状态响应。

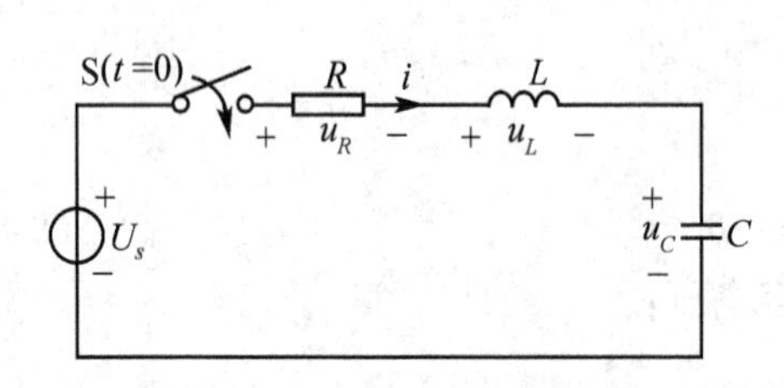

图 9-30　R、L、C 电路的阶跃响应

9.9.1 R、L、C 电路的方程及求解

如图9-30所示 R、L、C 串联电路中,$t<0$ 时电容没有充电,其电压为0。当 $t=0$ 时开关S闭合,现在我们来分析 $t\geqslant 0$ 时电容电压、电感电压和回路电流的变化规律。$t>0$ 时电路的电压方程为

$$u_R+u_L+u_C=U_S$$

其中:$u_R=Ri=RC\dfrac{\mathrm{d}u_C}{\mathrm{d}t}$,$u_L=L\dfrac{\mathrm{d}i}{\mathrm{d}t}=LC\dfrac{\mathrm{d}^2u_C}{\mathrm{d}t^2}$。将 u_R、u_L 代入上式得到

$$LC\frac{\mathrm{d}^2u_C}{\mathrm{d}t^2}+RC\frac{\mathrm{d}u_C}{\mathrm{d}t}+u_C=U_S \tag{9-90}$$

上式是一个以电容电压为待求量的二阶常系数线性非齐次方程。该方程的特解即电容电压 u_C 的稳态解 $u'_C=U_S$,补函数即电容电压 u_C 的暂态解 u''_C 为式(9-90)相对应的齐次微分方程

$$LC\frac{\mathrm{d}^2u_C}{\mathrm{d}t^2}+RC\frac{\mathrm{d}u_C}{\mathrm{d}t}+u_C=0 \tag{9-91}$$

的通解,即

$$u''_C=A_1\mathrm{e}^{p_1t}+A_2\mathrm{e}^{p_2t} \tag{9-92}$$

回路电流为

$$i''=C\frac{\mathrm{d}u''_C}{\mathrm{d}t}=C(p_1A_1\mathrm{e}^{p_1t}+p_2A_2\mathrm{e}^{p_2t}) \tag{9-93}$$

9.9.2 分三种情况讨论

1. $\delta>\omega_0\left(R>2\sqrt{\dfrac{L}{C}}\right)$,非振荡充电过程

电容电压:

$$u_C=u'_C+u''_C=U_S+A_1\mathrm{e}^{p_1t}+A_2\mathrm{e}^{p_2t} \tag{9-94}$$

回路电流:

$$i=C\frac{\mathrm{d}u_C}{\mathrm{d}t}=C(p_1A_1\mathrm{e}^{p_1t}+p_2A_2\mathrm{e}^{p_2t}) \tag{9-95}$$

根据电路的初始条件来确定积分常数 A_1、A_2。电路的初始条件为:$u_C(0_+)=u_C(0_-)=0$,$i(0_+)=i(0_-)=0$,将此条件代入式(9-94)、式(9-95),可以得到

$$U_S+A_1+A_2=0$$
$$C(p_1A_1+p_2A_2)=0$$

解得

$$A_1=-\frac{p_2U_S}{p_2-p_1},A_2=\frac{p_1U_S}{p_2-p_1}$$

于是得到电容电压:

$$u_C = U_S - \frac{p_2 U_S}{p_2 - p_1}\mathrm{e}^{p_1 t} + \frac{p_1 U_S}{p_2 - p_1}\mathrm{e}^{p_2 t}$$

$$= U_S - \frac{U_S}{p_2 - p_1}(p_2 \mathrm{e}^{p_1 t} - p_1 \mathrm{e}^{p_2 t}) \tag{9-96}$$

回路电流：

$$i = C\left(-p_1 \frac{p_2 U_S}{p_2 - p_1}\mathrm{e}^{p_1 t} + p_2 \frac{p_1 U_S}{p_2 - p_1}A_2 \mathrm{e}^{p_2 t}\right)$$

由于 $p_1 p_2 = \frac{1}{LC}$，代入上式可得

$$i = \frac{U_S}{L(p_1 - p_2)}(\mathrm{e}^{p_1 t} - \mathrm{e}^{p_2 t}) \tag{9-97}$$

电感电压：

$$u_L = L\frac{\mathrm{d}i}{\mathrm{d}t} = \frac{U_S}{p_1 - p_2}(p_1 \mathrm{e}^{p_1 t} - p_2 \mathrm{e}^{p_2 t}) \tag{9-98}$$

电容电压、回路电流、电感电压随时间的变化曲线如图 9-31 所示。由于 $\delta > \omega_0\left(R > 2\sqrt{\frac{L}{C}}\right)$，$p_1$、$p_2$ 是两个不相等的负实根，所以电容电压、回路电流、电感电压不会出现周期性的变化，电容连续充电，电压 u_C 单调上升最终接近于电源电压 U_S，因而称这种充电过程为非振荡充电。

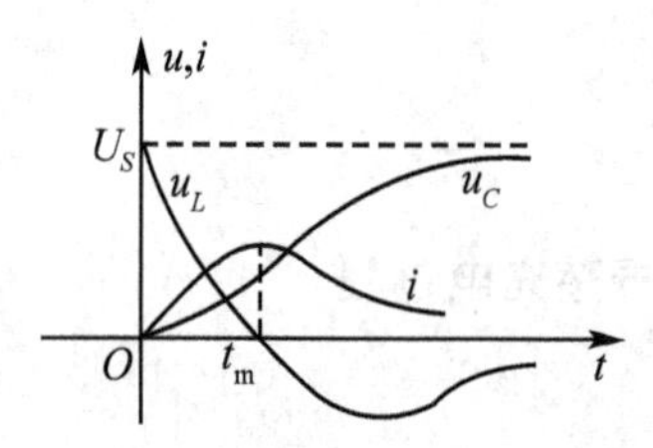

图 9-31　非振荡充电过程中 u_C、u_L、i 的变化曲线

2. $\delta < \omega_0\left(R < 2\sqrt{\frac{L}{C}}\right)$，振荡充电过程

根据上一节的分析可知，当 $\delta < \omega_0\left(R < 2\sqrt{\frac{L}{C}}\right)$ 时，二阶齐次微分方程的特征方程的特征根 p_1、p_2 是两个不相等的共轭复根：$p_1 = -\delta + \mathrm{j}\omega$、$p_2 = -\delta - \mathrm{j}\omega$。将 p_1、p_2 的值代入式(9-91)，经过运算整理可得到电容电压的暂态解

$$u_C'' = A\mathrm{e}^{-\delta t}\sin(\omega t + \beta) \tag{9-99}$$

上式中的 A、β 为待定积分常数。电容电压的通解为

$$u_C = u_C' + u_C'' = U_S + A\mathrm{e}^{-\delta t}\sin(\omega t + \beta) \tag{9-100}$$

回路电流：

$$i = C\frac{\mathrm{d}u_C}{\mathrm{d}t} = CA\omega\mathrm{e}^{-\delta t}\cos(\omega t + \beta) - A\delta\mathrm{e}^{-\delta t}\sin(\omega t + \beta) \tag{9-101}$$

现在,根据电路的初始条件来确定积分常数 A、β。电路的初始条件为:$u_C(0_+) = u_C(0_-) = 0, i(0_+) = i(0_-) = 0$,将此条件代入式(9-100)、式(9-101)可以得出

$$U_S + A\sin\beta = 0$$

$$CA\omega\cos\beta - A\delta\sin\beta = 0$$

解得

$$A = -\frac{U_S}{\sin\beta} = -\frac{\omega_0}{\omega}U_S, \beta = \arctan\frac{\omega}{\delta}$$

将积分常数 A、β 的值代入式(9-100)、式(9-101),可以得到电容电压

$$u_C = u'_C + u''_C = U_S - \frac{\omega_0}{\omega}U_S\mathrm{e}^{-\delta t}\sin\left(\omega t + \arctan\frac{\omega}{\delta}\right) \tag{9-102}$$

回路电流:

$$i = C\frac{\mathrm{d}u_C}{\mathrm{d}t} = \frac{U_S}{\omega L}\mathrm{e}^{-\delta t}\sin\omega t \tag{9-103}$$

电感电压:

$$u_L = L\frac{\mathrm{d}i}{\mathrm{d}t} = -\frac{\omega_0}{\omega}U_S\mathrm{e}^{-\delta t}\sin(\omega t + \beta) \tag{9-104}$$

图 9-32 画出了电容电压和回路电流随时间的变化曲线。由曲线可以看出,当 $\delta < \omega_0\left(R < 2\sqrt{\frac{L}{C}}\right)$ 时,电路发生振荡充电过程,电容电压的最大值要超过电源电压。当 t 趋向于无穷大时,即电路达到新的稳态时,电容电压接近于外加电源电压 U_S,而回路电流趋近于零。

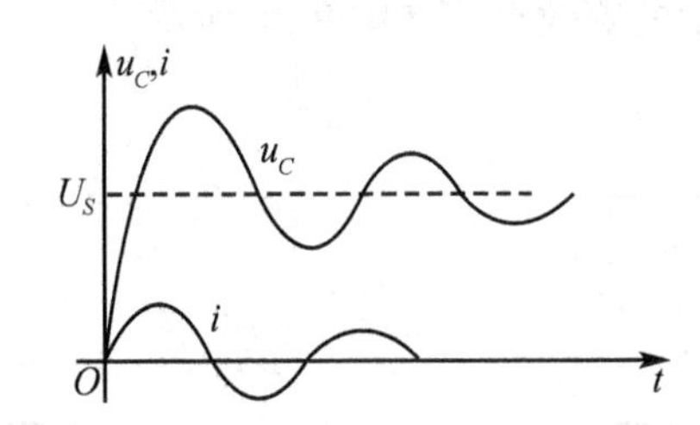

图 9-32　振荡充电过程中 u_C、i 的变化曲线

3. $\delta = \omega_0\left(R = 2\sqrt{\frac{L}{C}}\right)$,临界非振荡充电过程

当 $\delta = \omega_0\left(R = 2\sqrt{\frac{L}{C}}\right)$ 时,二阶齐次微分方程的特征方程的特征根 p_1、p_2 是两个相等的负实根:$p_1 = p_2 = -\delta$。将 p_1、p_2 代入式(9-96),可得到电容电压的通解

$$
\begin{aligned}
u_C &= U_S - \frac{U_S}{p_2 - p_1}(p_2 \mathrm{e}^{p_1 t} - p_1 \mathrm{e}^{p_2 t}) \\
&= U_S - U_S \lim_{p_1 \to p_2} \frac{\dfrac{\mathrm{d}}{\mathrm{d}p_1}(p_2 \mathrm{e}^{p_1 t} - p_1 \mathrm{e}^{p_2 t})}{\dfrac{\mathrm{d}}{\mathrm{d}p_1}(p_2 - p_1)} \\
&= U_S - U_S(1 + \delta t)\mathrm{e}^{-\delta t}
\end{aligned} \tag{9-105}
$$

回路电流：

$$
i = C\frac{\mathrm{d}u_C}{\mathrm{d}t} = \frac{U_S}{L} t \mathrm{e}^{-\delta t} \tag{9-106}
$$

电感电压：

$$
u_L = L\frac{\mathrm{d}i}{\mathrm{d}t} = U_S(1 - \delta t)\mathrm{e}^{-\delta t} \tag{9-107}
$$

当 $\delta = \omega_0 \left(R = 2\sqrt{\dfrac{L}{C}} \right)$ 时,电路发生临界非振荡充电过程。电容电压、回路电流和电感电压随时间的变化曲线与非振荡充电过程相似。

9.10　二阶电路的冲激响应

当冲激电源作用于零状态电路时,其响应称为冲激响应。要计算二阶电路的冲激响应,可以采用计算一阶电路的冲激响应相同的方法。我们可以从冲激函数的定义出发,直接计算冲激响应;也可以利用本章第 9.7 节中已经学习过的一阶电路的冲激响应与阶跃响应的关系,即一阶线性电路的单位阶跃响应对时间 t 的微分就是该电路的单位冲激响应。对于二阶电路,这个结论仍然适用。现在我们来计算图 9-33、图 9-34 所示电路的冲激响应 u_C。

当 $t > 0$ 时,图 9-33 所示的等效电路如图 9-34 所示。

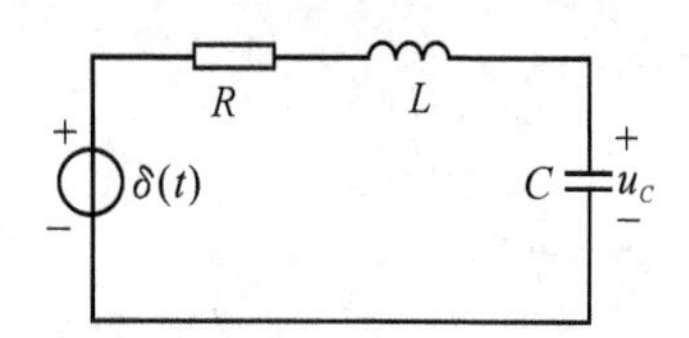

图 9-33　R、L、C 电路的冲激响应

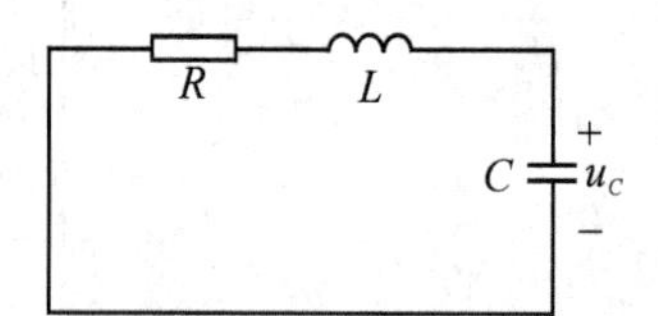

图 9-34　$t > 0$ 时图 9-33 的等效电路

9.10.1　$\delta > \omega_0 \left(R > 2\sqrt{\dfrac{L}{C}} \right)$,非振荡过程

图 9-33 所示电路的电压源为单位阶跃函数时,由式(9-96) 得到电容电压的单位阶跃响应

$$u_C = 1 - \frac{1}{p_2 - p_1}(p_2 e^{p_1 t} - p_1 e^{p_2 t}) \quad (t \geq 0_+) \tag{9-108}$$

电容电压的单位阶跃响应也可以表示为

$$s(t) = \left[1 - \frac{1}{p_2 - p_1}(p_2 e^{p_1 t} - p_1 e^{p_2 t})\right]\varepsilon(t)$$

由此可以计算出电容电压的单位冲激响应

$$h(t) = \frac{\mathrm{d}s(t)}{\mathrm{d}t} = \left[-\frac{1}{p_2 - p_1}(p_1 p_2 e^{p_1 t} - p_1 p_2 e^{p_2 t})\right]\varepsilon(t) + \left[1 - \frac{1}{p_2 - p_1}(p_2 e^{p_1 t} - p_1 e^{p_2 t})\right]\delta(t)$$

由于 $t = 0$ 时，上式中的 $1 - \frac{1}{p_2 - p_1}(p_2 e^{p_1 t} - p_1 e^{p_2 t}) = 0$，故电容电压的单位冲激响应

$$h(t) = \frac{p_1 p_2}{p_1 - p_2}(e^{p_1 t} - e^{p_2 t})\varepsilon(t)$$

9.10.2 $\delta < \omega_0\left(R < 2\sqrt{\frac{L}{C}}\right)$，振荡过程

由式(9-102)得到电容电压的单位阶跃响应

$$s(t) = \left[1 - \frac{\omega_0}{\omega}e^{-\delta t}\sin(\omega t + \beta)\right]\varepsilon(t)$$

由此可以计算出电容电压的单位冲激响应

$$\begin{aligned} h(t) &= \frac{\mathrm{d}s(t)}{\mathrm{d}t} \\ &= \left[\frac{\omega_0}{\omega}\delta e^{-\delta t}\sin(\omega t + \beta) - \omega_0 e^{-\delta t}\cos(\omega t + \beta)\right]\varepsilon(t) \\ &\quad + \left[1 - \frac{\omega_0}{\omega}e^{-\delta t}\sin(\omega t + \beta)\right]\delta(t) \end{aligned}$$

由于 $t = 0$ 时，上式中的 $1 - \frac{\omega_0}{\omega}e^{-\delta t}\sin(\omega t + \beta) = 0$，故电容电压的单位冲激响应

$$h(t) = \left[\frac{\omega_0}{\omega}\delta e^{-\delta t}\sin(\omega t + \beta) - \omega_0 e^{-\delta t}\cos(\omega t + \beta)\right]\varepsilon(t)$$

将图 9-26 获得的关系式 $\frac{\omega}{\omega_0} = \sin\beta$；$\frac{\delta}{\omega_0} = \cos\beta$ 代入上式，得

$$\begin{aligned} h(t) &= \left[\frac{\omega_0}{\omega}\omega_0 e^{-\delta t}\sin(\omega t + \beta)\cos\beta - \frac{\omega_0}{\omega}\omega_0 e^{-\delta t}\cos(\omega t + \beta)\sin\beta\right]\varepsilon(t) \\ &= \left[\frac{\omega_0^2}{\omega}e^{-\delta t}\sin\omega t\right]\varepsilon(t) \end{aligned}$$

上式即为电容电压的单位冲激响应。

以上研究了 R、L、C 串联二阶电路的单位冲激响应，根据电路元件参数间的关系不同，我们只研究了振荡过程和非振荡过程，临界振荡过程也可以用类似的方法进行分析。如果冲激电源的强度不是 1，而是任意值 k，其冲激响应则应在单位冲激响应前面乘以 k。

9.11　卷积积分

前面我们研究了线性电路的零状态响应，其外加电源激励都是一些规则的波形。如果外加电源激励是一些不规则的波形，即它们是一些任意波形，则可以用卷积积分来计算它的零状态响应。

9.11.1　卷积积分的定义

设有两个时间函数：$f_1(t)$ 和 $f_2(t)$ [在 $t<0$ 时，$f_1(t)=f_2(t)=0$]，则

$$f_1(t)*f_2(t)=\int_0^t f_1(t-\xi)f_2(\xi)\mathrm{d}\xi$$

且 $f_1(t)*f_2(t)=f_2(t)*f_1(t)$，即

$$\int_0^t f_1(t-\xi)f_2(\xi)\mathrm{d}\xi=\int_0^t f_2(t-\xi)f_1(\xi)\mathrm{d}\xi$$

证明：设 $\tau=t-\xi$，ξ 为变量，$\mathrm{d}\tau=-\mathrm{d}\xi$；当 $\xi=0$，$\tau=t$；当 $\xi=t$，$\tau=0$，则

$$f_1(t)*f_2(t)=\int_0^t f_1(t-\xi)f_2(\xi)\mathrm{d}\xi=-\int_t^0 f_1(\tau)f_2(t-\tau)\mathrm{d}\tau$$

$$=\int_0^t f_2(t-\tau)f_1(\tau)\mathrm{d}\tau=f_2(t)*f_1(t)$$

9.11.2　用卷积积分计算任意激励的零状态响应

图 9-35 所示激励函数 $e(t)$ 作用于一个线性电路，假定此电路的单位冲激响应 $h(t)$ 已知，则可按下述方法计算电路在 $e(t)$ 作用下的零状态响应 $r(t)$。

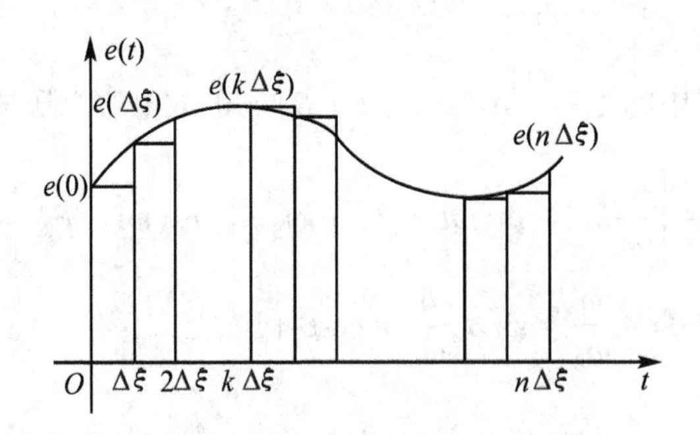

图 9-35　激励函数 $e(t)$ 的近似分解

用 n 个宽度为 $\Delta\xi$ 的矩形脉冲近似代替由 $0\sim t$ 区间里的激励函数 $e(t)$。各脉冲的高度分别取其前沿的函数值：$e(0)$，$e(\Delta\xi)$，$e(2\Delta\xi)$，…，$e(k\Delta\xi)$，…，$e[(n-1)\Delta\xi]$。$\Delta\xi$ 取得越

小(n 越大),脉冲的总和越接近 $e(t)$。

从产生响应的效果看,每个脉冲又可近似地代替为面积相等的冲激函数。各脉冲的面积为:$e(0)\Delta\xi, e(\Delta\xi)\Delta\xi, e(2\Delta\xi)\Delta\xi, \cdots, e(k\Delta\xi)\Delta\xi, \cdots, e[(n-1)\Delta\xi]\Delta\xi$。设每个冲激函数出现在脉冲函数的前沿,则各冲激函数分别为:$e(0)\Delta\xi\delta(t), e(\Delta\xi)\Delta\xi\delta(t-\Delta\xi), e(2\Delta\xi)\Delta\xi\delta(t-2\Delta\xi), \cdots, e(k\Delta\xi)\Delta\xi\delta(t-k\Delta\xi), \cdots, e[(n-1)\Delta\xi]\Delta\xi\delta[t-(n-1)\Delta\xi]$,也就是说

$$e(t) \approx \sum_{k=0}^{n-1} e(k\Delta\xi)\Delta\xi\delta(t-k\Delta\xi) \tag{9-109}$$

由于每一个冲激函数作用于电路将产生一个冲激响应,而各冲激函数的强度(即图形的面积)不同,开始作用的时间也不同,所以电路中相应响应的幅值和出现的时间也不同。根据叠加定理,电路对任意激励 $e(t)$ 的响应 $r(t)$,近似地等于各个冲激响应的总和,即

$$r(t) \approx \sum_{k=0}^{n-1} e(k\Delta\xi)\Delta\xi h(t-k\Delta\xi) \tag{9-110}$$

当 $\Delta\xi \to 0$ 时,上述的近似解答将变为准确解答,此时,$k\Delta\xi$ 成为连续变量 ξ,式(9-110)取和式将变为积分:

$$r(t) = \int_0^t e(\xi)h(t-\xi)\mathrm{d}\xi \tag{9-111}$$

这个积分就是卷积积分。式(9-111)表明:线性电路在任意时刻 t 对任意激励的零状态响应,等于从激励函数开始作用的时刻($\xi=0$)到指定时刻($\xi=t$)的区间内,无穷多个幅度不同并依次连续出现的冲激响应的总和。

式(9-111)卷积积分通常写为

$$e(t) * h(t) = \int_0^t e(\xi)h(t-\xi)\mathrm{d}\xi \tag{9-112}$$

所以

$$r(t) = e(t) * h(t) = \int_0^t e(\xi)h(t-\xi)\mathrm{d}\xi \tag{9-113}$$

例 9-12　图 9-36 所示电路中,已知 $R=10\Omega, C=1\mathrm{F}$,电源 $e(t)=5\mathrm{e}^{-2t}\varepsilon(t)\mathrm{V}$。求电容电压的零状态响应。

解　首先计算图 9-37 所示电路的单位阶跃响应:$u_C(\infty)=1\mathrm{V}, u_C(0_+)=0\mathrm{V}, \tau=RC=10\mathrm{s}$,所以

$$S(t) = (1-\mathrm{e}^{-0.1t})\varepsilon(t)\mathrm{V}$$

电路的单位冲激响应为

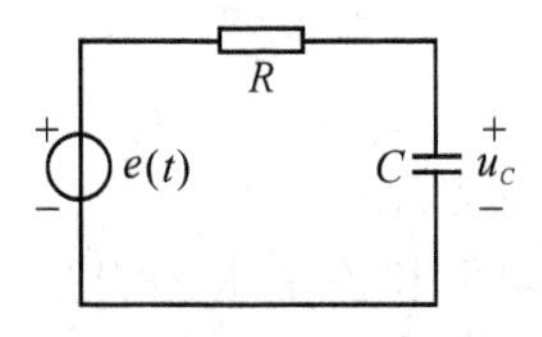

图 9-36　例 9-12 电路

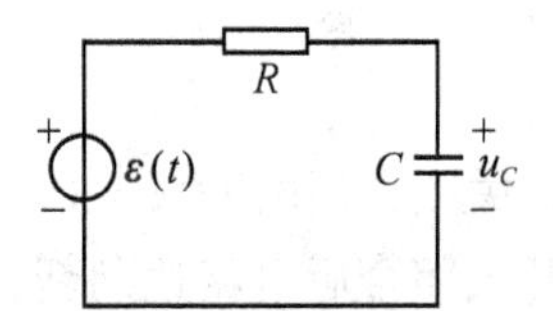

图 9-37　例 9-12 的阶跃响应电路

$$h(t)=\frac{\mathrm{d}}{\mathrm{d}t}S(t)=\frac{\mathrm{d}}{\mathrm{d}t}(1-\mathrm{e}^{-0.1t})\varepsilon(t)$$
$$=(1-\mathrm{e}^{-0.1t})\delta(t)+0.1\mathrm{e}^{-0.1t}\varepsilon(t)$$
$$=0.1\mathrm{e}^{-0.1t}\varepsilon(t)\mathrm{V}$$

用卷积积分计算图 9-36 指数电源激励下的电容电压为

$$u_C(t)=\int_0^t e(\xi)h(t-\xi)\mathrm{d}\xi$$
$$=\int_0^t 5\mathrm{e}^{-2\xi}\times 0.1\mathrm{e}^{-0.1(t-\xi)}\varepsilon(t-\xi)\mathrm{d}\xi$$
$$=0.5\mathrm{e}^{-0.1t}\int_0^t \mathrm{e}^{(0.1\xi-2\xi)}\mathrm{d}\xi$$
$$=0.5\mathrm{e}^{-0.1t}\int_0^t \mathrm{e}^{-1.9\xi}\mathrm{d}\xi$$
$$=0.5\mathrm{e}^{-0.1t}\times\left(-\frac{1}{1.9}\mathrm{e}^{-1.9\xi}\right)\Bigg|_0^t$$
$$=-0.263\mathrm{e}^{-0.1t}(\mathrm{e}^{-1.9t}-1)$$
$$=0.263(\mathrm{e}^{-0.1t}-\mathrm{e}^{-2t})\varepsilon(t)\mathrm{V}$$

习　题

9-1　如题 9-1 图所示电路原已处于稳定状态。已知 $U_S=20\mathrm{V}, R_1=R_2=5\Omega, L=2\mathrm{H}, C=1\mathrm{F}$。求：

(1) 开关闭合后瞬间($t=0_+$)各支路电流和各元件上的电压；

(2) 开关闭合后电路达到新的稳态时($t=\infty$)，各支路电流和各元件上的电压。

9-2　如题 9-2 图所示电路原已处于稳定状态。已知 $I_S=5\mathrm{A}, R_1=10\Omega, R_2=5\Omega, L_1=2\mathrm{H}, L_2=1\mathrm{H}, C=0.5\mathrm{F}$。求：

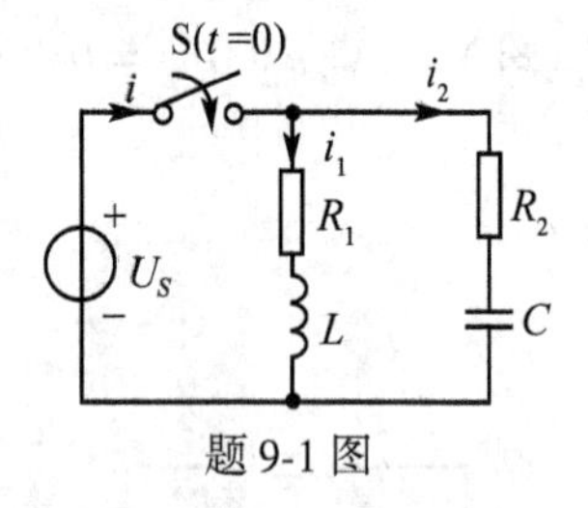

题 9-1 图

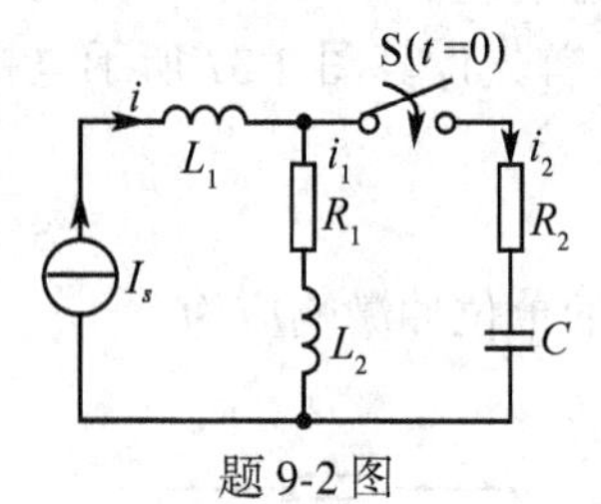

题 9-2 图

(1) 开关闭合后瞬间($t=0_+$)各支路电流和各元件上的电压；

(2) 开关闭合后电路达到新的稳态时($t=\infty$)各支路电流和各元件上的电压。

9-3　如题 9-3 图所示电路原已处于稳定状态。已知 $I_S=10\mathrm{mA}, R_1=3\,000\Omega, R_2=6\,000\Omega, R_3=2\,000\Omega, C=2.5\mu\mathrm{F}$。求开关 S 在 $t=0$ 时闭合后电容电压 u_C 和电流 i，并画出它

们随时间变化曲线。

9-4　如题9-4图所示电路开关与触点 a 接通并已处于稳定状态。已知 $U_S = 100\text{V}, R_1 = 10\Omega, R_2 = 200\Omega, R_3 = 40\Omega, L = 10\text{H}$。开关S在 $t = 0$ 时由触点 a 合向触点 b，求电感电流 i_L 和电压 u_L。

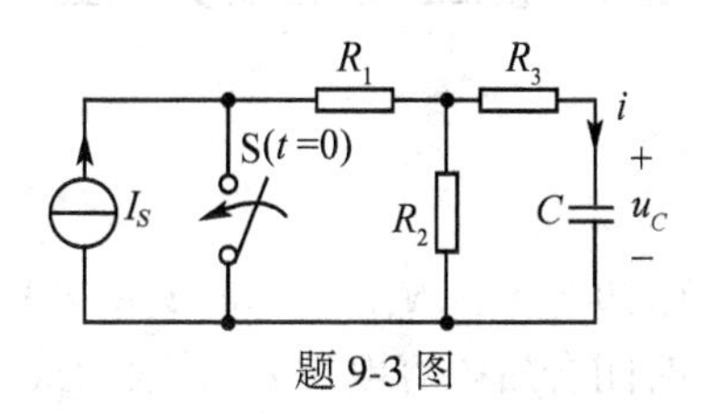

题9-3图

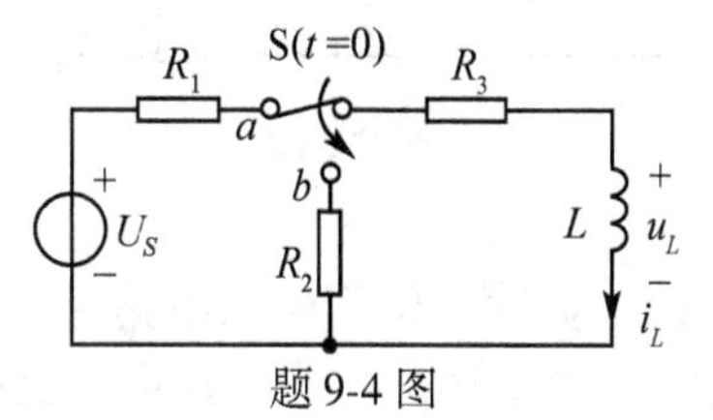

题9-4图

9-5　一组高压电容器从高压电网上切除，在切除瞬间电容器的电压为3 600V。脱离电网后电容经本身泄漏电阻放电，经过20min，它的电压降低为950V。问：

(1) 再经过20min，它的电压降低为多少？

(2) 如果电容量为40μF，电容器的绝缘电阻是多少？

(3) 经过多少时间电容电压降为36V？

(4) 如果电容器从电网上切除后经0.2Ω的电阻放电，放电的最大电流为多少？放电过程需多长时间(设 $t = 5\tau$ 时电路达到稳定)？

9-6　如题9-6图所示电路原已处于稳定状态。已知 $U_S = 100\text{V}, R_1 = R_2 = R_3 = 100\Omega$，$C = 10\mu\text{F}$。试求开关S在 $t = 0$ 时断开后电容电压 u_C 和流过 R_2 的电流 i_2。

9-7　如题9-7图所示电路中，已知线圈电阻 $R = 0.5\Omega$，电感 $L = 0.5\text{mH}$。线圈额定工作电流 $I = 4\text{A}$。现要求开关S闭合后在2ms内达到额定电流，求串联电阻 R_1 和电源电压 U_S(设 $t = 5\tau$ 时电路达到稳定)。

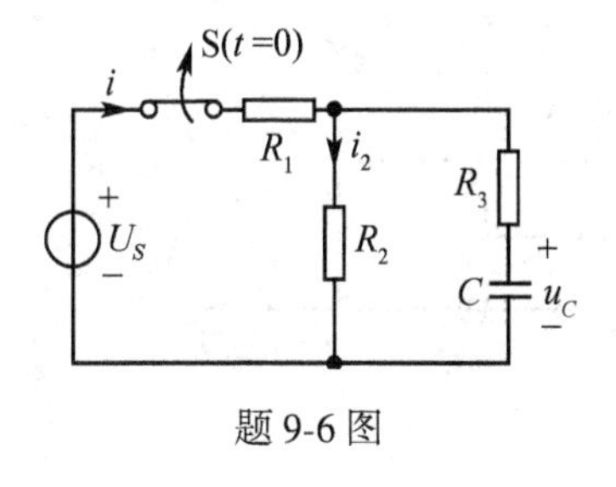

题9-6图

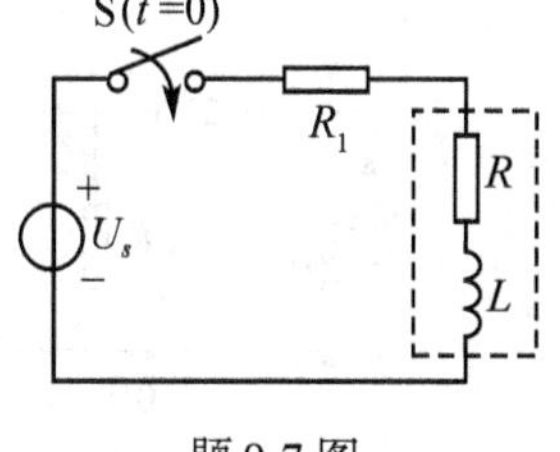

题9-7图

9-8　如题9-8图所示电路原已处于稳定状态(电容器 C 没有初始储能)。已知 $U_S = 12\text{V}, R_1 = 5\,000\Omega, R_2 = 10\,000\Omega, R_3 = 5\,000\Omega, C = 10\text{pF}$。开关S在 $t = 0$ 时断开，而又在 $t = 2\mu\text{s}$ 时接通的情况下，试求输出电压 u_0 的表示式并画出其波形图。

9-9　如题9-9图所示电路原已处于稳定状态。已知 $I_S = 50\text{mA}, R_1 = 10\Omega, R_2 = 20\Omega$，$C = 5\mu\text{F}, L = 15\text{mH}$。试求开关S在 $t = 0$ 时断开后开关电压 u_S 的表示式。

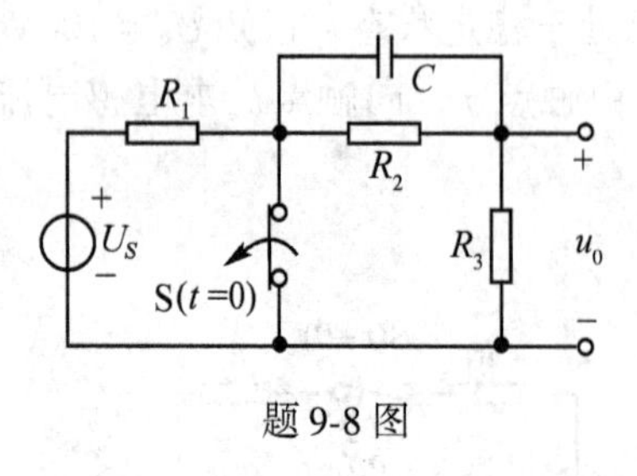

题 9-8 图

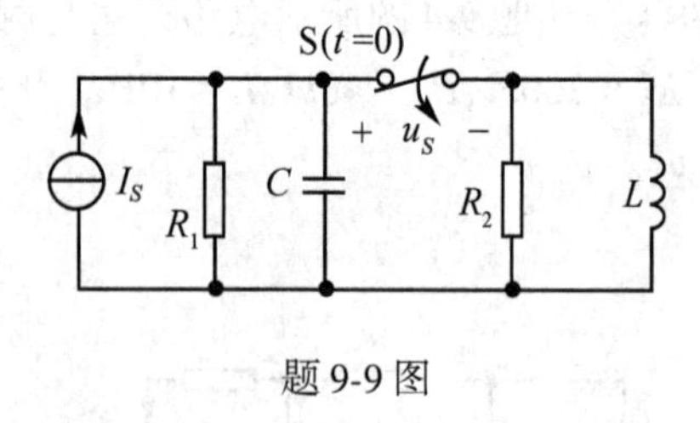

题 9-9 图

9-10　如题9-10图所示电路原已处于稳定状态。已知 $I_S = 1\text{mA}, R_1 = 10\text{k}\Omega, R_2 = 10\text{k}\Omega, R_3 = 20\text{k}\Omega, C = 10\mu\text{F}, U_S = 10\text{V}$。试求开关 S 在 $t = 0$ 时闭合后电容电压 u_C 的表示式。

9-11　如题9-11图所示电路中，已知 $u_S = 10\sin(314t + 45°)\text{V}, R_1 = 20\Omega, R_2 = 10\Omega, C = 318\mu\text{F}$。试求开关 S 在 $t = 0$ 时闭合后电容电压 u_C 和 R_2 的电流 i。

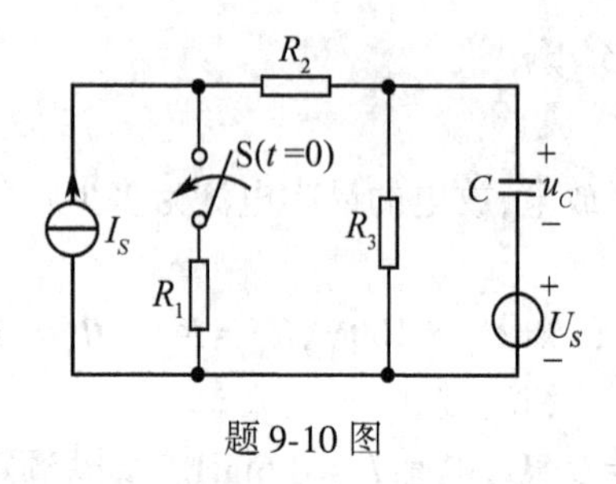

题 9-10 图

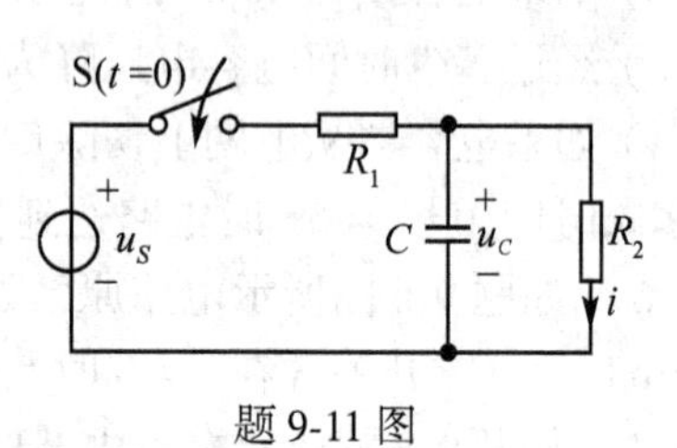

题 9-11 图

9-12　试求题9-12(a)图所示电路，在题9-12(b)图所示电流源波形作用下的零状态响应 u_L。已知 $R_1 = 2\Omega, R_2 = 5\Omega, L = 5\text{H}$。

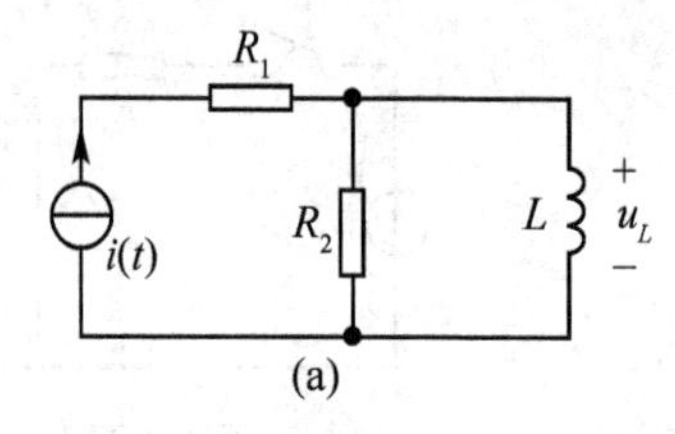

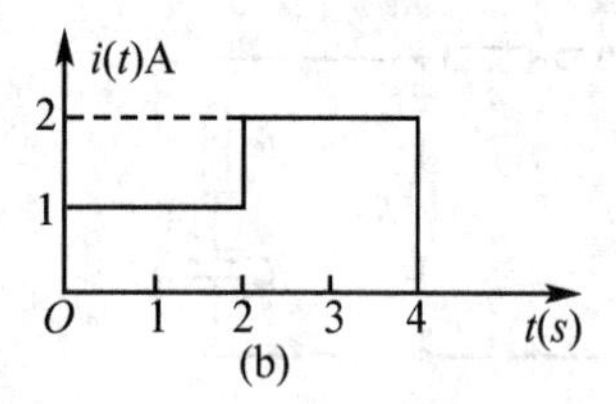

题 9-12 图

9-13　如题9-13图所示电路中，已知 $i(t) = 5\varepsilon(t)\text{A}, R_1 = R_2 = R_3 = 2\Omega, L = 0.3\text{H}$。试求电路的阶跃响应 i_L。

9-14　如题9-14图所示电路中，已知 $u_S = 4\delta(t)\text{V}, R_1 = 3\Omega, R_2 = 6\Omega, C = 0.1\mu\text{F}$。试求电路的冲激响应 $i(t)$。

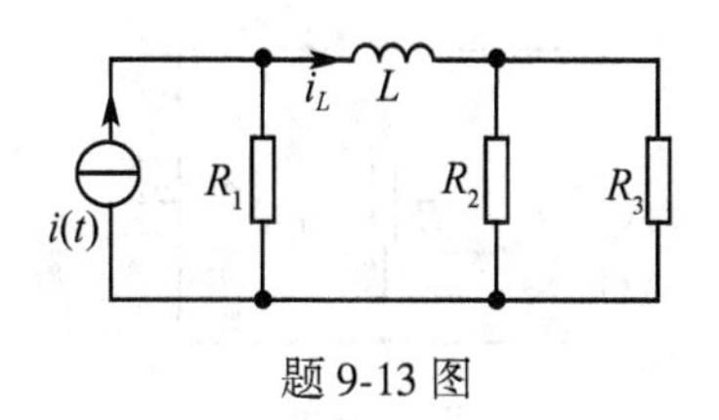

题 9-13 图

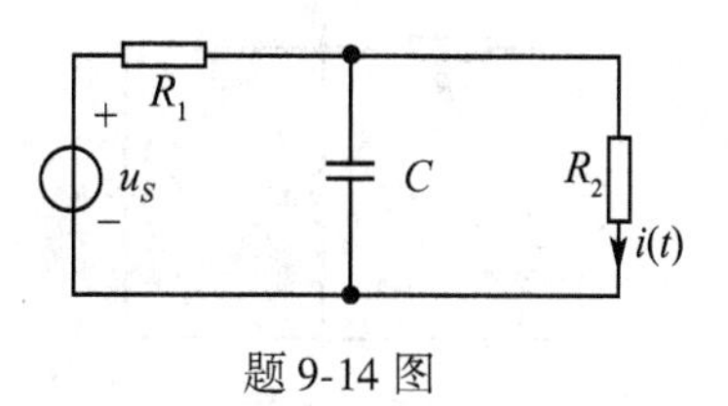

题 9-14 图

9-15　如题 9-15 图所示电路已知 $i_S = 3\delta(t)$ A, $R_1 = 1\Omega$, $R_2 = 1\Omega$, $R_3 = 2\Omega$, $L = 2$H，试求电路的冲激响应 u_L。

9-16　如题 9-16 图所示电路，已知 $U_S = 100$V, $C_1 = 4$F, $C_2 = 1$F, $C_3 = 3$F, $R = 10\Omega$。开关 S 在 $t = 0$ 时闭合后，试求电路的零状态响应 u_2、u_3 和电阻 R 吸收的功率。

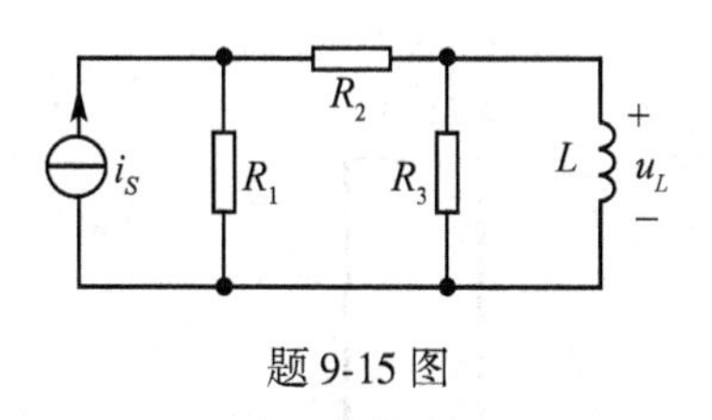

题 9-15 图

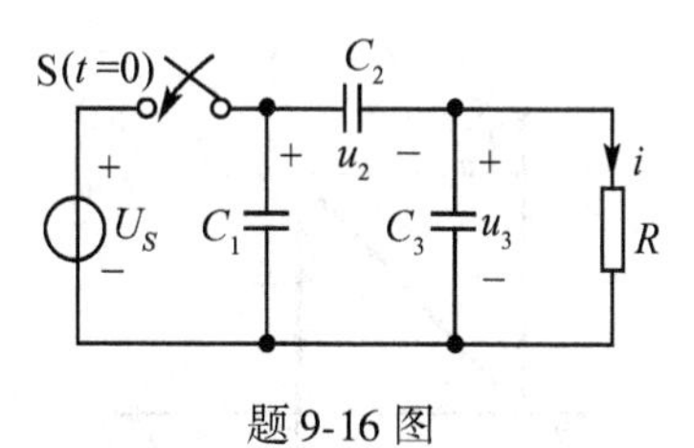

题 9-16 图

9-17　如题 9-17 图所示电路，开关 S 原来是闭合的，电路已处于稳定状态。在 $t = 0$ 时开关 S 断开，试求在 $t \geqslant 0$ 时以下两种情况下的 u_C 和 i：

(1) $U_S = 100$V, $R_0 = R = 1\,000\Omega$, $L = 10$H, $C = 100\mu$F;

(2) $U_S = 100$V, $R_0 = R = 1\,000\Omega$, $L = 10$H, $C = 10\mu$F。

9-18　如题 9-18 图所示电路中，已知 $U_S = 10\delta(t)$ V, $R = 1\Omega$, $L = 1$H, $C = 1$F，试求电路的冲激响应 u_C。

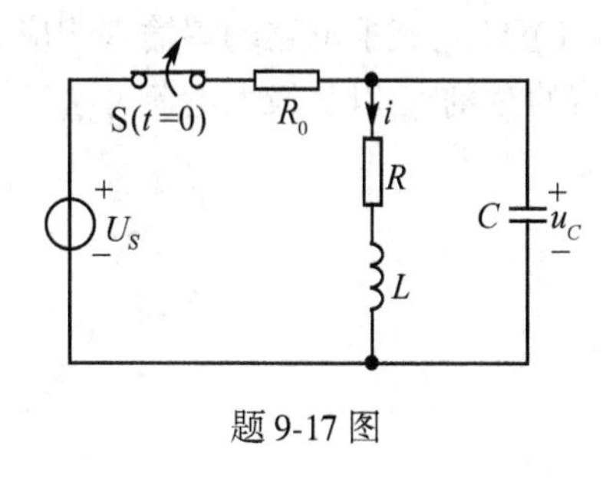

题 9-17 图

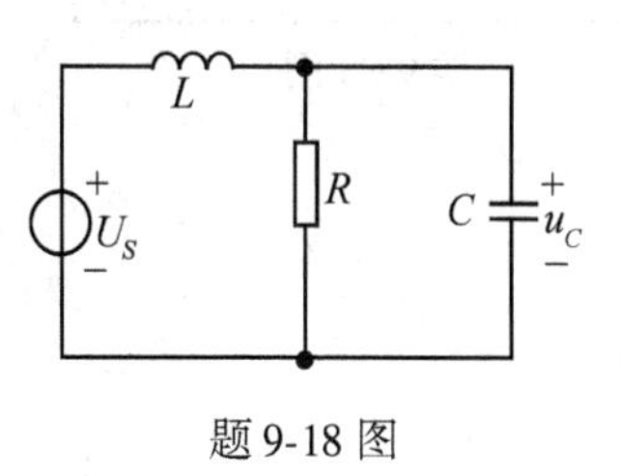

题 9-18 图

9-19　如题 9-19 图所示电路中，已知 $U_S = \delta(t)$ V, $R = 1\Omega$, $L = 1$H, $C = 1$F，试求电路的冲激响应 u_C、i_L。

9-20　如题 9-20 图所示 R、C 并联电路，已知电流源 $i_S = 2e^{-2t}\varepsilon(t)\,\mu$A, $R = 500$kΩ, $C = 1\mu$F，电容原来没有电压。试求电路的零状态响应 u_C、i。

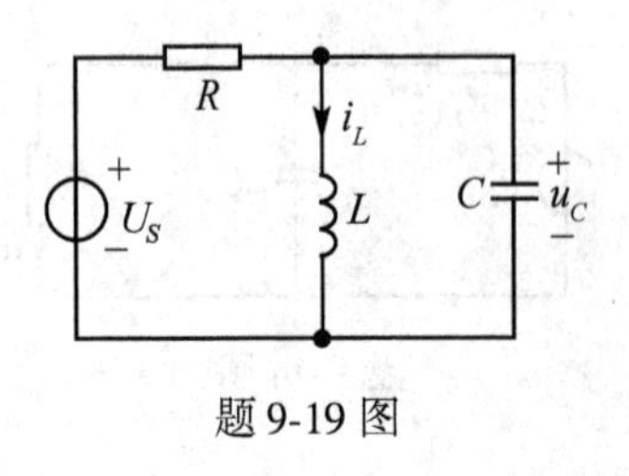

题 9-19 图

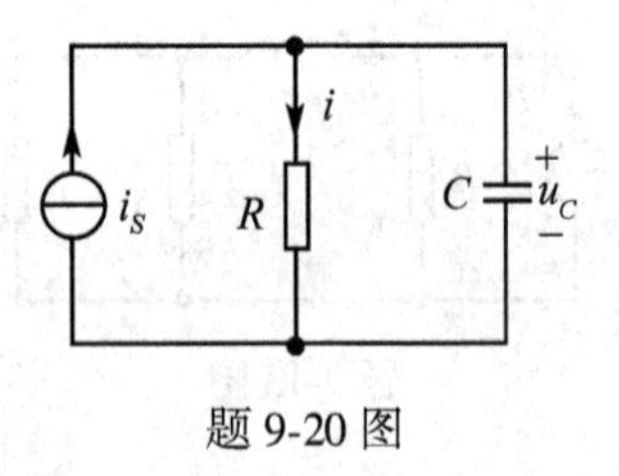

题 9-20 图

9-21　在题 9-20 图所示 R、C 并联电路中，已知电流源 i_S 的波形如题 9-21 图所示，其他条件均不变。试求电路的零状态响应 u_C。

9-22　已知某一电路在单位冲激电流激励下的输出响应为 $h(t) = e^{-t}\varepsilon(t)$ V，试求此电路在题 9-22 图所示电流波形激励时的输出响应 $u(t)$。

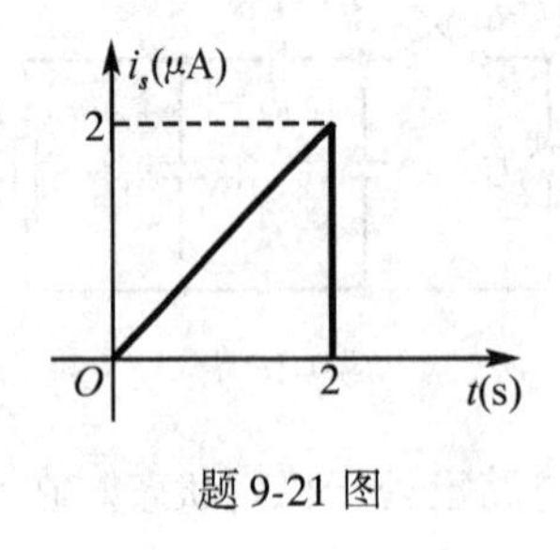

题 9-21 图

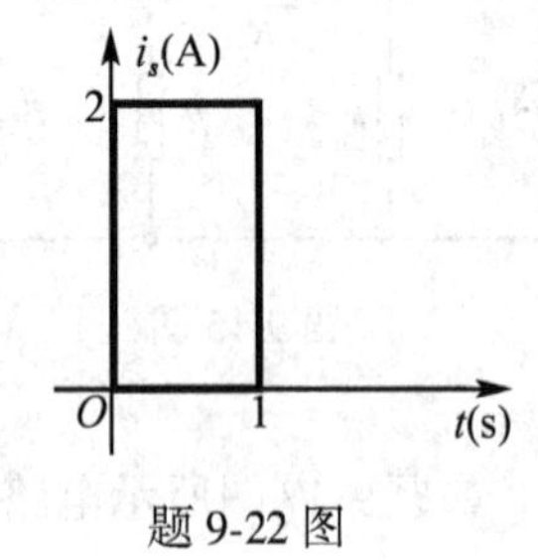

题 9-22 图

9-23　在题 9-23 图所示电路中，已知电容电压初值 $U_0 = 50$kV，$C = 14.3\mu$F，$L = 57.2\mu$H，开关 S 在 $t = 0$ 时闭合后，电容对电感和电阻放电。

(1) 当 $R = 4\Omega$ 时，试求电路的零输入响应 u_C、i；电流出现最大值的时刻 t_m 以及最大电流 i_{max}。

(2) 当 $R = 10\Omega$ 时，试求电路的零输入响应 u_C、i；电流出现最大值的时刻 t_m 以及最大电流 i_{max}。

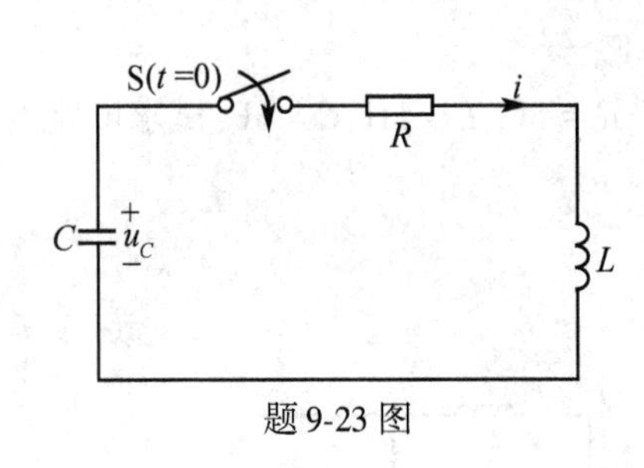

题 9-23 图

第 10 章　拉普拉斯变换及网络函数

本章的主要内容有:拉普拉斯变换的基本概念,拉普拉斯变换与傅里叶变换的关系;拉普拉斯变换的基本性质;拉普拉斯反变换;电路定律的运算形式,运算电路,应用拉普拉斯变换分析线性电路中的过渡过程;网络函数的定义及其性质,复频率平面及网络函数的零点与极点;极点、零点与冲激响应,极点、零点与频率响应;拉普拉斯变换与正弦稳态相量法之间的对应关系。

10.1　拉普拉斯变换与傅里叶变换的关系

10.1.1　概　述

第 9 章主要介绍了用时域分析法分析一阶电路和二阶电路的动态过程,其要点是运用数学方法,列写换路后电路的微分方程、求解微分方程、由电路的初始条件确定积分常数。这种方法也称为经典法。时域分析法有其优点:数学推导严密,物理概念清晰。但是运用时域分析法分析高阶电路时就比较麻烦:首先,将描述储能元件电压、电流关系的一阶微分方程组化为单一变量的高阶微分方程的运算复杂;其次,求解高阶微分方程的特征方程的特征根运算量大;最后,确定电路的初始条件、定积分常数相当麻烦。另外,当电路中有冲激电源或者冲激响应时,时域分析法在确定初始条件时也比较困难。

在本章中,将要学习动态电路的另外一种分析方法——复频域分析法。复频域分析法的要点是将描述动态电路的微分方程,变换成为相应的代数方程,然后求解代数方程,最后由代数方程的解对应找出原微分方程的解。这种方法的优点在于将描述动态过程时域电路转换成为复频域形式的运算电路,由运算电路形成代数方程。它既不需要列写电路的微分方程,也不需要确定积分常数,因为电路的初始条件已经在变换过程中计入。这种方法也称为积分变换法。

10.1.2　拉普拉斯变换

傅里叶变换与拉普拉斯变换都是积分变换,在上册第 8 章中已经学习过傅里叶变换,时域函数 $f(t)$ 的傅里叶变换为

$$F(\mathrm{j}\omega) = \int_{-\infty}^{\infty} f(t)\mathrm{e}^{-\mathrm{j}\omega t}\mathrm{d}t$$

要使上式的积分收敛,函数 $f(t)$ 在无限区间内必须满足绝对可积,即$\int_{-\infty}^{\infty} |f(t)| \mathrm{d}t$ 存在,其

傅里叶变换才能确定，显然这是傅里叶变换的局限性。电路中某些常见的函数不能直接应用傅里叶变换，因为在通常情况下，如果当 t 趋向于无限大时，函数 $f(t)$ 的幅度不衰减，则上述积分不收敛，所以它就不存在傅里叶变换。为了克服这一困难，可以将时域函数 $f(t)$ 乘以一个衰减系数 $e^{-\sigma t}$，其中 σ 为正实数，当 t 趋向于正无限大时，$f(t)e^{-\sigma t}$ 趋近于零，从而使积分收敛。$f(t)e^{-\sigma t}$ 的傅里叶变换为

$$\begin{aligned}&\int_{-\infty}^{\infty} f(t)e^{-\sigma t}e^{-j\omega t}dt\\&=\int_{-\infty}^{\infty} f(t)e^{-(\sigma+j\omega)t}dt\\&=F(\sigma+j\omega)\end{aligned} \tag{10-1}$$

相应的傅里叶反变换为

$$f(t)e^{-\sigma t}=\frac{1}{2\pi}\int_{-\infty}^{\infty} F(\sigma+j\omega)e^{j\omega t}d\omega \tag{10-2}$$

令 $\sigma + j\omega = s$，则式(10-1) 可写为

$$F(s)=\int_{-\infty}^{\infty} f(t)e^{-st}dt$$

上式称为双边拉普拉斯正变换。在电路理论中，通常把换路瞬间定为 $t=0$，着重研究 $t \geqslant 0$ 时电路中的响应。如果用函数 $f(t)$ 表示换路之后电路中的激励或响应，我们对时间段 $-\infty \to 0_-$ 之间 $f(t)$ 是什么内容并不关心，也就是说，当 $t<0$ 时 $f(t)$ 不进行计算，将 $f(t)$ 定义在 $t \geqslant 0$ 区间。这样，可以应用数学上的单边拉普拉斯变换分析动态电路。本书只讨论单边拉普拉斯正变换，故将它简称为拉普拉斯变换或称拉氏变换，即

$$F(s)=\int_{0_-}^{\infty} f(t)e^{-st}dt=L[f(t)] \tag{10-3}$$

式中，$s=\sigma+j\omega$ 是一个复数，称之为复频率。$f(t)$ 是以时间 t 为自变量的实函数，称之为原函数；$F(s)$ 是以复数 s 为自变量的复函数，称之为 $f(t)$ 的象函数。$L[f(t)]$ 表示求 $f(t)$ 的象函数，即对 $f(t)$ 进行拉普拉斯正变换。

将式(10-2) 两边同乘以 $e^{\sigma t}$，得到

$$\begin{aligned}f(t)&=e^{\sigma t}\frac{1}{2\pi}\int_{-\infty}^{\infty} F(\sigma+j\omega)e^{j\omega t}d\omega\\&=\frac{1}{2\pi}\int_{-\infty}^{\infty} F(\sigma+j\omega)e^{\sigma t}e^{j\omega t}d\omega\end{aligned}$$

由于 $s=\sigma+j\omega$，故 $d\omega = ds/j$。当 $\omega=-\infty$ 时，$s=\sigma-j\infty$；当 $\omega=\infty$ 时，$s=\sigma+j\infty$。将这些关系代入上式，即

$$f(t)=\frac{1}{2\pi j}\int_{\sigma-j\infty}^{\sigma+j\infty} F(s)e^{st}ds=L^{-1}[F(s)] \tag{10-4}$$

式(10-4) 称为拉普拉斯反变换。

任何一个存在拉普拉斯变换的原函数 $f(t)$ 都有一个对应的象函数 $F(s)$；反之，任何一个象函数 $F(s)$ 都有一个对应的原函数 $f(t)$，即原函数与象函数之间存在一一对应的关系，这种对应在数学中已经证明都是唯一的。

例 10-1 求单位阶跃函数 $f(t)=\varepsilon(t)$ 的象函数。

解 $$L[\varepsilon(t)]=\int_{0_-}^{\infty}\varepsilon(t)\mathrm{e}^{-st}\mathrm{d}t=\int_{0_-}^{\infty}1\cdot\mathrm{e}^{-st}\mathrm{d}t=-\frac{1}{s}\mathrm{e}^{-st}\Big|_{0_-}^{\infty}=\frac{1}{s}$$

例 10-2 求单位冲激函数 $f(t)=\delta(t)$ 的象函数。

解 $$L[\delta(t)]=\int_{0_-}^{\infty}\delta(t)\mathrm{e}^{-st}\mathrm{d}t=\int_{0_-}^{0_+}\delta(t)\mathrm{e}^{-st}\mathrm{d}t=1$$

例 10-3 求指数函数 $f(t)=\mathrm{e}^{-\alpha t}\varepsilon(t)$ 的象函数。

解 $$L[\mathrm{e}^{-\alpha t}\varepsilon(t)]=\int_{0_-}^{\infty}\mathrm{e}^{-\alpha t}\varepsilon(t)\mathrm{e}^{-st}\mathrm{d}t=\int_{0_-}^{\infty}\mathrm{e}^{-(s+\alpha)t}\mathrm{d}t=-\frac{1}{s+\alpha}\mathrm{e}^{-(s+\alpha)t}\Big|_{0_-}^{\infty}=\frac{1}{s+\alpha}$$

将一些较常见函数的拉普拉斯变换式列入表 10-1,以备查用。

表 10-1 **常见函数的拉普拉斯变换式**

原函数 $f(t)$	象函数 $F(s)$	原函数 $f(t)$	象函数 $F(s)$
$\varepsilon(t)$	$\frac{1}{s}$	A	$\frac{A}{s}$
t	$\frac{1}{s^2}$	t^n(n 为正整数)	$\frac{1}{s^{n+1}}n!$
$\delta(t)$	1	$\delta'(t)$	s
$\mathrm{e}^{-\alpha t}$	$\frac{1}{s+\alpha}$	$1-\mathrm{e}^{-\alpha t}$	$\frac{\alpha}{s(s+\alpha)}$
$t\mathrm{e}^{-\alpha t}$	$\frac{1}{(s+\alpha)^2}$	$(1-\alpha t)\mathrm{e}^{-\alpha t}$	$\frac{s}{(s+\alpha)^2}$
$\sin\omega t$	$\frac{\omega}{s^2+\omega^2}$	$\cos\omega t$	$\frac{s}{s^2+\omega^2}$
$\mathrm{e}^{-\alpha t}\sin\omega t$	$\frac{\omega}{(s+\alpha)^2+\omega^2}$	$\mathrm{e}^{-\alpha t}\cos\omega t$	$\frac{s+\alpha}{(s+\alpha)^2+\omega^2}$
$\sin(\omega t+\psi)$	$\frac{s\cdot\sin\psi+\omega\cdot\cos\psi}{s^2+\omega^2}$	$\cos(\omega t+\psi)$	$\frac{s\cdot\cos\psi-\omega\cdot\sin\psi}{s^2+\omega^2}$

由于单边拉普拉斯变换只在 $t\geqslant 0$ 区域内有定义,故本表中的原函数 $f(t)$ 均应理解

为 $f(t)\varepsilon(t)$。

10.2　拉普拉斯变换的基本性质

拉普拉斯变换具有很多重要性质，本节只介绍一些常用的性质，利用这些性质可以帮助求得一些复杂的原函数的象函数或者使原函数的微分方程变换为象函数的代数方程。

10.2.1　线性性质

如果有两个时间函数 $f_1(t)$、$f_2(t)$，且 $L[f_1(t)] = F_1(s)$、$L[f_2(t)] = F_2(s)$；a、b 为常数，则

$$
\begin{aligned}
L[af_1(t) \pm bf_2(t)] &= aL[f_1(t)] \pm bL[f_2(t)] \\
&= aF_1(s) \pm bF_2(s)
\end{aligned}
$$

这个性质可以根据拉普拉斯变换的定义式(10-3)得到证明。

例 10-4　求下列函数的象函数：

(1) $f(t) = U$；

(2) $f(t) = A(1 - e^{-\alpha t})$；

(3) $f(t) = \sin\omega t\varepsilon(t)$。

解　(1) $L[U] = UL[1] = \dfrac{U}{s}$

(2)
$$
\begin{aligned}
L[A(1 - e^{-\alpha t})] &= AL[1] - AL[e^{-\alpha t}] \\
&= \frac{A}{s} - \frac{A}{s + \alpha}
\end{aligned}
$$

(3)
$$
\begin{aligned}
L[\sin\omega t\varepsilon(t)] &= L\left[\frac{1}{2j}e^{j\omega t}\varepsilon(t) - \frac{1}{2j}e^{-j\omega t}\varepsilon(t)\right] \\
&= \frac{1}{2j}\left(\frac{1}{s - j\omega} - \frac{1}{s + j\omega}\right) = \frac{\omega}{s^2 + \omega^2}
\end{aligned}
$$

10.2.2　微分性质

如果某一个时间函数 $f(t)$ 的象函数为 $F(s)$，即 $L[f(t)] = F(s)$，则

$$
L\left[\frac{d}{dt}f(t)\right] = sL[f(t)] - f(0_-) = sF(s) - f(0_-)
$$

证明：
$$
\begin{aligned}
L\left[\frac{d}{dt}f(t)\right] &= \int_{0_-}^{\infty} e^{-st}\frac{d}{dt}f(t)\,dt \\
&= [e^{-st}f(t)]\Big|_{0_-}^{\infty} - \int_{0_-}^{\infty} f(t)(-se^{-st})\,dt \\
&= 0 - f(0_-) + s\int_{0_-}^{\infty} f(t)e^{-st}dt \\
&= sF(s) - f(0_-)
\end{aligned}
$$

例 10-5　求原函数 $f(t)=\cos\omega t\varepsilon(t)$ 的象函数。

解　$L[\cos\omega t\varepsilon(t)]=L\left[\frac{1}{\omega}\frac{\mathrm{d}}{\mathrm{d}t}\sin\omega t\varepsilon(t)\right]$

$$=\frac{1}{\omega}sL[\sin\omega t\varepsilon(t)]-\sin\omega t\Big|_{t=0_-}$$

$$=\frac{s}{s^2+\omega^2}$$

10.2.3　积分性质

如果某一个时间函数 $f(t)$ 的象函数为 $F(s)$，即 $L[f(t)]=F(s)$，则

$$L\left[\int_{0_-}^{t}f(t)\mathrm{d}t\right]=\frac{F(s)}{s}$$

证明：由于 $\frac{\mathrm{d}}{\mathrm{d}t}\int_{0_-}^{t}f(t)\mathrm{d}t=f(t)$

对上式两边进行拉普拉斯变换：

$$L\left[\frac{\mathrm{d}}{\mathrm{d}t}\int_{0_-}^{t}f(t)\mathrm{d}t\right]=L[f(t)]=F(s) \tag{10-5}$$

对上式左边部分运用微分性质：

$$L\left[\frac{\mathrm{d}}{\mathrm{d}t}\int_{0_-}^{t}f(t)\mathrm{d}t\right]=sL\left[\int_{0_-}^{t}f(t)\mathrm{d}t\right]-\left[\int_{0_-}^{t}f(t)\mathrm{d}t\right]\Big|_{t=0_-}$$

$$=sL\left[\int_{0_-}^{t}f(t)\mathrm{d}t\right]-0$$

将此结果代入式(10-5)，即可得出

$$L\left[\int_{0_-}^{t}f(t)\mathrm{d}t\right]=\frac{F(s)}{s}$$

例 10-6　求单位斜坡函数 $r(t)=t\varepsilon(t)$ 的象函数。

解　单位斜坡函数 $r(t)$ 与单位阶跃函数 $\varepsilon(t)$ 的关系为

$$r(t)=\int_{0_-}^{t}\varepsilon(t)\mathrm{d}t=t\varepsilon(t)$$

它们的波形图如图 10-1 所示。根据积分性质，单位斜坡函数 $r(t)$ 的象函数为

$$L[r(t)]=L[\varepsilon(t)]/s=\frac{1}{s^2}$$

10.2.4　延迟性质

如果某一个时间函数 $f(t)\varepsilon(t)$（如图 10-2 所示）的象函数为 $F(s)$，即 $L[f(t)]=F(s)$，当 $f(t)$ 延迟 t_0 而成为 $f(t-t_0)\varepsilon(t-t_0)$（如图 10-3 所示）时，则

$$L[f(t-t_0)\varepsilon(t-t_0)]=\mathrm{e}^{-st_0}F(s)$$

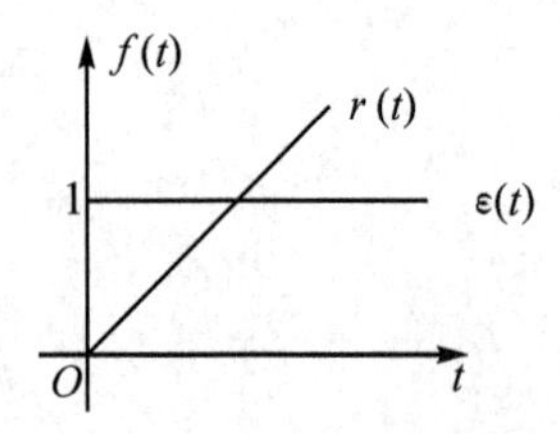

图 10-1　单位斜坡函数与单位阶跃函数

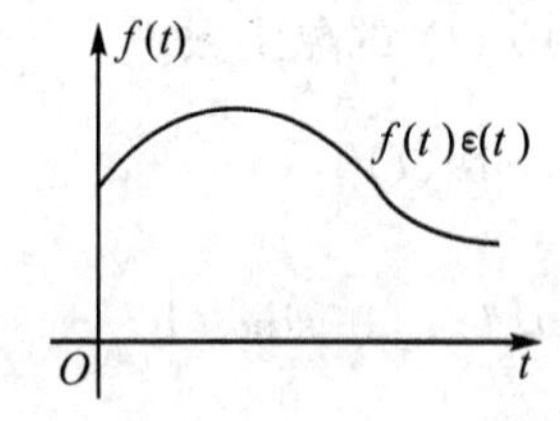

图 10-2　$f(t)$ 的波形

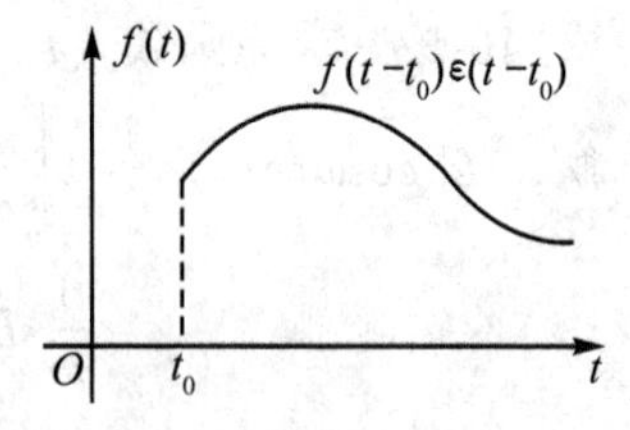

图 10-3　$f(t)$ 延迟 t_0 之后的波形

证明:

$$L[f(t-t_0)\varepsilon(t-t_0)] = \int_{0_-}^{\infty} f(t-t_0)\varepsilon(t-t_0)\mathrm{e}^{-st}\mathrm{d}t$$

$$= \int_{t_{0_-}}^{\infty} f(t-t_0)\mathrm{e}^{-st}\mathrm{d}t$$

$$= \int_{t_{0_-}}^{\infty} f(t-t_0)\mathrm{e}^{-s(t-t_0)}\mathrm{e}^{-st_0}\mathrm{d}(t-t_0)$$

因为当 $t<t_0$ 时,$\varepsilon(t-t_0)=0$,所以可以将积分下限改写为 t_{0_-}。在上式中设新的自变量 $\tau=t-t_0$,当 $t=\infty$ 时,$\tau=\infty$;$t=t_{0_-}$ 时,$\tau=0_-$。于是上式成为

$$L[f(t-t_0)\varepsilon(t-t_0)] = \int_{0_-}^{\infty} f(\tau)\mathrm{e}^{-s(\tau+t_0)}\mathrm{d}\tau$$

$$= \mathrm{e}^{-st_0}\int_{0_-}^{\infty} f(\tau)\mathrm{e}^{-s\tau}\mathrm{d}\tau$$

$$= \mathrm{e}^{-st_0}F(s)$$

例 10-7　求正弦函数在一个周期内的波形的象函数。

解　设正弦函数的波形为

$$f(t) = \sin\omega t\varepsilon(t)$$

如图 10-4(a) 所示,则正弦函数在一个周期内的波形为

$$f_1(t) = \sin\omega t\varepsilon(t) - \sin\omega(t-T)\varepsilon(t-T)$$

如图 10-4(b) 中粗线部分所示。由延迟性质可以得到

$$L[f_1(t)] = L[\sin\omega t\varepsilon(t) - \sin[\omega(t-T)]\varepsilon(t-T)]$$

$$= \frac{\omega}{s^2+\omega^2} - \frac{\omega}{s^2+\omega^2}\mathrm{e}^{-sT}$$

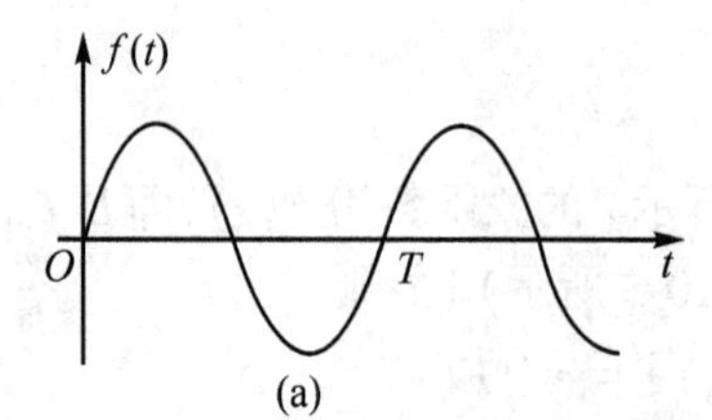

(a)

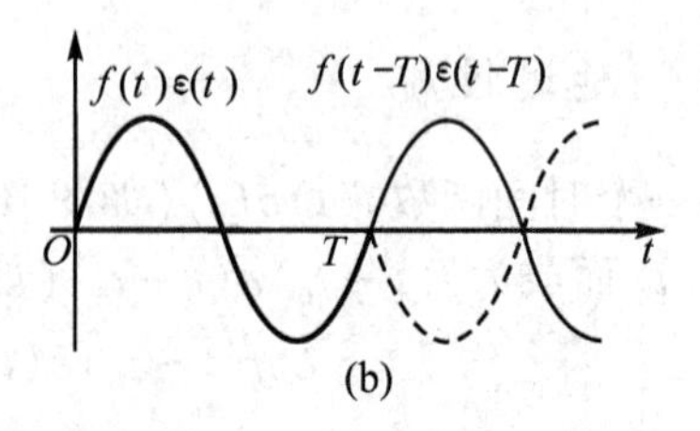

(b)

图 10-4　例 10-7 原函数波形

10.2.5 卷积定理

如果时间函数$f_1(t)$的象函数为$F_1(s)$,$f_2(t)$的象函数为$F_2(s)$,$f_1(t)$与$f_2(t)$的卷积的象函数为

$$L[f_1(t) * f_2(t)] = F_1(s) \cdot F_2(s)$$

证明:在第 9 章中已经学习过卷积积分为

$$f_1(t) * f_2(t) = \int_0^t f_1(t-\xi) f_2(\xi)\,\mathrm{d}\xi = \int_0^t f_1(t-\xi)\varepsilon(t-\xi) f_2(\xi)\,\mathrm{d}\xi$$

即只有当$t > \xi$时,此积分才不为零。所以,不妨将卷积的上限延展至∞,卷积的下限也可以和拉普拉斯变换中的积分下限一样,改为0_-,即

$$f_1(t) * f_2(t) = \int_{0_-}^{\infty} f_1(t-\xi) f_2(\xi)\,\mathrm{d}\xi$$

对上式两边取拉普拉斯变换,得

$$L[f_1(t) * f_2(t)] = L\left[\int_{0_-}^{\infty} f_1(t-\xi) f_2(\xi)\,\mathrm{d}\xi\right] = \int_{0_-}^{\infty}\left[\int_{0_-}^{\infty} f_1(t-\xi) f_2(\xi)\,\mathrm{d}\xi\right]\mathrm{e}^{-st}\,\mathrm{d}t$$

令$t - \xi = t'$,$t = t' + \xi$;$\mathrm{e}^{-st} = \mathrm{e}^{-st'} \cdot \mathrm{e}^{-s\xi}$,$\mathrm{d}t = \mathrm{d}t'$,则上式为

$$\begin{aligned} L[f_1(t) * f_2(t)] &= \int_{0_-}^{\infty}\left[\int_{0_-}^{\infty} f_1(t') \cdot f_2(\xi)\,\mathrm{d}\xi\right]\mathrm{e}^{-st'} \cdot \mathrm{e}^{-s\xi}\,\mathrm{d}t' \\ &= \int_{0_-}^{\infty} f_1(t')\mathrm{e}^{-st'}\,\mathrm{d}t' \int_{0_-}^{\infty} f_2(\xi)\mathrm{e}^{-s\xi}\,\mathrm{d}\xi \\ &= F_1(s) \cdot F_2(s) \end{aligned}$$

上面介绍了拉普拉斯变换的一些基本性质,利用这些性质能够较为方便地求出一些常用原函数的象函数,对电路分析是十分有用的。

10.3 拉普拉斯反变换

运用积分变换法分析线性电路的动态过程,其要点是将描述动态电路的原函数的微分方程变换成为相应的象函数的代数方程,然后求解代数方程,得到响应的象函数。最后由响应的象函数进行拉普拉斯反变换,求出响应的原函数。因此,在运用积分变换法分析线性电路的过渡过程中,拉普拉斯反变换显得尤为重要。拉普拉斯反变换的方法有如下几种:

1. 由定义式计算

在本章 10.1 节里已经讨论过拉普拉斯反变换的定义式:

$$f(t) = \frac{1}{2\pi \mathrm{j}}\int_{\sigma-\mathrm{j}\infty}^{\sigma+\mathrm{j}\infty} F(s)\mathrm{e}^{st}\,\mathrm{d}s = L^{-1}[F(s)]$$

根据定义式,可以将象函数 $F(s)$ 变换成为原函数 $f(t)$。但是上述积分是复变函数的积分,不便于直接求解,因而一般不采用定义式来求原函数。

2. 直接查表

在本章 10.1 节里,已经将一些较常用的函数的拉普拉斯变换式列入表 10-1 之中,可供随时查阅。更为复杂的函数变换式还可在数学手册中查阅。

3. 部分分式法

直接查表来确定某些象函数的原函数,当然十分方便、快捷,然而,它只能查出一些简单的象函数的原函数,如果象函数的表示式比较复杂,则难以直接查出它的原函数。部分分式法的作用,就是将比较复杂的象函数分解成为较为简单的部分分式,然后再查表求出原函数。

设象函数为

$$F(s)=\frac{F_1(s)}{F_2(s)}=\frac{a_0s^m+a_1s^{m-1}+\cdots+a_m}{b_0s^n+b_1s^{n-1}+\cdots+b_n}$$

式中,$F_1(s)$、$F_2(s)$ 都是复变量 s 的多项式,m、n 是正整数。

(1) 当 $m<n$,且 $F_2(s)=0$ 只含有单根。

当 $m<n$ 时,$F(s)$ 为真分式。如果 $F_2(s)=0$ 的单根分别为 $p_1,p_2,\cdots,p_n$,则它们可以是实数,也可以是复数。则 $F(s)$ 可以展开为下列形式:

$$F(s)=\frac{F_1(s)}{F_2(s)}=\frac{k_1}{s-p_1}+\frac{k_2}{s-p_2}+\cdots+\frac{k_n}{s-p_n}=\sum_{i=1}^{n}\frac{k_i}{s-p_i}$$

其中,$k_1,k_2,\cdots,k_n$ 是待定系数。为了求出 k_1,用 $(s-p_1)$ 乘以上式的两边,得到

$$(s-p_1)\frac{F_1(s)}{F_2(s)}=(s-p_1)\left(\frac{k_1}{s-p_1}+\frac{k_2}{s-p_2}+\cdots+\frac{k_n}{s-p_n}\right)$$

$$=k_1+(s-p_1)\left(\frac{k_2}{s-p_2}+\cdots+\frac{k_n}{s-p_n}\right)$$

令 $s=p_1$,即可得出待定系数

$$k_1=(s-p_1)\frac{F_1(s)}{F_2(s)}\bigg|_{s=p_1} \tag{10-6}$$

由于 p_1 是方程 $F_2(s)=0$ 的一个根,故将 $s=p_1$ 代入上式中,$s-p_1$ 和 $F_2(s)$ 分别等于零。即分子、分母都等于零。但只要先将分子、分母中的公因式 $s-p_1$ 约去,即可求出 k_1。同理可以求得待定系数 $k_2,k_3,\cdots,k_n$,其中

$$k_i=(s-p_i)F(s)\bigg|_{s=p_i} \tag{10-7}$$

从而得出

$$f(t)=L^{-1}[F(s)]=k_1e^{p_1t}+k_2e^{p_2t}+\cdots+k_ne^{p_nt}$$

$$=\sum_{i=1}^{n}k_ie^{p_it} \tag{10-8}$$

例 10-8　求象函数 $F(s)=\dfrac{5s+12}{s(s^2+5s+6)}$ 的原函数 $f(t)$。

解　$F_1(s)=5s+12$，$F_2(s)=s(s^2+5s+6)$，$F_2(s)=0$ 的根为：$p_1=0$、$p_2=-2$、$p_3=-3$。于是将象函数 $F(s)$ 分解为部分分式：

$$F(s)=\frac{5s+12}{s(s^2+5s+6)}=\frac{5s+12}{s(s+2)(s+3)}=\frac{k_1}{s}+\frac{k_2}{s+2}+\frac{k_3}{s+3}$$

根据式(10-7) 可以得出

$$k_1=(s-p_1)F(s)\Big|_{s=p_1}=(s-0)\frac{5s+12}{s(s+2)(s+3)}\Big|_{s=0}=2$$

$$k_2=(s-p_2)F(s)\Big|_{s=p_2}=(s+2)\frac{5s+12}{s(s+2)(s+3)}\Big|_{s=-2}=-1$$

$$k_3=(s-p_3)F(s)\Big|_{s=p_3}=(s+3)\frac{5s+12}{s(s+2)(s+3)}\Big|_{s=-3}=-1$$

根据式(10-8) 可以求出原函数

$$\begin{aligned}f(t)&=L^{-1}[F(s)]=k_1e^{p_1t}+k_2e^{p_2t}+k_3e^{p_3t}\\&=2-e^{-2t}-e^{-3t}\end{aligned}$$

此外，在式(10-6) 中，也正因为它的分子、分母都等于零，还可以用罗必达法则来计算待定系数。将分子、分母分别对 s 取导数，然后再用 $s=p_1$ 代入，即

$$\begin{aligned}k_1&=\lim_{s\to p_1}(s-p_1)\frac{F_1(s)}{F_2(s)}=\lim_{s\to p_1}\frac{F_1(s)+(s-p_1)F_1'(s)}{F_2'(s)}\\&=\frac{F_1(p_1)}{F_2'(p_1)}\end{aligned}$$

同理，可以求得待定系数 $k_2,k_3,\cdots,k_n$，其中

$$k_i=\frac{F_1(p_i)}{F_2'(p_i)}\tag{10-9}$$

这种求待定系数的方法称为分解定理。由分解定理求得系数 $k_1,k_2,k_3,\cdots,k_n$ 之后，根据式(10-8) 可以求出原函数 $f(t)$。

例 10-9　用分解定理求象函数 $F(s)=\dfrac{5s+12}{s(s^2+5s+6)}$ 的原函数 $f(t)$。

解　$F_1(s)=5s+12$，$F_2(s)=s(s^2+5s+6)$，$F_2(s)=0$ 的根为：$p_1=0$、$p_2=-2$、$p_3=-3$。$F_1(p_1)=12$，$F_1(p_2)=2$，$F_1(p_3)=-3$。$F_2'(s)=3s^2+10s+6$，$F_2'(p_1)=6$，$F_2'(p_2)=-2$，$F_2'(p_3)=3$。根据式(10-9) 可以得出

$$k_1=\frac{F_1(p_1)}{F_2'(p_1)}=\frac{12}{6}=2$$

$$k_2=\frac{F_1(p_2)}{F_2'(p_2)}=\frac{2}{-2}=-1$$

$$k_3=\frac{F_1(p_3)}{F_2'(p_3)}=\frac{-3}{3}=-1$$

根据式(10-8)，可以求出原函数为

$$f(t)=L^{-1}[F(s)]=k_1e^{p_1t}+k_2e^{p_2t}+k_3e^{p_3t}$$
$$=2-e^{-2t}-e^{-3t}$$

例 10-10　求象函数 $F(s)=\dfrac{s}{s^2+2s+5}$ 的原函数 $f(t)$。

解　$F_1(s)=s$，$F_2(s)=s^2+2s+5$，$F_2(s)=0$ 的根为：$p_1=-1+j2=\alpha+j\beta$、$p_2=-1-j2=\alpha-j\beta$。于是将象函数 $F(s)$ 分解为部分分式：

$$F(s)=\frac{k_1}{s+1-j2}+\frac{k_2}{s+1+j2}$$

$$k_1=(s-p_1)F(s)\Big|_{s=p_1}=(s+1-j2)\frac{s}{(s+1-j2)(s+1+j2)}\Big|_{s=-1+j2}$$
$$=0.5+j0.25=0.559\angle 26.57^\circ=|k_1|\angle\theta$$

$$k_2=(s-p_2)F(s)\Big|_{s=p_2}=(s+1+j2)\frac{s}{(s+1-j2)(s+1+j2)}\Big|_{s=-1-j2}$$
$$=0.5-j0.25=0.559\angle -26.57^\circ=|k_1|\angle -\theta$$

由以上计算可以看出，$F_2(s)=0$ 的根 p_1、p_2 是共轭复数；待定系数 k_1、k_2 也是共轭复数。原函数为

$$f(t)=L^{-1}[F(s)]=k_1e^{p_1t}+k_2e^{p_2t}$$
$$=0.559e^{j26.57^\circ}e^{(-1+j2)t}+0.559e^{-j26.57^\circ}e^{(-1-j2)t}$$
$$=0.559e^{-t}[e^{j(2t+26.57^\circ)}+e^{-j(2t+26.57^\circ)}]$$
$$=0.559e^{-t}\cdot 2\cos(2t+26.57^\circ)$$
$$=1.118e^{-t}\cos(2t+26.57^\circ)$$
$$=2|k_1|e^{\alpha t}\cos(\beta t+\theta)\tag{10-10}$$

由此可见，凡是求出 $F_2(s)=0$ 的根是复数，就必然会有成对的共轭复根。只要计算出待定系数 k_1，就可以根据上式求出它的原函数。中间繁琐的数学推导过程可以省去。

(2) 当 $m<n$，但 $F_2(s)=0$ 有重根。

如果 $F_2(s)=0$ 有重根，部分分式的展开式将有所不同，下面通过一个例题来说明其处理方法。

例 10-11　求象函数 $F(s)=\dfrac{3s^2+11s+11}{(s+1)^2(s+2)}$ 的原函数 $f(t)$。

解　设 $F(s)=\dfrac{3s^2+11s+11}{(s+1)^2(s+2)}=\dfrac{k_1}{(s+1)^2}+\dfrac{k_2}{(s+2)}+\dfrac{k_3}{(s+1)}$

系数 k_1、k_2 仍然按照前面的计算方法求得，即

$$k_1=[(s+1)^2F(s)]\Big|_{s=-1}=\frac{3s^2+11s+11}{s+2}\Big|_{s=-1}=3$$

$$k_2=[(s+2)F(s)]\Big|_{s=-2}=\frac{3s^2+11s+11}{(s+1)^2}\Big|_{s=-2}=1$$

k_3 不能用上述方法求。将

$$\frac{3s^2+11s+11}{(s+1)^2(s+2)}=\frac{k_1}{(s+1)^2}+\frac{k_2}{(s+2)}+\frac{k_3}{(s+1)}$$

的两边各乘以$(s+1)^2$得出

$$(s+1)^2\frac{3s^2+11s+11}{(s+1)^2(s+2)}=k_1+(s+1)^2\frac{k_2}{(s+2)}+(s+1)k_3$$

上式两边对s求导

$$\frac{(6s+11)(s+2)-(3s^2+11s+11)}{(s+2)^2}=\frac{2(s+1)(s+2)-(s+1)^2}{(s+2)^2}k_2+k_3$$

令$s=-1$

$$k_3=\frac{(6s+11)(s+2)-(3s^2+11s+11)}{(s+2)^2}\bigg|_{s=-1}=2$$

于是可以求出原函数

$$\begin{aligned}f(t)&=L^{-1}[F(s)]=k_1te^{p_1t}+k_2e^{p_2t}+k_3e^{p_3t}\\&=3te^{-t}+e^{-2t}+2e^{-t}\end{aligned}$$

例 10-12 求象函数$F(s)=\dfrac{s-2}{s^3+2s^2+s}$的原函数$f(t)$。

解 $F(s)=\dfrac{s-2}{s(s+1)^2}=\dfrac{k_1}{s}+\dfrac{k_2}{(s+1)^2}+\dfrac{k_3}{s+1}$

$$k_1=\frac{s-2}{(s+1)^2}\bigg|_{s=0}=-2$$

$$k_2=\frac{s-2}{s}\bigg|_{s=-1}=3$$

$$k_3=\frac{d}{ds}\left(\frac{s-2}{s}\right)\bigg|_{s=-1}=\frac{s-(s-2)}{s^2}\bigg|_{s=-1}=2$$

于是可以求出原函数

$$\begin{aligned}f(t)&=L^{-1}[F(s)]=k_1e^{p_1t}+k_2te^{p_2t}+k_3e^{p_3t}\\&=-2+3te^{-t}+2e^{-t}\end{aligned}$$

(3) 当$m\geqslant n$。

当$m\geqslant n$时,象函数$F(s)=\dfrac{F_1(s)}{F_2(s)}$为假分式。首先可以用代数中讲述的除法,将$F_1(s)$除以$F_2(s)$,将假分式化为真分式,然后再将真分式分解成部分分式,最终求出原函数。

例 10-13 求象函数$F(s)=\dfrac{F_1(s)}{F_2(s)}=\dfrac{s^3+6s^2+15s+11}{s^2+5s+6}$的原函数$f(t)$。

解 由于象函数$F(s)$的分子$F_1(s)$幂的次数高于分母$F_2(s)$幂的次数,先将$F_1(s)$除以$F_2(s)$得

$$F(s)=s+1+\frac{4s+5}{s^2+5s+6}$$

将余式 $G(s)=\dfrac{4s+5}{s^2+5s+6}$ 展开为部分分式：

$$G(s)=\frac{4s+5}{s^2+5s+6}=\frac{k_1}{s+2}+\frac{k_2}{s+3}$$

其待定系数为

$$k_1=(s+2)\frac{4s+5}{(s+2)(s+3)}\bigg|_{s=-2}=-3$$

$$k_2=(s+3)\frac{4s+5}{(s+2)(s+3)}\bigg|_{s=-3}=7$$

$$F(s)=s+1+\frac{-3}{s+2}+\frac{7}{s+3}$$

于是可以求出原函数

$$f(t)=L^{-1}[F(s)]=\delta'(t)+\delta(t)-3e^{-2t}+7e^{-3t}$$

10.4　拉普拉斯变换在线性电路分析计算中的应用

在本章 10.2 节讨论拉普拉斯变换的微分性质和积分性质时，已经看出拉普拉斯变换可以将原函数的导数和积分运算变换成为象函数的乘、除运算。也就是说，拉普拉斯变换可以将原函数的微积分方程变换成为象函数的代数方程。正是运用这一规律，可以建立电路元件特性方程的复频域形式，从而得出运算阻抗和运算电路，最终可以直接由运算电路列出待求量象函数的代数方程，而无需列写电路微积分方程后再作变换。

10.4.1　电路元件特性方程的复频域形式

1. 电阻元件

如图 10-5 所示，电阻元件上电流和电压的时域关系为

$$u(t)=Ri(t)$$

对上式两边取拉普拉斯变换

$$L[u(t)]=L[Ri(t)]$$

得

$$U(s)=RI(s) \tag{10-11}$$

式(10-11) 就是电阻元件上电流和电压的复频域关系，也就是欧姆定律的象函数形式。电阻元件的复频域等效电路如图 10-6 所示，又称为电阻的运算电路。

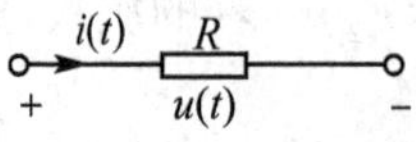

$i(t)$　R　$+$　$u(t)$　$-$

图 10-5　电阻的时域电路

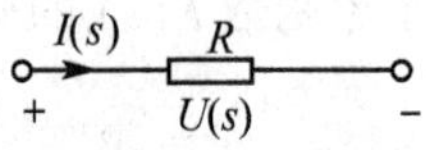

$I(s)$　R　$+$　$U(s)$　$-$

图 10-6　电阻的复频域电路

2. 电感元件

如图 10-7 所示，电感阻元件上电流和电压的时域关系为

$$u(t) = L\frac{\mathrm{d}i(t)}{\mathrm{d}t}$$

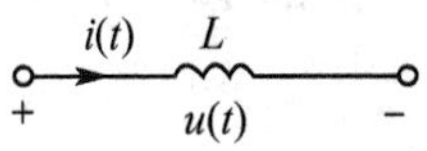

图 10-7　电感的时域电路

对上式两边取拉普拉斯变换

$$L[u(t)] = L\left[L\frac{\mathrm{d}i(t)}{\mathrm{d}t}\right]$$

得

$$U(s) = sLI(s) - Li(0_-) \tag{10-12}$$

式(10-12)就是电感元件上电流和电压的复频域关系。式中 sL 称为电感元件的复频域感抗(也称为电感的运算阻抗)；$i(0_-)$ 表示电感元件在换路前瞬间的电流值，$Li(0_-)$ 反映了电感初始电流对电路的影响，称它为附加电压源；可以画出与式(10-12)相符的串联复频域等效电路如图 10-8(a)所示。式(10-12)可以改写为

$$I(s) = \frac{1}{sL}U(s) + \frac{i(0_-)}{s} \tag{10-13}$$

式中，$\frac{1}{sL}$ 称为电感元件的复频域感纳(也称为电感的运算导纳)；$\frac{i(0_-)}{s}$ 反映了电感初始电流对电路的影响，称它为附加电流源；可以画出与式(10-13)相符的并联复频域等效电路，如图 10-8(b)所示。

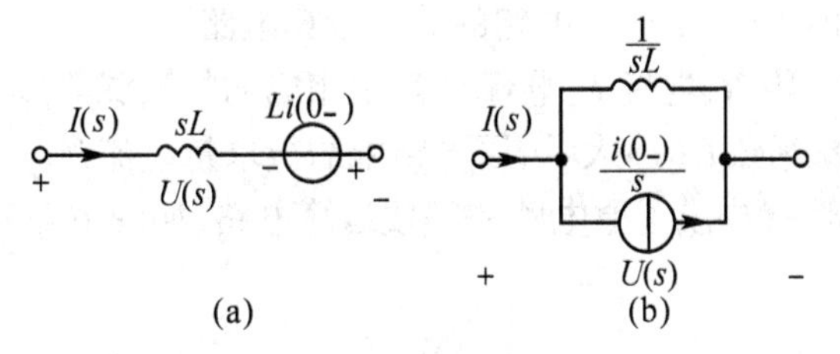

图 10-8　电感的复频域电路

3. 电容元件

如图 10-9 所示，电容元件上电流和电压的时域关系为

$$i(t) = C\frac{\mathrm{d}u(t)}{\mathrm{d}t}$$

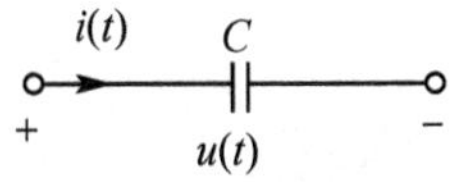

图 10-9　电容的时域电路

对上式两边取拉普拉斯变换

$$L[i(t)] = L\left[C\frac{\mathrm{d}u(t)}{\mathrm{d}t}\right]$$

得

$$I(s) = sCU(s) - Cu(0_-) \tag{10-14}$$

式(10-14) 就是电容元件上电流和电压的复频域关系。式中 sC 称为电容元件的复频域容纳(也称为电容的运算导纳)；$u(0_-)$ 表示电容元件在换路前瞬间的电压值，$Cu(0_-)$ 反映了电容初始电压对电路的影响，称它为附加电流源；可以画出与式(10-14) 相符的并联复频域等效电路如图 10-10(a) 所示。式(10-14) 可以改写为

$$U(s) = \frac{1}{sC}I(s) + \frac{u(0_-)}{s} \tag{10-15}$$

式中 $1/sC$ 称为电容元件的复频域容抗(也称为电容的运算阻抗)；$u(0_-)/s$ 反映了电容初始电压对电路的影响，称它为附加电压源；可以画出与式(10-15) 相符的串联复频域等效电路，如图 10-10(b) 所示。

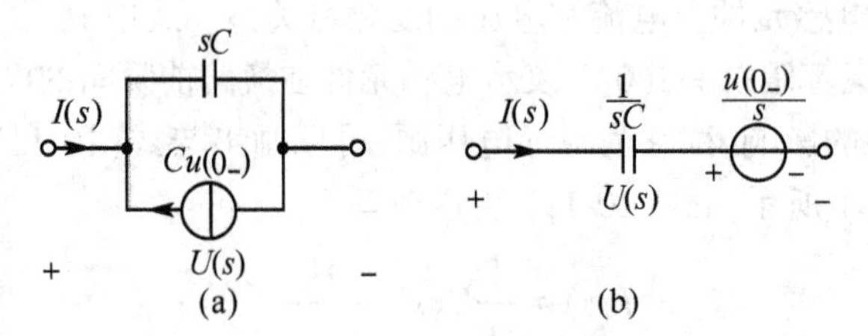

图 10-10　电容的复频域电路

将电路中的负载 —— 电阻 R、电感 L、电容 C 都用相应的复频域等效电路表示；电路中的电源 —— 电压源、电流源取拉普拉斯变换，用相应的象函数表示；各待求量 —— 电压、电流用象函数表示，就构成了原电路的复频域等效电路(即运算电路)。

例 10-14　试画出图 10-11 所示电路的等效运算电路。

解　将电路中的电阻 R、电感 L、电容 C 都用相应的复频域等效电路表示；原电路中的电压源 $u(t)$ 用相应的象函数 $U(s)$ 表示；原电路中的待求量电流 $i(t)$ 用象函数 $I(s)$ 表示；按换路后的接线方式连接，就构成了原电路的等效运算电路，如图 10-12 所示。

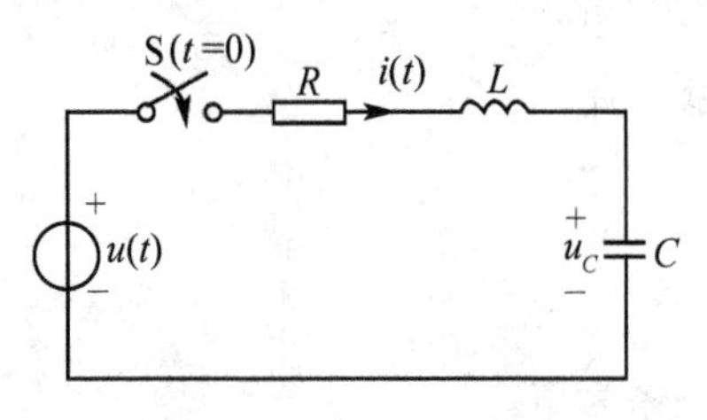

图 10-11　例 10-14 电路

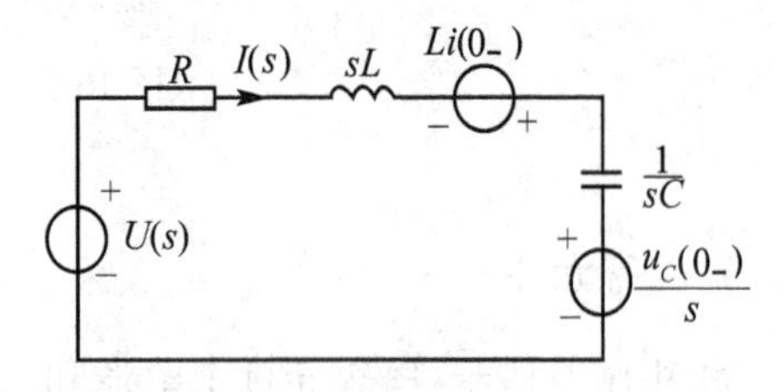

图 10-12　例 10-14 运算电路

10.4.2　电路定律的复频域形式

1. 基尔霍夫电流定律的复频域形式

在电路中，任一节点任何时刻电流的代数和恒等于零，用时域形式表示为

$$\sum i(t)=0$$

将上式两边取拉普拉斯变换,得

$$\sum I(s)=0 \tag{10-16}$$

式(10-16)表明,在电路中,任一节点任何时刻电流象函数的代数和恒等于零。这就是基尔霍夫电流定律的复频域形式。

2. 基尔霍夫电压定律的复频域形式

在电路中,任一回路任何时刻电压的代数和恒等于零,用时域形式表示为

$$\sum u(t)=0$$

将上式两边取拉普拉斯变换,得

$$\sum U(s)=0 \tag{10-17}$$

式(10-17)表明,在电路中,任一回路任何时刻电压象函数的代数和恒等于零。这就是基尔霍夫电压定律的复频域形式。

由基尔霍夫定律推导出的电路计算方法(节点法、回路法等)和电路定理(叠加定理、戴维南定理等)都适用于复频域分析法的计算。

10.4.3　用拉普拉斯变换分析线性电路的过渡过程

利用拉普拉斯变换分析线性电路的过渡过程的方法,称为复频域分析法,习惯上称为运算法。其主要步骤如下:

(1) 根据换路前瞬间($t=0_-$)电路的工作状态,计算出电感电流 $i_L(0_-)$ 和电容电压 $u_C(0_-)$ 的值,以便确定电感元件的附加电源 $Li_L(0_-)$ 和电容元件的附加电源 $u_C(0_-)/s$;

(2) 按照换路后的接线方式画出运算电路,正确标出附加电源的大小和方向,独立电源用象函数表示,各待求量用象函数表示;

(3) 选择适当的方法(支路法、节点法、回路法等)列写运算电路的方程;

(4) 求解上述方程,计算出响应的象函数;

(5) 运用拉普拉斯反变换,求出响应的原函数。

例 10-15　如图 10-13(a)所示电路中,知 $R_1=R_2=1\Omega$, $C=1\text{F}$, $L=1\text{H}$, $E=10\text{V}$。求开关 S 闭合之后流过开关的电流 $i_S(t)$。

解　(1) 计算电感电流 $i_L(0_-)$ 和电容电压 $u_C(0_-)$ 的值。

$$i_L(0_-)=\frac{E}{R_1+R_2}=\frac{10}{1+1}=5\text{A}$$

$$u_C(0_-)=R_2 i_L(0_-)=1\times 5=5\text{V}$$

电感元件的附加电源

$$Li_L(0_-)=1\times 5=5\text{V}$$

电容元件的附加电源

$$\frac{u_C(0_-)}{s}=\frac{5}{s}\text{V}$$

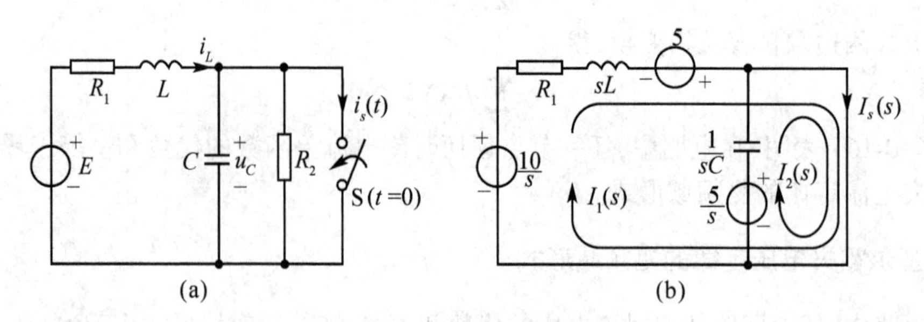

图 10-13　例 10-15 电路

(2) 按照换路后的接线方式画出运算电路,标出附加电源的大小和方向,独立电源用象函数表示,待求量用象函数表示,如图 10-13(b) 所示。

(3) 选择回路电流法求解运算电路。如图 10-13(b) 所示,标出两个回路电流 $I_1(s)$、$I_2(s)$ 的绕行方向;回路 1、2 的电压方程为

$$(R_1 + sL)I_1(s) = \frac{10}{s} + 5$$

$$\frac{1}{sC}I_2(s) = \frac{5}{s}$$

(4) 求解上述方程,计算出响应的象函数。

解上述方程得

$$I_1(s) = \frac{\frac{10}{s} + 5}{R_1 + sL} = \frac{\frac{10}{s} + 5}{1 + s}$$

$$= \frac{5s + 10}{s(s + 1)}$$

$$I_2(s) = \frac{\frac{5}{s}}{\frac{1}{sC}} = 5$$

$$I_S(s) = I_1(s) + I_2(s) = \frac{5s + 10}{s(s + 1)} + 5$$

(5) 运用拉普拉斯反变换,求出响应的原函数。

$$I_S(s) = \frac{5s + 10}{s(s + 1)} + 5 = \frac{k_1}{s} + \frac{k_2}{s + 1} + 5$$

$$k_1 = s\left.\frac{5s + 10}{s(s + 1)}\right|_{s=0} = 10, k_2 = (s + 1)\left.\frac{5s + 10}{s(s + 1)}\right|_{s=-1} = -5$$

即

$$I_S(s) = \frac{10}{s} + \frac{-5}{s + 1} + 5$$

$$i_S(t) = L^{-1}[I_S(s)] = 10 - 5e^{-t} + 5\delta(t)\,A$$

例 10-16 如图 10-14(a) 所示电路中，已知 $R_1 = R_2 = 200\Omega, R_3 = 400\Omega, U_1 = 50V$, $U_2 = 40V, L = 2H$。求开关 S 闭合之后的电压 u_{ab}。

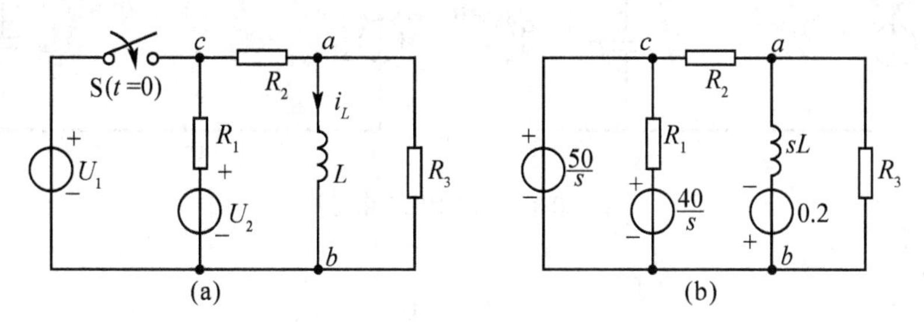

图 10-14 例 10-16 电路

解 电感电流 $i_L(0_-)$ 的值

$$i_L(0_-) = \frac{U_2}{R_1 + R_2} = \frac{40}{200 + 200} = 0.1A$$

电感元件的附加电源为

$$Li_L(0_-) = 2 \times 0.1 = 0.2V$$

按照换路后的接线方式画出运算电路，标出附加电源的大小和方向，独立电源用象函数表示，待求量用象函数表示，如图 10-14(b) 所示。选择节点电压法求解运算电路。如图 10-14(b) 所示，选择 b 为参考点，其节点电压方程为

$$\left(\frac{1}{R_2} + \frac{1}{R_3} + \frac{1}{sL}\right)U_{ab}(s) - \frac{1}{R_2}U_{cb}(s) = -\frac{0.2}{sL}$$

$$U_{cb}(s) = \frac{50}{s}$$

代入元件参数，求解上述方程，计算出响应的象函数

$$\left(\frac{1}{200} + \frac{1}{400} + \frac{1}{2s}\right)U_{ab}(s) - \frac{\frac{50}{s}}{200} = -\frac{0.2}{2s}$$

解得

$$U_{ab}(s) = \frac{20}{s + 66.7}$$

运用拉普拉斯反变换，求出响应的原函数

$$u_{ab}(t) = L^{-1}[U_{ab}(s)] = 20e^{-66.7t}V$$

例 10-17 如图 10-15(a) 所示电路中，已知 $U = 6V, R = 2.5\Omega, L = 6.5mH, C = 0.3\mu F$，电感线圈原边与副边的变比为 1∶70，电路原已处于稳定状态。求开关 S 断开后 a、b 处的最高电压。

解 电感电流 $i_L(0_-)$ 的值

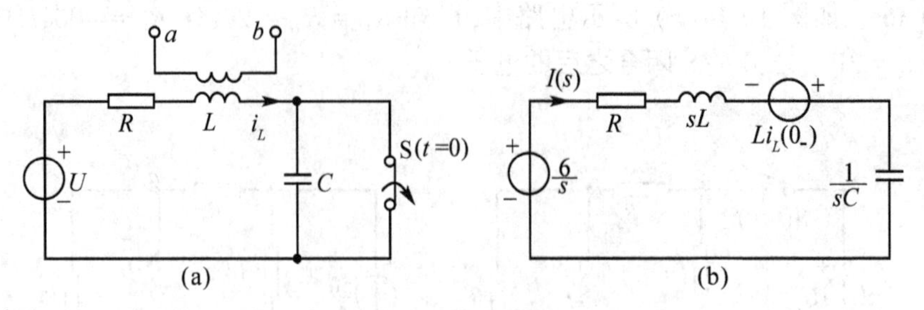

图 10-15　例 10-17 电路图

$$i_L(0_-) = \frac{U}{R} = \frac{6}{2.5} = 2.4\text{A}$$

电感元件的附加电源

$$Li_L(0_-) = 6.5 \times 10^{-3} \times 2.4 = 15.6 \times 10^{-3}\text{V}$$

按照换路后的接线方式画出运算电路(电感线圈的副边不必画出来),标出附加电源的大小和方向,独立电源用象函数表示,如图 10-15(b) 所示。选择回路电流法求解运算电路。其回路电压方程为

$$I(s)\left(R + sL + \frac{1}{sC}\right) = \frac{6}{s} + 15.6 \times 10^{-3}$$

代入元件参数,求解上述方程,计算出 $I(s)$ 的象函数

$$I(s) = \frac{4.68 \times 10^{-9}s + 1.8 \times 10^{-6}}{1.95 \times 10^{-9}s^2 + 0.75 \times 10^{-6}s + 1} = \frac{F_1(s)}{F_2(s)} = \frac{k_1}{s - p_1} - \frac{k_2}{s - p_2}$$

$F_2(s) = 0$ 的根为

$$p_1 = -192.3 + \text{j}2.26 \times 10^4$$
$$p_2 = -192.3 - \text{j}2.26 \times 10^4$$

求得待定系数

$$k_1 = 1.2 \angle 0°, k_2 = 1.2 \angle 0°$$

运用拉普拉斯反变换,求出 $i(t)$ 的原函数

$$i(t) = L^{-1}[I(s)] = 2.4\text{e}^{-192.3t}\cos 2.26 \times 10^4 t$$

电感电压为

$$u = L\frac{\text{d}i}{\text{d}t} = -352\text{e}^{-192.3t}\sin 2.26 \times 10^4 t - 3\text{e}^{-192.3t}\cos 2.26 \times 10^4 t$$

当 $\frac{\text{d}u}{\text{d}t} = 0$ 时,电感电压有极大值。由此计算出极大值出现的时间

$$t = 6.94 \times 10^{-5}\text{s}$$

电感电压的极大值为

$$u_{\max} = -352\text{e}^{-192.3 \times 6.94 \times 10^{-5}}\sin 2.26 \times 10^4 \times 6.94 \times 10^{-5}$$
$$= -347.3\text{V}$$

a、b 处的最高电压

$$u_{ab\max} = -347.3 \times 70 = -24.3\text{kV}$$

10.5　网络函数的定义及其性质

10.5.1　网络函数的定义

利用拉普拉斯变换分析线性电路的过渡过程时，首先是根据换路前瞬间($t=0_-$)电路的工作状态，计算出电感电流 $i_L(0_-)$ 和电容电压 $u_C(0_-)$ 的值，以便确定电感元件的附加电源 $Li_L(0_-)$ 和电容元件的附加电源 $u_C(0_-)/s$。如果电路为零初始条件，则其运算电路中没有附加电源，此时，电路中由外加激励所产生的响应，只与激励的象函数和电路的运算阻抗或运算导纳有关。网络函数定义为

$$H(s) = \frac{R(s)}{E(s)} \tag{10-18}$$

式中，$H(s)$ 为网络函数，$R(s)$ 是零状态响应的象函数，$E(s)$ 是激励的象函数。由于电路中的零状态响应，可以是任意两点之间的电压或任意一条支路的电流，而激励可能是电压源或电流源。所以网络函数的量纲有三种可能性：阻抗、导纳、比例系数。如果响应和激励是同一对端子上的函数，则称这种网络函数为驱动点函数；如果响应和激励不是同一对端子上的函数，则称这种网络函数为转移函数。

例 10-18　如图 10-16(a) 所示电路中，已知 $E=6\text{V}, R_1=6\Omega, R_2=4\Omega, L=0.2\text{H}, C=0.1\text{F}$。求响应为 i_2 的网络函数。

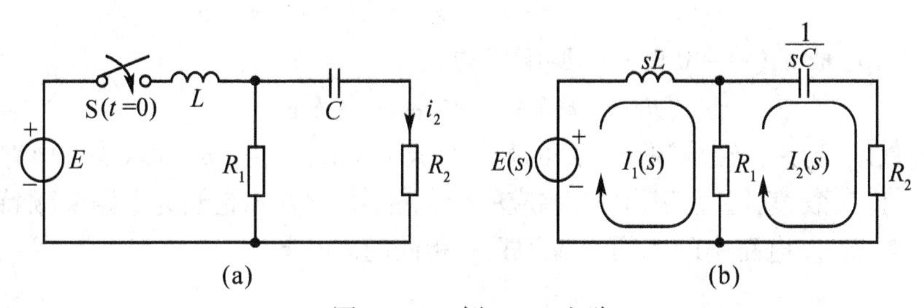

图 10-16　例 10-18 电路

解　绘出图 10-16(a) 所示电路的等效运算电路，如图 10-16(b) 所示。应用网孔电流法，有

$$(0.2s+6)I_1(s) - 6I_2(s) = E(s)$$

$$-6I_1(s) + \left(6 + \frac{10}{s} + 4\right)I_2(s) = 0$$

解得

$$I_2(s) = \frac{3s}{s^2+13s+30}E(s)$$

$$H(s)=\frac{R(s)}{E(s)}=\frac{I_2(s)}{E(s)}=\frac{3s}{s^2+13s+30}$$

由于响应和激励不是同一对端子上的函数,故称它为转移导纳。

10.5.2　网络函数的性质

网络函数具有以下性质:

(1) 网络函数 $H(s)$ 是一个实系数有理分式,它的分子和分母多项式的根为实数或共轭复数。

(2) 网络函数的原函数就是电路的冲激响应。

现在来分析网络函数与冲激响应的关系。根据网络函数定义

$$H(s)=\frac{R(s)}{E(s)}$$

则

$$R(s)=H(s)E(s)$$

当电路的激励为 $e(t)=\delta(t)$,其象函数 $E(s)=1$,故有

$$R(s)=H(s)$$

电路的冲激响应为

$$r(t)=L^{-1}[R(s)]=L^{-1}[H(s)]=h(t)$$

即是说,网络函数的原函数就是电路的冲激响应。

(3) 在一般情况下,网络函数分母多项式的根,称为相应电路复频特性的固有频率。

设电路中某一支路电压(电流)的零输入响应象函数

$$R(s)=\frac{F_1(s)}{F_2(s)}=\frac{k_1}{s-p_1}+\frac{k_2}{s-p_2}+\cdots+\frac{k_n}{s-p_n}$$

其中,$p_1,p_2,\cdots,p_n$ 是 $F_2(s)=0$ 的根。其响应为

$$r(t)=k_1e^{p_1t}+k_2e^{p_2t}+\cdots+k_ne^{p_nt} \tag{10-19}$$

式中,待定系数 $k_1,k_2,\cdots,k_n$ 取决于电路的初始状态;而 $p_1,p_2,\cdots,p_n$ 则取决于电路中元件的连接方式和元件参数,它们直接影响着响应的变化规律,所以称它们为电路复频特性的固有频率(或自然频率)。电路中的不同响应均具有相同的固有频率。

10.6　复频率平面及网络函数的极点与零点

10.6.1　复频率平面

网络函数 $H(s)$ 的分子和分母都是 s 的多项式,而 $s=\sigma+j\omega$,称为复频率。以 s 的实部 σ 作为横轴、s 的虚部 $j\omega$ 作为纵轴构成的坐标平面,叫做复频率平面(也称为 s 平面)。网络函数可以表示为

$$H(s)=\frac{N(s)}{D(s)}=\frac{a_0s^m+a_1s^{m-1}+\cdots+a_m}{b_0s^n+b_1s^{n-1}+\cdots+b_n}$$

$$= \frac{H_0(s-z_1)(s-z_2)\cdots(s-z_m)}{(s-p_1)(s-p_2)\cdots(s-p_n)} \tag{10-20}$$

其中,H_0 是一个实常数;$z_1,z_2,\cdots,z_n$ 是 $N(s)=0$ 的根;$p_1,p_2,\cdots,p_n$ 是 $D(s)=0$ 的根。

10.6.2 网络函数的极点与零点

在式(10-20)中,当 s 分别等于 $z_1,z_2,\cdots,z_n$ 时,$N(s)=0$,网络函数 $H(s)$ 等于零,故称 z_1,$z_2,\cdots,z_n$ 为网络函数的零点。当 s 分别等于 $p_1,p_2,\cdots,p_n$ 时,$D(s)=0$,网络函数 $H(s)$ 变为无限大,故称 $p_1,p_2,\cdots,p_n$ 为网络函数的极点。在复频率平面上,用"。"表示 $H(s)$ 的零点,用"×"表示 $H(s)$ 的极点,就构成了网络函数 $H(s)$ 的零点、极点分布图。网络函数的零点、极点分布与网络的时域响应和频率响应有密切关系,这些内容将在后面两节讨论。

例 10-19 求网络函数 $H(s)=\dfrac{s^2-s-12}{s^3+2s^2+5s}$ 的零点、极点,并画出零点、极点分布图。

解 $N(s)=s^2-s-12=(s+3)(s-4)$,$N(s)=0$ 的根:$z_1=-3$,$z_2=4$。

$D(s)=s^3+2s^2+5s=s(s+1-\mathrm{j}2)(s+1+\mathrm{j}2)$,$D(s)=0$ 的根为 $p_1=0$,$p_2=-1+\mathrm{j}2$,$p_3=-1-\mathrm{j}2$。所以网络函数 $H(s)$ 有两个零点:$z_1=-3$,$z_2=4$;有三个极点:$p_1=0$,$p_2=-1+\mathrm{j}2$,$p_3=-1-\mathrm{j}2$。网络函数 $H(s)$ 的确零点、极点分布图如图 10-17 所示。

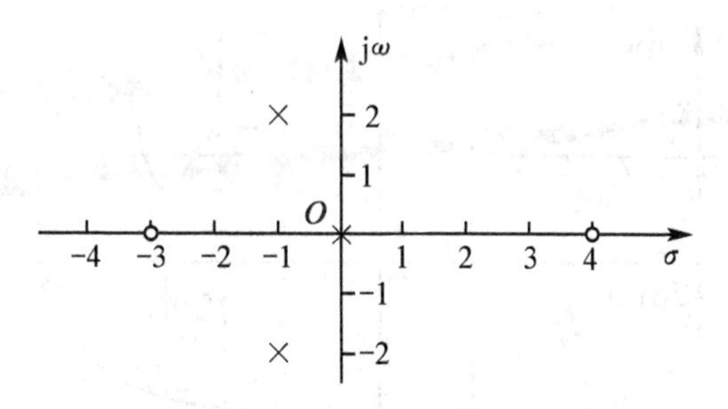

图 10-17 例 10-18 图

10.7 零点、极点与冲激响应

网络函数 $H(s)$ 的极点在复频率平面上分布的位置与电路的单位冲激响应有着密切的关系。极点在复频率平面上的位置不同,电路的单位冲激响应的波形就不同。当网络函数 $H(s)$ 的分母具有单根时,其冲激响应为

$$h(t)=L^{-1}[H(s)]=L^{-1}\left[\frac{N(s)}{D(s)}\right]$$

$$=L^{-1}\left[\frac{k_1}{s-p_1}+\frac{k_2}{s-p_2}+\cdots+\frac{k_n}{s-p_n}\right]$$

$$=k_1\mathrm{e}^{p_1t}+k_2\mathrm{e}^{p_2t}+\cdots+k_n\mathrm{e}^{p_nt}$$

其中,$p_1,p_2,\cdots,p_n$ 是 $D(s)=0$ 的根。现在依据根的不同情况进行分析:

(1) 网络函数 $H(s)$ 的极点为负实数[分母 $D(s)=0$ 的根为负实数],其冲激响应是衰减的指数函数,且极点离坐标原点越远,响应衰减越快。这种电路是稳定的。

(2) 网络函数 $H(s)$ 的极点为正实数[分母 $D(s)=0$ 的根为正实数],其冲激响应是随时间增长的指数函数,且极点离坐标原点越远,响应增长越快。这种电路是不稳定的。

(3) 网络函数 $H(s)$ 的极点为共轭复数且实部为负数时,其冲激响应是衰减的正弦函数,且极点离虚轴越远,响应衰减越快。这种电路是稳定的。

(4) 网络函数 $H(s)$ 的极点为共轭复数且实部为正数时,其冲激响应是增长的正弦函数,且极点离虚轴越远,响应增长越快。这种电路是不稳定的。

(5) 网络函数 $H(s)$ 的极点为共轭复数且实部为零时(极点在虚轴上),其冲激响应是不衰减的正弦函数(称为等幅度振荡),且极点离实轴越远,响应的振荡频率越高。

根据以上分析,将网络函数 $H(s)$ 的极点的分布与电路的单位冲激响应的波形画在图 10-18 中。

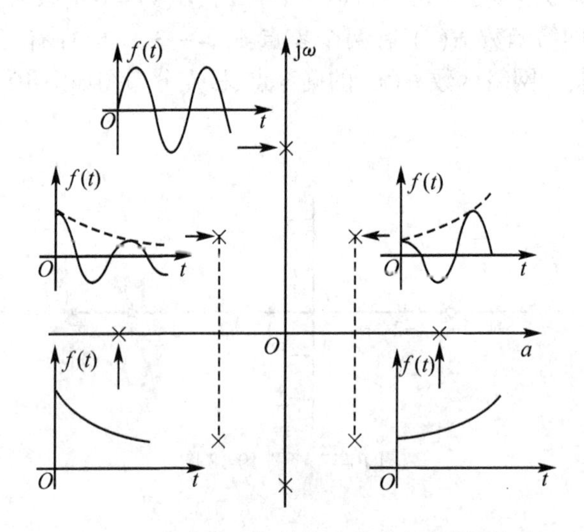

图 10-18　极点分布与单位冲激响应波形的关系

当电路中的激励为单位冲激函数时,随着时间的增长,单位冲激激励所提供的能量逐渐被电路中的电阻消耗而减少,也就是说,无源线性网络的单位冲激响应是衰减的函数。所以,一般电路的网络函数的极点只能分布于复频率平面的左半部区间,而不可能分布于复频率平面的右半部区间。

10.8　零点、极点与频率响应

网络函数 $H(s)$ 的零点、极点与电路变量的频率响应有着密切的关系。在图 10-19(a) 所示的 R、L、C 并联电路中,设电流源 $i_S=\sqrt{2}I_S\sin\omega t$,输出为电阻 R 上的电流 i_3,并以它作为电路的零状态响应。应用复频域分析法求得网络函数，画出图 10-19(a) 对应的运算电路如图 10-19(b) 所示，则响应为i_3 的网络函数为

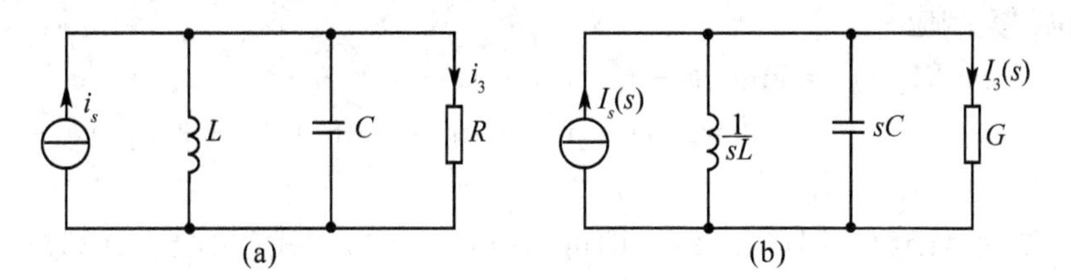

图 10-19　R、L、C 并联电路的响应

$$H(s)=\frac{I_3(s)}{I_S(s)}=\frac{G}{G+\frac{1}{sL}+sC}=\frac{\frac{G}{C}s}{s^2+\frac{G}{C}s+\frac{1}{LC}} \tag{10-21}$$

如果是计算同一电路在正弦激励下输出电流 $\dot{I}_3$ 与输入电流 $\dot{I}_S$ 的比值，画出相应的相量电路如图 10-20 所示。

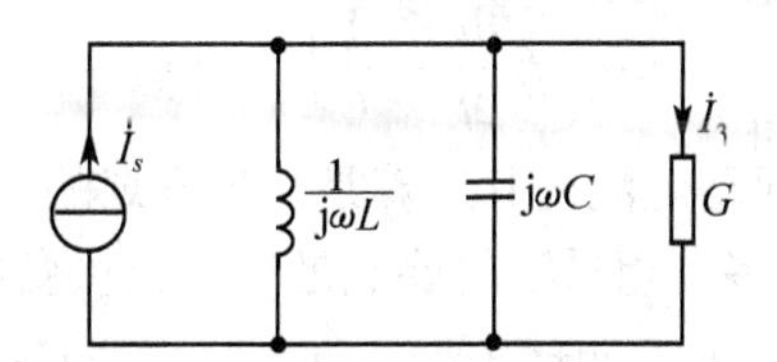

图 10-20　R、L、C 并联电路的正弦响应

$$\frac{\dot{I}_3}{\dot{I}_S}=\frac{G}{G+\frac{1}{j\omega L}+j\omega C}=\frac{\frac{G}{C}j\omega}{(j\omega)^2+\frac{G}{C}j\omega+\frac{1}{LC}} \tag{10-22}$$

比较式(10-21) 与式(10-22) 可以看出，将式(10-21) 中的 s 用 $j\omega$ 来代替，则可以由网络函数来计算正弦稳态情况下输出相量与输入相量比，即 $H(j\omega)=\dot{I}_3/\dot{I}_S$，也就是说，令 $s=j\omega$ 的网络函数 $H(s)$ 就是 $H(j\omega)$。这一结论在一般情况下是成立的。由此可以推论电路变量的频率响应 $H(j\omega)$ 与相应的网络函数 $H(s)$ 的零点、极点有关系。

电路变量的频率响应 $H(j\omega)$ 通常是一个复数，可以表示为

$$H(j\omega)=|H(j\omega)|e^{j\theta} \tag{10-23}$$

$|H(j\omega)|$ 是网络函数在频率 ω 处的模，称为幅度频率特性；$\theta=\arg[H(j\omega)]$ 是网络函数在频率 ω 处的相位，称为相位频率特性。式(10-23) 可表示为

$$H(j\omega)=\frac{H_0(j\omega-z_1)(j\omega-z_2)\cdots(j\omega-z_m)}{(j\omega-p_1)(j\omega-p_2)\cdots(j\omega-p_n)}$$

其幅度频率特性为

$$|H(j\omega)| = \frac{H_0|(j\omega - z_1)(j\omega - z_2)\cdots(j\omega - z_m)|}{|(j\omega - p_1)(j\omega - p_2)\cdots(j\omega - p_n)|} \tag{10-24}$$

其相位频率响应

$$\begin{aligned} \arg|H(j\omega)| = & \arg(j\omega - z_1) + \arg(j\omega - z_2) + \cdots + \arg(j\omega - z_m) \\ & - [\arg(j\omega - p_1) + \arg(j\omega - p_2) + \cdots + \arg(j\omega - p_n)] \end{aligned} \tag{10-25}$$

如果已知网络函数的零点和极点,即可以由式(10-24)、式(10-25)计算出对应电路的频率响应特性。

10.9　拉普拉斯变换法与正弦稳态相量法之间的对应关系

前面已经研究过正弦交流电路的稳态计算,对于图 10-21(a) 所示 R、L、C 串联电路,电压源 $u_S = \sqrt{2}U\sin(\omega t + \psi_u)$。该电路的回路电压方程为

$$u_R + u_L + u_C = u_S$$

由于 $u_R = Ri, u_L = L\frac{di}{dt}, u_C = \frac{1}{C}\int i dt$,以上方程表示为

$$Ri + L\frac{di}{dt} + \frac{1}{C}\int i dt = u_S \tag{10-26}$$

如果直接解上述方程来计算回路电流 i,其运算是相当麻烦的。应用相量法来分析上述正弦稳态电路,其运算就要简单得多。相量法的要点是将正弦量变换成为对应的相量。例如:电路中的电源 $u_S = \sqrt{2}U\sin(\omega t + \psi_u)$ 变换为 $\dot{U}_S = U\angle\psi_u$;电路中的待求响应 i 变换为 $\dot{I} = I\angle\psi_i$;微分运算 $\frac{d}{dt}$ 变换为 $j\omega$;积分运算 $\int dt$ 变换为 $\frac{1}{j\omega}$。通过这种变换,式(10-26) 变换为

$$R\dot{I} + j\omega L\dot{I} + \frac{1}{j\omega C}\dot{I} = \dot{U}_S \tag{10-27}$$

通过这样的变换,将时域函数的微分方程变成为频域函数的代数方程。图 10-21(a) 所示的时域电路变成为图 10-21(b) 所示的相量电路。从式(10-27) 可以求出电流相量 $\dot{I}$。

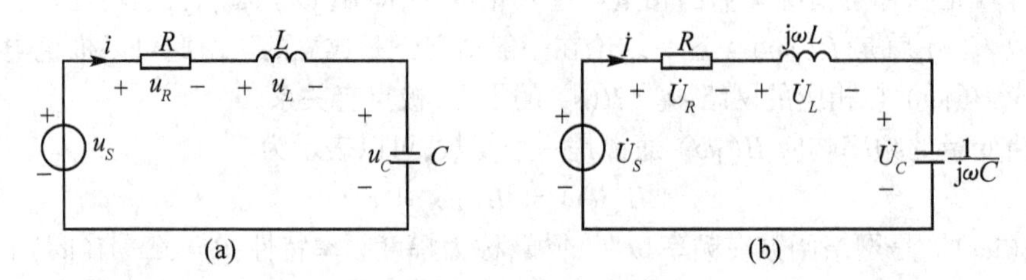

图 10-21　R、L、C 串联电路

$$\dot{I}\left(R+\mathrm{j}\omega L+\frac{1}{\mathrm{j}\omega C}\right)=\dot{U}_S \tag{10-28}$$

令 $Z=R+\mathrm{j}\omega L+\dfrac{1}{\mathrm{j}\omega L}=Z\angle\varphi$，$Z$ 称为串联电路的复阻抗。有

$$\dot{I}=\frac{\dot{U}_S}{Z}=\frac{U\angle\psi_u}{z\angle\varphi}=I\angle\psi_i$$

其中，$I=U/Z$，$\psi_i=\psi_u-\varphi$。由电流相量 $\dot{I}$，可对应求出时域解 $i=\sqrt{2}I\sin(\omega t+\psi_i)$。

在第 9 章已经研究过线性电路的暂态计算，对于图 10-22(a) 所示 R、L、C 串联零状态电路，电压源 $u_S=U$。当 $t\geqslant 0$ 时，该电路的回路电压方程为

$$u_R+u_L+u_C=u_S$$

由于 $u_R=Ri$，$u_L=L\dfrac{\mathrm{d}i}{\mathrm{d}t}$，$u_C=\dfrac{1}{C}\int i\mathrm{d}t$ 以上方程表示为

$$Ri+L\frac{\mathrm{d}i}{\mathrm{d}t}+\frac{1}{C}\int i\mathrm{d}t=u_S \tag{10-29}$$

如果直接求解上述方程来计算电路电流，其运算是相当麻烦的。应用拉普拉斯变换法来分析上述暂态电路，其运算就要简单得多。拉普拉斯变换法的要点是将时域函数变换成为对应的象函数(复频域函数)。例如：电路中的电源 $u_S=U$ 变换为 $U(s)=U/s$；电路中的待求响应 i 变换为 $I(s)$；微分运算 $\dfrac{\mathrm{d}}{\mathrm{d}t}$ 变换为 s；积分运算 $\int\mathrm{d}t$ 变换为 $1/s$。通过这种变换，式(10-29) 变换为

$$RI(s)+sLI(s)+\frac{1}{sC}I(s)=U(s) \tag{10-30}$$

通过这样的变换，将时域函数的微分方程变成为复频域函数的代数方程。图 10-22(a) 所示的时域电路变成为图 10-22(b) 所示的运算电路。从式(10-30) 便可求出电流象函数 $I(s)$

$$I(s)\left(R+sL+\frac{1}{sC}\right)=U(s) \tag{10-31}$$

令 $Z(s)=R+sL+\dfrac{1}{sC}$，$Z(s)$ 称为串联电路的确运算阻抗。有

$$I(s)=\frac{U(s)}{Z(s)}$$

由电流象函数 $I(s)$ 进行反变换就可求出时域解 i。

从以上的分析不难看出，应用拉普拉斯变换法计算动态电路的零输入响应和运用相量法计算正弦稳态电路的响应，都有一个时域到频域、频域到时域的变换过程，在两种变换过程中，同一电路元件的电压电流关系是完全相似的；相量电路的复阻抗与运算电路的运算阻抗也是相对应的，前者的 jω 对应后者的 s。

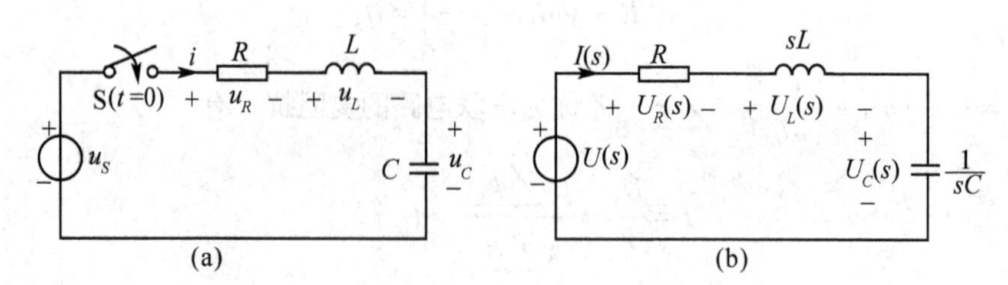

图 10-22　R、L、C 串联零状态电路

习　　题

10-1　求下列原函数的象函数。

(1) $3t^2+5t-4$　　(2) $\varepsilon(t)+\varepsilon(t-1)$

(3) $te^{-\alpha t}$　　(4) $e^{-\alpha t}\sin\omega t$

(5) $\sin(\omega t+\theta)$　　(6) $\cos^2\omega t$

10-2　求下列象函数的原函数。

(1) $\dfrac{3s+1}{2s^2+6s+4}$　　(2) $\dfrac{s^2+6s+8}{s^2+4s+3}$

(3) $\dfrac{1}{(s+1)(s+2)^2}$　　(4) $\dfrac{s+3}{(s+1)(s^2+2s+5)}$

(5) $\dfrac{2s+1}{s(s+2)(s+5)}$　　(6) $\dfrac{s}{s^2+2s+5}$

10-3　如题 10-3 图所示，电路原已处于稳定状态。已知 $U_S=20\text{V}$，$R_1=R_2=5\Omega$，$L=2\text{H}$，$C=1\text{F}$。试画出它的复频域等效电路。

10-4　如题 10-4 图所示，电路原已处于稳定状态。已知 $I_S=5\text{A}$，$R_1=10\Omega$，$R_2=5\Omega$，$L_1=2\text{H}$，$L_2=1\text{H}$，$C=0.5\text{F}$。试画出它的复频域等效电路。

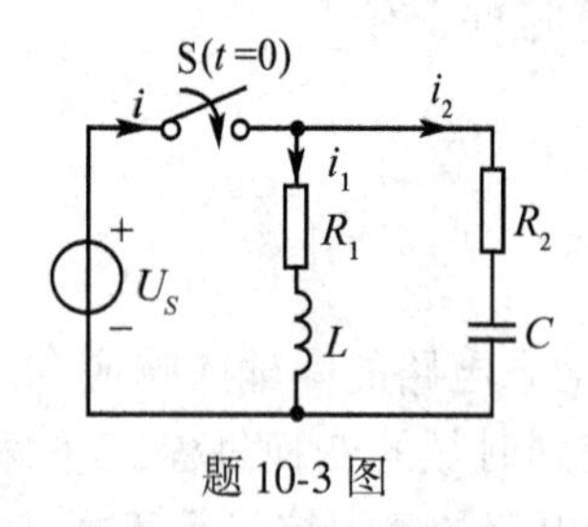

题 10-3 图

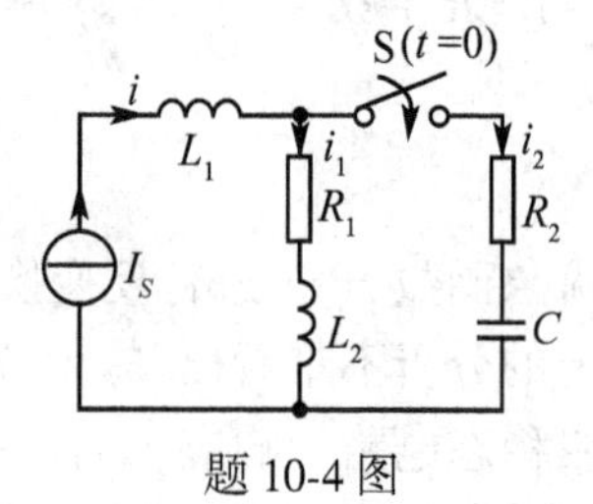

题 10-4 图

10-5　试求出题 10-5 图所示各电路的运算阻抗 $Z_{ab}(s)$。

10-6　如题 10-6 图所示，电路原已处于稳定状态。已知 $I_S=50\text{mA}$，$R_1=3\,000\Omega$，

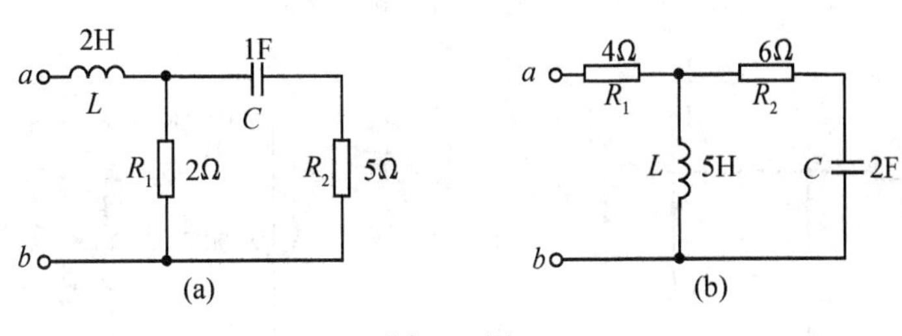

题 10-5 图

$R_2=6\ 000\Omega, R_3=2\ 000\Omega, C=2.5\mu F$。求开关 S 在 $t=0$ 时闭合后电容电压 u_C 和电流 i。

10-7　如题 10-7 图所示电路中，开关与触点 a 接通并已处于稳定状态。已知 $U_S=25V$，$R_1=10\Omega, R_2=20\Omega, R_3=40\Omega, L=5H$。开关 S 在 $t=0$ 时由触点 a 合向触点 b，求电感电流 i_L 和电压 u_L。

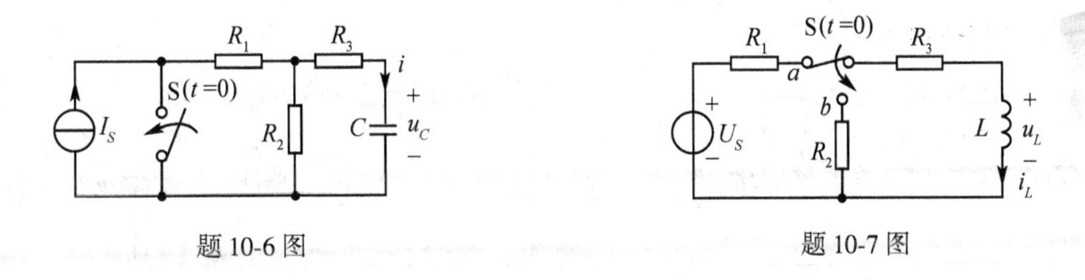

题 10-6 图　　　　题 10-7 图

10-8　如题 10-8 图所示电路，开关 S 闭合前已处于稳定状态，电容 C_2 原未充电。已知 $U_S=200V, C_1=2\mu F, C_2=1\mu F, R=500\Omega$。在 $t=0$ 时开关 S 闭合，求 $t\geqslant 0$ 时的电容电压和各支路电流。

10-9　如题 10-9 图所示电路中，在开关 S 断开之前已处于稳定状态。当 $t=0$ 时开关 S 断开，求 $t\geqslant 0$ 时回路中的电流 i。已知 $E=10V, R_1=2\Omega, R_2=3\Omega, L_1=0.3H, L_2=0.1H$。

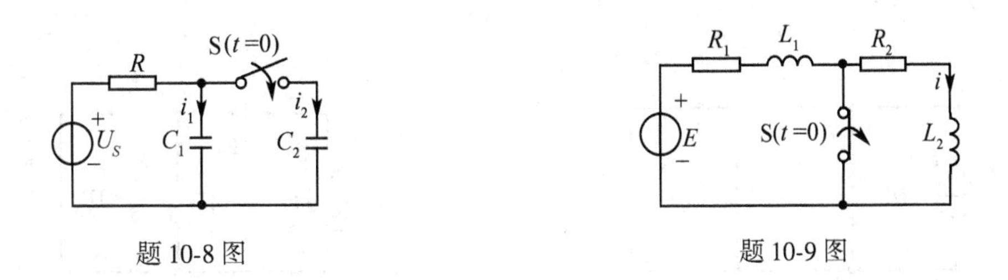

题 10-8 图　　　　题 10-9 图

10-10　在题 10-10 图所示电路中，电源电压 $u_S=\delta(t)+\delta(t-1)V$，求 $t\geqslant 0$ 时电流 i_L 和 i_C。

10-11　如题 10-11 图所示电路原已处于稳定状态，互感 $M=2H$。$t=0$ 时开关 S 断开，求

$t \geqslant 0$ 时电流 i_1。

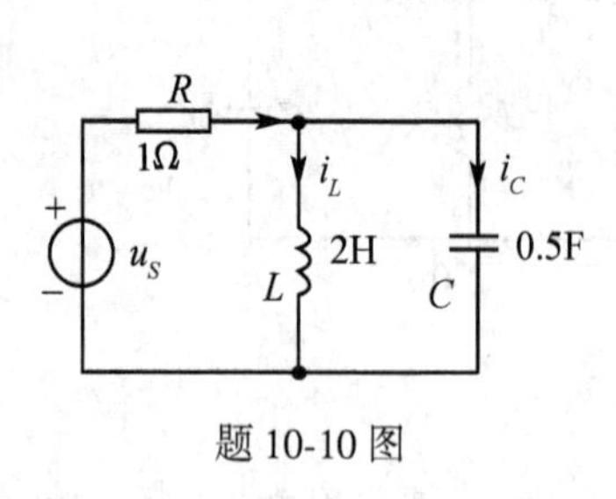

题 10-10 图

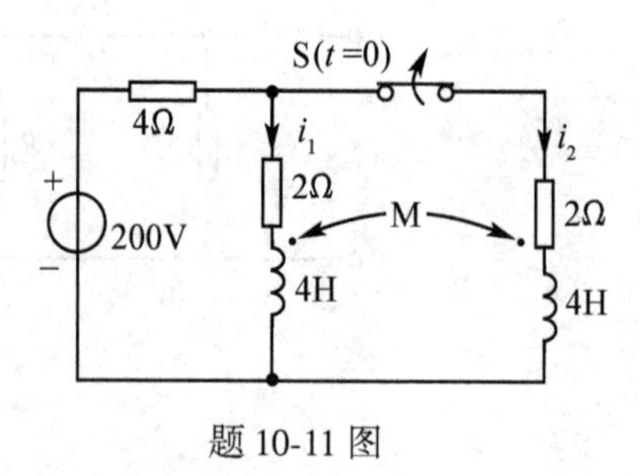

题 10-11 图

10-12　在题 10-12 图所示电路中，电源电压 $u_S = \delta(t)\mathrm{V}, R = 6\Omega, L = 1\mathrm{H}, C = 0.04\mathrm{F}, u_C(0_-) = 1\mathrm{V}, i(0_-) = 5\mathrm{A}$。求电流 i。

10-13　如题 10-13 图所示零状态电路中，已知 $u_S = 0.1\mathrm{e}^{-5t}\mathrm{V}, R_1 = 1\Omega, R_2 = 2\Omega, L = 0.1\mathrm{H}, C = 0.5\mathrm{F}$。求开关 S 在 $t = 0$ 时闭合后电容电压 u_C 和流过 R_2 的电流 i_2。

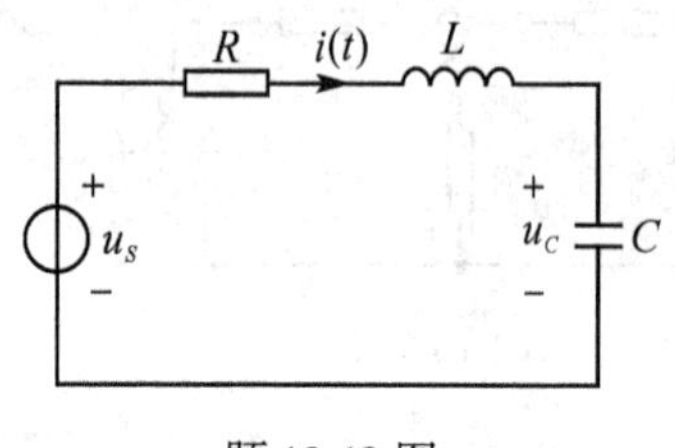

题 10-12 图

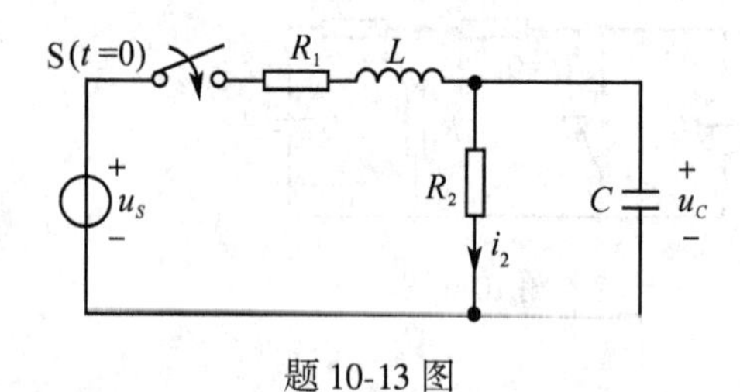

题 10-13 图

10-14　在题 10-14 图所示 R、L、C 并联电路中，电流源 $i_S = 10\sin 5t\mathrm{A}, R = 1/3.5\Omega, L = 0.2\mathrm{H}, C = 0.5\mathrm{F}, u_C(0_-) = 2\mathrm{V}, i_L(0_-) = 3\mathrm{A}$。求电源电压 $u(t)$。

10-15　求题 10-15 图所示电路在下列两种电源作用时的零状态响应 $u_C(t)$。

(1) $u_S = \varepsilon(t)\mathrm{V}$；

(2) $u_S = 5\delta(t)\mathrm{V}$。

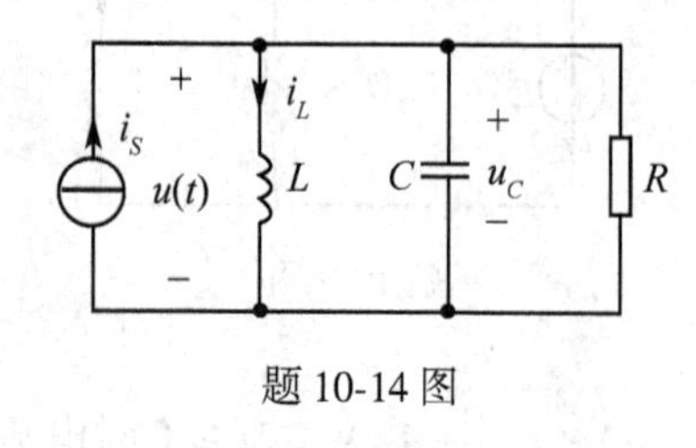

题 10-14 图

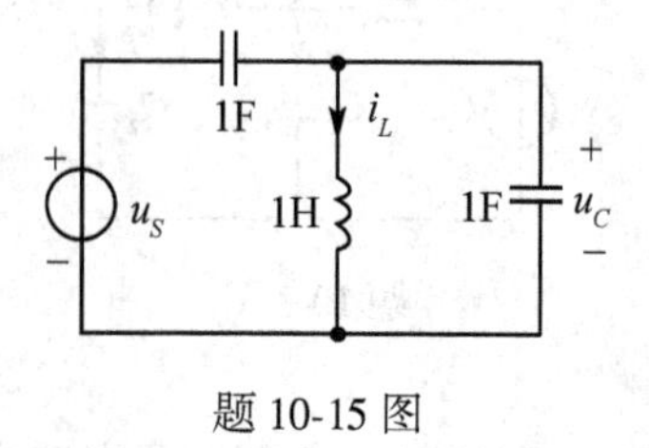

题 10-15 图

10-16　已知某线性电路的冲激响应 $h(t) = 4\mathrm{e}^{-t} + \mathrm{e}^{-2t}$。求相应的网络函数 $H(s)$，并绘出零点、极点图。

10-17　已知某线性网络的冲激响应为：

(1) $h(t) = 2\delta(t) + e^{-t}$；

(2) $h(t) = e^{-2t}\cos(\omega t + \theta)$。

求相应的网络函数的极点。

10-18　在题10-18图所示电路中，已知电流源 $i_S = 6\delta(t)$ A，$R_1 = 1\Omega$，$R_2 = 1\Omega$，$R_3 = 2\Omega$，$L = 2$H，试求电路的冲激响应 u_L。

10-19　在题10-19图所示电路中，已知 $U_S = 50$V，$C_1 = 4$F，$C_2 = 1$F，$C_3 = 3$F，$R = 10\Omega$。开关S在 $t = 0$ 时闭合后，试求电路的零状态响应 u_2、u_3。

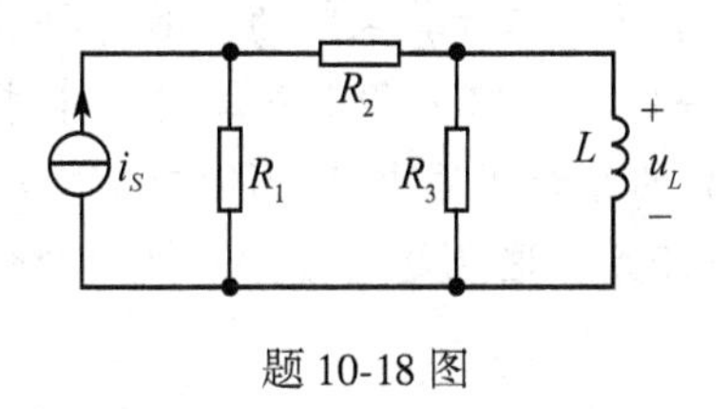

题10-18图

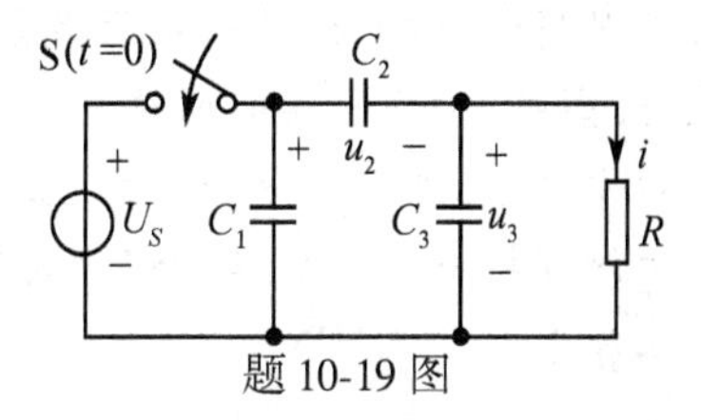

题10-19图

10-20　试求题10-20图所示电路的驱动点阻抗 $Z_{ab}(s)$，并在 s 平面上画出零点、极点分布图。

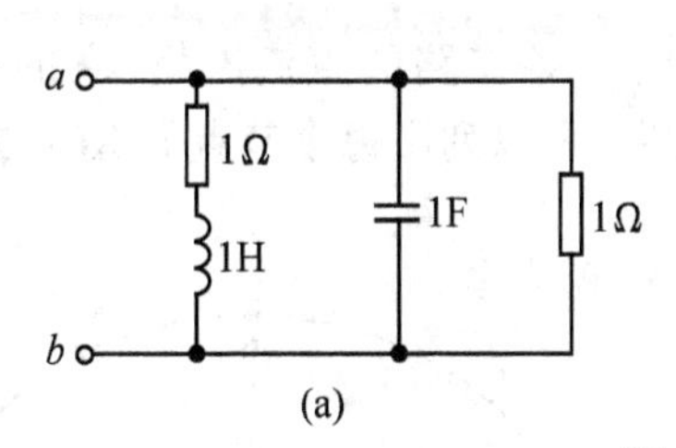

(a)

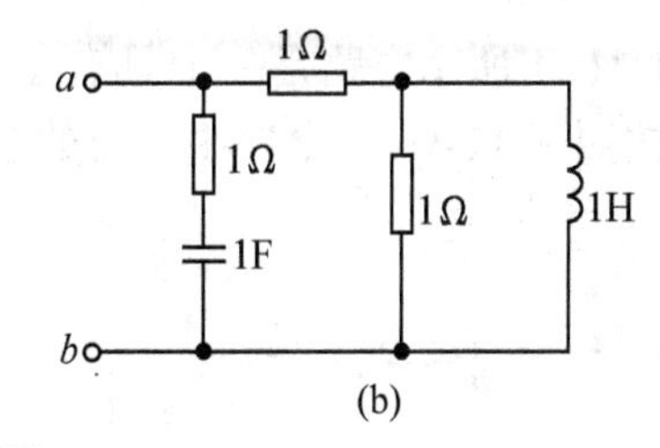

(b)

题10-20图

10-21　如题10-21(a)图所示电路中，i_S 是激励，其波形如题10-21(b)图所示；$i(t)$ 是零状态响应。求网络函数(转移电流比) $H(s)$，单位冲激响应 $h(t)$ 和零状态响应 $i(t)$。

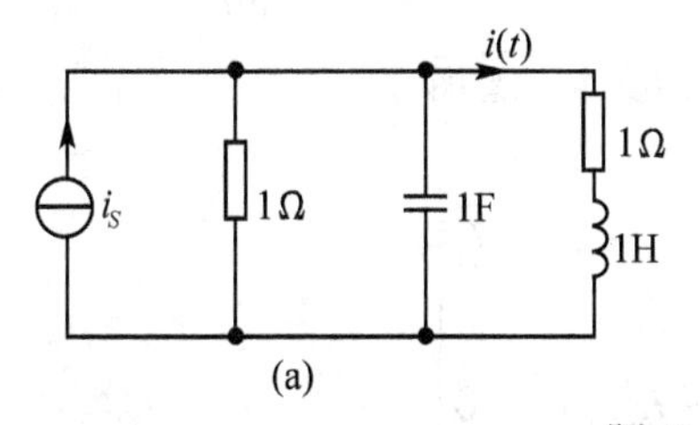

(a)

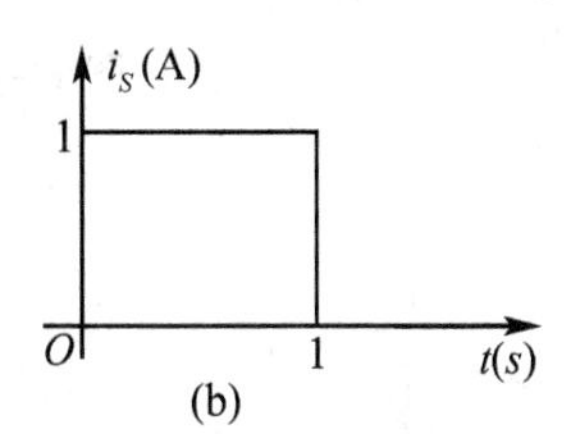

(b)

题10-21图

第 11 章　电路方程的矩阵形式

第 3 章已经介绍了建立电路方程的支路电流法、网孔电流法、回路电流法、节点电压法和割集电压法。但这些方法是凭对电路结构观察而建立电路方程的，称这样建立电路方程的方法为观察法，所列出的一组代数方程(或矩阵方程)是手工计算求解的。随着科学技术的发展，大型的、十分复杂的网络相继出现，再凭观察法建立电路方程及手工计算来求解这个庞大的方程组，那是十分困难的。本章将介绍一种新的系统编写电路矩阵方程的方法，以便借助于计算机来完成矩阵方程的自动编写和求解的任务。这也是电路计算机辅助分析的一些基本原理。

11.1　关联矩阵与节点电压方程

11.1.1　关联矩阵

如图 11 1(a) 所示电路是一个具有 4 个节点、6 条支路的直流网络，它的有向图为图 11-1(b)。按照图 11-1(a) 电路中电流的参考方向，可以列出每个节点的 KCL 方程如下：

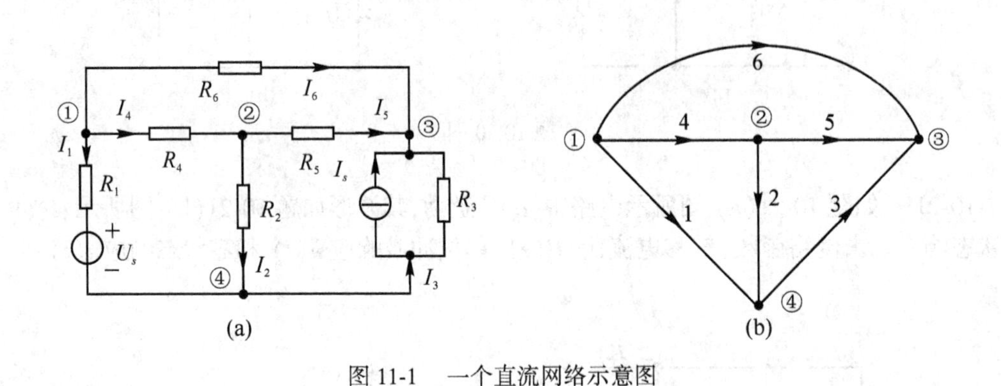

图 11-1　一个直流网络示意图

$$
\left.\begin{array}{ll}
\text{节点 ①} & I_1 + I_4 + I_6 \\
\text{节点 ②} & I_2 - I_4 + I_5 = 0 \\
\text{节点 ③} & -I_3 - I_5 - I_6 = 0 \\
\text{节点 ④} & -I_1 - I_2 + I_3 = 0
\end{array}\right\} \qquad (11\text{-}1)
$$

以上方程用矩阵形式表示为

$$\begin{bmatrix} 1 & 0 & 0 & 1 & 0 & 1 \\ 0 & 1 & 0 & -1 & 1 & 0 \\ 0 & 0 & -1 & 0 & -1 & -1 \\ -1 & -1 & 1 & 0 & 0 & 0 \end{bmatrix} \begin{bmatrix} I_1 \\ I_2 \\ I_3 \\ I_4 \\ I_5 \\ I_6 \end{bmatrix} = \begin{bmatrix} 0 \\ 0 \\ 0 \\ 0 \end{bmatrix} \tag{11-2}$$

上式中,令

$$\boldsymbol{A}_{\mathrm{a}} = \begin{bmatrix} 1 & 0 & 0 & 1 & 0 & 1 \\ 0 & 1 & 0 & -1 & 1 & 0 \\ 0 & 0 & -1 & 0 & -1 & -1 \\ -1 & -1 & 1 & 0 & 0 & 0 \end{bmatrix}$$

$$\boldsymbol{I} = [I_1 \quad I_2 \quad I_3 \quad I_4 \quad I_5 \quad I_6]^{\mathrm{T}}$$

式(11-2) 又可改写为

$$\boldsymbol{A}_{\mathrm{a}}\boldsymbol{I} = \boldsymbol{0} \tag{11-3}$$

矩阵 $\boldsymbol{A}_{\mathrm{a}}$ 称为有向图 11-1(b) 的增广关联矩阵[其下标 a 表示全部(all) 的意思]。它反映了图中支路和全部节点的关联性质。当支路与某一节点不相连时,称为这条支路与该节点无关联;当支路与某一个节点相连且支路的参考方向是离开节点时,称这条支路与该节点是正向关联;当支路与某一个节点相连但支路的参考方向是指向节点时,称这条支路与该节点是反相关联。如果以节点为矩阵的行、支路为矩阵的列且按照编号顺序排列,若支路与节点正向关联的矩阵元素记为 1,反相关联的矩阵元素记为 -1,无关联的矩阵元素记为 0,由此可以直接得出图 11-1(b) 的矩阵 $\boldsymbol{A}_{\mathrm{a}}$。

节点/ 支路	1	2	3	4	5	6
①	1	0	0	1	0	1
②	0	1	0	−1	1	0
③	0	0	−1	0	−1	−1
④	−1	−1	1	0	0	0

增广关联矩阵 $\boldsymbol{A}_{\mathrm{a}}$ 有一个特点:每一列各元素的代数和为零。这是因为每一列对应于一条支路,而每一支路连接于两个节点。对于一个节点,如果是正向关联,则对另一个节点一定是反向关联,因此每一列中只有两个非零元素,一个是 1,另一个是 -1。由此可以说明 $\boldsymbol{A}_{\mathrm{a}}$ 的行不是互相独立的,也就是说,如果矩阵的任意三行写出之后,则剩余的一行就已经确定了。这样,可以少写一行而得到一个降阶关联矩阵 $\boldsymbol{A}$(简称关联矩阵)。如果去掉对应于节点 ④ 的那一行(就是以节点 ④ 为参考点),则

$$\boldsymbol{A} = \begin{bmatrix} 1 & 0 & 0 & 1 & 0 & 1 \\ 0 & 1 & 0 & -1 & 1 & 0 \\ 0 & 0 & -1 & 0 & -1 & -1 \end{bmatrix}$$

因此,有

$$\boldsymbol{A}\boldsymbol{I} = 0 \tag{11-4}$$

式(11-4) 是用关联矩阵 $\boldsymbol{A}$ 表示的独立的 KCL 矩阵方程,它是基尔霍夫电流定律的矩阵形式。对于一个具有 n 个节点、b 条支路的网络,其关联矩阵 $\boldsymbol{A}$ 是一个$(n-1)\times b$ 阶矩阵。

11.1.2　支路电压与节点电压的关联性质

在图 11-1 的电路中,设各支路电压分别为 U_1、U_2、U_3、U_4、U_5、U_6,且支路电流、电压的参考方向相关联。选择节点 ④ 为参考节点,令其电压为零,各独立节点电压分别为 U_{n1}、U_{n2}、U_{n3},根据基尔霍夫电压定律,支路电压与节点电压的关系为

$$\begin{aligned}U_1 &= U_{n1}\\U_2 &= U_{n2}\\U_3 &= -U_{n3}\\U_4 &= U_{n1}-U_{n2}\\U_5 &= U_{n2}-U_{n3}\\U_6 &= U_{n1}-U_{n3}\end{aligned}$$

用矩阵表示为

$$\begin{bmatrix}U_1\\U_2\\U_3\\U_4\\U_5\\U_6\end{bmatrix}=\begin{bmatrix}1&0&0\\0&1&0\\0&0&-1\\1&-1&0\\0&1&-1\\1&0&-1\end{bmatrix}\begin{bmatrix}U_{n1}\\U_{n2}\\U_{n3}\end{bmatrix}$$

电路中的 6 个支路电压用一个 6 阶列向量表示为

$$\boldsymbol{U}=[U_1\quad U_2\quad U_3\quad U_4\quad U_5\quad U_6]^{\mathrm{T}}$$

3 个独立节点电压用一个 3 阶列向量表示为

$$\boldsymbol{U}_n=[U_{n1}\quad U_{n2}\quad U_{n3}]^{\mathrm{T}}$$

由于关联矩阵 $\boldsymbol{A}$ 的每一列,也就是 $\boldsymbol{A}^{\mathrm{T}}$ 的每一行,表示每一对应支路与节点的关联情况,所以有

$$\boldsymbol{U}=\boldsymbol{A}^{\mathrm{T}}\boldsymbol{U}_n \tag{11-5}$$

由于式(11-5) 基本上包含基尔霍夫电压定律的内容,可以认为该式是基尔霍夫电压定律的矩阵形式。

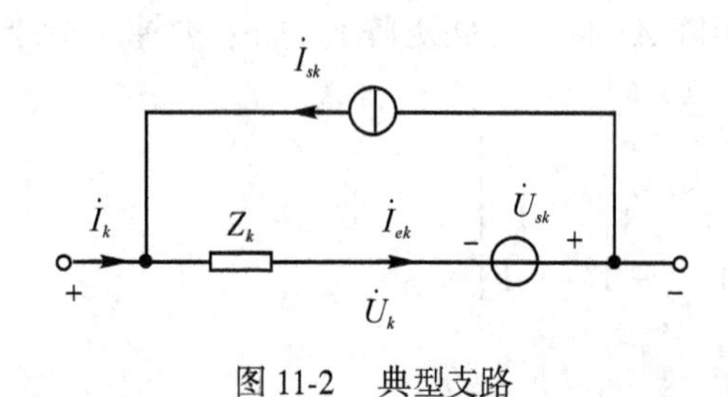

图 11-2　典型支路

11.1.3　节点电压方程的矩阵形式

式(11-4) 和式(11-5) 与支路元件特性无关,而只决定于网络的图。为了推导节点电压方程的矩阵形式,还应根据各支路的特性方程和式(11-4)、式(11-5) 进行联立推导,因此应建立一个典型支路如图 11-2 所示,它包含了除

受控源外的各种可能情况。$\dot{U}_k$ 和 $\dot{I}_k$ 是支路电压、电流相量；Z_k 是支路元件的复阻抗，如果是直流电路，则令其虚部为零；如果是理想电源电路，则令 Z_k 为零。$\dot{U}_{sk}$ 和 $\dot{I}_{sk}$ 是有源支路的电压源、电流源相量，如果无电压源可将 $\dot{U}_{sk}$ 短路、无电流源可将 $\dot{I}_{sk}$ 开路。根据基尔霍夫定律可列出典型支路的电压方程

$$\dot{U}_k = Z_k\dot{I}_{ek} - \dot{U}_{sk} = Z_k(\dot{I}_k + \dot{I}_{sk}) - \dot{U}_{sk} \tag{11-6}$$

或者用复导纳 $Y_k = \dfrac{1}{Z_k}$ 表示，可得典型支路电流方程

$$\dot{I}_k = Y_k\dot{U}_k - \dot{I}_{sk} + Y_k\dot{U}_{sk} = Y_k(\dot{U}_k + \dot{U}_{sk}) - \dot{I}_{sk} \tag{11-7}$$

在一个有 b 条支路的网络中，设

$\dot{\boldsymbol{I}} = [\dot{I}_1 \quad \dot{I}_2 \quad \cdots \quad \dot{I}_b]^{\mathrm{T}}$ 为支路电流列向量；

$\dot{\boldsymbol{U}} = [\dot{U}_1 \quad \dot{U}_2 \quad \cdots \quad \dot{U}_b]^{\mathrm{T}}$ 为支路电压列向量；

$\dot{\boldsymbol{I}}_S = [\dot{I}_{s1} \quad \dot{I}_{s2} \quad \cdots \quad \dot{I}_{sb}]^{\mathrm{T}}$ 为支路电流源电流列向量；

$\dot{\boldsymbol{U}}_S = [\dot{U}_{s1}\dot{U}_{s2} \quad \cdots \quad \dot{U}_{sb}]^{\mathrm{T}}$ 为支路电压源电压列向量。

对于整个电路，支路电流方程的矩阵形式为

$$\begin{bmatrix} \dot{I}_1 \\ \dot{I}_2 \\ \vdots \\ \dot{I}_b \end{bmatrix} = \begin{bmatrix} Y_1 & & \mathbf{0} & \\ & Y_2 & & \\ \mathbf{0} & & \ddots & \\ & & & Y_b \end{bmatrix} \begin{bmatrix} \dot{U}_1 + \dot{U}_{s1} \\ \dot{U}_2 + \dot{U}_{s2} \\ \vdots \\ \dot{U}_b + \dot{U}_{sb} \end{bmatrix} - \begin{bmatrix} \dot{I}_{s1} \\ \dot{I}_{s2} \\ \vdots \\ \dot{I}_{sb} \end{bmatrix}$$

即

$$\dot{\boldsymbol{I}} = \boldsymbol{Y}(\dot{\boldsymbol{U}} + \dot{\boldsymbol{U}}_S) - \dot{\boldsymbol{I}}_S \tag{11-8}$$

式中，$\boldsymbol{Y}$ 称为支路导纳矩阵，是一个对角阵。

式(11-8) 即为支路电流特性方程。将式(11-4) 和式(11-5) 写成向量形式

$$\boldsymbol{A}\dot{\boldsymbol{I}} = \mathbf{0} \tag{11-9}$$

$$\dot{\boldsymbol{U}} = \boldsymbol{A}^{\mathrm{T}}\dot{\boldsymbol{U}}_n \tag{11-10}$$

将式(11-8) 代入式(11-9) 可得

$$\boldsymbol{AY}\dot{\boldsymbol{U}} + \boldsymbol{AY}\dot{\boldsymbol{U}}_S - \boldsymbol{A}\dot{\boldsymbol{I}}_S = \mathbf{0} \tag{11-11}$$

将式(11-10) 代入式(11-11) 并整理后得

$$\boldsymbol{AYA}^{\mathrm{T}}\dot{\boldsymbol{U}}_n = \boldsymbol{A}\dot{\boldsymbol{I}}_S - \boldsymbol{AY}\dot{\boldsymbol{U}}_S \tag{11-12}$$

令 $\boldsymbol{Y}_n = \boldsymbol{AYA}^{\mathrm{T}}, \dot{\boldsymbol{J}}_n = \boldsymbol{A}\dot{\boldsymbol{I}}_S - \boldsymbol{AY}\dot{\boldsymbol{U}}_S$，式(11-12) 则成为

$$\boldsymbol{Y}_n\dot{\boldsymbol{U}}_n = \dot{\boldsymbol{J}}_n \tag{11-13}$$

式中，$\boldsymbol{Y}_n$ 称为节点导纳矩阵，是一个$(n-1)\times(n-1)$ 阶方阵(n 为节点数)；$\dot{\boldsymbol{U}}_n$ 是节点电压列向量，其阶数是$(n-1)\times 1$；$\dot{\boldsymbol{J}}_n$ 是由独立电源引起的流入独立节点电流列向量，其阶数也是$(n-1)\times 1$。

在一个已知接线方式和各元件参数的网络中，$\boldsymbol{Y}_n$ 和 $\dot{\boldsymbol{J}}_n$ 可以通过矩阵运算求得，只要 $\boldsymbol{Y}_n$ 不是奇异矩阵，便可代入式(11-13) 求出节点电压 $\dot{\boldsymbol{U}}_n$，然后再由式(11-10) 和式(11-8) 求得

支路电压和支路电流。节点电压法广泛用于电路计算机辅助分析中，电力系统的潮流计算多采用节点电压法。

例 11-1　在图 11-1 电路中，已知 $R_1 = 1\Omega, R_2 = \frac{1}{2}\Omega, R_3 = \frac{1}{3}\Omega, R_4 = \frac{1}{2}\Omega, R_5 = 1\Omega$, $R_6 = 1\Omega, U_S = 1\text{V}, I_S = 1\text{A}$。试列出图示电路矩阵形式的节点电压方程。

解　由于电路的关联矩阵已知，支路导纳矩阵为

$$\boldsymbol{Y} = \begin{bmatrix} 1 & 0 & 0 & 0 & 0 & 0 \\ 0 & 2 & 0 & 0 & 0 & 0 \\ 0 & 0 & 3 & 0 & 0 & 0 \\ 0 & 0 & 0 & 2 & 0 & 0 \\ 0 & 0 & 0 & 0 & 1 & 0 \\ 0 & 0 & 0 & 0 & 0 & 1 \end{bmatrix}$$

节点导纳矩阵为

$$\boldsymbol{Y}_n = \boldsymbol{AYA}^{\mathrm{T}} = \begin{bmatrix} 1 & 0 & 0 & 1 & 0 & 1 \\ 0 & 1 & 0 & -1 & 1 & 0 \\ 0 & 0 & -1 & 0 & -1 & -1 \end{bmatrix} \begin{bmatrix} 1 & 0 & 0 & 0 & 0 & 0 \\ 0 & 2 & 0 & 0 & 0 & 0 \\ 0 & 0 & 3 & 0 & 0 & 0 \\ 0 & 0 & 0 & 2 & 0 & 0 \\ 0 & 0 & 0 & 0 & 1 & 0 \\ 0 & 0 & 0 & 0 & 0 & 1 \end{bmatrix} \begin{bmatrix} 1 & 0 & 0 \\ 0 & 1 & 0 \\ 0 & 0 & -1 \\ 1 & -1 & 0 \\ 0 & 1 & -1 \\ 1 & 0 & -1 \end{bmatrix}$$

$$= \begin{bmatrix} 4 & -2 & -1 \\ -2 & 5 & -1 \\ -1 & -1 & 5 \end{bmatrix}$$

$$\boldsymbol{I}_S = [\ 0\ \ 0\ \ -1\ \ 0\ \ 0\ \ 0]^{\mathrm{T}}$$
$$\boldsymbol{U}_S = [-1\ \ 0\ \ 0\ \ 0\ \ 0\ \ 0]^{\mathrm{T}}$$

$$\boldsymbol{J}_n = \boldsymbol{AI}_S - \boldsymbol{AYU}_S = \begin{bmatrix} 1 & 0 & 0 & 1 & 0 & 1 \\ 0 & 1 & 0 & -1 & 1 & 0 \\ 0 & 0 & -1 & 0 & -1 & -1 \end{bmatrix} \begin{bmatrix} 0 \\ 0 \\ -1 \\ 0 \\ 0 \\ 0 \end{bmatrix} - \begin{bmatrix} 1 & 0 & 0 & 1 & 0 & 1 \\ 0 & 1 & 0 & -1 & 1 & 0 \\ 0 & 0 & -1 & 0 & -1 & -1 \end{bmatrix}$$

$$\times \begin{bmatrix} 1 & 0 & 0 & 0 & 0 & 0 \\ 0 & 2 & 0 & 0 & 0 & 0 \\ 0 & 0 & 3 & 0 & 0 & 0 \\ 0 & 0 & 0 & 2 & 0 & 0 \\ 0 & 0 & 0 & 0 & 1 & 0 \\ 0 & 0 & 0 & 0 & 0 & 1 \end{bmatrix} \begin{bmatrix} -1 \\ 0 \\ 0 \\ 0 \\ 0 \\ 0 \end{bmatrix} = \begin{bmatrix} 1 \\ 0 \\ 1 \end{bmatrix}$$

即图 11-1 所示网络节点电压方程的矩阵形式为

$$\begin{bmatrix} 4 & -2 & -1 \\ -2 & 5 & -1 \\ -1 & -1 & 5 \end{bmatrix}\begin{bmatrix} U_{n1} \\ U_{n2} \\ U_{n3} \end{bmatrix} = \begin{bmatrix} 1 \\ 0 \\ 1 \end{bmatrix}$$

这一结果和第3章第3.2节中用观察法列出的节点电压方程是一致的。对于任何一个电路,在列写节点电压矩阵方程时,支路、节点编号可以任意选择,都不会影响支路电压、电流的最终结果。节点电压法广泛用于线性直流、正弦交流电路的稳态计算。

例 11-2 写出图11-3(a)所示电路的节点电压方程。

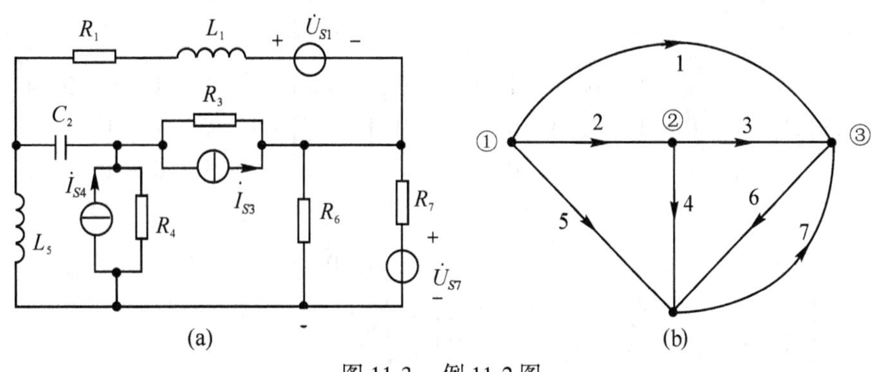

图 11-3 例 11-2 图

解 作网络的图如图11-3(b)所示,由图11-3(b)得关联矩阵

$$A = \begin{bmatrix} 1 & 1 & 0 & 0 & 1 & 0 & 0 \\ 0 & -1 & 1 & 1 & 0 & 0 & 0 \\ -1 & 0 & -1 & 0 & 0 & 1 & -1 \end{bmatrix}$$

设 $Y_1 = \dfrac{1}{R_1 + j\omega L_1}, Y_2 = j\omega C_2, Y_3 = \dfrac{1}{R_3}, Y_4 = \dfrac{1}{R_4}, Y_5 = \dfrac{1}{j\omega L_5}, Y_6 = \dfrac{1}{R_6}, Y_7 = \dfrac{1}{R_7}$。则支路导纳矩阵

$$\boldsymbol{Y} = \mathrm{diag}[Y_1 \quad Y_2 \quad Y_3 \quad Y_4 \quad Y_5 \quad Y_6 \quad Y_7]$$

电压源列向量

$$\dot{\boldsymbol{U}}_S = [-\dot{U}_{S1} \quad 0 \quad 0 \quad 0 \quad 0 \quad 0 \quad \dot{U}_{S7}]^{\mathrm{T}}$$

电流源列向量

$$\dot{\boldsymbol{I}}_S = [0 \quad 0 \quad -\dot{I}_{S3} \quad \dot{I}_{S4} \quad 0 \quad 0 \quad 0]^{\mathrm{T}}$$

节点导纳矩阵

$$\boldsymbol{Y}_n = \boldsymbol{AYA}^{\mathrm{T}} = \begin{bmatrix} 1 & 1 & 0 & 0 & 1 & 0 & 0 \\ 0 & -1 & 1 & 1 & 0 & 0 & 0 \\ -1 & 0 & -1 & 0 & 0 & 1 & -1 \end{bmatrix}\begin{bmatrix} Y_1 & 0 & 0 & 0 & 0 & 0 & 0 \\ 0 & Y_2 & 0 & 0 & 0 & 0 & 0 \\ 0 & 0 & Y_3 & 0 & 0 & 0 & 0 \\ 0 & 0 & 0 & Y_4 & 0 & 0 & 0 \\ 0 & 0 & 0 & 0 & Y_5 & 0 & 0 \\ 0 & 0 & 0 & 0 & 0 & Y_6 & 0 \\ 0 & 0 & 0 & 0 & 0 & 0 & Y_7 \end{bmatrix}$$

$$\times\begin{bmatrix}1 & 0 & -1\\1 & -1 & 0\\0 & 1 & -1\\0 & 1 & 0\\1 & 0 & 0\\0 & 0 & 1\\0 & 0 & -1\end{bmatrix}=\begin{bmatrix}Y_1+Y_2+Y_5 & -Y_2 & -Y_1\\-Y_2 & Y_2+Y_3+Y_4 & -Y_3\\-Y_1 & -Y_3 & Y_1+Y_3+Y_6+Y_7\end{bmatrix}$$

$$\dot{\boldsymbol{J}}_n=\boldsymbol{A}\dot{\boldsymbol{I}}_S-\boldsymbol{A}\boldsymbol{Y}\dot{\boldsymbol{U}}_S=\begin{bmatrix}1 & 1 & 0 & 0 & 1 & 0 & 0\\0 & -1 & 1 & 1 & 0 & 0 & 0\\-1 & 0 & -1 & 0 & 0 & 1 & -1\end{bmatrix}\begin{bmatrix}0\\0\\-\dot{I}_{S3}\\\dot{I}_{S4}\\0\\0\\0\end{bmatrix}-\begin{bmatrix}1 & 1 & 0 & 0 & 1 & 0 & 0\\0 & -1 & 1 & 1 & 0 & 0 & 0\\-1 & 0 & -1 & 0 & 0 & 1 & -1\end{bmatrix}$$

$$\times\begin{bmatrix}Y_1 & 0 & 0 & 0 & 0 & 0 & 0\\0 & Y_2 & 0 & 0 & 0 & 0 & 0\\0 & 0 & Y_3 & 0 & 0 & 0 & 0\\0 & 0 & 0 & Y_4 & 0 & 0 & 0\\0 & 0 & 0 & 0 & Y_5 & 0 & 0\\0 & 0 & 0 & 0 & 0 & Y_6 & 0\\0 & 0 & 0 & 0 & 0 & 0 & Y_7\end{bmatrix}\begin{bmatrix}-\dot{U}_{S1}\\0\\0\\0\\0\\0\\\dot{U}_{S7}\end{bmatrix}=\begin{bmatrix}Y_1\dot{U}_{S1}\\-\dot{I}_{S3}+\dot{I}_{S4}\\-Y_1\dot{U}_{S1}+\dot{I}_{S3}+Y_7\dot{U}_{S7}\end{bmatrix}$$

最后可得

$$\begin{bmatrix}Y_1+Y_2+Y_5 & -Y_2 & -Y_1\\-Y_2 & Y_2+Y_3+Y_4 & -Y_3\\-Y_1 & -Y_3 & Y_1+Y_3+Y_6+Y_7\end{bmatrix}\begin{bmatrix}\dot{U}_{n1}\\\dot{U}_{n2}\\\dot{U}_{n3}\end{bmatrix}\begin{bmatrix}Y_1\dot{U}_{S1}\\-\dot{I}_{S3}+\dot{I}_{S4}\\-Y_1\dot{U}_{S1}+\dot{I}_{S3}+Y_7\dot{U}_{S7}\end{bmatrix}$$

11.2　回路矩阵与回路电流方程

11.2.1　回路矩阵

回路矩阵用来描述基本回路与支路间的关联性质。以图 11-4 为例，选取支路 2、4、5 为树支，支路 1、3、6 为连支，三个基本回路的 KVL 方程为

$$\left.\begin{aligned}&\text{回路 1：}\quad U_1-U_2-U_4=0\\&\text{回路 2：}\quad U_2+U_3-U_5=0\\&\text{回路 3：}\quad -U_4-U_5+U_6=0\end{aligned}\right\}\tag{11-14}$$

以上方程写成矩阵形式

$$\begin{bmatrix} 1 & -1 & 0 & -1 & 0 & 0 \\ 0 & 1 & 1 & 0 & -1 & 0 \\ 0 & 0 & 0 & -1 & -1 & 1 \end{bmatrix}\begin{bmatrix} U_1 \\ U_2 \\ U_3 \\ U_4 \\ U_5 \\ U_6 \end{bmatrix} = \begin{bmatrix} 0 \\ 0 \\ 0 \end{bmatrix} \tag{11-15}$$

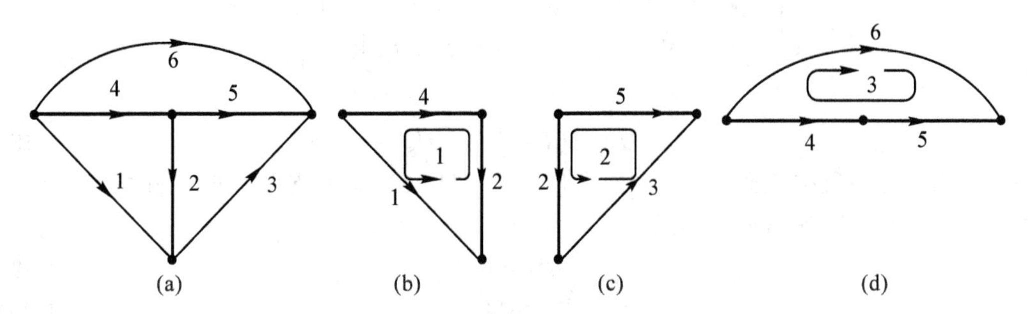

图 11-4　基本回路与支路的关联性质

式(11-15)可表示为

$$\boldsymbol{BU} = \boldsymbol{0} \tag{11-16}$$

此式即是基尔霍夫电压定律的矩阵形式。式中,$\boldsymbol{U} = [U_1 \quad U_2 \quad U_3 \quad U_4 \quad U_5 \quad U_6]^{\mathrm{T}}$ 是支路电压列向量,而 $\boldsymbol{B}$ 矩阵描述了基本回路与支路间的关联性质,称为基本回路矩阵(简称回路矩阵)。连支参考方向定为回路方向,当支路参考与回路方向一致(正向关联)时矩阵元素记为 1;当支路参考方向与回路方向相反(反向关联)时矩阵元素记为 -1;当支路与回路无关联时矩阵元素记为 0,即

$$\begin{array}{c} \\ \boldsymbol{B} = \end{array}\begin{array}{c} \begin{array}{cccccc} 1 & 2 & 3 & 4 & 5 & 6 \end{array} \\ \begin{bmatrix} 1 & -1 & 0 & -1 & 0 & 0 \\ 0 & 1 & 1 & 0 & -1 & 0 \\ 0 & 0 & 0 & -1 & -1 & 1 \end{bmatrix} \end{array}\begin{array}{c} \text{支路/回路} \\ 1 \\ 2 \\ 3 \end{array}$$

11.2.2　支路电流与回路电流的关联性质

在图 11-4 中,设三个回路电流分别为 I_{l1}、I_{l2}、I_{l3},支路电流与回路电流的关系为

$$I_1 = I_{l1}, I_2 = -I_{l1} + I_{l2}, I_3 = I_{l2}, I_4 = -I_{l1} - I_{l3}, I_5 = -I_{l2} - I_{l3}, I_6 = I_{l3}$$

用矩阵表示为

$$\begin{bmatrix} I_1 \\ I_2 \\ I_3 \\ I_4 \\ I_5 \\ I_6 \end{bmatrix} = \begin{bmatrix} 1 & 0 & 0 \\ -1 & 1 & 0 \\ 0 & 1 & 0 \\ -1 & 0 & -1 \\ 0 & -1 & -1 \\ 0 & 0 & 1 \end{bmatrix}\begin{bmatrix} I_{l1} \\ I_{l2} \\ I_{l3} \end{bmatrix}$$

即

$$\boldsymbol{I}=\boldsymbol{B}^{\mathrm{T}}\boldsymbol{I}_l \tag{11-17}$$

11.2.3　回路电流方程的矩阵形式

在一个有 b 条支路的网络中，由式(11-6) 可得支路电压方程的矩阵形式为

$$\begin{bmatrix}\dot{U}_1\\ \dot{U}_2\\ \vdots\\ \dot{U}_b\end{bmatrix}=\begin{bmatrix}Z_1 & & & \mathbf{0}\\ & Z_2 & & \\ & & \ddots & \\ \mathbf{0} & & & Z_b\end{bmatrix}\begin{bmatrix}\dot{I}_1+\dot{I}_{S1}\\ \dot{I}_2+\dot{I}_{S2}\\ \vdots\\ \dot{I}_b+\dot{I}_{Sb}\end{bmatrix}-\begin{bmatrix}\dot{U}_{S1}\\ \dot{U}_{S2}\\ \vdots\\ \dot{U}_{Sb}\end{bmatrix}$$

即

$$\dot{\boldsymbol{U}}=\boldsymbol{Z}(\dot{\boldsymbol{I}}+\dot{\boldsymbol{I}}_S)-\dot{\boldsymbol{U}}_S \tag{11-18}$$

式中，Z 称为支路阻抗矩阵，是一个对角阵。式(11-18) 即为支路电压特性方程。将式(11-16)、式(11-17) 写成向量形式

$$\boldsymbol{B}\dot{\boldsymbol{U}}=\mathbf{0} \tag{11-19}$$

$$\dot{\boldsymbol{I}}=\boldsymbol{B}^{\mathrm{T}}\dot{\boldsymbol{I}}_l \tag{11-20}$$

将式(11-18) 代入式(11-19) 可得

$$\boldsymbol{BZ}\dot{\boldsymbol{I}}+\boldsymbol{BZ}\dot{\boldsymbol{I}}_S-\boldsymbol{B}\dot{\boldsymbol{U}}_S=\mathbf{0} \tag{11-21}$$

将式(11-20) 代入式(11-21) 并整理后得

$$\boldsymbol{BZB}^{\mathrm{T}}\dot{\boldsymbol{I}}_l=\boldsymbol{B}\dot{\boldsymbol{U}}_S-\boldsymbol{BZ}\dot{\boldsymbol{I}}_S \tag{11-22}$$

令 $\boldsymbol{Z}_l=\boldsymbol{BZB}^{\mathrm{T}}$，$\dot{\boldsymbol{E}}_l=\boldsymbol{B}\dot{\boldsymbol{U}}_S-\boldsymbol{BZ}\dot{\boldsymbol{I}}_S$，则式(11-22) 成为

$$\boldsymbol{Z}_l\dot{\boldsymbol{I}}_l=\dot{\boldsymbol{E}}_l \tag{11-23}$$

式中，$\boldsymbol{Z}_l$ 称为回路阻抗矩阵。在一个有 n 个节点、b 条支路的网络中，其树支数为 $n-1$，连支数为 $l=b-(n-1)$。回路导纳矩阵是 $l\times l$ 阶方阵。$\dot{\boldsymbol{I}}_l$ 是回路电流列向量，其阶数是 $l\times 1$。在一个已知元件参数的网络中，$\boldsymbol{Z}_l$ 和 $\dot{\boldsymbol{E}}_l$ 可以通过矩阵运算求得，只要 $\boldsymbol{Z}_l$ 不是奇异矩阵，便可由式(11-23) 求得 $\dot{\boldsymbol{I}}_l$，然后再由式(11-20) 和式(11-18) 求得支路电流、支路电压。

例 11-3　试写出图 11-5(a) 所示正弦稳态电路回路方程的矩阵形式。

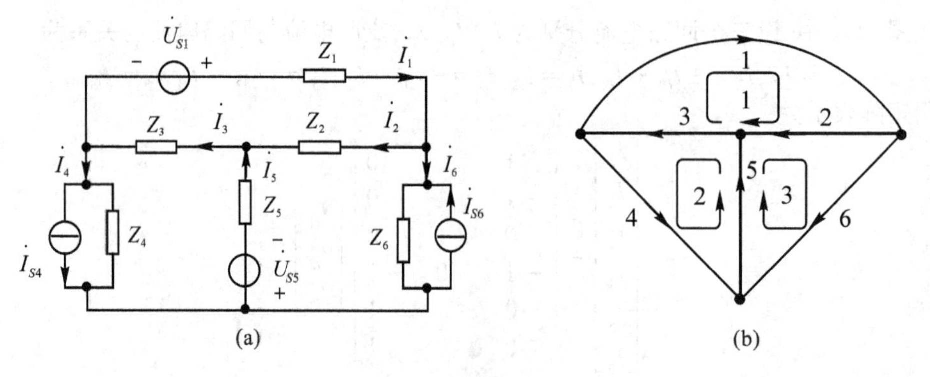

图 11-5　例 11-3 图

解　画图 11-5 所示网络的图如图 11-5(b) 所示,选 2、3、5 支路为树支,则 1、4、6 支路为连支,选定 3 个单连支回路。回路矩阵

$$\boldsymbol{B}=\begin{bmatrix}1 & 1 & 1 & 0 & 0 & 0\\0 & 0 & 1 & 1 & 1 & 0\\0 & -1 & 0 & 0 & 1 & 1\end{bmatrix}$$

支路阻抗矩阵为

$$\boldsymbol{Z}=\mathrm{diag}[Z_1,Z_2,Z_3,Z_4,Z_5,Z_6]$$

支路电压源列向量为

$$\dot{\boldsymbol{U}}_S=[\dot{U}_{S1}\quad 0\quad 0\quad 0\quad -\dot{U}_{S5}\quad 0]^{\mathrm{T}}$$

支路电流源列向量为

$$\dot{\boldsymbol{I}}_S=[0\quad 0\quad 0\quad -\dot{I}_{S4}\quad 0\quad \dot{I}_{S6}]^{\mathrm{T}}$$

回路阻抗矩阵为

$$\boldsymbol{Z}_l=\boldsymbol{BZB}^{\mathrm{T}}=\begin{bmatrix}Z_1+Z_2+Z_3 & Z_3 & -Z_2\\Z_3 & Z_3+Z_4+Z_5 & Z_5\\-Z_2 & Z_5 & Z_2+Z_5+Z_6\end{bmatrix}$$

$$\dot{\boldsymbol{E}}_l=\boldsymbol{B}\dot{\boldsymbol{U}}_S-\boldsymbol{BZ}\dot{\boldsymbol{I}}_S=\begin{bmatrix}\dot{U}_{S1}\\Z_4\dot{I}_{S4}-\dot{U}_{S5}\\-\dot{U}_{S5}-Z_6\dot{I}_{S6}\end{bmatrix}$$

将以上各矩阵代入式(11-23)可得

$$\begin{bmatrix}Z_1+Z_2+Z_3 & Z_3 & -Z_2\\Z_3 & Z_3+Z_4+Z_5 & Z_5\\-Z_2 & Z_5 & Z_2+Z_5+Z_6\end{bmatrix}\begin{bmatrix}\dot{I}_{l1}\\\dot{I}_{l2}\\\dot{I}_{l3}\end{bmatrix}=\begin{bmatrix}\dot{U}_{S1}\\Z_4\dot{I}_{S4}-\dot{U}_{S5}\\-\dot{U}_{S5}-Z_6\dot{I}_{S6}\end{bmatrix}$$

以上结果与第 3 章用观察法列回路方程得到的结果是完全一致的。这里是由矩阵运算而获得回路电流方程,这种方法便于计算机辅助分析,通过编程由计算机运算得到方程。

11.3　割集矩阵与割集电压方程

11.3.1　割集矩阵

用割集矩阵来描述基本割集与支路间的关联性质。以图 11-6 为例,选取支路 3、4、5 为树支,支路 1、2 为连支,选取三个基本割集(单树支割集)并选定树支电流方向为割集方向,如图所示。对于基本割集列出 KCL 方程

$$\left.\begin{aligned}&\text{割集 1:}\quad && I_1+I_3=0\\&\text{割集 2:}\quad && -I_1+I_2+I_4=0\\&\text{割集 3:}\quad && -I_2+I_5=0\end{aligned}\right\}\tag{11-24}$$

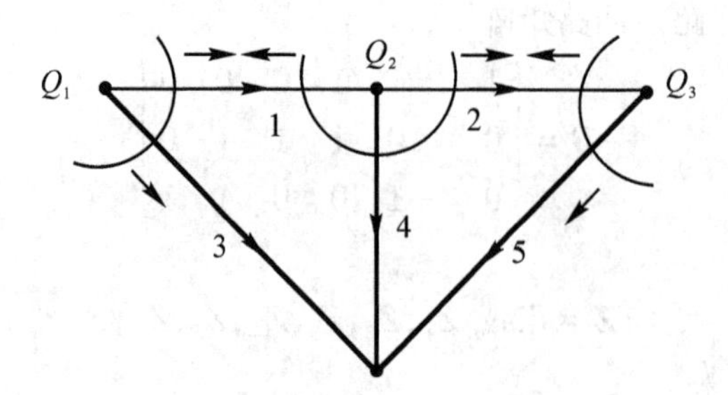

图 11-6　基本割集与支路的关联性质

以上方程写成矩阵形式为

$$\begin{bmatrix} 1 & 0 & 1 & 0 & 0 \\ -1 & 1 & 0 & 1 & 0 \\ 0 & -1 & 0 & 0 & 1 \end{bmatrix} \begin{bmatrix} I_1 \\ I_2 \\ I_3 \\ I_4 \\ I_5 \end{bmatrix} = \begin{bmatrix} 0 \\ 0 \\ 0 \end{bmatrix} \tag{11-25}$$

上式可以表示为

$$\boldsymbol{QI} = 0 \tag{11-26}$$

$$\begin{array}{cc} & \begin{matrix} 1 & 2 & 3 & 4 & 5 \end{matrix} \quad \text{支路/割集} \\ \boldsymbol{Q} = & \begin{bmatrix} 1 & 0 & 1 & 0 & 0 \\ -1 & 1 & 0 & 1 & 0 \\ 0 & -1 & 0 & 0 & 1 \end{bmatrix} \begin{matrix} 1 \\ 2 \\ 3 \end{matrix} \end{array}$$

矩阵 $\boldsymbol{Q}$ 表示了图中基本割集与支路之间的关联性质，称为基本割集矩阵（简称割集矩阵）。当支路参考方向与割集方向一致（正向关联）时矩阵元素记为 1；当支路参考方向与割集方向相反（反向关联）时，矩阵元素记为 -1；当支路与割集无关联时矩阵元素记为 0。Q 矩阵是一个 $(n-1)\times b$ 阶矩阵。

11.3.2　支路电压与割集电压的关联性质

在图 11-6 中，选树支电压为割集电压，即 $U_3=U_{q1}$，$U_4=U_{q2}$，$U_5=U_{q3}$，根据基尔霍夫电压定律，支路电压与割集电压的关系为

$$U_1=U_{q1}-U_{q2},U_2=U_{q2}-U_{q3},U_3=U_{q1},U_4=U_{q2},U_5=U_{q3}$$

用矩阵形式表示为

$$\begin{bmatrix} U_1 \\ U_2 \\ U_3 \\ U_4 \\ U_5 \end{bmatrix} = \begin{bmatrix} 1 & -1 & 0 \\ 0 & 1 & -1 \\ 1 & 0 & 0 \\ 0 & 1 & 0 \\ 0 & 0 & 1 \end{bmatrix} \begin{bmatrix} U_{q1} \\ U_{q2} \\ U_{q3} \end{bmatrix}$$

即

$$\boldsymbol{U} = \boldsymbol{Q}^{\mathrm{T}}\boldsymbol{U}_q \tag{11-27}$$

11.3.3 割集电压方程的矩阵形式

将式(11-26)和式(11-27)用向量形式表示

$$\boldsymbol{Q}\dot{\boldsymbol{I}} = 0 \tag{11-28}$$

$$\dot{\boldsymbol{U}} = \boldsymbol{Q}^{\mathrm{T}}\dot{\boldsymbol{U}}_q \tag{11-29}$$

支路电流方程的矩阵形式

$$\dot{\boldsymbol{I}} = \boldsymbol{Y}(\dot{\boldsymbol{U}} + \dot{\boldsymbol{U}}_S) - \dot{\boldsymbol{I}}_S \tag{11-30}$$

将式(11-30)代入式(11-28)可得

$$\boldsymbol{QY}\dot{\boldsymbol{U}} + \boldsymbol{QY}\dot{\boldsymbol{U}}_S - \boldsymbol{Q}\dot{\boldsymbol{I}}_S = \boldsymbol{0} \tag{11-31}$$

将式(11-29)代入式(11-31)得

$$\boldsymbol{QYQ}^{\mathrm{T}}\dot{\boldsymbol{U}}_q = \boldsymbol{Q}\dot{\boldsymbol{I}}_S - \boldsymbol{QY}\dot{\boldsymbol{U}}_S \tag{11-32}$$

令 $\boldsymbol{Y}_q = \boldsymbol{QYQ}^{\mathrm{T}}$，$\dot{\boldsymbol{J}}_q = \boldsymbol{Q}\dot{\boldsymbol{I}}_S - \boldsymbol{QY}\dot{\boldsymbol{U}}_S$，式(11-32)则成为

$$\boldsymbol{Y}_q\dot{\boldsymbol{U}}_q = \dot{\boldsymbol{J}}_q \tag{11-33}$$

式中，$\boldsymbol{Y}_q$ 称为割集导纳矩阵，是一个$(n-1)\times(n-1)$阶方阵；$\dot{\boldsymbol{U}}_q$ 是割集电压列向量，其阶数是$(n-1)\times 1$；$\dot{\boldsymbol{J}}_q$ 称为割集电流列向量，其阶数也是$(n-1)\times 1$。只要 $\boldsymbol{Y}_q$ 不是奇异矩阵，便可代入式(11-33)求得割集电压 $\dot{\boldsymbol{U}}_q$，然后再由式(11-29)和式(11-28)求得支路电压和支路电流。

例 11-4 一直流电阻网络如图 11-7(a)所示，试建立割集电压方程。

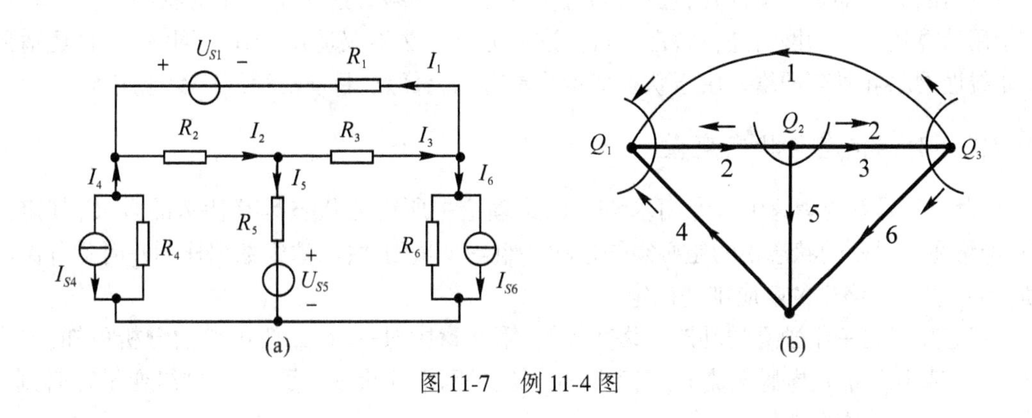

图 11-7 例 11-4 图

解 画网络的有向图如图 11-7(b)所示，选支路 4、5、6 为树支，选定树支电压为割集电压，树支电压的方向为割集方向。

基本割集矩阵为

$$\boldsymbol{Q} = \begin{bmatrix} 1 & -1 & 0 & 1 & 0 & 0 \\ 0 & -1 & 1 & 0 & 1 & 0 \\ 1 & 0 & -1 & 0 & 0 & 1 \end{bmatrix}$$

电压源和电流源列向量分别为

$$\boldsymbol{U}_S = [U_{S1} \quad 0 \quad 0 \quad 0 \quad -U_{S5} \quad 0]^{\mathrm{T}}$$

$$\boldsymbol{I}_S = [0 \quad 0 \quad 0 \quad I_{S4} \quad 0 \quad -I_{S6}]^{\mathrm{T}}$$

设 $G_1 = \dfrac{1}{R_1}, G_2 = \dfrac{1}{R_2}, G_3 = \dfrac{1}{R_3}, G_4 = \dfrac{1}{R_4}, G_5 = \dfrac{1}{R_5}, G_6 = \dfrac{1}{R_6}$，支路导纳矩阵为

$$\boldsymbol{Y} = \mathrm{diag}[G_1, \ G_2, \ G_3, \ G_4, \ G_5, \ G_6]$$

割集导纳矩阵为

$$\boldsymbol{Y}_q = \boldsymbol{QYQ}^{\mathrm{T}} = \begin{bmatrix} G_1 + G_2 + G_4 & G_2 & G_1 \\ G_2 & G_2 + G_3 + G_5 & -G_3 \\ G_1 & -G_3 & G_1 + G_3 + G_6 \end{bmatrix}$$

割集的电流源电流列向量为

$$\boldsymbol{J}_q = \boldsymbol{QI}_S - \boldsymbol{QYU}_S = \begin{bmatrix} -G_1 U_{S1} + I_{S4} \\ G_5 U_{S5} \\ -G_1 U_{S1} - I_{S6} \end{bmatrix}$$

本例介绍的是直流电阻网络割集方程的编写方法，对于正弦稳态网络和复频域网络也是适用的。

11.4　状 态 方 程

第9章介绍了电路的时域分析法，第10章介绍了电路的复频域分析法，而这两种方法对动态电路的分析都是手工计算，且只是分析线性定常网络。这一章电路的状态变量分析适宜于用计算机对大型网络进行暂态分析。这一分析方法不仅适用于线性网络，而且还适用于非线性网络和时变网络。由于状态变量法具有以上优点，目前已得到广泛应用。

11.4.1　状态与状态变量

"状态"是系统理论中的专门术语。电路理论中所说的状态具有特殊的含义，其定义为：网络在 t_0 时刻的状态指的是必须知道的一组最少量的数据，这组数据连同 t_0 时的外施激励，则 t_0 以后网络中的响应唯一确定。

状态变量是一组独立的动态网络变量，由第 9 章中对一阶、二阶电路的分析可知，电容电压 u_C（或电荷 q_c）、电感电流 i_L（或磁链 ψ_L）就是网络的状态变量，这组网络变量在时刻 t_0 的值，给出了 t_0 时的状态。

11.4.2　状态方程

在动态网络分析时，以状态变量为因变量列出的方程称为状态变量方程，简称状态方程。在具有 n 个独立储能元件的网络中，其状态方程是 n 个一阶微分方程组，这组方程的每一个方程中只有一个状态变量的一阶微分，其余的是状态变量和激励函数。

以第 9 章中的 R、L、C 串联二阶电路为例，如图 11-8 所示，当开关 S 在 $t = t_0$ 时刻闭合之

后,列出的以电容电压 u_C 为因变量的微分方程

$$LC\frac{\mathrm{d}^2u_C}{\mathrm{d}t^2}+RC\frac{\mathrm{d}u_C}{\mathrm{d}t}+u_C=u_S$$

这是一个二阶微分方程,用来确定积分常数的初始条件是 $u_C(t_{0_-})$ 和 $i_L(t_{0_-})$。

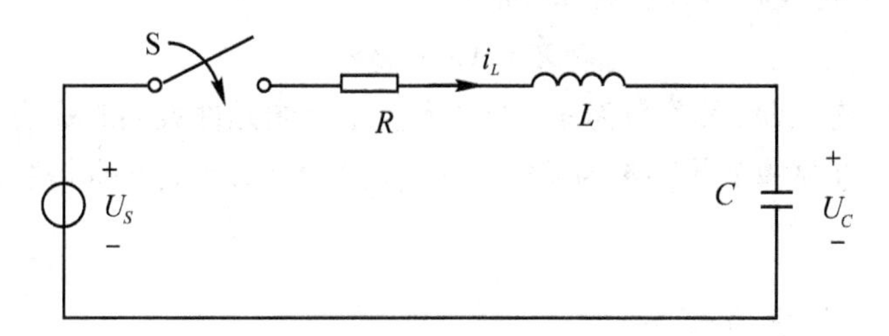

图 11-8 R、L、C 串联电路

现在以电容电压 u_C 和电感电流 i_L 作为状态变量,并以它们作为因变量列方程,即

$$C\frac{\mathrm{d}u_C}{\mathrm{d}t}=i_L$$

$$L\frac{\mathrm{d}i_L}{\mathrm{d}t}=-u_C-Ri_L+u_S$$

即

$$\left.\begin{aligned}\frac{\mathrm{d}u_C}{\mathrm{d}t}&=\frac{1}{C}i_L\\\frac{\mathrm{d}i_L}{\mathrm{d}t}&=-\frac{1}{L}u_C-\frac{R}{L}i_L+\frac{1}{L}u_S\end{aligned}\right\}\tag{11-34}$$

这是一组以电容电压和电感电流为状态变量的状态方程,由于电路中有两个独立储能元件,所以是两个一阶微分方程组。如果要确定 u_C 和 i_L 的解,还应给定电容电压和电感电流在 $t=t_{0_-}$ 的状态。

将式(11-34)写成矩阵形式,则有

$$\begin{bmatrix}\frac{\mathrm{d}u_C}{\mathrm{d}t}\\\frac{\mathrm{d}i_L}{\mathrm{d}t}\end{bmatrix}=\begin{bmatrix}0&\frac{1}{C}\\-\frac{1}{L}&-\frac{R}{L}\end{bmatrix}\begin{bmatrix}u_C\\i_L\end{bmatrix}+\begin{bmatrix}0\\\frac{1}{L}\end{bmatrix}[u_S]$$

如果令 $x_1=u_C,x_2=i_L,\dot{x}_1=\frac{\mathrm{d}u_C}{\mathrm{d}t},\dot{x}_2=\frac{\mathrm{d}i_L}{\mathrm{d}t}$;且令

$$\boldsymbol{A}=\begin{bmatrix}0&\frac{1}{C}\\-\frac{1}{L}&-\frac{R}{L}\end{bmatrix},\boldsymbol{B}=\begin{bmatrix}0\\\frac{1}{L}\end{bmatrix}$$

则有

$$\begin{bmatrix} \dot{x}_1 \\ \dot{x}_2 \end{bmatrix} = \boldsymbol{A}\begin{bmatrix} x_1 \\ x_2 \end{bmatrix} + \boldsymbol{B}[u_S] \tag{11-35}$$

再令 $\dot{\boldsymbol{X}} = [\dot{x}_1 \quad \dot{x}_2]^{\mathrm{T}}$，$\boldsymbol{X} = [x_1 \quad x_2]^{\mathrm{T}}$，$\boldsymbol{V} = [u_S]$

则将式(11-35) 化成状态方程的标准形式

$$\dot{\boldsymbol{X}} = \boldsymbol{A}\boldsymbol{X} + \boldsymbol{B}\boldsymbol{V} \tag{11-36}$$

式中，$\boldsymbol{X}$ 称为状态向量，其阶数为 $n \times 1$(n 为独立储能元件数)；$\boldsymbol{V}$ 称为输入向量，其阶数为 $m \times 1$(m 为独立电源的个数)；$\boldsymbol{A}$ 为系数矩阵，其阶数为 $n \times n$；$\boldsymbol{B}$ 也是系数矩阵，其阶数为 $n \times m$。

11.4.3　状态方程的编写

1. 直观编写法

当电路比较简单时，可以用直观编写法列写出它的状态方程。其基本原则是：选电容电压和电感电流为状态变量；对电路中电容所在的节点(或割集) 列写电流方程；对于电感所在的回路(或网孔) 列写电压方程，且每个回路只包含一个电感；最后消去非状态变量，写成标准形式。例如，如图 11-9 所示电路，选 u_{C_1}、u_{C_2}、i_L 为状态变量，可列出其状态方程。

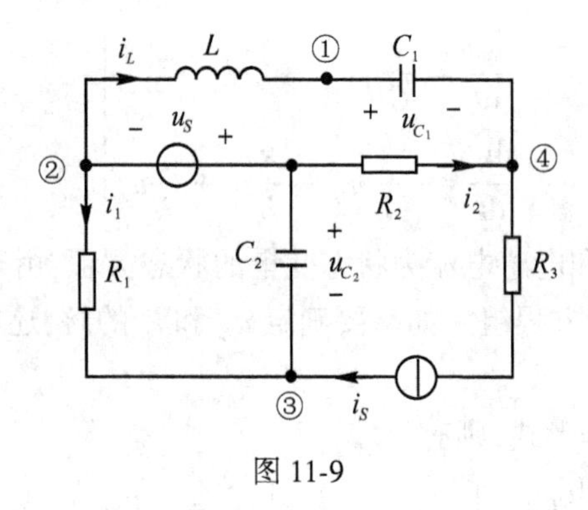

图 11-9

对节点 ①、节点 ③ 列电流方程：

$$C_1 \frac{\mathrm{d}u_{C_1}}{\mathrm{d}t} = i_L$$

$$C_2 \frac{\mathrm{d}u_{C_2}}{\mathrm{d}t} = -i_1 - i_S = -\frac{-u_S + u_{C2}}{R_1} - i_S$$

对于电感所在的网孔列电压方程：

$$L\frac{\mathrm{d}i_L}{\mathrm{d}t} = -u_S + R_2 i_2 - u_{C_1} = -u_S + R_2(-i_L + i_S) - u_{C_1}$$

整理以上方程后写成矩阵形式为

$$\begin{bmatrix}\dfrac{\mathrm{d}u_{C_1}}{\mathrm{d}t}\\ \dfrac{\mathrm{d}u_{C_2}}{\mathrm{d}t}\\ \dfrac{\mathrm{d}i_L}{\mathrm{d}t}\end{bmatrix}=\begin{bmatrix}0 & 0 & \dfrac{1}{C_1}\\ 0 & \dfrac{-1}{C_2R_1} & 0\\ \dfrac{-1}{L} & 0 & \dfrac{-R_2}{L}\end{bmatrix}\begin{bmatrix}u_{C_1}\\ u_{C_2}\\ i_L\end{bmatrix}+\begin{bmatrix}0 & 0\\ \dfrac{1}{C_2R_1} & \dfrac{-1}{C_2}\\ \dfrac{-1}{L} & \dfrac{R_2}{L}\end{bmatrix}\begin{bmatrix}u_S\\ i_S\end{bmatrix}$$

2. 系统公式法

对于复杂电路,由于它的储能元件多、网络结构复杂,用直观编写法列写出它的状态方程是相当困难的。为了快速列出仅含有状态变量的一阶微分方程组,人们想出了一个好方法,即画出网络的图并选定一个特有树(常态树)来辅助建立状态方程。这种特有树之所以特别,在于:选全部电容和理想电压源包含在树支中、全部电感和理想电流源包含在连支中;而电阻支路可根据需要选入树支或连支。能选定特有树的网络,称为常态网络;而对于某些网络,仅由电容或电容与理想电压源构成回路,以及仅由电感或电感与理想电流源构成割集的网络,称为非常态网络,而这样的网络选不出常态树。下面举例说明常态网络状态方程的建立方法。

图 11-10(a) 所示网络是一个常态网络,图 11-10(b) 是其有向图。

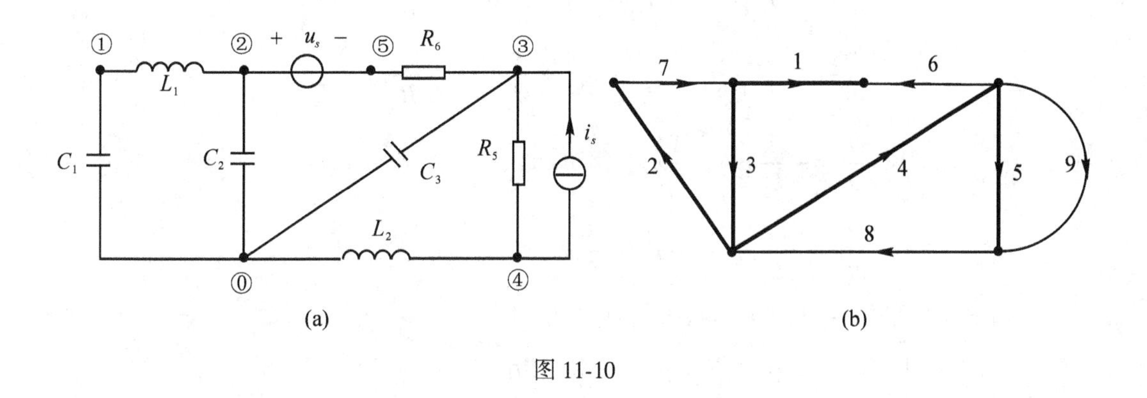

图 11-10

第一步:选状态变量。对常态网络一般选电容电压和电感电流作为网络的状态变量。就本例而言,即以 u_{C_1}、u_{C_2}、u_{C_3} 和 i_{L_1}、i_{L_2} 作为状态变量。

第二步:选择常态树,如图 11-10(b) 中选 1、2、3、4、5 支路为树。

第三步:列出网络中各电容树支2、3、4所属的基本割集的电流方程和各电感连支7、8所属的基本回路的电压方程:

$$\left.\begin{aligned}
C_1\frac{\mathrm{d}u_{C_1}}{\mathrm{d}t}&=i_{L_1}\\
C_2\frac{\mathrm{d}u_{C_2}}{\mathrm{d}t}&=i_6+i_{L_1}\\
C_3\frac{\mathrm{d}u_{C_3}}{\mathrm{d}t}&=i_6+i_{L_2}\\
L_1\frac{\mathrm{d}i_{L_1}}{\mathrm{d}t}&=-u_{C_1}-u_{C_2}\\
L_2\frac{\mathrm{d}i_{L_2}}{\mathrm{d}t}&=-u_{C_3}-u_5
\end{aligned}\right\}$$

第四步：消去上述方程中的非状态变量 u_5 和 i_6。

$$u_5=R_5i_5=R_5(i_{L_2}+i_S)$$

$$i_6=\frac{u_6}{R_6}=\frac{1}{R_6}(-u_{C_2}-u_{C_3}+u_S)$$

将 u_5、i_6 代入第三步所获得的方程中去，使方程的右端只含有状态变量和激励函数项，而不含有其他非状态变量。经整理后可得

$$\begin{aligned}
\frac{\mathrm{d}u_{C_1}}{\mathrm{d}t}&=\frac{1}{C_1}i_{L1}\\
\frac{\mathrm{d}u_{C_2}}{\mathrm{d}t}&=-\frac{1}{C_2R_6}u_{C_2}-\frac{1}{C_2R_6}u_{C_3}+\frac{1}{C_2}i_{L_1}+\frac{1}{C_2R_6}u_S\\
\frac{\mathrm{d}u_{C_3}}{\mathrm{d}t}&=-\frac{1}{C_3R_6}u_{C_2}-\frac{1}{C_3R_6}u_{C_3}+\frac{1}{C_3}i_{L_2}+\frac{1}{C_3R_6}u_S\\
\frac{\mathrm{d}i_{L_1}}{\mathrm{d}t}&=-\frac{1}{L_1}u_{C_1}-\frac{1}{L_1}u_{C_2}\\
\frac{\mathrm{d}i_{L_2}}{\mathrm{d}t}&=-\frac{1}{L_2}u_{C_3}-\frac{R_5}{L_2}i_{L_2}-\frac{R_5}{L_2}i_S
\end{aligned}$$

令 $x_1=u_{C_1}$，$x_2=u_{C_2}$，$x_3=u_{C_3}$，$x_4=i_{L_1}$，$x_5=i_{L_2}$，可得

$$\begin{bmatrix}\dot{x}_1\\\dot{x}_2\\\dot{x}_3\\\dot{x}_4\\\dot{x}_5\end{bmatrix}=\begin{bmatrix}0&0&0&\frac{1}{C_1}&0\\0&-\frac{1}{C_2R_6}&-\frac{1}{C_2R_6}&\frac{1}{C_2}&0\\0&-\frac{1}{C_3R_6}&-\frac{1}{C_3R_6}&0&\frac{1}{C_3}\\-\frac{1}{L_1}&-\frac{1}{L_1}&0&0&0\\0&0&-\frac{1}{L_2}&0&-\frac{R_5}{L_2}\end{bmatrix}\begin{bmatrix}x_1\\x_2\\x_3\\x_4\\x_5\end{bmatrix}+\begin{bmatrix}0&0\\\frac{1}{C_2R_6}&0\\\frac{1}{C_3R_6}&0\\0&0\\0&-\frac{R_5}{L_2}\end{bmatrix}\begin{bmatrix}u_S\\i_S\end{bmatrix}$$

这就是图 11-10 所示常态网络的状态方程。

11.4.4　输出方程

如果网络的输出变量就是网络的状态变量,则求解网络的状态方程组,就可获得网络的输出变量。如果网络的输出是非状态变量,则必须建立网络的输出方程。在图 11-10(a) 所示电路中,如果以节点电压 u_{n_1}、u_{n_2}、u_{n_3}、u_{n_4} 作为输出,则 $u_{n_1}=-u_{C_1}$,$u_{n_2}=u_{C_2}$,$u_{n_3}=-u_{C_3}$,$u_{n_4}=-u_{C_3}-u_5=-u_{C_3}-R_5(i_{L_2}+i_S)$。整理后写成矩阵形式

$$\begin{bmatrix}u_{n_1}\\u_{n_2}\\u_{n_3}\\u_{n_4}\end{bmatrix}=\begin{bmatrix}-1&0&0&0&0\\0&1&0&0&0\\0&0&-1&0&0\\0&0&-1&0&-R_5\end{bmatrix}\begin{bmatrix}u_{C_1}\\u_{C_2}\\u_{C_3}\\i_{L_1}\\i_{L_2}\end{bmatrix}+\begin{bmatrix}0&0\\0&0\\0&0\\0&-R_5\end{bmatrix}\begin{bmatrix}u_S\\i_S\end{bmatrix}$$

以上矩阵方程就是以节点电压为输出量的输出方程。如果要以独立电压源的电流、独立电流源的电压作为输出量,还可以写出另外的输出方程。输出方程的向量形式为

$$\boldsymbol{y}=\boldsymbol{C}\boldsymbol{x}+\boldsymbol{D}\boldsymbol{v}$$

在一般情况下,设网络有 n 个状态变量,m 个激励函数,h 个输出变量,则输出向量的阶数为 $h\times 1$;系数矩阵 $\boldsymbol{C}$ 的阶数为 $h\times n$;系数矩阵 $\boldsymbol{D}$ 的阶数为 $h\times m$。

习　题

11-1　画出题 11-1 图所示电路的有向图,写出它们的增广关联矩阵 $\boldsymbol{A}_a$ 和关联矩阵 $\boldsymbol{A}$。

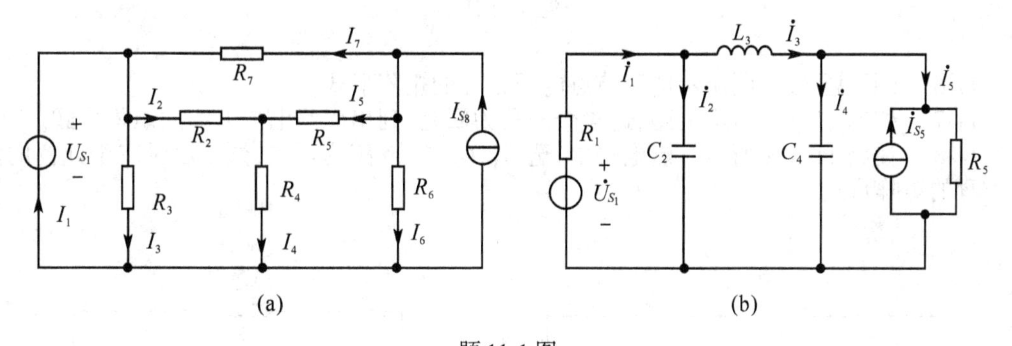

题 11-1 图

11-2　由下列给定的 $\boldsymbol{A}_a$ 或 $\boldsymbol{A}$,试画其有向图。

$$(1)\boldsymbol{A}_a=\begin{bmatrix}-1&-1&0&0&0\\0&1&1&1&0\\0&0&0&-1&1\\1&0&-1&0&-1\end{bmatrix};\quad (2)\boldsymbol{A}=\begin{bmatrix}1&0&1&0&0&0\\-1&1&0&-1&0&0\\0&-1&0&0&1&0\\0&0&-1&1&0&-1\end{bmatrix};$$

11-3　对于题 11-3 图所示有向图,选支路 3、4、5、7、8 为树,试写出基本回路矩阵和基本割集矩阵。

11-4　对于题 11-4 图所示有向图,选支路 1、3、5、7 为树,试写出基本回路矩阵和基本割集矩阵。

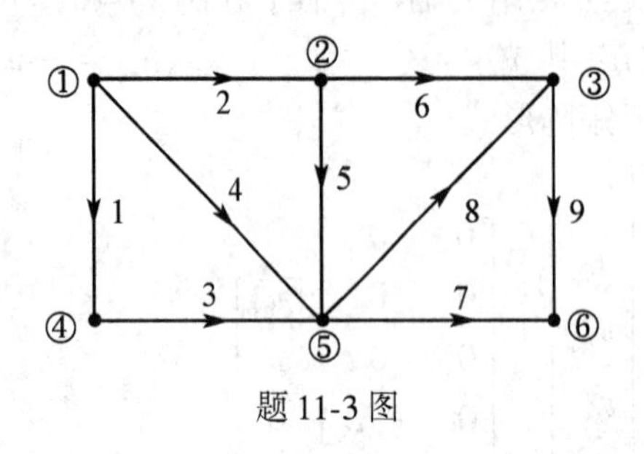

题 11-3 图

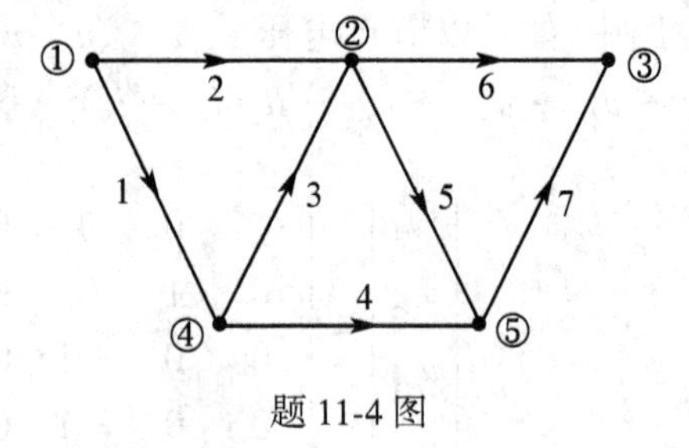

题 11-4 图

11-5　在如题 11-5 图所示电路中,$R_1=R_3=R_4=R_5=1\Omega$,$U_{s1}=1\text{V}$,$U_{s3}=3\text{V}$,$I_{s2}=2\text{A}$,$I_{s6}=6\text{A}$,试列出节点电压方程的矩阵形式。

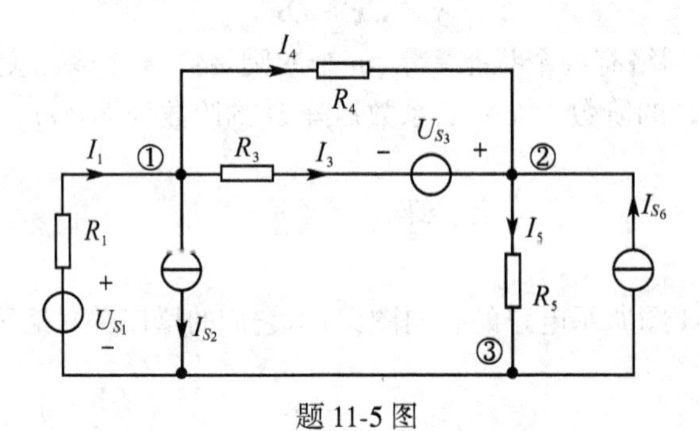

题 11-5 图

11-6　列写题 11-6 图所示电路节点电压方程的矩阵形式。

11-7　如题 11-6 图所示电路,选 4 个网孔为回路,列出回路电流方程的矩阵形式。

11-8　在题 11-8 图所示直流电路中,选 G_3、G_4、G_5 支路为树支,试写出对应于此树的割集方程的矩阵形式。

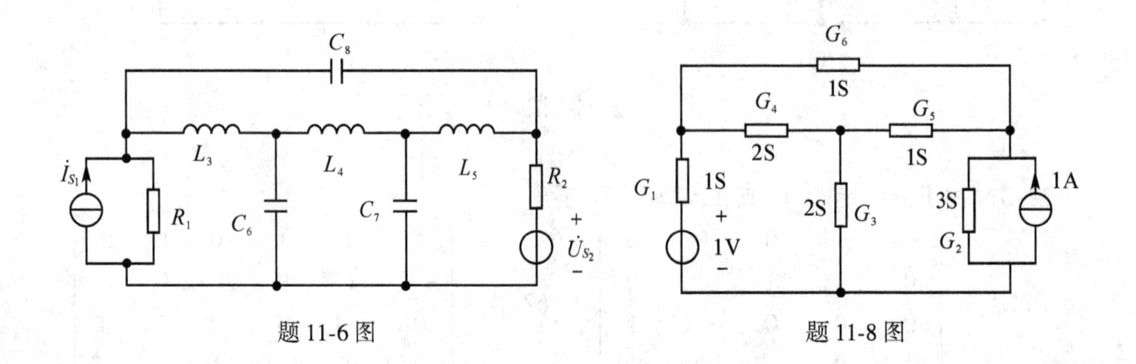

题 11-6 图　　　　题 11-8 图

11-9　试列写题 11-9 图所示电路的状态方程。

11-10　如题 11-10 图所示电路，试列写其状态方程。

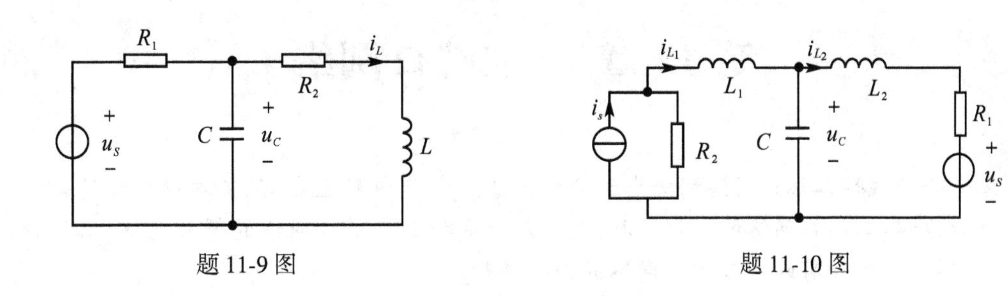

题 11-9 图　　　　　　　　　　题 11-10 图

11-11　试列出题 11-11 图所示电路的状态方程。如果选电阻电压 u_{R1}、u_{R2} 为电路输出量，再列写出输出方程。

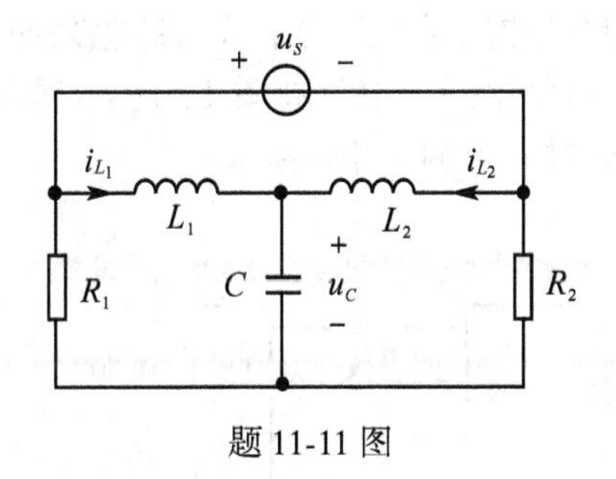

题 11-11 图

第12章　二端口网络

本章介绍线性二端口网络的概念和分析方法。本章内容主要有：二端口网络的端口参数和端口方程；二端口网络的特性阻抗；无源及含受控源二端口网络的等效电路；二端口网络的连接；无端接和有端接二端口网络的网络函数。

12.1　二端口网络和多端口网络

在前面章节已提及一端口网络、二端口网络和多端口网络。讨论此类问题的一个普遍原因是，在实际问题的分析中，往往只对电路的某些局部感兴趣，从而可将电路的其他部分简化，以简化分析过程。这样可将电路分解为如图12-1(a)所示的情形：非简化部分 N_1 和简化部分 N_2，而 N_1 和 N_2 则通过 n 个端子相连接。

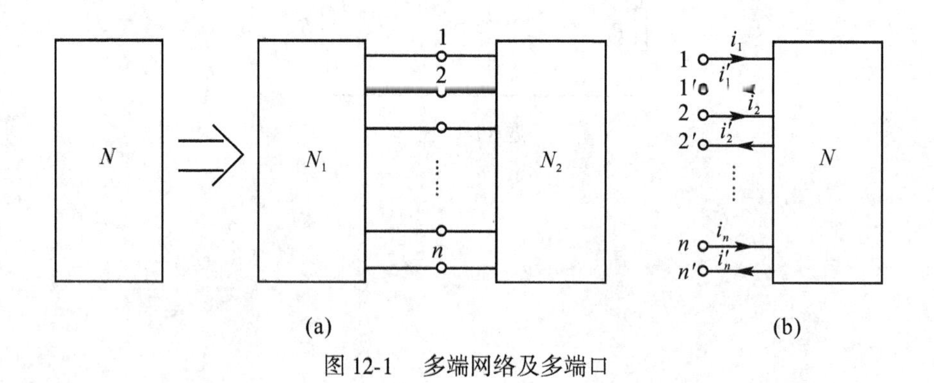

图12-1　多端网络及多端口

由于对网络 N_2 内部电量不感兴趣，故可不必了解 N_2 内部的结构及元件特性，而只需了解 N_2 的外特性，所以 N_2 就好像是一个“黑盒子”。由于 N_2 与外部有 n 个端子相连，所以称为 n 端网络。当网络由线性元件构成时，则称为 n 端线性网络。

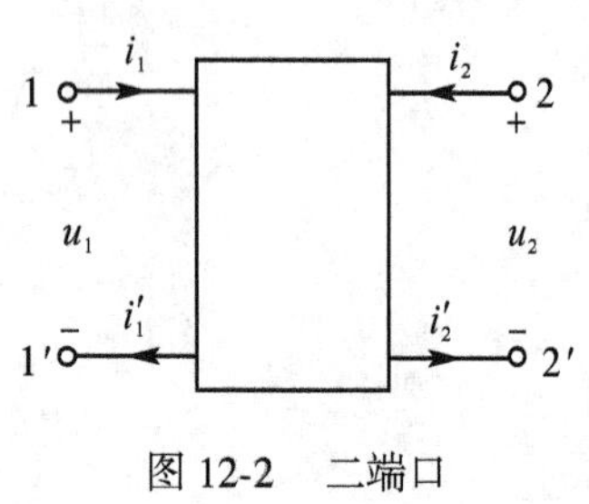

图12-2　二端口

如图12-1(b)所示，若网络 N 的外端子两两成对，且满足端口条件

$$i_1 = i'_1,\quad i_2 = i'_2,\quad \cdots,\quad i_n = i'_n$$

则每对端子构成一个端口，故该网络可称为 n 端口网络，简称为 n 端口。$n=1$ 时，即为前面所讨论过的一端口网络；当 $n \geqslant 2$ 时，该网络就称为多端口网络，当 $n=2$ 时，则称为二端口网络，如图12-2所示。从工程和理论分析的角度来

看,多端网络和多端口网络都是存在的,但相对来说,一端口网络和二端口网络的应用最为广泛。本章主要讨论线性二端口,即由线性电阻、线性电感和线性电容元件所组成的二端口,且规定二端口内部不含独立电源,储能元件不含初始能量,但可含线性受控源。当其内部全是线性无源元件时,该二端口就称为无源线性二端口。

12.2 二端口网络的基本方程及其相应参数

对图 12-3 所示无源线性二端口,可采用相量法分析其正弦稳态情况。类似地,如需分析过渡过程,则可采用拉普拉斯变换的方法来讨论。下面主要讨论正弦稳态情况下二端口网络相量形式的基本方程及相应参数。至于其拉普拉斯变换形式的基本方程和参数,可按类比关系得到。

对图 12-3 所示二端口,当选用不同形式的激励和响应时,可得到不同性质的端口参数以及相应的端口方程。

12.2.1 *Y* 参数及相应的端口方程

如图 12-4 所示,在二端口两端施加电压源激励 $\dot{U}_1$ 和 $\dot{U}_2$,取电流 $\dot{I}_1$ 和 $\dot{I}_2$ 为响应,则根据线性电路的特点,可知 $\dot{I}_1$ 和 $\dot{I}_2$ 分别与 $\dot{U}_1$ 和 $\dot{U}_2$ 构成线性关系,且线性系数具有导纳的量纲,于是有下述关系成立

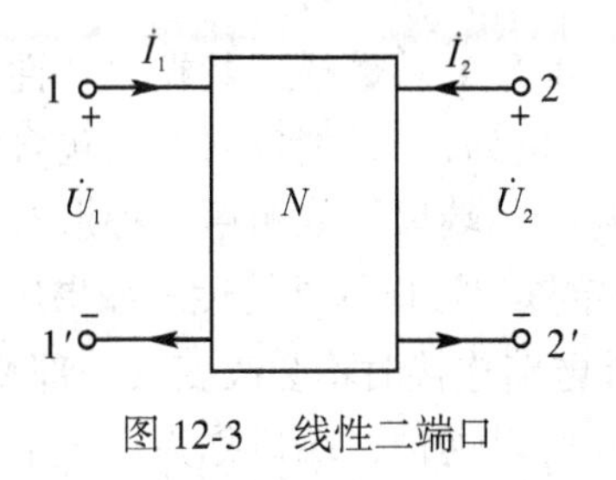

图 12-3 线性二端口

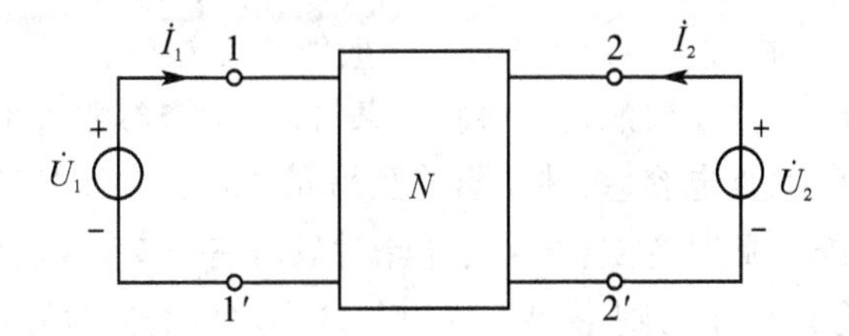

图 12-4 施加电压源激励的线性二端口

$$\left.\begin{aligned}\dot{I}_1 &= Y_{11}\dot{U}_1 + Y_{12}\dot{U}_2\\ \dot{I}_2 &= Y_{21}\dot{U}_1 + Y_{22}\dot{U}_2\end{aligned}\right\} \tag{12-1}$$

该式也可写成下述矩阵形式

$$\begin{bmatrix}\dot{I}_1\\ \dot{I}_2\end{bmatrix} = \begin{bmatrix}Y_{11} & Y_{12}\\ Y_{21} & Y_{22}\end{bmatrix}\begin{bmatrix}\dot{U}_1\\ \dot{U}_2\end{bmatrix} = \boldsymbol{Y}\begin{bmatrix}\dot{U}_1\\ \dot{U}_2\end{bmatrix} \tag{12-2}$$

式中,

$$\boldsymbol{Y} = \begin{bmatrix}Y_{11} & Y_{12}\\ Y_{21} & Y_{22}\end{bmatrix}$$

为导纳参数矩阵,称为二端口的 ***Y*** 参数矩阵。而 Y_{11}、Y_{12}、Y_{21} 和 Y_{22} 则称为二端口的 ***Y*** 参数。

式(12-1) 和式(12-2) 称为二端口用 **Y** 参数表示的端口方程。显然,该端口方程描述了二端口的外特性。对任一给定的二端口,**Y** 参数是一组确定的常数,其值取决于二端口的内部结构和元件参数值。二端口的内部结构和元件参数值已知的情况下,其 **Y** 参数可通过计算获得,但比较方便实用的方法是通过测试来确定 **Y** 参数。

如令 $\dot{U}_2=0,\dot{U}_1\neq 0$,即在图 12-4 中将端口 2 的电压源 $\dot{U}_2$ 置零短接,端口 1 施加非零电压源 $\dot{U}_1$,则由式(12-1) 可得

$$\dot{I}_1=Y_{11}\dot{U}_1,\quad \dot{I}_2=Y_{21}\dot{U}_1$$

通过计算或试验测得 $\dot{I}_1$ 和 $\dot{I}_2$ 即可得

$$Y_{11}=\left.\frac{\dot{I}_1}{\dot{U}_1}\right|_{\dot{U}_2=0},\quad Y_{21}=\left.\frac{\dot{I}_2}{\dot{U}_1}\right|_{\dot{U}_2=0}\tag{12-3}$$

上式表明,Y_{11} 反映了端口 2 短路时端口 1 的电流与电压之间的关系,所以它表示了端口 1 的输入导纳或策动点导纳;而 Y_{21} 反映了端口 2 短路时端口 2 的电流与端口 1 的电压之间的关系,因此它表示了端口 2 与端口 1 之间的转移导纳。

同样,如将端口 1 的电压源 $\dot{U}_1$ 置零短接,端口 2 施加非零电压源 $\dot{U}_2$,由式(12-1) 可得

$$Y_{12}=\left.\frac{\dot{I}_1}{\dot{U}_2}\right|_{\dot{U}_1=0},\quad Y_{22}=\left.\frac{\dot{I}_2}{\dot{U}_2}\right|_{\dot{U}_1=0}\tag{12-4}$$

其中,Y_{12} 和 Y_{22} 分别是端口 1 短路时端口 1 与端口 2 之间的转移导纳和端口 2 的输入导纳。由于 4 个 **Y** 参数都可在短路条件下获得,所以 **Y** 参数又称为短路参数。

由式(12-1) 可知,对一般线性二端口,可采用上述 4 个 **Y** 参数描述其端口特性。实际上,当二端口满足某些特定条件时,所需参数还可减少。例如,当二端口内部只包含线性电感、线性电容、线性电阻等互易元件时,该二端口即为互易二端口。依照第一种形式的互易定理,此时有 $Y_{12}=Y_{21}$,即此时只需三个 **Y** 参数就可确定该二端口的外特性。如果进一步还有 $Y_{11}=Y_{22}$,则 将该二端口的两个端口交换位置后与外电路连接时不会改变其外部特性,即这种二端口从任一端口看进去的电气特性都是一样的,所以这种二端口称为电气上对称的二端口,简称为对称二端口。当二端口内部元件的连接方式和元件性质及参数值均具有对称性时,该二端口称为结构上对称的二端口。在结构上对称的二端口,其电气特性上一定是对称的。但电气上对称并不一定意味着结构上对称。对称的二端口只需两个 **Y** 参数就可描述其外特性。

例 12-1　求图 12-5(a) 所示二端口的 **Y** 参数。

解法一　这是一个典型的具有 Π 形结构的二端口。计算其 **Y** 参数的常用方法是采用前述的测试方法。计算 Y_{11} 和 Y_{21} 时,如图 12-5(b) 所示,将端口 2-2′ 短路,在端口 1-1′ 施加非零电压源 $\dot{U}_1$,此时可得

$$\dot{I}_1=\dot{U}_1(Y_a+Y_b)$$

$$\dot{I}_2=-\dot{U}_1Y_b$$

由式(12-3),得

$$Y_{11}=\left.\frac{\dot{I}_1}{\dot{U}_1}\right|_{\dot{U}_2=0}=Y_a+Y_b$$

$$Y_{21}=\left.\frac{\dot{I}_2}{\dot{U}_1}\right|_{\dot{U}_2=0}=-Y_b$$

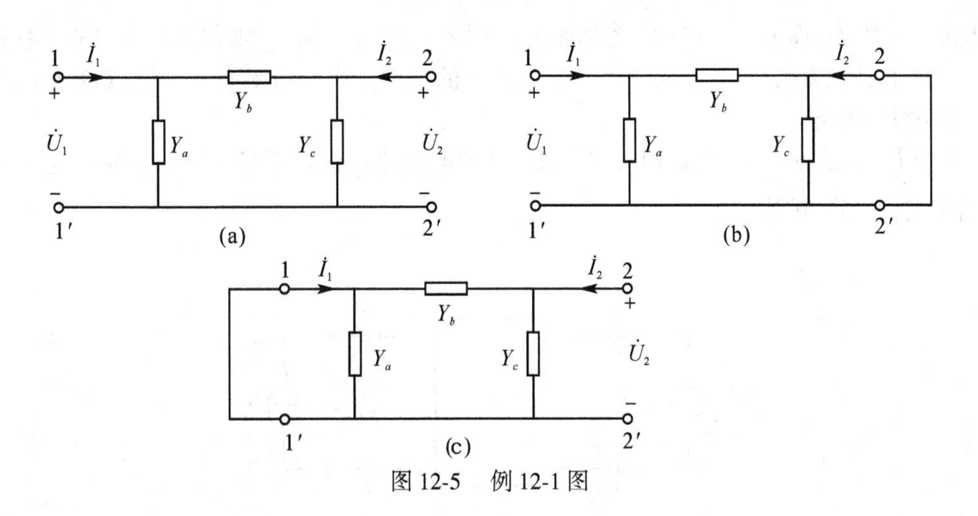

图 12-5　例 12-1 图

类似地,由图 12-5(c) 和式(12-4),可得

$$Y_{22}=Y_b+Y_c$$
$$Y_{12}=-Y_b$$

解法二　考虑到 ***Y*** 参数和由其表示的端口方程之间存在一一对应关系,如能直接写出端口方程(12-1),则可直接读出 ***Y*** 参数。比如,由图 12-5(a),可写出

$$\dot{I}_1=Y_a\dot{U}_1+Y_b(\dot{U}_1-\dot{U}_2)=(Y_a+Y_b)\dot{U}_1-Y_b\dot{U}_2$$
$$\dot{I}_2=Y_c\dot{U}_2+Y_b(\dot{U}_2-\dot{U}_1)=-Y_b\dot{U}_1+(Y_b+Y_c)\dot{U}_2$$

由上述端口方程,即可得出

$$Y_{11}=Y_a+Y_b$$
$$Y_{12}=Y_{21}=-Y_b$$
$$Y_{22}=Y_b+Y_c$$

12.2.2　Z 参数及相应的端口方程

如图 12-6(a) 所示,在二端口两端施加电流源激励 $\dot{I}_1$ 和 $\dot{I}_2$,取电压 $\dot{U}_1$ 和 $\dot{U}_2$ 为响应,则根据线性电路的特点和各电量之间的量纲关系,可知有下述关系式成立:

$$\left.\begin{aligned}\dot{U}_1=Z_{11}\dot{I}_1+Z_{12}\dot{I}_2\\ \dot{U}_2=Z_{21}\dot{I}_1+Z_{22}\dot{I}_2\end{aligned}\right\}\tag{12-5}$$

用矩阵形式表示,则为

$$\begin{bmatrix}\dot{U}_1\\\dot{U}_2\end{bmatrix}=\begin{bmatrix}Z_{11} & Z_{12}\\Z_{21} & Z_{22}\end{bmatrix}\begin{bmatrix}\dot{I}_1\\\dot{I}_2\end{bmatrix}=\boldsymbol{Z}\begin{bmatrix}\dot{I}_1\\\dot{I}_2\end{bmatrix} \tag{12-6}$$

式中,

$$\boldsymbol{Z}=\begin{bmatrix}Z_{11} & Z_{12}\\Z_{21} & Z_{22}\end{bmatrix}$$

为阻抗参数矩阵,称为二端口的 **Z** 参数矩阵。而 Z_{11}、Z_{12}、Z_{21} 和 Z_{22} 则称为二端口的 **Z** 参数。式(12-5) 和式(12-6) 称为二端口用 **Z** 参数表示的端口方程。与 **Y** 参数一样,**Z** 参数也可用测试的方法来确定。

如令 $\dot{I}_2=0$,$\dot{I}_1\neq0$,即在图 12-6 中将端口 2 的电流源 $\dot{I}_2$ 置零开路,端口 1 施加非零电流源 $\dot{I}_1$,则由式(12-5) 可得

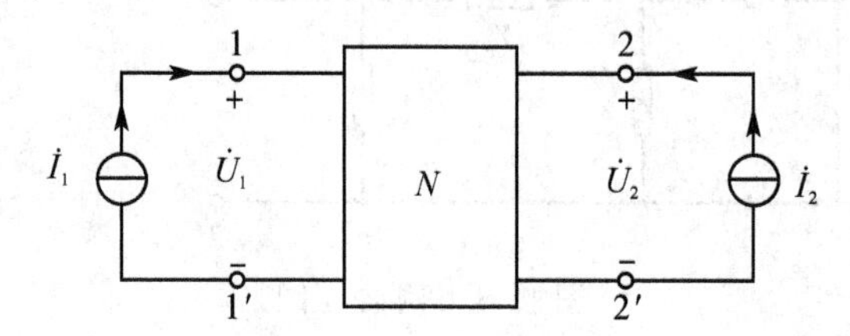

图 12-6　施加电流源激励的线性二端口

$$\dot{U}_1=Z_{11}\dot{I}_1,\quad \dot{U}_2=Z_{21}\dot{I}_1$$

测得 $\dot{U}_1$ 和 $\dot{U}_2$ 后,即可得

$$Z_{11}=\frac{\dot{U}_1}{\dot{I}_1}\bigg|_{\dot{I}_2=0},\quad Z_{21}=\frac{\dot{U}_2}{\dot{I}_1}\bigg|_{\dot{I}_2=0} \tag{12-7}$$

同样,如令 $\dot{I}_1=0$,$\dot{I}_2\neq0$,亦可得

$$Z_{12}=\frac{\dot{U}_1}{\dot{I}_2}\bigg|_{\dot{I}_1=0},\quad Z_{22}=\frac{\dot{U}_2}{\dot{I}_2}\bigg|_{\dot{I}_1=0} \tag{12-8}$$

由式(12-7) 和式(12-8) 可知,**Z** 参数可在一个端口开路的条件下获得,所以 **Z** 参数又称为开路参数。其中 Z_{11} 和 Z_{21} 是端口 2 开路时端口 1 的输入阻抗和端口 2 与端口 1 之间的转移阻抗;而 Z_{22} 和 Z_{12} 则是端口 1 开路时端口 2 的输入阻抗和端口 1 与端口 2 之间的转移阻抗。

比较式(12-2) 和式(12-6) 易知,对任一给定二端口,如其 **Y** 参数矩阵或 **Z** 参数矩阵可逆,则有

$$\boldsymbol{Z}=\boldsymbol{Y}^{-1},\quad \boldsymbol{Y}=\boldsymbol{Z}^{-1} \tag{12-9}$$

即二者互为逆阵。此时,如记 **Y** 参数矩阵的行列式为 ΔY,则有

$$\left.\begin{aligned}Z_{11}&=\frac{Y_{22}}{\Delta Y},Z_{12}=-\frac{Y_{12}}{\Delta Y}\\Z_{21}&=-\frac{Y_{21}}{\Delta Y},Z_{22}=\frac{Y_{11}}{\Delta Y}\end{aligned}\right\}\tag{12-10}$$

于是,对互易二端口,有 $Z_{12}=Z_{21}$,即此时 **Z** 参数只有三个是独立的。若为对称二端口,则有 $Z_{11}=Z_{22}$,这是 **Z** 参数只有二个是独立的。

例 12-2　求图 12-7 所示二端口的开路阻抗矩阵。

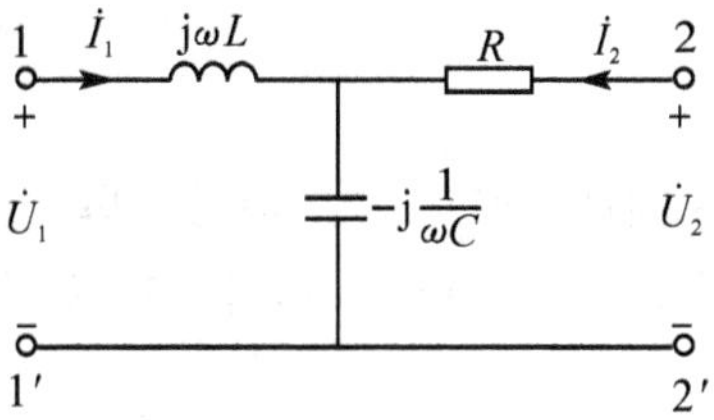

图 12-7　例 12-2 图

解　由式(12-7),当端口 2 开路时,有

$$Z_{11}=\left.\frac{\dot U_1}{\dot I_1}\right|_{\dot I_2=0}=\frac{\left(\mathrm{j}\omega L-\mathrm{j}\dfrac{1}{\omega C}\right)\dot I_1}{\dot I_1}=\mathrm{j}\omega L-\mathrm{j}\frac{1}{\omega C}$$

$$Z_{21}=\left.\frac{\dot U_2}{\dot I_1}\right|_{\dot I_2=0}=\frac{-\mathrm{j}\dfrac{1}{\omega C}\dot I_1}{\dot I_1}=-\mathrm{j}\frac{1}{\omega C}$$

由式(12-8),当端口 1 开路时,有

$$Z_{12}=\left.\frac{\dot U_1}{\dot I_2}\right|_{\dot I_1=0}=\frac{-\mathrm{j}\dfrac{1}{\omega C}\dot I_2}{\dot I_2}=-\mathrm{j}\frac{1}{\omega C}$$

$$Z_{22}=\left.\frac{\dot U_2}{\dot I_2}\right|_{\dot I_1=0}=\frac{\left(R-\mathrm{j}\dfrac{1}{\omega C}\right)\dot I_2}{\dot I_2}=R-\mathrm{j}\frac{1}{\omega C}$$

于是,图 12-7 所示二端口的开路阻抗矩阵为

$$\boldsymbol{Z}=\begin{bmatrix}\mathrm{j}\left(\omega L-\dfrac{1}{\omega C}\right) & -\mathrm{j}\dfrac{1}{\omega C}\\ -\mathrm{j}\dfrac{1}{\omega C} & R-\mathrm{j}\dfrac{1}{\omega C}\end{bmatrix}$$

12.2.3　*H* 参数及相应的端口方程

如图 12-8 所示线性二端口的端口 1 施加电流源激励 $\dot I_1$,端口 2 施加电压源激励 $\dot U_2$,取 $\dot U_1$ 和 $\dot I_2$ 为响应,则由线性电路中响应与激励的线性关系可得如下方程:

$$\left.\begin{aligned}\dot U_1&=H_{11}\dot I_1+H_{12}\dot U_2\\\dot I_2&=H_{21}\dot I_1+H_{22}\dot U_2\end{aligned}\right\}\tag{12-11}$$

其矩阵形式为

$$\begin{bmatrix}\dot U_1\\\dot I_2\end{bmatrix}=\begin{bmatrix}H_{11}&H_{12}\\H_{21}&H_{22}\end{bmatrix}\begin{bmatrix}\dot I_1\\\dot U_2\end{bmatrix}=\boldsymbol{H}\begin{bmatrix}\dot I_1\\\dot U_2\end{bmatrix}\tag{12-12}$$

式中,

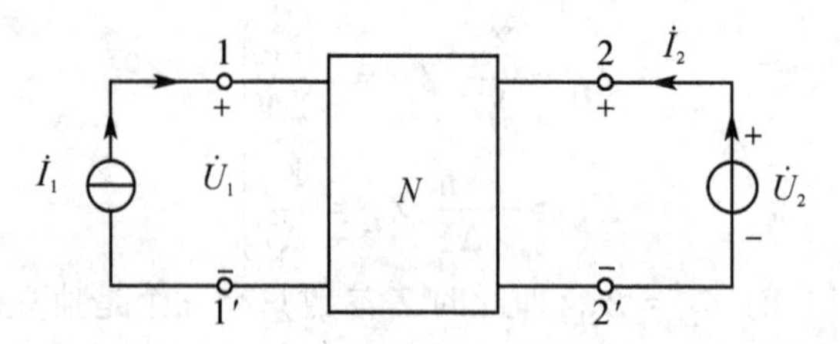

图 12-8　施加混合激励的线性二端口

$$\boldsymbol{H} = \begin{bmatrix} H_{11} & H_{12} \\ H_{21} & H_{22} \end{bmatrix}$$

称为线性二端口的 $\boldsymbol{H}$ 参数矩阵。式(12-11) 和式(12-12) 为线性二端口用 $\boldsymbol{H}$ 参数表示的端口方程。在上述端口方程中分别令 $\dot{I}_1$ 和 $\dot{U}_2$ 等于零，即可得 $\boldsymbol{H}$ 参数的算式

$$\left.\begin{aligned} H_{11} &= \frac{\dot{U}_1}{\dot{I}_1}\bigg|_{\dot{U}_2=0}, H_{12} = \frac{\dot{U}_1}{\dot{U}_2}\bigg|_{\dot{I}_1=0} \\ H_{21} &= \frac{\dot{I}_2}{\dot{I}_1}\bigg|_{\dot{U}_2=0}, H_{22} = \frac{\dot{I}_2}{\dot{U}_2}\bigg|_{\dot{I}_1=0} \end{aligned}\right\} \tag{12-13}$$

由上式容易确定各 $\boldsymbol{H}$ 参数的具体含义，H_{11} 是端口 2 短路时端口 1 的策动点阻抗；H_{21} 是端口 2 短路时端口 2 对端口 1 的转移电流比；H_{12} 是端口 1 开路时端口 1 对端口 2 的转移电压比；H_{22} 是端口 1 开路时端口 2 的策动点导纳。由于4个 $\boldsymbol{H}$ 参数的量纲不一样，故 $\boldsymbol{H}$ 参数又称为混合参数。

对互易二端口，独立的 $\boldsymbol{H}$ 参数的个数与独立的 $\boldsymbol{Y}$ 参数、$\boldsymbol{Z}$ 参数的个数一样也是 3 个。这种一致性实质上是因为二端口的各种参数之间存在着必然的关系的缘故。例如，只需将端口方程式(12-1) 改写为式(12-11) 的形式，就可得到 $\boldsymbol{H}$ 参数与 $\boldsymbol{Y}$ 参数之间的关系。

将式 $\dot{I}_1 = Y_{11}\dot{U}_1 + Y_{12}\dot{U}_2$ 改写为

$$\dot{U}_1 = \frac{1}{Y_{11}}\dot{I}_1 + \left(-\frac{Y_{12}}{Y_{11}}\right)\dot{U}_2$$

代入式 $\dot{I}_2 = Y_{21}\dot{U}_1 + Y_{22}\dot{U}_2$，可得

$$\dot{I}_2 = \frac{Y_{21}}{Y_{11}}\dot{I}_1 + \left(Y_{22} - \frac{Y_{12}Y_{21}}{Y_{11}}\right)\dot{U}_2$$

将上述二式与式(12-11) 比较，可得

$$\left.\begin{aligned} H_{11} &= \frac{1}{Y_{11}}, H_{12} = -\frac{Y_{12}}{Y_{11}} \\ H_{21} &= \frac{Y_{21}}{Y_{11}}, H_{22} = Y_{22} - \frac{Y_{12}Y_{21}}{Y_{11}} \end{aligned}\right\} \tag{12-14}$$

注意到对互易二端口有 $Y_{12} = Y_{21}$，所以有 $H_{12} = -H_{21}$。对于对称的二端口，$Y_{11} = Y_{22}$，于是有

$$H_{11}H_{22} - H_{12}H_{21} = 1$$

即对称二端口的 $\boldsymbol{H}$ 参数也只有两个是独立的。

例 12-3　求图 12-9 所示三极管微变等效电路的 $\boldsymbol{H}$ 参数矩阵。

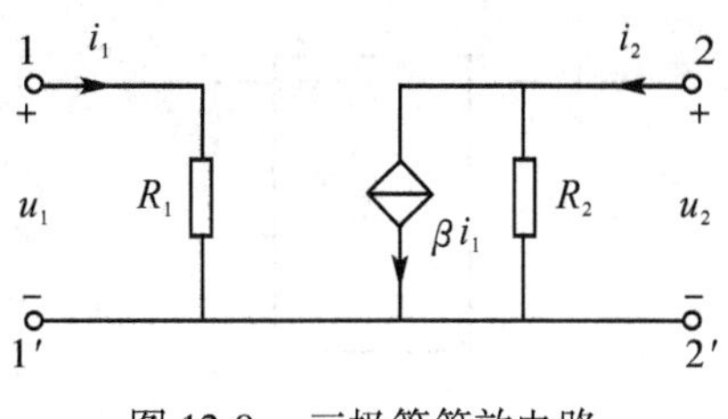

图 12-9　三极管等效电路

解　由式(12-13),令 $u_2=0$,得

$$u_1=R_1 i_1,\quad i_2=\beta i_1$$

于是有

$$H_{11}=\left.\frac{u_1}{i_1}\right|_{u_2=0}=R_1$$

$$H_{21}=\left.\frac{i_2}{i_1}\right|_{u_2=0}=\beta$$

令 $i_1=0$,得

$$u_1=0,\quad i_2=\frac{u_2}{R_2}$$

于是有

$$H_{12}=\left.\frac{u_1}{u_2}\right|_{i_1=0}=0$$

$$H_{22}=\left.\frac{i_2}{u_2}\right|_{i_1=0}=\frac{1}{R_2}$$

所求 $\boldsymbol{H}$ 参数矩阵为

$$\boldsymbol{H}=\begin{bmatrix} R_1 & 0 \\ \beta & \dfrac{1}{R_2} \end{bmatrix}$$

在本例所求得的 $\boldsymbol{H}$ 参数矩阵中,$H_{12}\neq -H_{21}$,这是因为二端口内含受控源且为单方受控,使其不再是线性互易二端口的缘故。

12.2.4　$\boldsymbol{T}$ 参数及相应的端口方程

从 $\boldsymbol{Y}$ 参数、$\boldsymbol{Z}$ 参数和 $\boldsymbol{H}$ 参数及其相应的端口方程可见,当二端口施加不同的外激励时,相应的端口响应与激励的相互关系足以用此三种端口方程来描述。但是在很多实际工程问题中,二端口的一个端口往往作为输入端口,而另一个端口则作为输出端口,这就有必要找一个端口的电压、电流与另一个端口的电压、电流之间的直接关系。

对图 12-10 所示线性二端口,取端口 1-1′为输入端口,端口 2-2′为输出端口,则两个端口的电压、电流之间的关系可用下述端口方程描述

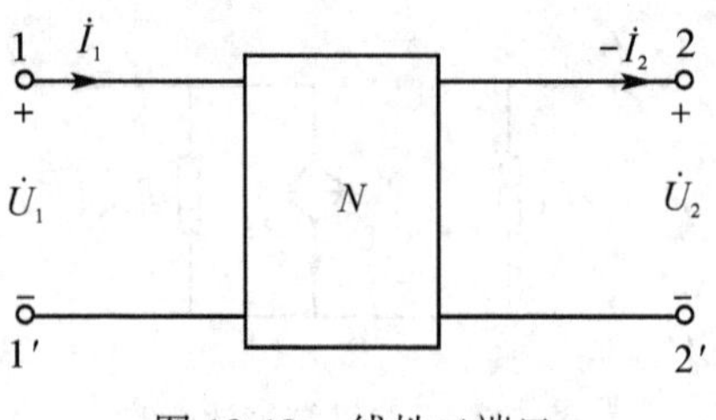

图 12-10　线性二端口

$$\left.\begin{aligned}\dot{U}_1 &= A\dot{U}_2 + B(-\dot{I}_2)\\ \dot{I}_1 &= C\dot{U}_2 + D(-\dot{I}_2)\end{aligned}\right\}\tag{12-15}$$

写成矩阵形式,即为

$$\begin{bmatrix}\dot{U}_1\\ \dot{I}_1\end{bmatrix} = \begin{bmatrix}A & B\\ C & D\end{bmatrix}\begin{bmatrix}\dot{U}_2\\ -\dot{I}_2\end{bmatrix} = \boldsymbol{T}\begin{bmatrix}\dot{U}_2\\ -\dot{I}_2\end{bmatrix}\tag{12-16}$$

式中,

$$\boldsymbol{T} = \begin{bmatrix}A & B\\ C & D\end{bmatrix}$$

称为二端口的传输参数矩阵,又称为 $\boldsymbol{T}$ 参数矩阵。A、B、C、D 称为二端口的传输参数。如分别令输出端口开路与短路,可得 $\boldsymbol{T}$ 参数的如下计算表达式:

$$\left.\begin{aligned}A &= \frac{\dot{U}_1}{\dot{U}_2}\bigg|_{\dot{I}_2=0}, \qquad B = \frac{\dot{U}_1}{-\dot{I}_2}\bigg|_{\dot{U}_2=0}\\ C &= \frac{\dot{I}_1}{\dot{U}_2}\bigg|_{\dot{I}_2=0}, \qquad D = \frac{\dot{I}_1}{-\dot{I}_2}\bigg|_{\dot{U}_2=0}\end{aligned}\right\}\tag{12-17}$$

从式(12-17)可知,4 个 $\boldsymbol{T}$ 参数的含义是不一样的,其中 A、C 是开路参数,B、D 是短路参数。具体来说,A 是输出端口 2-2′开路时两个端口之间的转移电压比,是一个无量纲的常数;C 是端口 2-2′开路时的转移导纳;B 是端口 2-2′短路时的转移阻抗;D 是端口 2-2′短路时端口 1 与端口 2 之间的转移电流比,也是一个无量纲的常数。

4 个 $\boldsymbol{T}$ 参数可由式(12-17)求得,当二端口的其他三种参数已知的时候,也可由其他参数获得。如将端口方程式(12-1)、式(12-5)或式(12-11)改写为式(12-15)的形式,就可获得 $\boldsymbol{T}$ 参数与其他端口参数之间的关系。例如将方程式(12-1)的第二式改写为

$$\dot{U}_1 = -\frac{Y_{22}}{Y_{21}}\dot{U}_2 - \frac{1}{Y_{21}}(-\dot{I}_2)$$

将该式代入式(12-1)的第一式,可得

$$\dot{I}_1 = \left(Y_{12} - \frac{Y_{11}Y_{22}}{Y_{21}}\right)\dot{U}_2 - \frac{Y_{11}}{Y_{21}}(-\dot{I}_2)$$

将此二式与端口方程式(12-15)比较,即可得

$$\left.\begin{aligned} A&=-\frac{Y_{22}}{Y_{21}},B=-\frac{1}{Y_{21}}\\ C&=Y_{12}-\frac{Y_{11}Y_{22}}{Y_{21}},D=-\frac{Y_{11}}{Y_{21}}\end{aligned}\right\}\tag{12-18}$$

对互易线性二端口,因 $Y_{12}=Y_{21}$,所以有

$$AD-BC=\frac{Y_{11}Y_{22}}{Y_{21}^2}+\frac{1}{Y_{21}}\frac{Y_{12}Y_{21}-Y_{11}Y_{22}}{Y_{21}}=\frac{Y_{12}}{Y_{21}}=1$$

此时,***T*** 参数也只有3个是独立的。对于对称二端口,由于有 $Y_{11}=Y_{22}$,故由式(12-18),有 $A=D$,即只有两个 ***T*** 参数是独立的。

例 12-4　求图 12-7 所示二端口的 ***T*** 参数矩阵。

解　当端口 2-2′ 开路时,有

$$\dot{I}_2=0$$

$$\dot{U}_1=\left(\mathrm{j}\omega L+\frac{1}{\mathrm{j}\omega C}\right)\dot{I}_1$$

$$\dot{U}_2=\frac{1}{\mathrm{j}\omega C}\dot{I}_1$$

所以

$$A=\left.\frac{\dot{U}_1}{\dot{U}_2}\right|_{\dot{I}_2=0}=1-\omega^2LC$$

$$C=\left.\frac{\dot{I}_1}{\dot{U}_2}\right|_{\dot{I}_2=0}=\mathrm{j}\omega C$$

当端口 2-2′ 短路时

$$\dot{U}_2=0$$

$$\dot{U}_1=\left(\mathrm{j}\omega L+\frac{R}{1+\mathrm{j}\omega CR}\right)\dot{I}_1$$

$$-\dot{I}_2=\frac{1}{1+\mathrm{j}\omega CR}\dot{I}_1$$

所以

$$B=\left.\frac{\dot{U}_1}{-\dot{I}_2}\right|_{\dot{U}_2=0}=\frac{\mathrm{j}\omega L+\dfrac{R}{1+\mathrm{j}\omega CR}}{\dfrac{1}{1+\mathrm{j}\omega CR}}=R(1-\omega^2LC)+\mathrm{j}\omega L$$

$$D=\left.\frac{\dot{I}_1}{-\dot{I}_2}\right|_{\dot{U}_2=0}=1+\mathrm{j}\omega CR$$

T 参数矩阵为

$$\boldsymbol{T}=\begin{bmatrix}1-\omega^2LC & R(1-\omega^2LC)+\mathrm{j}\omega L\\ \mathrm{j}\omega C & 1+\mathrm{j}\omega CR\end{bmatrix}$$

式(12-14)和式(12-18)分别描述了 **H** 参数、**T** 参数与 **Y** 参数之间的关系,实际上本节所述 4 种参数之间的相互关系不难根据相应的端口方程推出。这些关系如表 12-1 所示。

表 12-1　　**线性无源二端口四种参数之间的相互关系**

	Y 参数	**Z** 参数	**H** 参数	**T** 参数
Y	$\begin{matrix} Y_{11} & Y_{12} \\ Y_{21} & Y_{22} \end{matrix}$	$\begin{matrix} \frac{Z_{22}}{\Delta Z} & -\frac{Z_{12}}{\Delta Z} \\ -\frac{Z_{21}}{\Delta Z} & \frac{Z_{11}}{\Delta Z} \end{matrix}$	$\begin{matrix} \frac{1}{H_{11}} & -\frac{H_{12}}{H_{11}} \\ \frac{H_{21}}{H_{11}} & \frac{\Delta H}{H_{11}} \end{matrix}$	$\begin{matrix} \frac{D}{B} & -\frac{\Delta T}{B} \\ -\frac{1}{B} & \frac{A}{B} \end{matrix}$
Z	$\begin{matrix} \frac{Y_{22}}{\Delta Y} & -\frac{Y_{12}}{\Delta Y} \\ -\frac{Y_{21}}{\Delta Y} & \frac{Y_{11}}{\Delta Y} \end{matrix}$	$\begin{matrix} Z_{11} & Z_{12} \\ Z_{21} & Z_{22} \end{matrix}$	$\begin{matrix} \frac{\Delta H}{H_{22}} & \frac{H_{12}}{H_{22}} \\ -\frac{H_{21}}{H_{22}} & \frac{1}{H_{22}} \end{matrix}$	$\begin{matrix} \frac{A}{C} & -\frac{\Delta T}{C} \\ \frac{1}{C} & \frac{D}{C} \end{matrix}$
H	$\begin{matrix} \frac{1}{Y_{11}} & -\frac{Y_{12}}{Y_{11}} \\ \frac{Y_{21}}{Y_{11}} & \frac{\Delta Y}{Y_{11}} \end{matrix}$	$\begin{matrix} \frac{\Delta Z}{Z_{22}} & \frac{Z_{12}}{Z_{22}} \\ -\frac{Z_{21}}{Z_{22}} & \frac{1}{Z_{22}} \end{matrix}$	$\begin{matrix} H_{11} & H_{12} \\ H_{21} & H_{22} \end{matrix}$	$\begin{matrix} \frac{B}{D} & \frac{\Delta T}{D} \\ -\frac{1}{D} & \frac{C}{D} \end{matrix}$
T	$\begin{matrix} -\frac{Y_{22}}{Y_{21}} & -\frac{1}{Y_{21}} \\ -\frac{\Delta Y}{Y_{21}} & -\frac{Y_{11}}{Y_{21}} \end{matrix}$	$\begin{matrix} \frac{Z_{11}}{Z_{21}} & \frac{\Delta Z}{Z_{21}} \\ \frac{1}{Z_{21}} & \frac{Z_{22}}{Z_{21}} \end{matrix}$	$\begin{matrix} -\frac{\Delta H}{H_{21}} & -\frac{H_{11}}{H_{21}} \\ -\frac{H_{22}}{H_{21}} & -\frac{1}{H_{21}} \end{matrix}$	$\begin{matrix} A & B \\ C & D \end{matrix}$

表 12-1 中,ΔZ、ΔY、ΔH 和 ΔT 分别表示相应参数矩阵的行列式。

12.3　二端口网络的等效电路

任意无源线性一端口可以用一个等效阻抗来描述其外特性,在分析复杂网络时,往往也需要将线性二端口用一个简单二端口来等效。由于无源线性二端口只有 3 个端口参数是独立的,所以 3 个参数即可描述其外特性,因此由三个阻抗(或导纳)元件构成的二端口,如果其端口参数与给定二端口的端口参数相同,则二者是等效的。由三个阻抗(或导纳)元件所组成的二端口有 T 形电路和 Π 形电路两种形式,如图 12-11 所示。

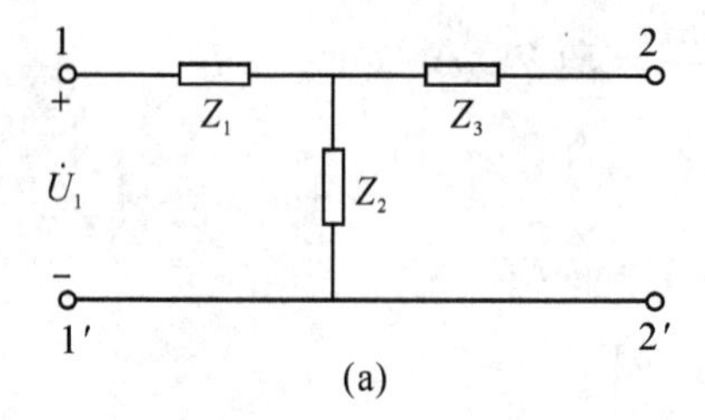

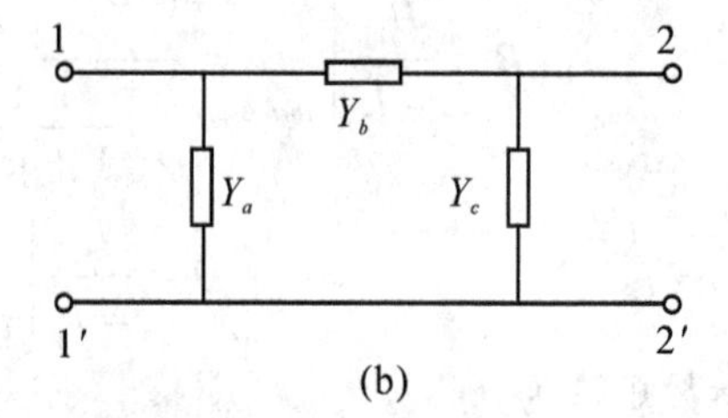

图 12-11　二端口的等效电路

当一个二端口的端口参数已知时,确定与该二端口等效的电路的阻抗或导纳元件参数可采用两种方法来进行。

首先,由例12-1可知,对Π形电路,其端口$\boldsymbol{Y}$参数与导纳元件参数之间的关系已知,于是可解得

$$Y_a = Y_{11} + Y_{12}$$
$$Y_b = - Y_{12}$$
$$Y_c = Y_{12} + Y_{22}$$

即Π形电路的导纳元件参数可由二端口的$\boldsymbol{Y}$参数简单地确定。当已知的是二端口的其他端口参数时,只需先由它们求得相应的$\boldsymbol{Y}$参数,即可由上述关系获得等效Π形电路。

同样,等效T形电路也可采用类似方法求取,只不过此时最容易确定的是T形电路的阻抗元件参数与$\boldsymbol{Z}$参数之间的关系。实际上由例12-2,有

$$Z_{11} = \mathrm{j}\omega L - \mathrm{j}\frac{1}{\omega C} = Z_1 + Z_2$$

$$Z_{12} = Z_{21} = - \mathrm{j}\frac{1}{\omega C} = Z_2$$

$$Z_{22} = R - \mathrm{j}\frac{1}{\omega C} = Z_2 + Z_3$$

由此可解得

$$Z_1 = Z_{11} - Z_{12}$$
$$Z_2 = Z_{12}$$
$$Z_3 = Z_{22} - Z_{12}$$

当已知参数是其他形式的端口参数时,先由它们求得相应的$\boldsymbol{Z}$参数,就可由上述关系求取相应的T形等效电路的阻抗元件参数。

除了可以借助$\boldsymbol{Y}$参数和$\boldsymbol{Z}$参数来分别确定相应的Π形或T形等效电路外,也可采用端口方程直接建立给定端口参数与所求等效电路的元件参数之间的关系来求取等效电路。

例12-5　假定已知二端口的$\boldsymbol{T}$参数,求相应的T形等效电路。

解　先建立T形电路的以$\boldsymbol{T}$参数表示的端口方程。如对图12-12所示电路,注意到

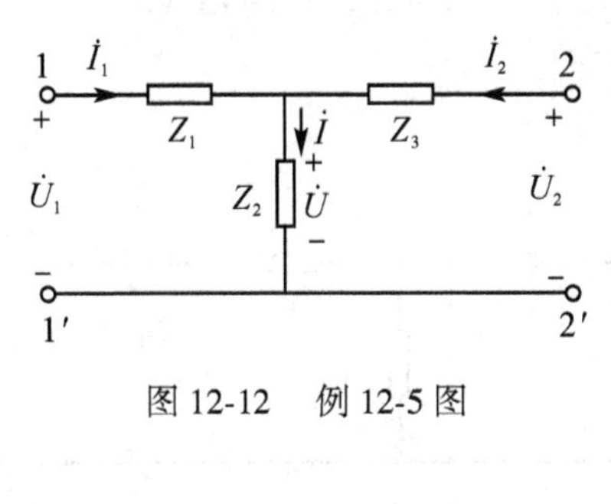

图12-12　例12-5图

$$\dot{U} = \dot{U}_2 - Z_3\dot{I}_2$$

$$\dot{I}=\frac{1}{Z_2}\dot{U}=\frac{1}{Z_2}\dot{U}_2-\frac{Z_3}{Z_2}\dot{I}_2$$

可得

$$\begin{aligned}\dot{U}_1&=Z_1\dot{I}_1+\dot{U}\\&=Z_1(\dot{I}-\dot{I}_2)+\dot{U}_2-Z_3\dot{I}_2\\&=Z_1\left(\frac{1}{Z_2}\dot{U}_2-\frac{Z_3}{Z_2}\dot{I}_2-\dot{I}_2\right)+\dot{U}_2-Z_3\dot{I}_2\\&=\left(1+\frac{Z_1}{Z_2}\right)\dot{U}_2+\left(\frac{Z_1Z_3}{Z_2}+Z_1+Z_3\right)(-\dot{I}_2)\end{aligned}$$

$$\begin{aligned}\dot{I}_1&=\dot{I}-\dot{I}_2\\&=\frac{1}{Z_2}\dot{U}_2+\left(1+\frac{Z_3}{Z_2}\right)(-\dot{I}_2)\end{aligned}$$

于是有

$$A=1+\frac{Z_1}{Z_2},B=Z_1+Z_3+\frac{Z_1Z_3}{Z_2}$$

$$C=\frac{1}{Z_2},D=1+\frac{Z_3}{Z_2}$$

由此解得

$$Z_1=\frac{A-1}{C},Z_2=\frac{1}{C},Z_3=\frac{D-1}{C}$$

以上所讨论的是无源线性二端口的情形。对内含受控源的线性二端口,由于其外特性需用4个独立参数来描述,所以此时用具有3个元件的Π形或T形等效电路已不足以刻画其外特性,但可通过适当追加受控源来处理。

设一内含受控源二端口的 **Z** 参数为已知,且有 $Z_{12}\neq Z_{21}$。为求取与该二端口等效的T形电路,可将以 **Z** 参数表示的端口方程改写为如下形式:

$$\dot{U}_1=Z_{11}\dot{I}_1+Z_{12}\dot{I}_2$$

$$\dot{U}_2=Z_{12}\dot{I}_1+Z_{22}\dot{I}_2+(Z_{21}-Z_{12})\dot{I}_1$$

取 $Z_1=Z_{11}-Z_{12}$,$Z_2=Z_{12}$,$Z_3=Z_{22}-Z_{12}$,并用CCVS表示 $(Z_{21}-Z_{12})\dot{I}_1$,即可得该二端口如图 12-13 所示的T形等效电路。

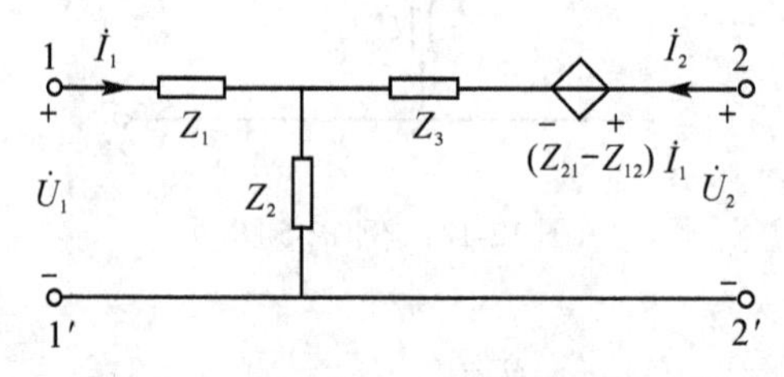

图 12-13　含受控源的二端口的T形等效电路

12.4 二端口网络的特性阻抗

如图 12-14(a) 所示,在一个二端口的端口 2-2′ 处接上负载阻抗 Z_{L2},则由 $\boldsymbol{T}$ 参数表示的端口方程,可得端口 1-1′ 处的输入阻抗

$$Z_{i1}=\frac{\dot{U}_1}{\dot{I}_1}=\frac{A\dot{U}_2-B\dot{I}_2}{C\dot{U}_2-D\dot{I}_2}$$

再将 Z_{L2} 的约束方程

$$\dot{U}_2=-Z_{L2}\dot{I}_2$$

代入上式,得

$$Z_{i1}=\frac{AZ_{L2}+B}{CZ_{L2}+D} \tag{12-19}$$

由该式可见,二端口的输入阻抗既与端口参数有关,又与负载阻抗有关。也就是说,对端口参数不同的二端口,Z_{i1} 与 Z_{L2} 的关系就不相同;另一方面,对同一二端口,不同的 Z_{L2} 也将给出不同的 Z_{i1},因此二端口网络具有变换阻抗的能力。

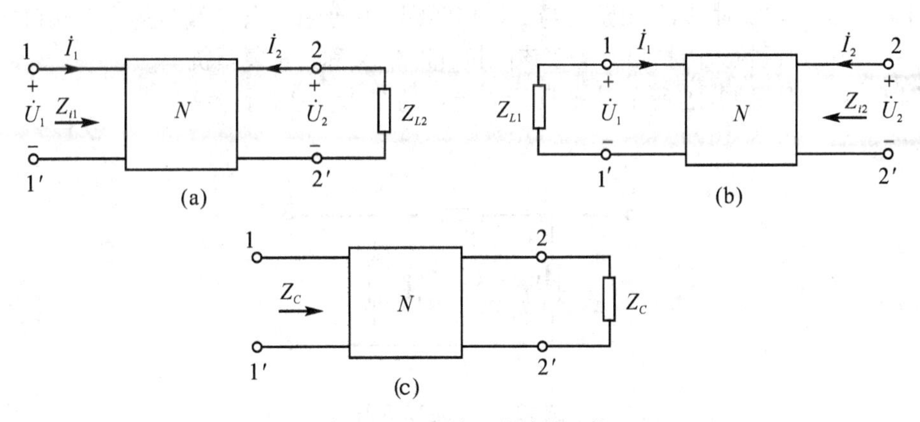

图 12-14　二端口的特性阻抗

同样,如图 12-14(b) 所示,在端口 1-1′ 处接上负载阻抗 Z_{L1},则端口 2-2′ 处的输入阻抗 Z_{i2} 为

$$Z_{i2}=\frac{\dot{U}_2}{\dot{I}_2}$$

由端口方程式(12-15) 解得

$$\dot{U}_2=\frac{D}{\Delta T}\dot{U}_1-\frac{B}{\Delta T}\dot{I}_1$$

$$\dot{I}_2=\frac{C}{\Delta T}\dot{U}_1-\frac{A}{\Delta T}\dot{I}_1$$

结合 Z_{L1} 的约束方程

$$\dot{U}_1 = -Z_{L1}\dot{I}_1$$

可得

$$Z_{i2} = \frac{DZ_{L1} + B}{CZ_{L1} + A} \tag{12-20}$$

当二端口对称时,有 $A = D$,于是

$$Z_{i1} = \frac{AZ_{L2} + B}{CZ_{L2} + A}, Z_{i2} = \frac{AZ_{L1} + B}{CZ_{L1} + A}$$

如令 $Z_{L1} = Z_{L2}$,则有 $Z_{i1} = Z_{i2}$。可以证明,如让 $Z_{L1} = Z_{L2}$ 取某一特定值 Z_C,可恰好使 $Z_{i1} = Z_{i2} = Z_C$。事实上,如令

$$Z_C = \frac{AZ_C + B}{CZ_C + A}$$

可解得

$$Z_C = \sqrt{\frac{B}{C}} \tag{12-21}$$

即此特定值 Z_C 是唯一的,且仅与二端口的端口参数有关,故称其为对称二端口的特性阻抗。

当 $Z_{L1} = Z_{L2} = Z_C$ 时,称负载阻抗与二端口匹配。由于在对称二端口的一个端口接上 Z_C 时,从另一个端口的输入阻抗恰好等于该阻抗,故 Z_C 又称为重复阻抗。

例 12-6　求图 12-15 所示对称 Π 形二端口的 ***T*** 参数和特性阻抗。

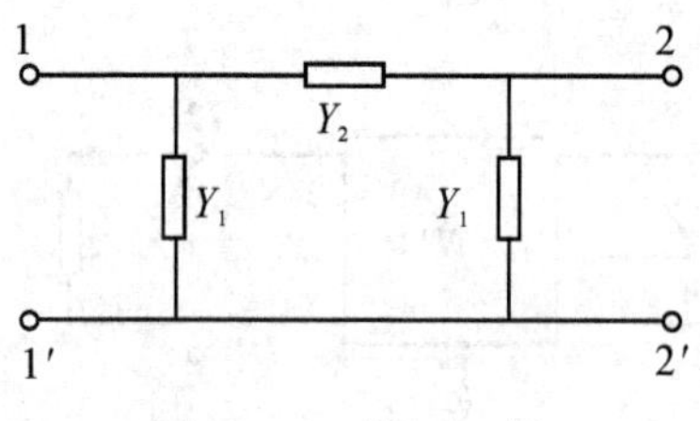

图 12-15　例 12-6 图

解　利用例 12-1 的结论易求得该二端口的 ***Y*** 参数为

$$Y_{11} = Y_1 + Y_2 = Y_{22}$$

$$Y_{12} = Y_{21} = -Y_2$$

再由式(12-18),有

$$A = -\frac{Y_{22}}{Y_{21}} = -\frac{Y_1 + Y_2}{-Y_2} = \frac{Y_1 + Y_2}{Y_2} = D$$

$$B = -\frac{1}{Y_{21}} = \frac{1}{Y_2}$$

$$C = Y_{12} - \frac{Y_{11}Y_{22}}{Y_{21}} = -Y_2 - \frac{(Y_1 + Y_2)^2}{-Y_2} = \frac{Y_1^2 + 2Y_1Y_2}{Y_2}$$

于是特性阻抗为

$$Z_C = \sqrt{\frac{B}{C}} = \frac{1}{\sqrt{Y_1^2 + 2Y_1Y_2}}$$

12.5 二端口网络间的连接

二端口网络的连接主要解决两方面的问题，一是便于将复杂二端口分解为简单二端口以简化电路分析过程；二是由若干二端口按一定方式连接构成具有所需特性的复杂二端口，以实现具体电路的设计。

二端口可按多种不同方式连接，本节主要介绍级联、串联和并联三种方式。

12.5.1 二端口的级联

如图 12-16 所示，如将二端口 N_1 的输出端口与二端口 N_2 的输入端口相联，则这种连接方式称为级联（或链联）。此时二端口 N_1 的输出是二端口 N_2 的输入，即有

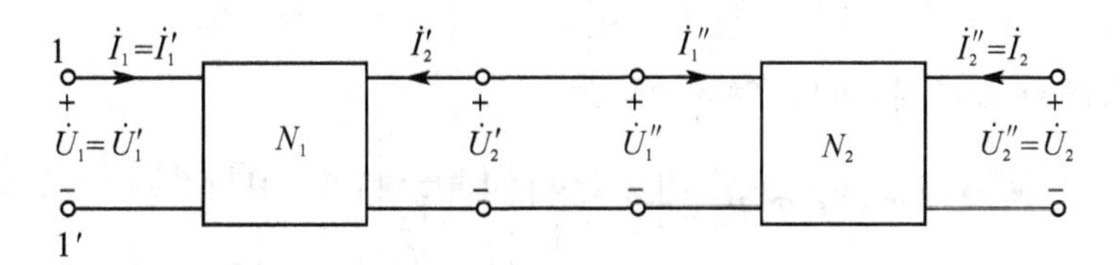

图 12-16 二端口的级联

$$\begin{bmatrix} \dot{U}_1'' \\ \dot{I}_1'' \end{bmatrix} = \begin{bmatrix} \dot{U}_2' \\ -\dot{I}_2' \end{bmatrix}$$

如以传输参数矩阵 $\boldsymbol{T}_1$、$\boldsymbol{T}_2$ 和 $\boldsymbol{T}$ 分别表示简单二端口 N_1、N_2 和复合二端口的端口方程，则有

$$\begin{bmatrix} \dot{U}_1' \\ \dot{I}_1' \end{bmatrix} = \boldsymbol{T}_1 \begin{bmatrix} \dot{U}_2' \\ -\dot{I}_2' \end{bmatrix}, \begin{bmatrix} \dot{U}_1'' \\ \dot{I}_1'' \end{bmatrix} = \boldsymbol{T}_2 \begin{bmatrix} \dot{U}_2'' \\ -\dot{I}_2'' \end{bmatrix}, \begin{bmatrix} \dot{U}_1 \\ \dot{I}_1 \end{bmatrix} = \boldsymbol{T} \begin{bmatrix} \dot{U}_2 \\ -\dot{I}_2 \end{bmatrix}$$

由图 12-16，有

$$\begin{bmatrix} \dot{U}_1 \\ \dot{I}_1 \end{bmatrix} = \begin{bmatrix} \dot{U}_1' \\ \dot{I}_1' \end{bmatrix}, \begin{bmatrix} \dot{U}_2 \\ -\dot{I}_2 \end{bmatrix} = \begin{bmatrix} \dot{U}_2'' \\ -\dot{I}_2'' \end{bmatrix}$$

所以

$$\begin{bmatrix} \dot{U}_1 \\ \dot{I}_1 \end{bmatrix} = \boldsymbol{T}_1 \boldsymbol{T}_2 \begin{bmatrix} \dot{U}_2 \\ -\dot{I}_2 \end{bmatrix} \tag{12-22}$$

故有

$$\boldsymbol{T} = \boldsymbol{T}_1 \boldsymbol{T}_2 \tag{12-23}$$

即两二端口级联所得复合二端口的 $\boldsymbol{T}$ 参数矩阵为两简单二端口 $\boldsymbol{T}$ 参数矩阵之积。该结论可推广到 n 个二端口级联的情况，此时有

$$\boldsymbol{T}=\boldsymbol{T}_1\boldsymbol{T}_2\cdots\boldsymbol{T}_n \tag{12-24}$$

例 12-7　用级联的方法求图 12-17 所示 Π 形二端口的 $\boldsymbol{T}$ 参数矩阵。

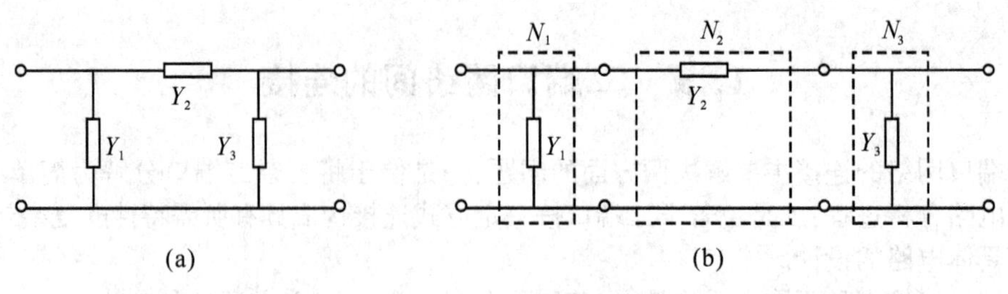

图 12-17　例 12-7 图

解　图 12-7(a) 所示二端口可看做图 12-7(b) 中三个简单二端口级联的结果,容易求得这些简单二端口的 $\boldsymbol{T}$ 参数矩阵为

$$\boldsymbol{T}_1=\begin{bmatrix}1 & 0\\ Y_1 & 1\end{bmatrix},\boldsymbol{T}_2=\begin{bmatrix}1 & \dfrac{1}{Y_2}\\ 0 & 1\end{bmatrix},\boldsymbol{T}_3=\begin{bmatrix}1 & 0\\ Y_3 & 1\end{bmatrix}$$

于是可求得 Π 形二端口的 $\boldsymbol{T}$ 参数矩阵为

$$\boldsymbol{T}=\boldsymbol{T}_1\boldsymbol{T}_2\boldsymbol{T}_3=\begin{bmatrix}1 & 0\\ Y_1 & 1\end{bmatrix}\begin{bmatrix}1 & \dfrac{1}{Y_2}\\ 0 & 1\end{bmatrix}\begin{bmatrix}1 & 0\\ Y_3 & 1\end{bmatrix}$$

$$=\begin{bmatrix}1+\dfrac{Y_3}{Y_2} & \dfrac{1}{Y_2}\\ Y_1+Y_3\left(1+\dfrac{Y_1}{Y_2}\right) & 1+\dfrac{Y_1}{Y_2}\end{bmatrix}$$

12.5.2　二端口的串联

将二端口 N_1 和 N_2 按图 12-18 所示的接法连接,如连接后不破坏各简单二端口的端口条件,则可保证下列各式成立

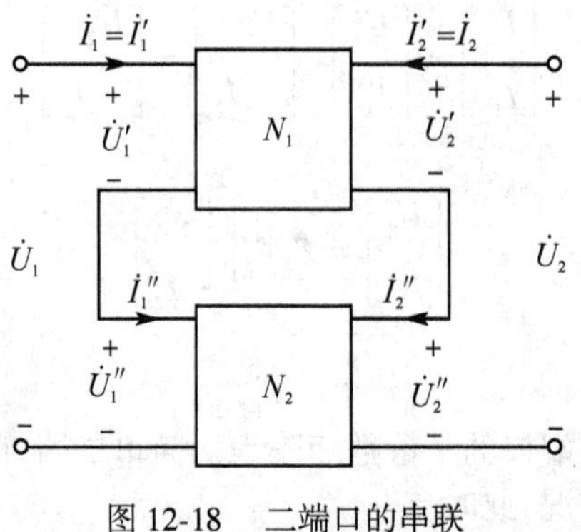

图 12-18　二端口的串联

$$\left.\begin{aligned}\dot{I}_1 &= \dot{I}'_1 = \dot{I}''_1 \\ \dot{I}_2 &= \dot{I}'_2 = \dot{I}''_2 \\ \dot{U}_1 &= \dot{U}'_1 + \dot{U}''_1 \\ \dot{U}_2 &= \dot{U}'_2 + \dot{U}''_2\end{aligned}\right\} \tag{12-25}$$

上式所描述的关系与两个二端元件串联之后的电压电流关系一致,所以称如图 12-18 所示的连接方式为二端口串联。注意到两个二端阻抗元件串联采用阻抗描述其特性便于处理这一特点,也采用 **Z** 参数表示的端口方程来描述复合二端口与两串联简单二端口之间的关系。

设简单二端口 N_1、N_2 和复合二端口的 **Z** 参数矩阵分别为 $\mathbf{Z}_1$、$\mathbf{Z}_2$ 和 **Z**,则有

$$\begin{bmatrix}\dot{U}'_1 \\ \dot{U}'_2\end{bmatrix} = \mathbf{Z}_1\begin{bmatrix}\dot{I}'_1 \\ \dot{I}'_2\end{bmatrix}, \begin{bmatrix}\dot{U}''_1 \\ \dot{U}''_2\end{bmatrix} = \mathbf{Z}_2\begin{bmatrix}\dot{I}''_1 \\ \dot{I}''_2\end{bmatrix}$$

由式(12-25) 可得

$$\begin{aligned}\begin{bmatrix}\dot{U}_1 \\ \dot{U}_2\end{bmatrix} &= \begin{bmatrix}\dot{U}'_1 \\ \dot{U}'_2\end{bmatrix} + \begin{bmatrix}\dot{U}''_1 \\ \dot{U}''_2\end{bmatrix} = \mathbf{Z}_1\begin{bmatrix}\dot{I}'_1 \\ \dot{I}'_2\end{bmatrix} + \mathbf{Z}_2\begin{bmatrix}\dot{I}''_1 \\ \dot{I}''_2\end{bmatrix} \\ &= (\mathbf{Z}_1 + \mathbf{Z}_2)\begin{bmatrix}\dot{I}_1 \\ \dot{I}_2\end{bmatrix} = \mathbf{Z}\begin{bmatrix}\dot{I}_1 \\ \dot{I}_2\end{bmatrix}\end{aligned} \tag{12-26}$$

所以

$$\mathbf{Z} = (\mathbf{Z}_1 + \mathbf{Z}_2) \tag{12-27}$$

该式表明,两二端口串联时,复合二端口的 **Z** 参数矩阵为两简单二端口 **Z** 参数矩阵之和。但需要强调的是,应用式(12-27) 求复合二端口 **Z** 参数矩阵的前提是复合后两简单二端口的端口条件不被破坏,此时连接称为有效串联。否则该式不能成立,连接称为非有效串联。下面通过实例说明该前提的重要性。

例 12-8 求如图 12-19(a) 所示两 T 形二端口 N_1、N_2 串联组成的复合二端口的 **Z** 参数矩阵。

解 由例 12-2 可知,二端口 N_1、N_2 的 **Z** 参数矩阵分别为

$$\mathbf{Z}_1 = \begin{bmatrix}Z'_1 + Z'_2 & Z'_2 \\ Z'_2 & Z'_2 + Z'_3\end{bmatrix}$$

$$\mathbf{Z}_2 = \begin{bmatrix}Z''_1 + Z''_2 & Z''_2 \\ Z''_2 & Z''_2 + Z''_3\end{bmatrix}$$

$$\mathbf{Z}_1 + \mathbf{Z}_2 = \begin{bmatrix}Z'_1 + Z'_2 + Z''_1 + Z''_2 & Z'_2 + Z''_2 \\ Z'_2 + Z''_2 & Z'_2 + Z'_3 + Z''_2 + Z''_3\end{bmatrix}$$

由图 12-19(b) 所示等效电路可写出如下端口方程:

$$\begin{aligned}\dot{U}_1 &= (Z'_1 + Z''_1)\dot{I}_1 + (Z'_2 + Z''_2)(\dot{I}_1 + \dot{I}_2) \\ &= (Z'_1 + Z'_2 + Z''_1 + Z''_2)\dot{I}_1 + (Z'_2 + Z''_2)\dot{I}_2\end{aligned}$$

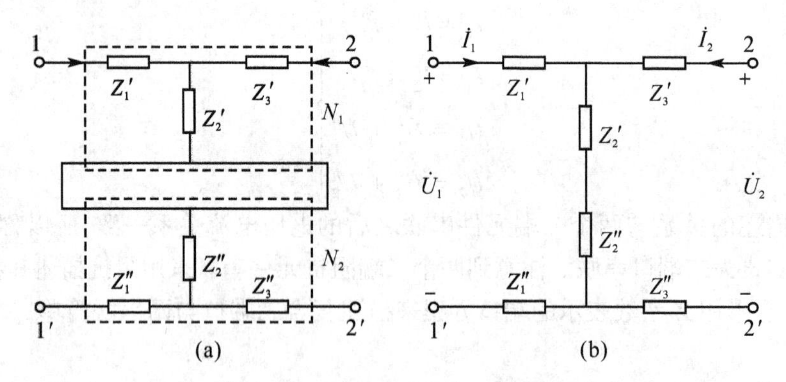

图 12-19　两 T 形二端口的有效串联

$$\begin{aligned}\dot{U}_2 &= (Z_3' + Z_3'')\dot{I}_2 + (Z_2' + Z_2'')(\dot{I}_1 + \dot{I}_2) \\ &= (Z_2' + Z_2'')\dot{I}_1 + (Z_2' + Z_3' + Z_2'' + Z_3'')\dot{I}_2\end{aligned}$$

于是复合二端口的 **Z** 参数矩阵为

$$\mathbf{Z} = \begin{bmatrix} Z_1' + Z_2' + Z_1'' + Z_2'' & Z_2' + Z_2'' \\ Z_2' + Z_2'' & Z_2' + Z_3' + Z_2'' + Z_3'' \end{bmatrix} = \mathbf{Z}_1 + \mathbf{Z}_2$$

所求结果表明图示连接为有效串联。

例 12-9　求如图 12-20(a) 所示复合二端口的 **Z** 参数矩阵。

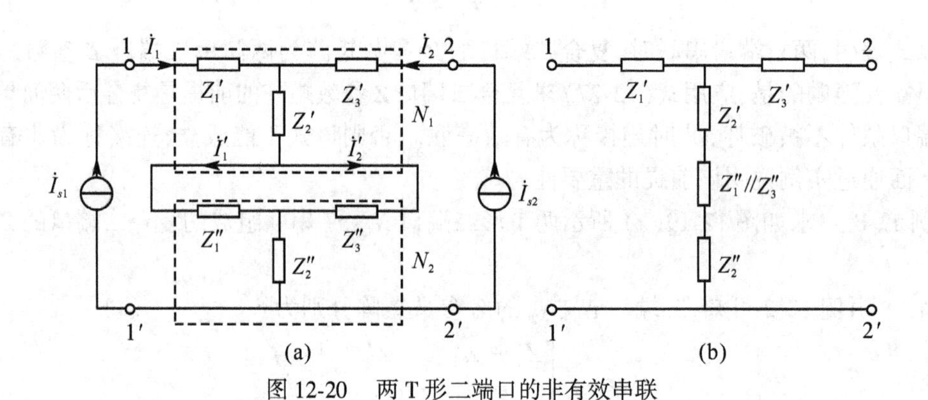

图 12-20　两 T 形二端口的非有效串联

解　由图 12-20(b) 等效电路和例 12-2 可得复合二端口的 **Z** 参数矩阵为

$$\mathbf{Z} = \begin{bmatrix} Z_1' + Z_2' + Z_2'' + \dfrac{Z_1''Z_3''}{Z_1'' + Z_3''} & Z_2' + Z_2'' + \dfrac{Z_1''Z_3''}{Z_1'' + Z_3''} \\ Z_2' + Z_2'' + \dfrac{Z_1''Z_3''}{Z_1'' + Z_3''} & Z_2' + Z_3' + Z_2'' + \dfrac{Z_1''Z_3''}{Z_1'' + Z_3''} \end{bmatrix} \neq \mathbf{Z}_1 + \mathbf{Z}_2$$

所求结果表明,图 12-20(a) 所示连接为非有效串联。事实上按图 12-20(a) 连接后,两简单二端口的端口条件已被破坏。

在图 12-20(a) 所示复合二端口上分别加电流源 $\dot{I}_{s1}$ 和 $\dot{I}_{s2}$,则可得

$$\dot{I}'_1 = \frac{Z''_3}{Z''_1 + Z''_3}(\dot{I}_{s1} + \dot{I}_{s2})$$

$$\dot{I}'_2 = \frac{Z''_1}{Z''_1 + Z''_3}(\dot{I}_{s1} + \dot{I}_{s2})$$

以上两式表明,$\dot{I}'_1$、$\dot{I}'_2$ 的值与 Z''_1 和 Z''_3 及两电流源电流的大小有关,一般情况下,不能保证$\dot{I}'_1 = \dot{I}_1 = \dot{I}_{s1}$ 及 $\dot{I}'_2 = \dot{I}_2 = \dot{I}_{s2}$,例如取 $\dot{I}_{s1} = \dot{I}_{s2}$,$Z''_1 = 2Z''_3$,则有

$$\dot{I}'_1 = \frac{2}{3}\dot{I}_1, \dot{I}'_2 = \frac{4}{3}\dot{I}_2$$

此时,两简单二端口的端口条件不再成立。

12.5.3　二端口的并联

将二端口 N_1 和 N_2 按图 12-21 连接,如连接后 N_1 和 N_2 的端口条件不被破坏,则该连接为有效并联,否则为非有效并联。

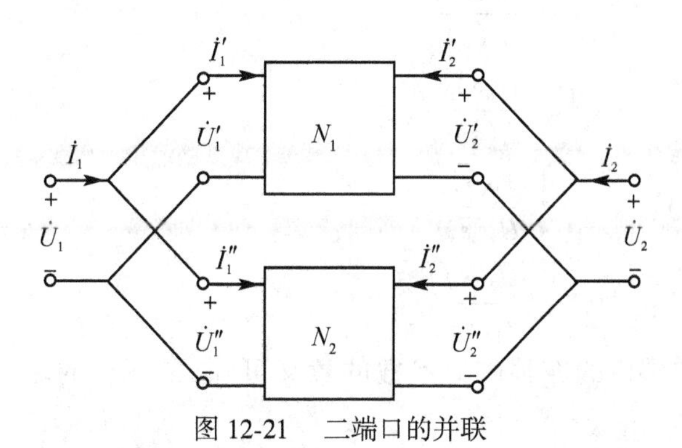

图 12-21　二端口的并联

如两二端元件并联宜采用导纳描述其特性一样,对两简单二端口的有效并联,亦采用导纳参数描述其端口特性。由于此时端口条件未被破坏,所以两简单二端口满足如下端口方程,即

$$\begin{bmatrix}\dot{I}'_1\\ \dot{I}'_2\end{bmatrix} = \boldsymbol{Y}_1\begin{bmatrix}\dot{U}'_1\\ \dot{U}'_2\end{bmatrix},\quad \begin{bmatrix}\dot{I}''_1\\ \dot{I}''_2\end{bmatrix} = \boldsymbol{Y}_2\begin{bmatrix}\dot{U}''_1\\ \dot{U}''_2\end{bmatrix}$$

由图 12-21 可知

$$\left.\begin{aligned}\dot{I}_1 &= \dot{I}'_1 + \dot{I}''_1\\ \dot{I}_2 &= \dot{I}'_2 + \dot{I}''_2\\ \dot{U}_1 &= \dot{U}'_1 = \dot{U}''_1\\ \dot{U}_2 &= \dot{U}'_2 = \dot{U}''_2\end{aligned}\right\}\tag{12-28}$$

于是有

$$\begin{bmatrix}\dot{I}_1\\ \dot{I}_2\end{bmatrix}=\begin{bmatrix}\dot{I}'_1\\ \dot{I}'_2\end{bmatrix}+\begin{bmatrix}\dot{I}''_1\\ \dot{I}''_2\end{bmatrix}=\boldsymbol{Y}_1\begin{bmatrix}\dot{U}'_1\\ \dot{U}'_2\end{bmatrix}+\boldsymbol{Y}_2\begin{bmatrix}\dot{U}''_1\\ \dot{U}''_2\end{bmatrix}$$

$$=(\boldsymbol{Y}_1+\boldsymbol{Y}_2)\begin{bmatrix}\dot{U}_1\\ \dot{U}_2\end{bmatrix}=\boldsymbol{Y}\begin{bmatrix}\dot{U}_1\\ \dot{U}_2\end{bmatrix} \tag{12-29}$$

即复合二端口 $\boldsymbol{Y}$ 参数矩阵为两有效并联的简单二端口的 $\boldsymbol{Y}$ 参数矩阵之和：

$$\boldsymbol{Y}=\boldsymbol{Y}_1+\boldsymbol{Y}_2 \tag{12-30}$$

12.6　二端口网络的网络函数

由前述几节的内容可知，采用二端口的参数和相应端口方程可描述二端口的端口特性，但对二端口，同样也关心其端口响应与所加激励之间的关系。这些关系根据二端口的特点和网络函数的定义，可采用二端口的四种端口参数来描述。由于二端口的端口响应只有输出端口电压与输出端口电流两种形式，而激励也只有输入端口电压源电压与输入端口电流源电流两种形式，因此如采用运算法来分析二端口的一般情形，可定义如下 4 种形式的网络函数：

电压转移函数：　$\dfrac{U_2(s)}{U_1(s)}$

电流转移函数：　$\dfrac{I_2(s)}{I_1(s)}$

转移导纳(函数)：　$\dfrac{I_2(s)}{U_1(s)}$

转移阻抗(函数)：　$\dfrac{U_2(s)}{I_1(s)}$

从上述定义和二端口的四种端口参数的意义可知，二端口的端口参数本身就是网络函数。

12.6.1　无端接二端口的网络函数

当二端口输入激励无内阻抗 Z_S 及输出端口无外接负载阻抗 Z_L(开路或短路) 时，该二端口就称为无端接的二端口，否则称为有端接的二端口。有端接的情形分为单端接(有 Z_S 或 Z_L) 和双端接(Z_S 和 Z_L 同时存在) 两种类型。

无端接二端口由于负载侧不是开路就是短路，所以相应的响应只能是开路电压或短路电流。在输入端口加上电压源或电流源后，可得无端接二端口网络函数的四种计算电路，如图 12-22 所示。

由图 12-22(a) 端口条件 $I_2(s)=0$ 和式(12-5) 可得

$$U_1(s)=Z_{11}(s)I_1(s)$$
$$U_2(s)=Z_{21}(s)I_1(s)$$

于是电压转移函数为

$$\frac{U_2(s)}{U_1(s)}=\frac{Z_{21}(s)}{Z_{11}(s)}$$

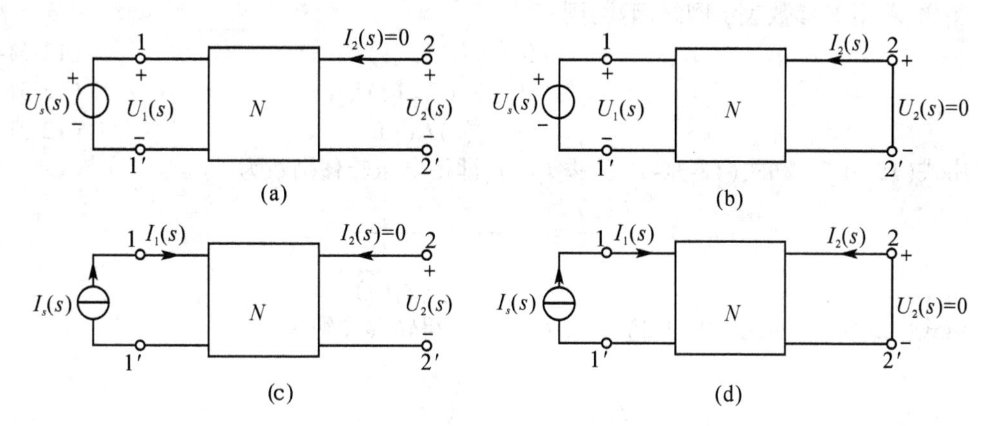

图 12-22　无端接二端口

由图 12-22(b) 端口条件 $U_2(s)=0$ 和式(12-5) 可得

$$U_1(s)=Z_{11}(s)I_1(s)+Z_{12}(s)I_2(s)$$

$$0=Z_{21}(s)I_1(s)+Z_{22}(s)I_2(s)$$

消去 $I_1(s)$，即得转移导纳函数为

$$\frac{I_2(s)}{U_1(s)}=\frac{1}{Z_{12}(s)-\dfrac{Z_{11}(s)Z_{22}(s)}{Z_{21}(s)}}$$

由图 12-22(c)(d) 同样可求得转移阻抗函数为

$$\frac{U_2(s)}{I_1(s)}=Z_{21}(s)$$

电流转移函数为

$$\frac{I_2(s)}{I_1(s)}=-\frac{Z_{21}(s)}{Z_{22}(s)}$$

以上网络函数皆采用 **Z** 参数表示，如采用其他端口参数表示的端口方程，也可获得网络函数其他形式的表达式。

12.6.2　单端接二端口的网络函数

图 12-23 所示为一负载端口接有负载阻抗的单端接二端口，由负载的约束方程和相应的端口方程，即可求得 4 种网络函数。

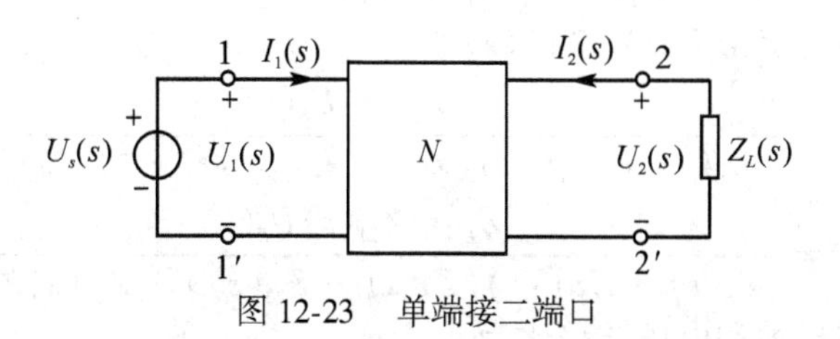

图 12-23　单端接二端口

例如,若用 **Y** 参数表示网络函数,则有

$$I_1(s)=Y_{11}(s)U_1(s)+Y_{12}(s)U_2(s) \tag{12-31-1}$$

$$I_2(s)=Y_{21}(s)U_1(s)+Y_{22}(s)U_2(s) \tag{12-31-2}$$

$$U_2(s)=-Z_L(s)I_2(s) \tag{12-31-3}$$

由式(12-31-2) 和式(12-31-3) 消去 $I_2(s)$,即得电压转移函数为

$$\frac{U_2(s)}{U_1(s)}=-\frac{Y_{21}(s)}{Y_{22}(s)+\dfrac{1}{Z_L(s)}}$$

由式(12-31-2) 和式(12-31-3) 消去 $U_2(s)$,即得转移导纳为

$$\frac{I_2(s)}{U_1(s)}=\frac{\dfrac{Y_{21}(s)}{Z_L(s)}}{Y_{22}(s)+\dfrac{1}{Z_L(s)}}$$

同样,由式(12-31-1)、式(12-31-2) 和式(12-31-3) 可分别求得转移阻抗和电流转移函数。对单端接电源内阻抗 Z_S 的情形可用类似方法求得其转移函数。

12.6.3　双端接二端口的网络函数

对如图 12-24 所示的双端接二端口,如以 $U_S(s)$ 作为输入计算转移函数,则除了需利用端口方程和端口 2 的端口条件外,还需补充端口 1 的端口条件。如以 **Z** 参数形式的端口方程,则可列出如下方程:

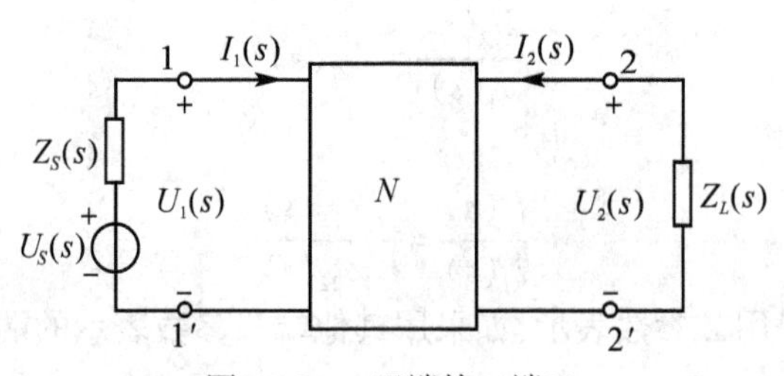

图 12-24　双端接二端口

$$U_1(s)=Z_{11}(s)I_1(s)+Z_{12}(s)I_2(s)$$

$$U_2(s)=Z_{21}(s)I_1(s)+Z_{22}(s)I_2(s)$$

$$U_1(s)=U_S(s)-Z_S(s)I_1(s)$$

$$U_2(s)=-Z_L(s)I_2(s)$$

由上述 4 个方程可求得 $I_2(s)$ 和 $U_2(s)$ 为

$$I_2(s)=-\frac{Z_{21}(s)U_S(s)}{(Z_S(s)+Z_{11}(s))(Z_L(s)+Z_{22}(s))-Z_{12}(s)Z_{21}(s)}$$

$$U_2(s)=\frac{Z_L(s)Z_{21}(s)U_S(s)}{(Z_S(s)+Z_{11}(s))(Z_L(s)+Z_{22}(s))-Z_{12}(s)Z_{21}(s)}$$

于是可求得转移导纳和电压转移比为

$$\frac{I_2(s)}{U_S(s)}=-\frac{Z_{21}(s)}{(Z_S(s)+Z_{11}(s))(Z_L(s)+Z_{22}(s))-Z_{12}(s)Z_{21}(s)}$$

$$\frac{U_2(s)}{U_S(s)}=\frac{Z_L(s)Z_{21}(s)}{(Z_S(s)+Z_{11}(s))(Z_L(s)+Z_{22}(s))-Z_{12}(s)Z_{21}(s)}$$

对输入为电流源的双端接二端口,可采用类似方法求相应的转移函数。

12.6.4 化有端接二端口为无端接二端口

如计算二端口的各网络函数时,已知的是二端口的 **T** 参数,则可将有端接二端口化为无端接二端口,从而简化网络函数的计算过程。

简化过程可按激励与响应的不同形式分为如图 12-25 中 4 个框图所示的 4 种类型。

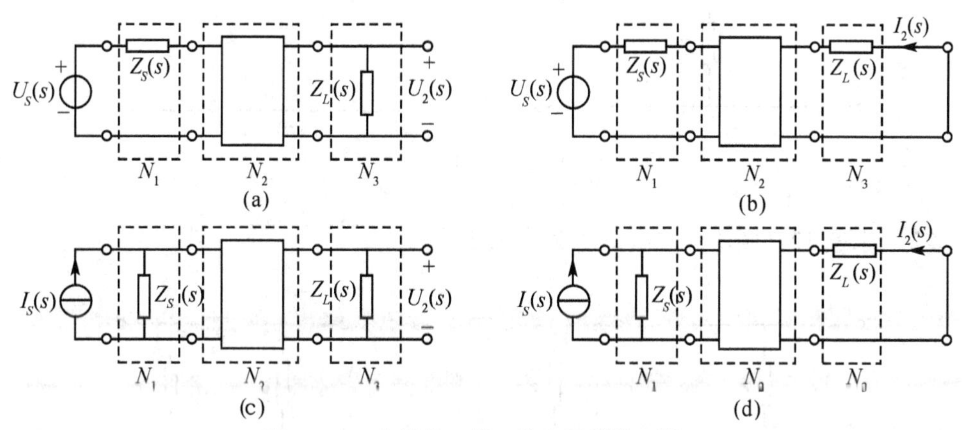

图 12-25 有端接二端口化为无端接二端口

例如,考虑电压转移函数的计算。可将双端接二端口看做如图 12-25(a) 所示的复合无端接二端口,其 **T** 参数矩阵为

$$\boldsymbol{T}=\begin{bmatrix}1 & Z_S(s)\\ 0 & 1\end{bmatrix}\begin{bmatrix}A & B\\ C & D\end{bmatrix}\begin{bmatrix}1 & 0\\ \dfrac{1}{Z_L(s)} & 1\end{bmatrix}$$

$$=\begin{bmatrix}A+CZ_S(s)+\dfrac{B+DZ_S(s)}{Z_L(s)} & B+DZ_S(s)\\ C+\dfrac{D}{Z_L(s)} & D\end{bmatrix}$$

注意到此时 $I_2(s)=0$,于是电压转移函数为

$$\frac{U_2(s)}{U_S(s)}=\frac{1}{A+CZ_S(s)+\dfrac{B+DZ_S(s)}{Z_L(s)}}$$

$$=\frac{Z_L(s)}{Z_L(s)(A+CZ_S(s))+B+DZ_S(s)}$$

其他三种网络函数可用类似方法求得。

习　题

12-1　求题 12-1 图所示二端口的 $\boldsymbol{Y}$ 参数矩阵。

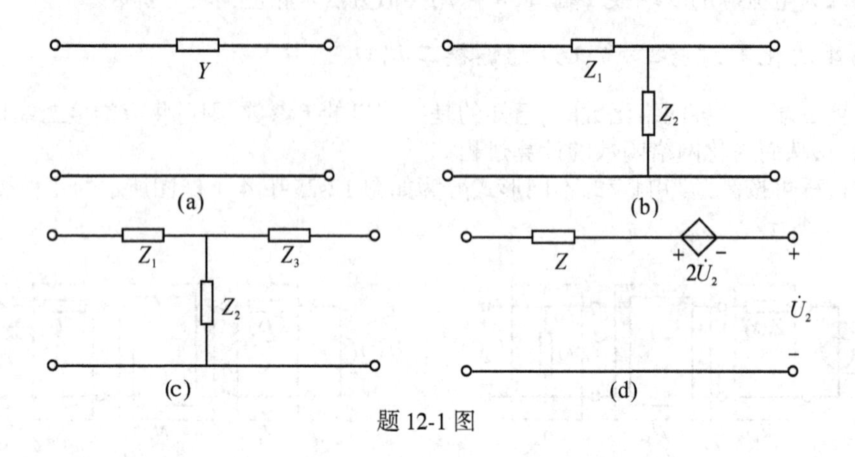

题 12-1 图

12-2　求题 12-2 图所示二端口的 $\boldsymbol{Z}$ 参数矩阵。

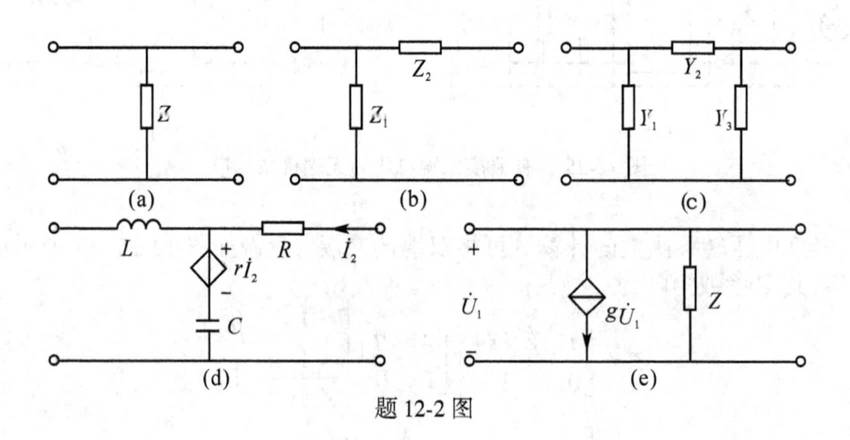

题 12-2 图

12-3　求题 12-3 图所示二端口的 $\boldsymbol{Y}$ 参数和 $\boldsymbol{Z}$ 参数。

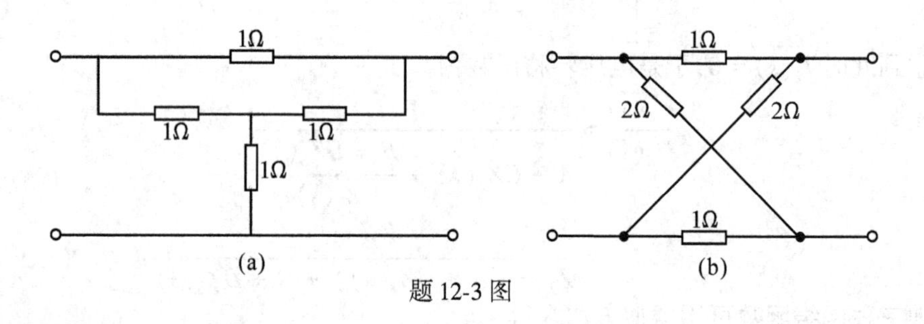

题 12-3 图

12-4　求题 12-4 图所示二端口的 $\boldsymbol{H}$ 参数矩阵。

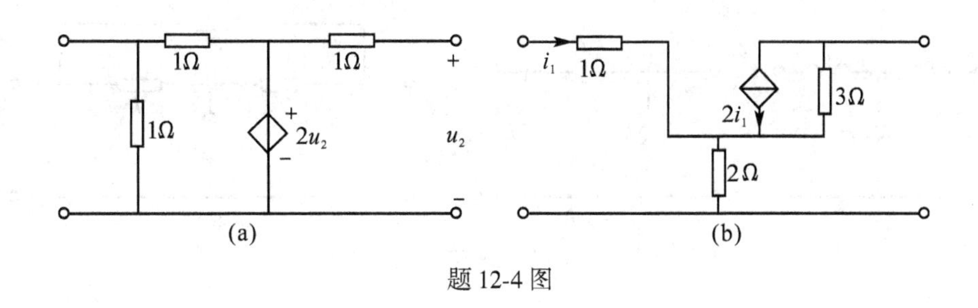

题 12-4 图

12-5　求题 12-5 图所示二端口的 $\boldsymbol{T}$ 参数矩阵。

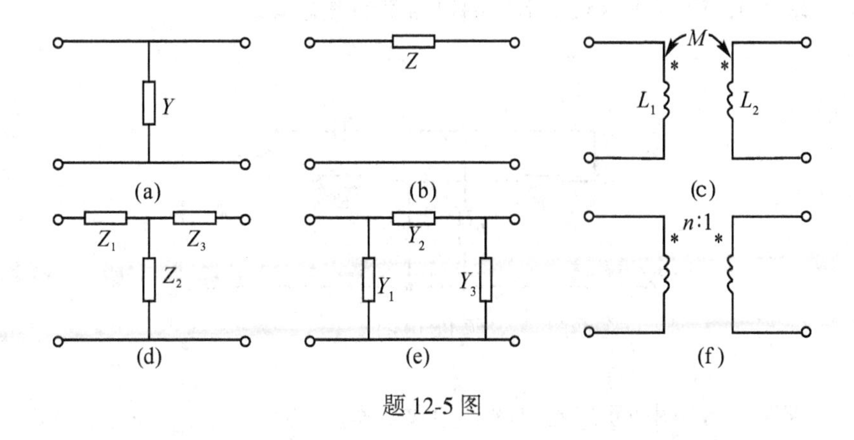

题 12-5 图

12-6　已知二端口的参数矩阵为

$$\boldsymbol{Z}=\begin{bmatrix}5 & -2\\ -2 & 3\end{bmatrix},\boldsymbol{Y}=\begin{bmatrix}5 & -2\\ 0 & 3\end{bmatrix},\boldsymbol{H}=\begin{bmatrix}10 & 0\\ 5 & 20\end{bmatrix}$$

求对应的等效 T 形和 Π 形等效电路。

12-7　已知题 12-7 图示二端口的 $\boldsymbol{Z}$ 参数矩阵为

$$\boldsymbol{Z}=\begin{bmatrix}10 & 8\\ 5 & 10\end{bmatrix}$$

求 R_1，R_2，R_3 和 r 的值。

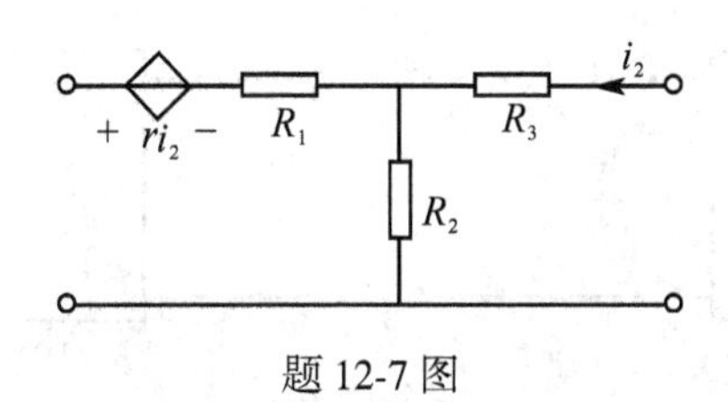

题 12-7 图

12-8　求题 12-8 图所示二端口的特性阻抗。

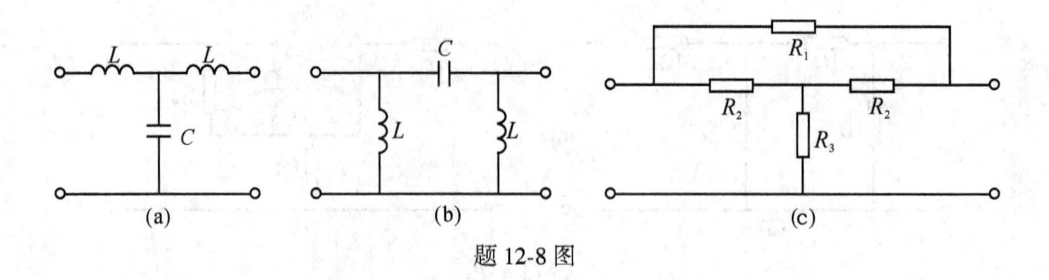

题 12-8 图

12-9　采用串联和并联的方法计算题图 12-8(c) 所示桥 T 形二端口的 **Y** 参数和 **Z** 参数。

12-10　求题 12-10 图所示双 T 形二端口的 **Y** 参数矩阵。

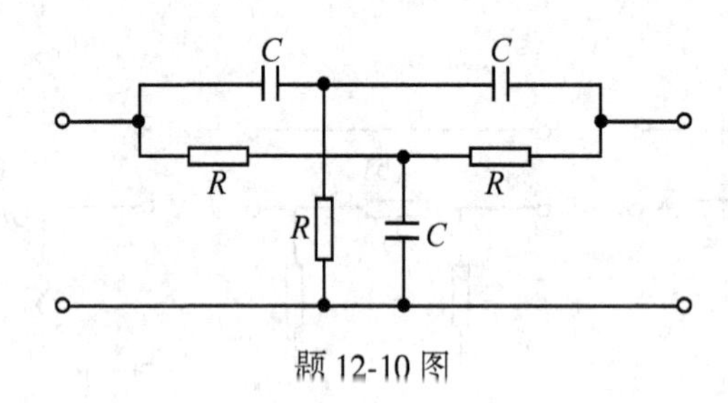

题 12-10 图

12-11　求题 12-11 图所示二端口的 **T** 参数矩阵。

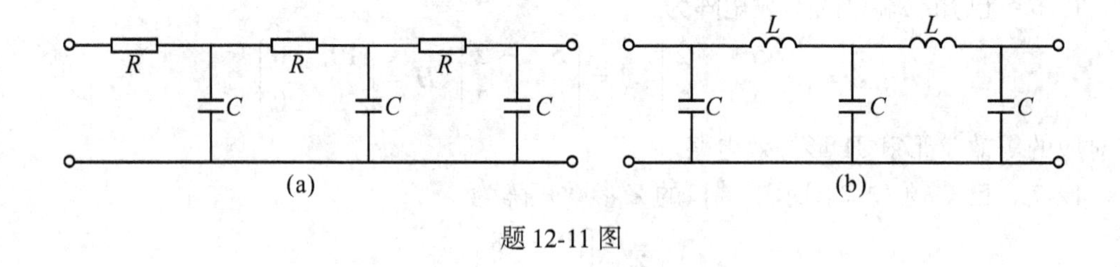

题 12-11 图

12-12　已知题 12-12 图所示二端口 N 的 **T** 参数矩阵为

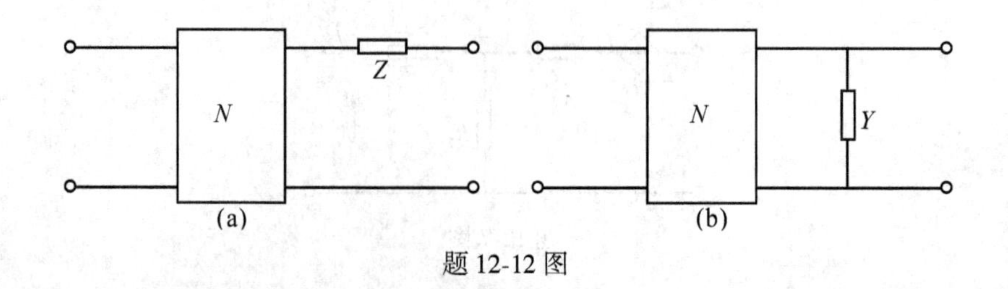

题 12-12 图

$$\boldsymbol{T}=\begin{bmatrix}A & B\\ C & D\end{bmatrix}$$

求复合二端口的 $\boldsymbol{T}$ 参数矩阵。

12-13　求题 12-13 图所示二端口的输入阻抗。

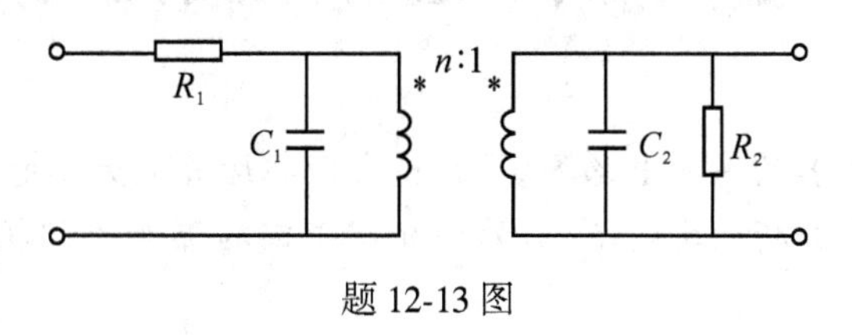

题 12-13 图

第13章　具有运算放大器的电路

本章围绕运算放大器的基本电路模型，讨论含理想运算放大器电路的分析规则和方法，以及如何应用节点法来分析此类电路，另外还介绍了回转器和负阻抗变换器这两种二端口元件。

13.1　运算放大器的电路模型

运算放大器是一个具有电压放大功能的器件，配以适当的外部反馈网络，能实现加、减、乘、除、微分、积分等运算功能，故称为运算放大器。

早期的运算放大器由分立元件组成，而现在则普遍采用集成化的运算放大器。运算放大器的电路符号如图13-1所示，图中"−"和"+"分别表示运算放大器的反相输入端和同相输入端。u^- 为接在"−"端和地（公共端）之间的输入电压，称为反相输入电压；u^+ 为接在"+"端和地之间的输入电压，称为同相输入电压。运算放大器的输入方式可按 u^+ 与 u^- 的连接情况分为3种：当 u^+ 与 u^- 同时存在时称为差动输入方式，此时记 $u_d = u^+ - u^-$，称为差动输入电压；当"−"端接地，"+"端接 u^+ 时，称为同相输入方式；当"+"端接地，"−"端接 u^- 时，称为反相输入方式。实际上，同相输入与反相输入都可看做是差动输入的特例，即分别为 $u^- = 0$ 和 $u^+ = 0$ 的差动输入。u_o 为输出电压。

运算放大器的输出电压与差动输入电压之间的关系可用图13-2所示的特性曲线来描述。该曲线表明，运算放大器的工作范围可分为3段。当 $-\varepsilon < u_d < \varepsilon$ 时，u_o 与 u_d 之间的关系是一条过原点的直线，该段称为运算放大器的线性工作段。而当 $u_d < -\varepsilon$ 或 $\varepsilon < u_d$ 时，输出电压分别为确定值 $-u_{sat}$ 和 u_{sat}，这是因为运算放大器的输出电压要受到它的直流工作电源电压的约束，从而使 u_o 达到一定的数值后就会趋于饱和，如图中的 $-u_{sat}$ 和 u_{sat} 即分别为运算放大器的反向和正向饱和电压。与 $u_d < -\varepsilon$ 或 $\varepsilon < u_d$ 对应的工作段为运算放大器的非线性工作段。本章只讨论运算放大器的线性工作段。

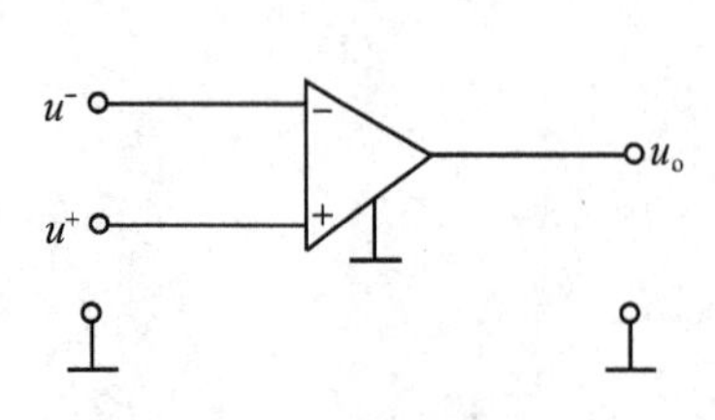

图13-1　运算放大器的电路

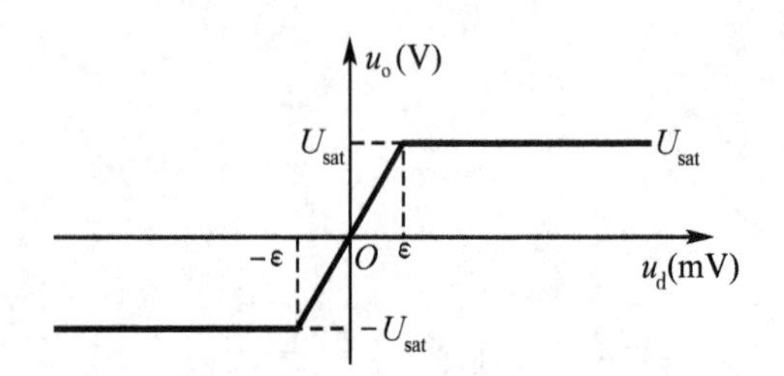

图13-2　运算放大器的理想特性曲线

由运算放大器的特性曲线可知,当运算放大器工作在线性工作段时,输出电压与差动输入电压之间的关系是一线性关系,因此相应的数学表达式为

$$u_o = A(u^+ - u^-) = Au_d \tag{13-1}$$

其中,A 为运算放大器的开环(无外部反馈网络的情况)电压放大倍数,它是运算放大器的一个重要参数,其值越大越好,通常介于 $10^3 \sim 10^6$ 之间。

由于同相输入方式和反相输入方式是差动输入方式的特例,所以由上式即可得同相输入和反相输入情况下输出电压与输入电压之间的数学关系,即

$$u_o = Au^+ \tag{13-2}$$

$$u_o = -Au^- \tag{13-3}$$

以上三式仅适用于运算放大器的开环工作情况。当运算放大器处于闭环工作状况(有外部反馈网络)时,对运算放大器的分析可采用如图 13-3 所示的电路模型。

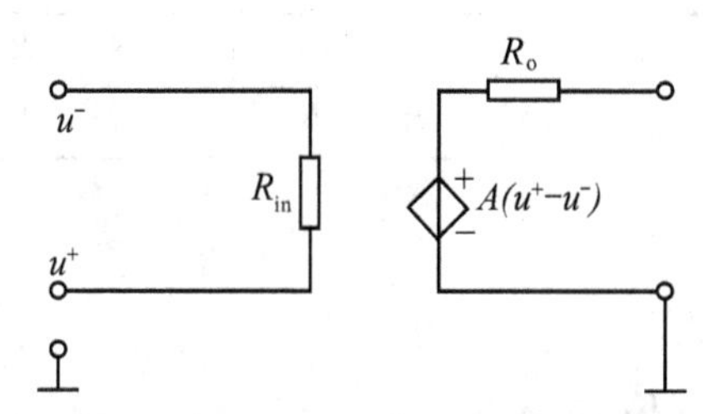

图 13-3 运算放大器的电路模型

图中 R_{in} 称为运算放大器的输入电阻,输入电阻越大越好,其值一般大于 1MΩ。R_o 称为运算放大器的输出电阻,输出电阻越小越好,其值一般为几百欧。

例 13-1 图 13-4 所示为一反相放大器,其中 $A = 5 \times 10^4$,$R_{in} = 1\text{M}\Omega$,$R_f = 100\text{k}\Omega$,$R_1 = R_L = 10\text{k}\Omega$,求闭环电压放大倍数 u_o/u_{in}。

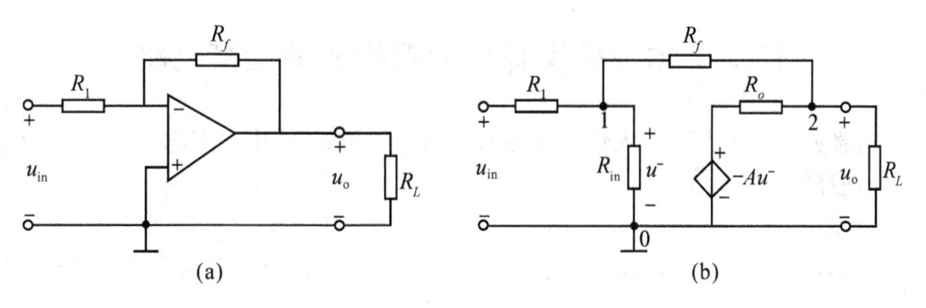

图 13-4 基本反相器

解 图示电路由运算放大器和电阻 R_1、R_f 和 R_L 组成,由于有电阻反馈网络,所以运算放大器处于闭环工作状态。

采用图 13-3 所示的电路模型,可得如图 13-4(b) 所示的计算电路。以节点 0 为参考节

点，对节点 1、2 列出如下节点方程：

$$\left(\frac{1}{R_1}+\frac{1}{R_{\text{in}}}+\frac{1}{R_f}\right)u_{n1}-\frac{1}{R_f}u_{n2}=\frac{u_{\text{in}}}{R_1}$$

$$-\frac{1}{R_f}u_{n1}+\left(\frac{1}{R_f}+\frac{1}{R_o}+\frac{1}{R_L}\right)u_{n2}=-A\frac{u^-}{R_o}$$

注意到 $u^-=u_{n1}$，$u_o=u_{n2}$，于是上述方程可整理成如下形式：

$$\left(\frac{1}{R_1}+\frac{1}{R_{\text{in}}}+\frac{1}{R_f}\right)u^- -\frac{1}{R_f}u_o=\frac{u_{\text{in}}}{R_1}$$

$$\left(\frac{1}{R_o}-\frac{1}{R_f}\right)u^-+\left(\frac{1}{R_f}+\frac{1}{R_o}+\frac{1}{R_L}\right)u_o=0$$

从上述方程中解得 u_o 为

$$u_o=-\frac{R_f}{R_1}\frac{u_{\text{in}}}{1+\dfrac{\left(1+\dfrac{R_f}{R_1}+\dfrac{R_f}{R_{\text{in}}}\right)\left(1+\dfrac{R_o}{R_f}+\dfrac{R_o}{R_L}\right)}{A-\dfrac{R_o}{R_f}}}$$

于是闭环电压放大倍数为

$$\frac{u_o}{u_{\text{in}}}=-\frac{R_f}{R_1}\frac{1}{1+\dfrac{\left(1+\dfrac{R_f}{R_1}+\dfrac{R_f}{R_{\text{in}}}\right)\left(1+\dfrac{R_o}{R_f}+\dfrac{R_o}{R_L}\right)}{A-\dfrac{R_o}{R_f}}}$$

代入数据，得

$$\frac{u_o}{u_{\text{in}}}=-0.999\,78\frac{R_f}{R_1}=-9.997\,8$$

13.2　由理想运算放大器构成的运算电路

由于运算放大器的开环放大倍数和输入电阻越大越好，输出电阻越小越好，因此理想的运算放大器应满足

$$A=\infty,R_{\text{in}}=\infty,R_o=0$$

的条件。满足此条件的运算放大器称为理想运算放大器。

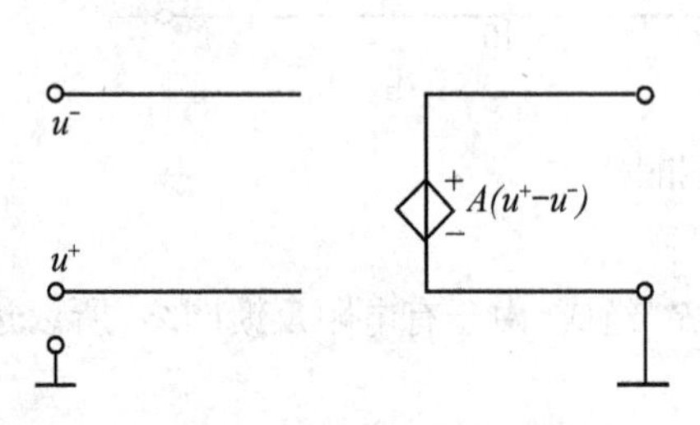

图 13-5　理想运算放大器的电路模型

由图 13-3 所示的电路模型可得理想运算放大器的电路模型如图 13-5 所示。

利用该图模型可分析含理想运算放大器的电路，也可由理想运算放大器的条件导得分析此类电路的如下两条规则：

1. 虚断路

因为 $R_{in}=\infty$，所以两输入端之间相当于断
路，称为虚断路，于是流入同相输入端和反相输入端的电流均为零。

2. 虚短路

因为 $R_o=0, A=\infty$，而 $u_o=A(u^+-u^-)$ 为有限值，所以必须有 $u^+-u^-=0$，故两输入端之间又相当于短路，称为虚短路。

上述规则给分析含理想运算放大器的运算电路带来了极大的便利，下面利用此规则介绍一些典型的运算电路及其分析方法。

例 13-2 设例 13-1 中反相放大器所含运算放大器为理想运算放大器，其他参数不变，求$\dfrac{u_o}{u_{in}}$。

解 由图 13-6 和规则 2，因"+"端接地，所以 $u^-=u^+=0$，于是

$$u_{in}=R_1 i_1, \quad u_o=-R_f i_2$$

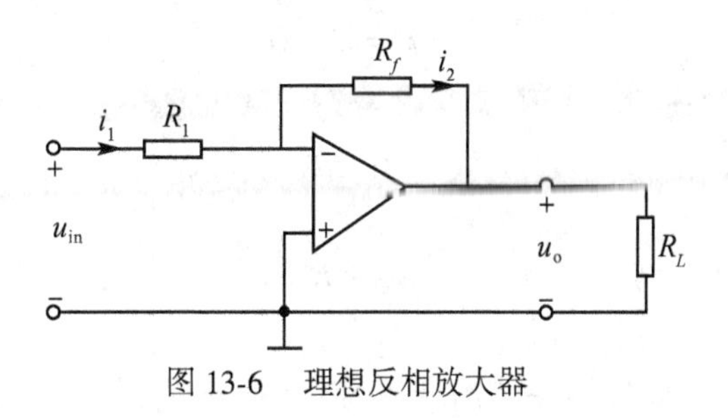

图 13-6 理想反相放大器

又由规则 1，有 $i^-=0$，于是

$$i_1=i_2$$

所以

$$\frac{u_{in}}{R_1}=-\frac{u_o}{R_f}$$

于是

$$\frac{u_o}{u_{in}}=-\frac{R_f}{R_1}$$

代入相应参数值，得

$$\frac{u_o}{u_{in}}=-10$$

将本例计算结果与例 13-1 计算结果相比较，可知将运算放大器当做理想运算放大器处理所带来的误差很小，这就是为什么在工程分析中通常都将运算放大器作为理想运算放大

器来处理的缘故。同时由本例结果可见。此时$\frac{u_0}{u_{in}}$仅取决于电阻 R_1 与 R_f 的比值，故该电路又称为比例器。

在以下的讨论中，如未经特别指明，都认为所采用的运算放大器为理想运算放大器。

例 13-3　图 13-7 所示为一同相放大器，试求$\frac{u_o}{u_{in}}$。

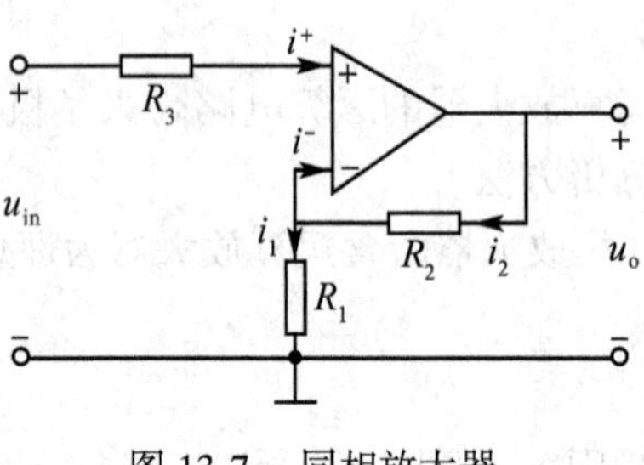

图 13-7　同相放大器

解　由规则 1，有

$$i^+ = i^- = 0$$

于是

$$i_1 = i_2$$

又由规则 2，有

$$u_{in} = R_1 i_1$$

而

$$u_o = R_1 i_1 + R_2 i_2 = (R_1 + R_2) i_1$$

所以

$$\frac{u_{in}}{R_1} = \frac{u_o}{R_1 + R_2}$$

于是

$$\frac{u_o}{u_{in}} = \frac{R_1 + R_2}{R_1} = 1 + \frac{R_2}{R_1}$$

选择不同的电阻值 R_1 和 R_2，就可获得不同的比值$\frac{u_o}{u_{in}}$。又由于电阻值总大于零，于是该比值总大于 1，因此称该放大器为同相放大器。

例 13-4　图 13-8 所示为一反相加法器，试分析其工作原理。

解　因 $i^- = 0$，所以

$$i_1 + i_2 + i_3 + i_f = 0$$

又因 $u^- = 0$，所以

$$u_1 = R_1 i_1, \quad u_2 = R_2 i_2, \quad u_3 = R_3 i_3, \quad u_o = R_f i_f$$

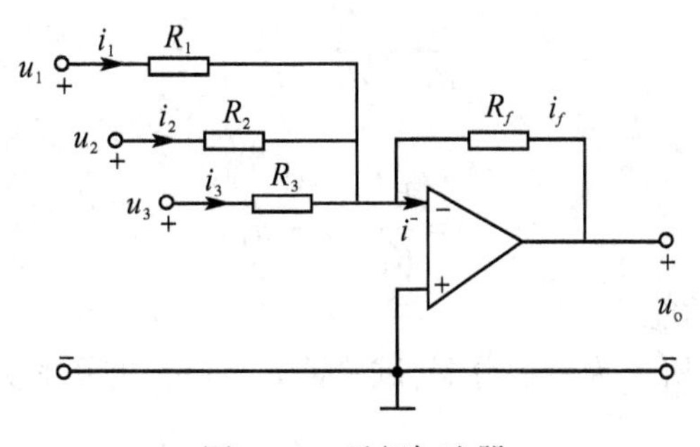

图 13-8　反相加法器

于是有

$$-\frac{u_o}{R_f}=\frac{u_1}{R_1}+\frac{u_2}{R_2}+\frac{u_3}{R_3}$$

即

$$u_o=-R_f\left(\frac{u_1}{R_1}+\frac{u_2}{R_2}+\frac{u_3}{R_3}\right)$$

只需取 $R_f=R_1=R_2=R_3$，就可得

$$u_o=-(u_1+u_2+u_3)$$

所以，只需如上适当选取电阻值，即可实现一反相加法器。

例 13-5　图 13-9 所示为一减法器，试分析其工作原理。

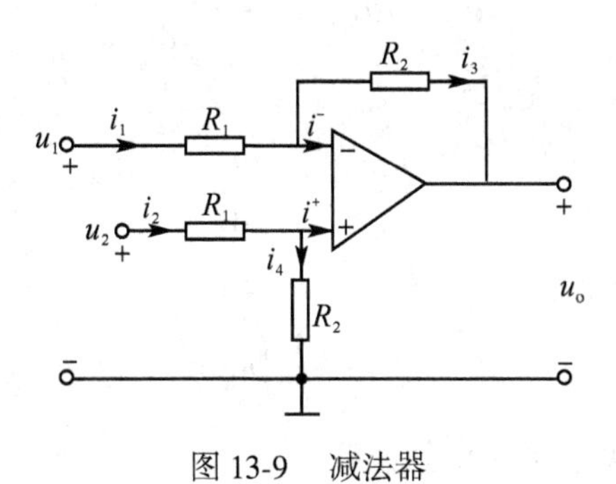

图 13-9　减法器

解　因 $i^+=i^-=0$，所以

$$i_1=i_3, i_2=i_4$$

又因 $u^-=u^+$，所以

$$\frac{u_1-u^+}{R_1}=\frac{u^+-u_o}{R_2}$$

$$\frac{u_2-u^+}{R_1}=\frac{u^+}{R_2}$$

两式相减,即可得

$$\frac{u_2}{R_1}-\frac{u_1}{R_1}=\frac{u_o}{R_2}$$

所以

$$u_o=\frac{R_2}{R_1}(u_2-u_1)$$

即电路实现了减法器的功能。

例 13-6　图 13-10 所示为一积分器,试验证 u_o 与 u_{in} 之间的关系是一积分关系。

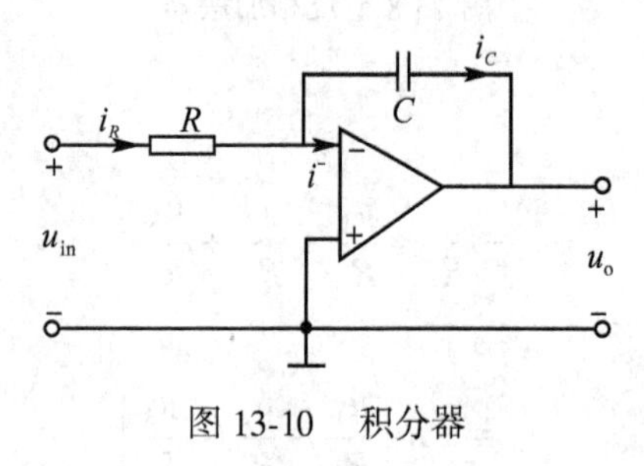

图 13-10　积分器

解　因 $i^-=0$,所以

$$i_R=i_C$$

又因 $u^-=0$,所以

$$u_{in}=Ri_R, i_C=-C\frac{\mathrm{d}u_C}{\mathrm{d}t}$$

于是

$$\frac{u_{in}}{R}=-C\frac{\mathrm{d}u_o}{\mathrm{d}t}$$

等式两侧同时积分,得

$$u_o=-\frac{1}{RC}\int u_{in}\mathrm{d}t$$

所以 u_o 与 u_{in} 之间的关系是一积分关系。

如交换电路中 R 与 C 的位置,可证明它们将实现一微分器。

13.3　含理想运算放大器电路的节点分析法

上一节对一些由单个运算放大器构成的简单电路用虚断路和虚短路的规则进行了分析,但在实际工程中所遇到的电路要复杂得多,电路中所包含的运算放大器也可能有多个。此时仅仅依靠这两条规则就难以胜任,将节点法和两条规则相结合,则可有效地解决此类问题。下面通过实例介绍如何运用节点法来分析含理想运算放大器的电路。

例 13-7　图 13-11 所示电路含有两个理想运算放大器，求$\dfrac{u_o}{u_{in}}$。

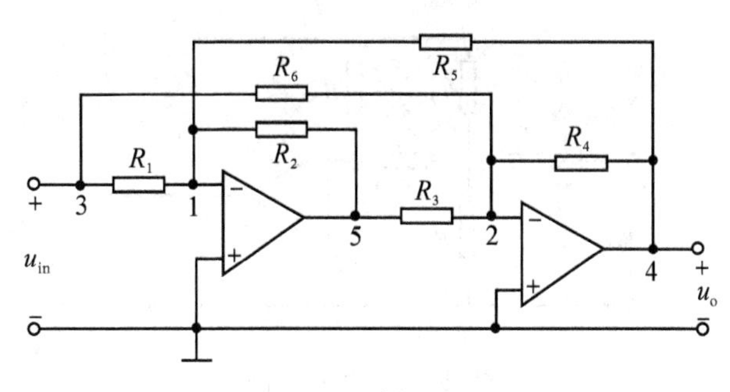

图 13-11　例 13-7 图

解　图示电路中，如将 u_{in} 和 u_o 作为两条支路来看待，则该电路有 6 个节点。取节点 0 为参考节点，列节点电压方程

节点 1：
$$\left(\frac{1}{R_1}+\frac{1}{R_2}+\frac{1}{R_5}\right)u_{n1}-\frac{1}{R_1}u_{in}-\frac{1}{R_2}u_{n5}-\frac{1}{R_5}u_o=0$$

节点 2：
$$\left(\frac{1}{R_3}+\frac{1}{R_4}+\frac{1}{R_6}\right)u_{n2}-\frac{1}{R_6}u_{in}-\frac{1}{R_3}u_{n5}-\frac{1}{R_4}u_o=0$$

因 $u_{n1}=u_{n2}=0$，所以上述两方程变为

节点 1：
$$-\frac{1}{R_1}u_{in}-\frac{1}{R_2}u_{n5}-\frac{1}{R_5}u_o=0$$

节点 2：
$$-\frac{1}{R_6}u_{in}-\frac{1}{R_3}u_{n5}-\frac{1}{R_4}u_o=0$$

消去 u_{n5}，可得

$$\frac{u_o}{u_{in}}=\frac{\dfrac{R_2}{R_1}-\dfrac{R_3}{R_6}}{\dfrac{R_3}{R_4}-\dfrac{R_2}{R_5}}$$

在上例中共有 5 个独立节点，但未对节点 3、4、5 列节点电压方程，其原因是：

(1) u_{in} 为已知量，无需列方程。

(2) 节点 4、5 分别在两理想运算放大器的输出端，而理想运算放大器的输出电导为无穷大，所以不宜对这些节点列节点电压方程。实际上，即使不对这些节点列方程，也不影响电路的分析求解。

概括上述原因，可得出对含理想运算放大器的电路列写节点电压方程的方法：

(1) 对各理想运算放大器的输入端点列写节点电压方程，并需注意理想运算放大器的输入电导为零。

(2) 对各理想运算放大器的输出端点不列写节点电压方程。

(3) 如还有其他独立节点，则补充相应的节点电压方程。

例 13-8　试求图 13-12 所示电路的输出电压与输入电压的比值$\dfrac{u_o}{u_{in}}$。

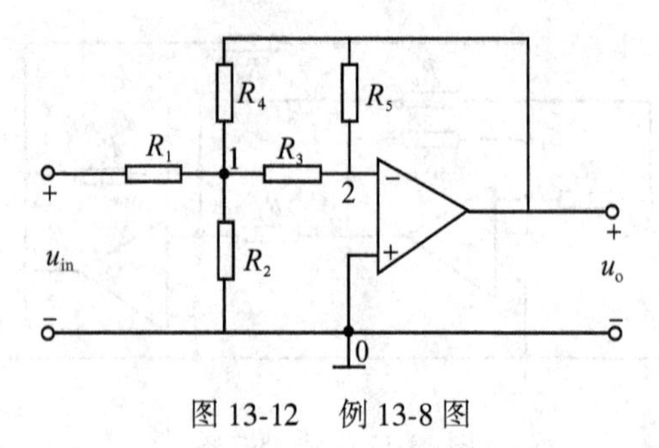

图 13-12　例 13-8 图

解　对节点 2(理想运算放大器的输入端点) 和节点 1(其他独立节点) 列节点电压方程,得

节点 1:

$$\left(\frac{1}{R_1}+\frac{1}{R_2}+\frac{1}{R_3}+\frac{1}{R_4}\right)u_{n1}-\frac{1}{R_1}u_{in}-\frac{1}{R_3}u_{n2}-\frac{1}{R_4}u_o=0$$

节点 2:

$$-\frac{1}{R_3}u_{n1}+\left(\frac{1}{R_3}+\frac{1}{R_5}\right)u_{n2}-\frac{1}{R_5}u_o=0$$

将 $u_{n2}=0$ 代入方程,得

$$\left(\frac{1}{R_1}+\frac{1}{R_2}+\frac{1}{R_3}+\frac{1}{R_4}\right)u_{n1}-\frac{1}{R_1}u_{in}-\frac{1}{R_4}u_o=0$$

$$-\frac{1}{R_3}u_{n1}-\frac{1}{R_5}u_o=0$$

从上述方程消去 u_{n1},得

$$\frac{u_o}{u_{in}}=-\frac{\dfrac{1}{R_1R_3}}{\left(\dfrac{1}{R_1}+\dfrac{1}{R_2}+\dfrac{1}{R_3}+\dfrac{1}{R_4}\right)\dfrac{1}{R_5}+\dfrac{1}{R_3R_4}}$$

13.4　负阻抗变换器

负阻抗变换器(NIC)是一种集成的线性二端口器件,它具有两种形式,即电压反向型负阻抗变换器(UNIC)和电流反向型负阻抗变换器(INIC)。

NIC 的电路符号如图 13-13 所示,其端口特性通常采用 ***T*** 参数来描述,对 UNIC 和 INIC,其端口方程可分别表示为

$$\begin{bmatrix}\dot{U}_1\\ \dot{I}_1\end{bmatrix}=\begin{bmatrix}-k & 0\\ 0 & 1\end{bmatrix}\begin{bmatrix}\dot{U}_2\\ -\dot{I}_2\end{bmatrix} \tag{13-4}$$

和

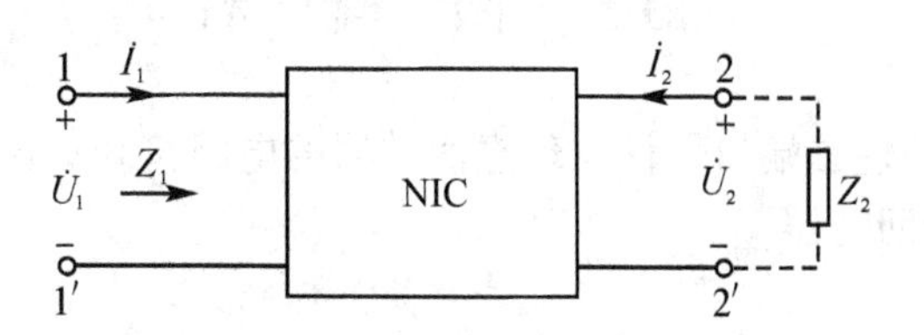

图 13-13　负阻抗变换器

$$\begin{bmatrix} \dot{U}_1 \\ \dot{I}_1 \end{bmatrix} = \begin{bmatrix} 1 & 0 \\ 0 & -k \end{bmatrix} \begin{bmatrix} \dot{U}_2 \\ -\dot{I}_2 \end{bmatrix} \tag{13-5}$$

其中,k 为正实常数。

利用上述两式,容易证明负阻抗变换器具有将正阻抗变换为负阻抗的能力。例如,设负阻抗变换器为电压反向型,在端口 2-2′ 处接阻抗 Z_2,由式(13-4),有

$$Z_1 = \frac{\dot{U}_1}{\dot{I}_1} = \frac{-k\dot{U}_2}{-\dot{I}_2} = -kZ_2$$

即 UNIC 将端口 2-2′ 处的正阻抗 Z_2 变换为端口 1-1′ 处的负阻抗 $-kZ_2$。当 Z_2 分别为电阻 R、电感 L 和电容 C 时,则在端口 1-1′ 处分别得到负电阻 $-kR$、负电感 $-kL$ 和负电容 $-C/k$。

负阻抗变换器通常采用运算放大器来实现,其中 INIC 的实现比较简单。图 13-14 为一 INIC 的简单电路,下面分析其工作原理。

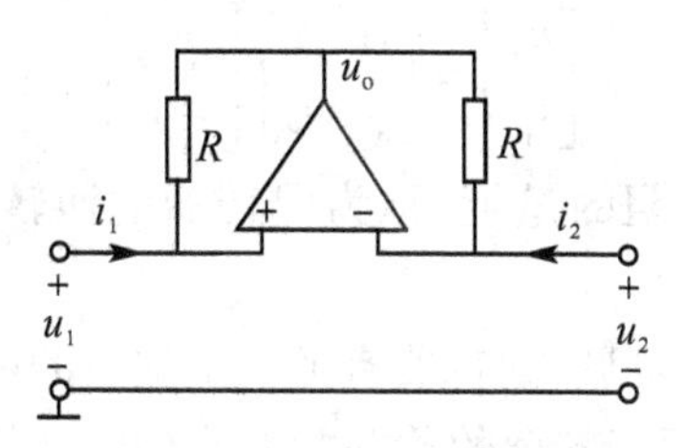

图 13-14　INIC 的实现电路

设图 13-14 所示电路中运算放大器为理想运算放大器,利用虚短路和虚断路两条规则,有

$$u_1 = u_2, u_o = u_1 - Ri_1, u_o = u_2 - Ri_2$$

于是有

$$i_1 = i_2 = -(-i_2)$$

即该电路实现了一电流反向型的负阻抗变换器。需要说明的是,上述电路只不过是原理电路,具体应用还需考虑其他因素。

13.5 回　转　器

回转器也是一种线性二端口器件。理想回转器的电路符号如图 13-15 所示。本节只讨论理想回转器,简称为回转器。

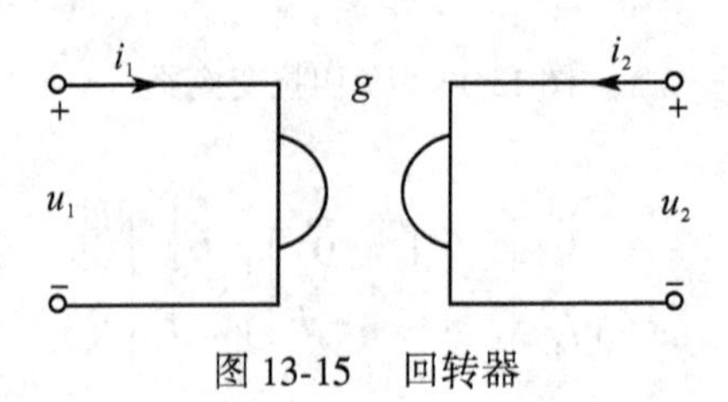

图 13-15　回转器

按图 13-15 所示电流和电压的参考方向,可将回转器的端口特性用如下方程来描述:

$$\left.\begin{aligned} i_1 &= gu_2 \\ i_2 &= -gu_1 \end{aligned}\right\} \tag{13-6}$$

上述方程是以 $\boldsymbol{Y}$ 参数表示的回转器的端口方程,写成矩阵形式即为

$$\begin{bmatrix} i_1 \\ i_2 \end{bmatrix} = \begin{bmatrix} 0 & g \\ -g & 0 \end{bmatrix} \begin{bmatrix} u_1 \\ u_2 \end{bmatrix} \tag{13-7}$$

同样,可得回转器的以 $\boldsymbol{Z}$ 参数和 $\boldsymbol{T}$ 参数表示的端口方程为

$$\begin{bmatrix} u_1 \\ u_2 \end{bmatrix} = \begin{bmatrix} 0 & -r \\ r & 0 \end{bmatrix} \begin{bmatrix} i_1 \\ i_2 \end{bmatrix} \tag{13-8}$$

$$\begin{bmatrix} u_1 \\ i_1 \end{bmatrix} = \begin{bmatrix} 0 & r \\ g & 0 \end{bmatrix} \begin{bmatrix} u_2 \\ -i_2 \end{bmatrix} \tag{13-9}$$

式中,g 和 r 分别具有电导和电阻的量纲,称为回转器的回转电导和回转电阻,统称为回转常数。

从回转器的上述端口方程可见,回转器有把一个端口的电压(电流)“回转”成另一个端口的电流(电压)的能力。利用回转器的这一能力,可将与回转器的一个端口相连接的电容(电感)“回转”成另一个端口的等效电感(电容)。例如,在图 13-16 中,在回转器的端口 2-2′ 处接入一个电容,并将该电容看做一负载端开路的二端口,于是可将该电路看做一复合二端口,其 $\boldsymbol{T}$ 参数矩阵为

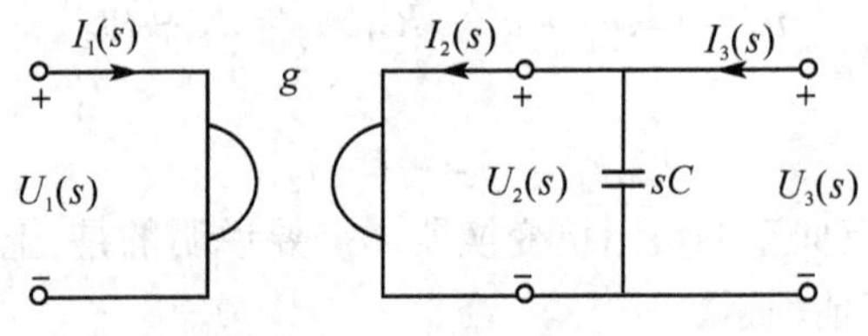

图 13-16　回转器接电容负载

$$T = \begin{bmatrix} 0 & r \\ g & 0 \end{bmatrix} \begin{bmatrix} 1 & 0 \\ sC & 1 \end{bmatrix} = \begin{bmatrix} sCr & r \\ g & 0 \end{bmatrix}$$

于是该复合二端口用 **T** 参数表示的端口方程为

$$\begin{bmatrix} U_1(s) \\ I_1(s) \end{bmatrix} = \begin{bmatrix} sCr & r \\ g & 0 \end{bmatrix} \begin{bmatrix} U_3(s) \\ -I_3(s) \end{bmatrix}$$

注意到 $I_3(s)=0$，所以可得端口 1 的输入阻抗为

$$Z_{in}(s) = \frac{U_1(s)}{I_1(s)} = s\frac{Cr}{g} = s\frac{C}{g^2}$$

所以从输入端口看，相当于一等效电感，其电感值为 C/g^2。

以上所讨论的是回转器的一个非常重要的特性，除此之外，回转器还具有无源和非互易等性质。

在任意瞬间回转器所吸收的功率总和为

$$u_1 i_1 + u_2 i_2 = -ri_1 i_2 + ri_1 i_2 = 0$$

所以回转器既不吸收功率也不发出功率，是一无源元件。

又因回转器的 **Y** 参数和 **Z** 参数中

$$Y_{12} \neq Y_{21}, Z_{12} \neq Z_{21}$$

所以回转器是一非互易元件。

习　　题

13-1　题 13-1 图所示为一含理想运算放大器的电路，求输出电压 u_o。

13-2　已知题 13-2 图所示电路中，$R_f = 10\text{k}\Omega$，$u_o = -3u_1 - 0.2u_2$，求电阻 R_1 和 R_2。

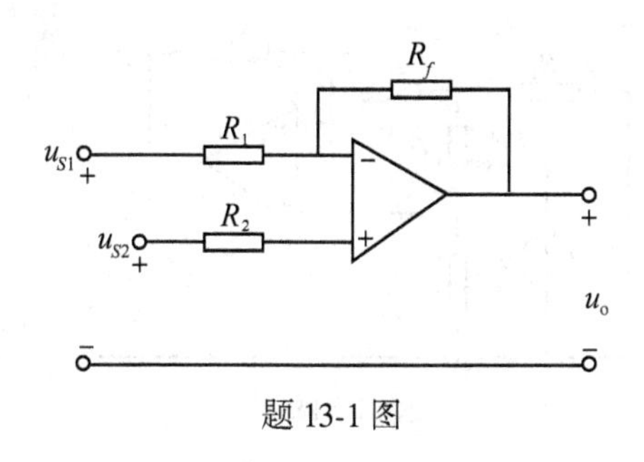

题 13-1 图

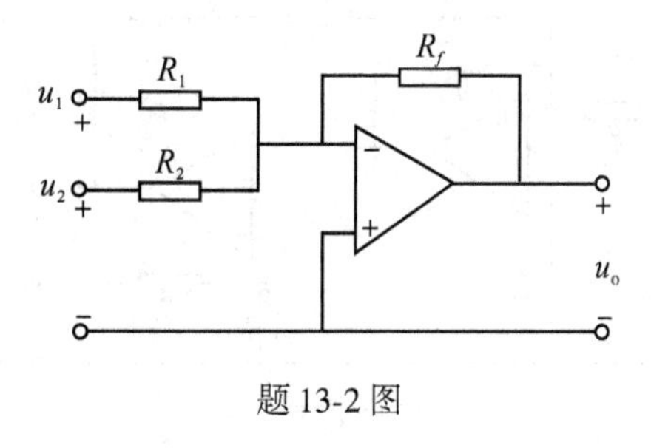

题 13-2 图

13-3　求题 13-3 图所示电路的电压转移比 $U_2(s)/U_1(s)$。

13-4　求题 13-4 图所示电路中的电流 i_L，并证明如果 $R_1R_4 = R_2R_3$，则 i_L 与 R_L 无关。

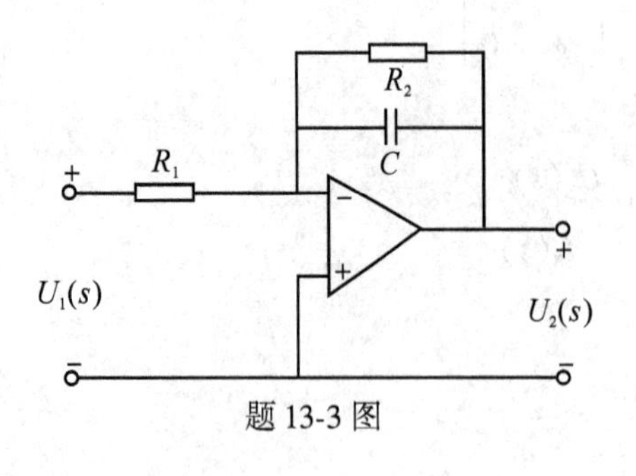

题 13-3 图

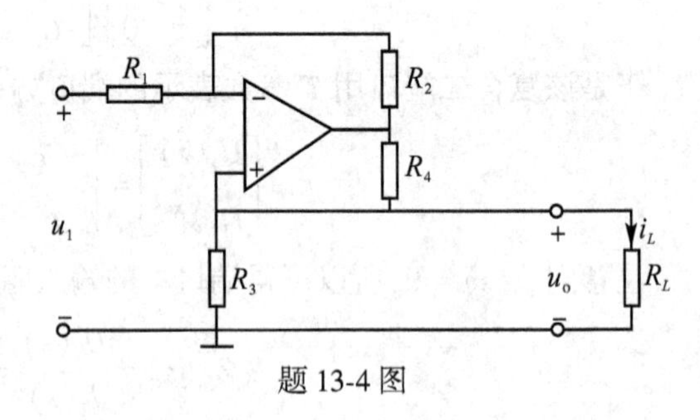

题 13-4 图

13-5　求题 13-5 图所示电路的输出电压 u_o。

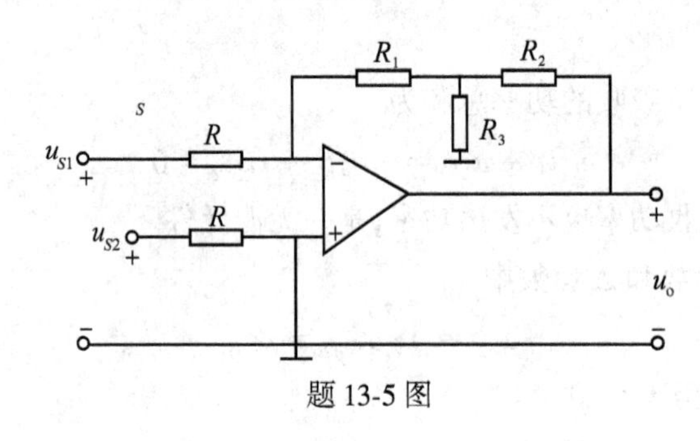

题 13-5 图

13-6　求题 13-6 图所示电路的电压转移比。

13-7　题 13-7 图所示电路中：$k_1 = 1\text{k}\Omega, k_2 = 11\text{k}\Omega, k_3 = 10\text{k}\Omega$。现要求该电路的电压转移比$\dfrac{u_o}{u_{in}}$在 -10 和 $+10$ 之间，试求 R_4, R_5 及表示滑动触头位置的 k 值。

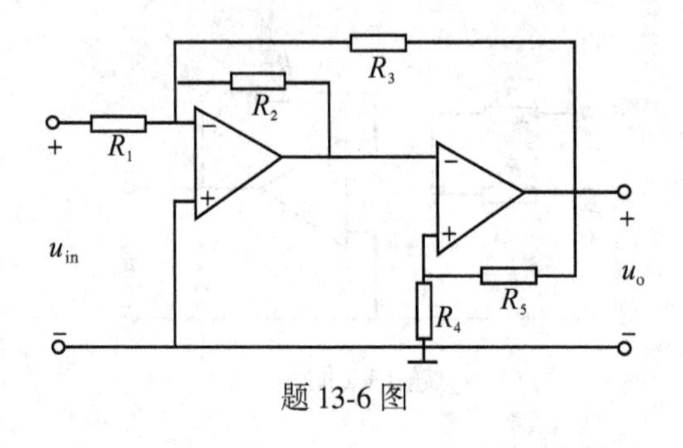

题 13-6 图

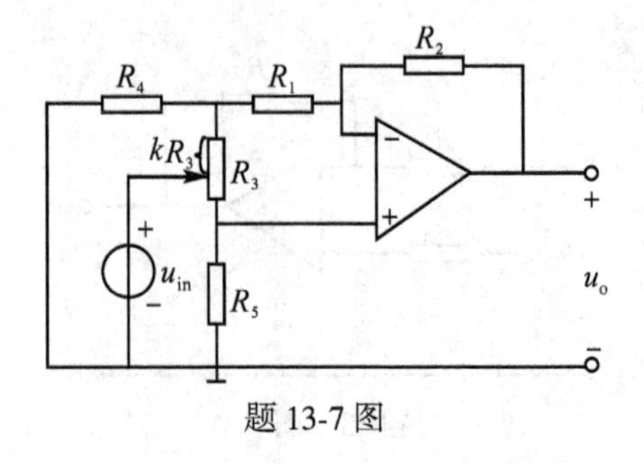

题 13-7 图

13-8　试证明题 13-8 图(a) 所示二端口与题 13-8 图(b) 所示二端口等效。

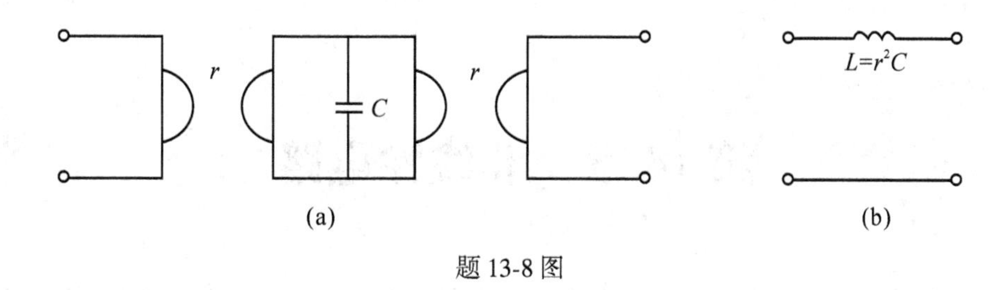

题 13-8 图

13-9　试证明两个理想回转器级联而成的二端口等效于一个理想变压器,并求理想变压器变比与回转电导之间的关系。

13-10　求题 13-10 图所示二端口的 ***T*** 参数和输入阻抗 Z_{in}。

13-11　求题 13-11 图所示二端口的电压转移比 $\dot{U}_2/\dot{U}_1$。

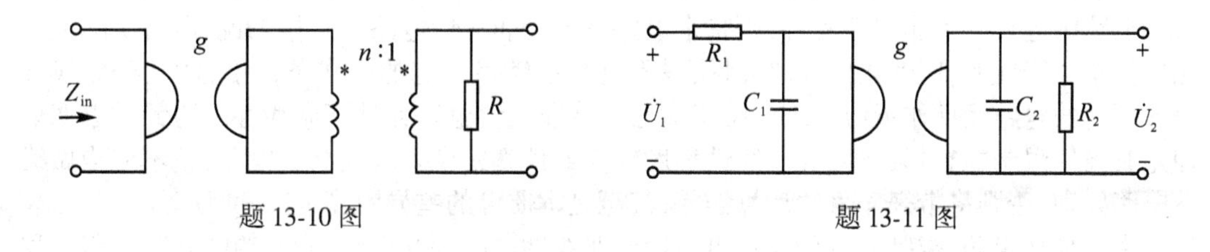

题 13-10 图　　题 13-11 图

13-12　证明题 13-12 图所示由 INIC 和 T 形负电阻网络组成的二端口等效于一回转器。

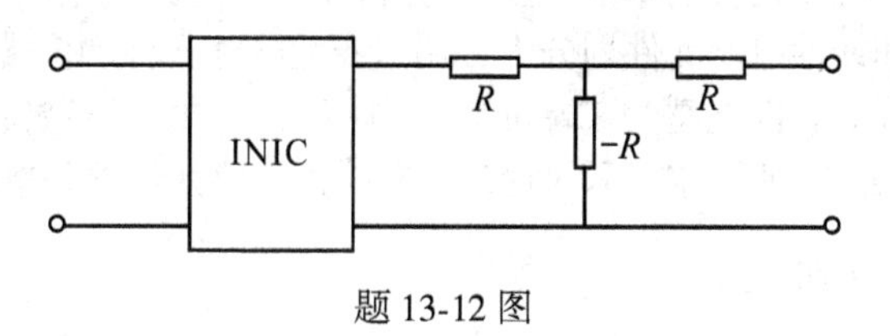

题 13-12 图

13-13　求题 13-13 图所示二端口的输入阻抗 $Z_{in}(s)$。

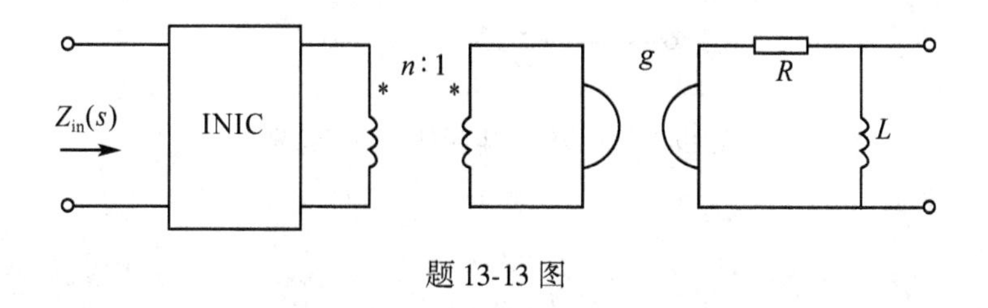

题 13-13 图

第 14 章　非线性电路

本章介绍简单非线性电路的分析方法。本章内容主要有非线性电路元件；非线性电阻的串并联；分析非线性电阻电路的图解法、分段线性化方法、小信号分析法和牛顿—拉夫逊法；非线性动态电路状态方程的列写方法以及求解自治电路的分段线性法。

14.1　非线性电路元件

在前面的章节介绍了线性电路及其分析方法，线性电路中所有元件都应具有线性特性，只要电路中包含一个非线性元件，则整个电路将成为非线性电路。严格来说，所有实际电路元件都是非线性的，所谓线性电路元件，只不过是在满足一定的工作条件下，对某些非线性程度不高的电路元件作近似处理的结果而已。将非线性电路元件当做线性电路元件近似处理是有条件限制的，对某些元件非线性程度较高或计算精度要求较高的电路，就不能当做线性电路处理，否则将带来显著的计算误差，甚至是本质上的差异。

由于叠加定理、戴维南定理等不再适用于非线性电路，所以前面所介绍的列写电路方程的方法也只能有条件地应用于非线性电路。非线性电路的分析具有本身固有的特点，所以讨论非线性电路的分析方法也就具有非常重要的意义。

由集中元件构成的非线性电路依然满足基尔霍夫定律，它与线性电路的区别在于元件的特性不同，因此了解非线性电路元件的基本特性，是分析非线性电路的基础。根据非线性电路元件的外接端子个数，可将非线性电路元件划分为二端非线性电路元件和多端非线性电路元件，如非线性电阻、非线性电容和非线性电感为二端非线性电路元件。由于多端非线性电路元件可等效为多个二端非线性电路元件，所以本章只讨论二端非线性电路元件的基本特性。

14.1.1　非线性电阻元件

非线性电阻元件的电路符号如图 14-1 所示，其伏安特性不再满足欧姆定律，而是遵循某种特定的非线性函数关系。这些非线性函数关系具有如下两种形式：

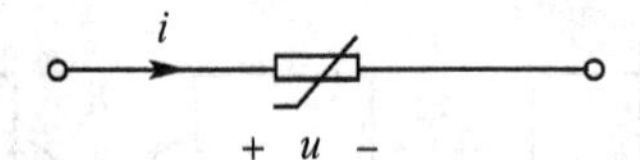

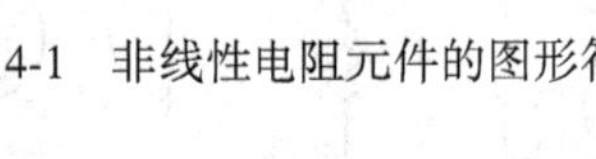

图 14-1　非线性电阻元件的图形符号

$$u=f(i)$$
$$i=g(u)$$

按这些函数关系主要可将非线性电阻分为电流控制型、电压控制型两种类型。对应的典型伏安特性曲线分别如图 14-2(a)(b)所示。图 14-2(a)所示电流控制型非线性电阻的伏安特性曲线为一 S 形曲线。从该曲线可见,对每一个电流值,有且仅有一个电压值与其对应;而对每一个电压值,对应的电流值则可能有多个。某些充气二极管就具有这种伏安特性曲线。

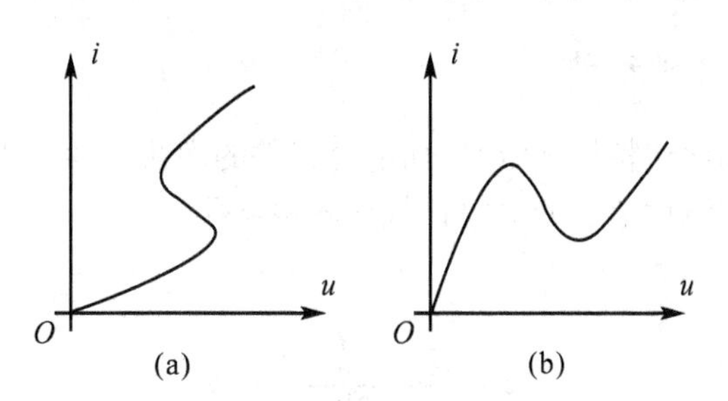

图 14-2 非线性电阻的伏安特性曲线

图 14-2(b)所示电压控制型非线性电阻的伏安特性曲线为一 N 形曲线。其特性恰好相反:对每一个电压值,有且仅有一个电流值与其对应;而对每一个电流值,对应的电压则具有多值性。隧道二极管具有这种伏安特性曲线。

还有一些非线性电阻的伏安特性是单调的,因此不论电压还是电流,都是另一个电量的单值函数,此时非线性电阻既是压控的,又是流控的,通常称为单调型非线性电阻。PN 结二极管就是这种非线性电阻,其理想伏安特性可由下式表示:

$$i=I_S(e^{\frac{u}{U_T}}-1)$$

式中,I_S 为反向饱和电流;U_T 为温度的电压当量,室温时约为 0.026V。PN 结二极管的理想伏安特性曲线如图 14-3 所示。

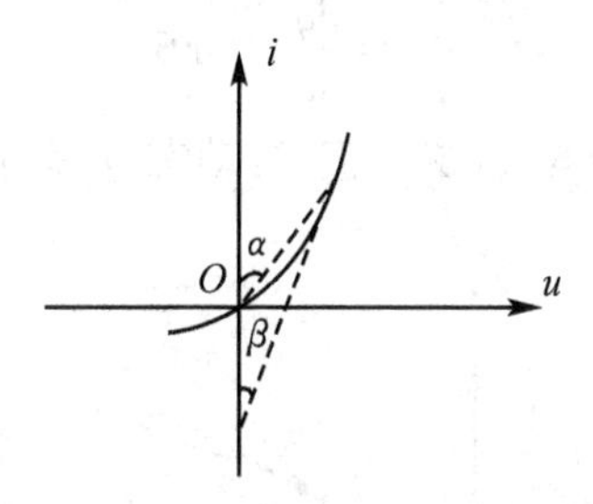

图 14-3 PN 结二极管的伏安特性

虽然非线性电阻的伏安特性不再满足欧姆定律,但为了满足计算的需要,依然可以仿照线性电阻以电压和电流的比值定义其静态电阻

$$R=\frac{u}{i}\propto \tan\alpha$$

以电压关于电流的导数定义其动态电阻为

$$R_d = \frac{\mathrm{d}u}{\mathrm{d}i} \propto \tan\beta$$

从图 14-2、图 14-3 可见，对非线性电阻的同一工作点，一般情况下，其静态电阻和动态电阻并不相等，有时甚至符号都不相同。如在图 14-2 中曲线的单调下降部分，其动态电阻将为“负电阻”，而对应的静态电阻仍为正电阻。

14.1.2　非线性电容元件

电容元件一般采用库伏特性来定义，如电容元件的库伏特性曲线不是过原点的直线，则称其为非线性电容。非线性电容的电路符号如图14-4所示。

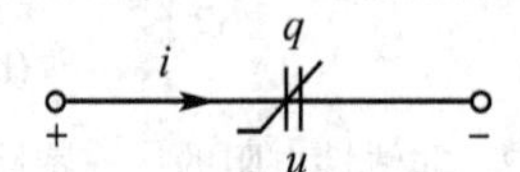

图 14-4　非线性电容的电路符号

根据非线性电容的库伏特性，可将其分为电压控制型和电荷控制型两种类型。

电压控制型非线性电容的电荷量是电压的单值函数，其特性关系式可表示为

$$q = f(u)$$

电荷控制型非线性电容的电压是电荷量的单值函数，其特性关系式可表示为

$$u = h(q)$$

非线性电容亦可定义静态电容和动态电容。静态电容定义为

$$C = \frac{q}{u} \propto \tan\alpha$$

动态电容定义为

$$C_d = \frac{\mathrm{d}q}{\mathrm{d}u} \propto \tan\beta$$

图 14-5 中，P 点的静态电容与 $\tan\alpha$ 成正比；动态电容与 $\tan\beta$ 成正比。

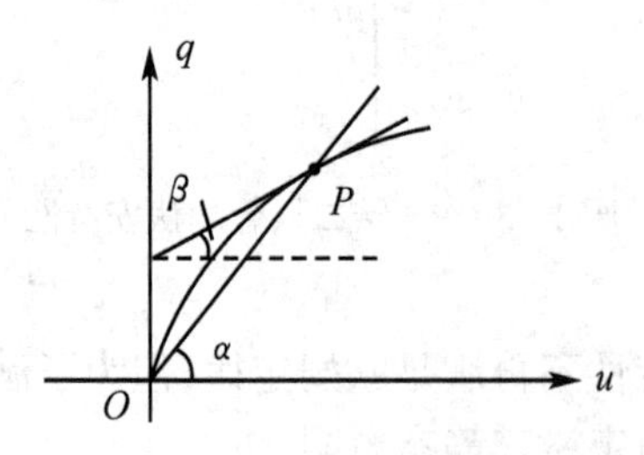

图 14-5　非线性电容的库伏特性

同样也存在单调型非线性电容，图 14-5 所示即为单调上升的非线性电容，它既属于压

控型,又属于荷控型。

14.1.3 非线性电感元件

电感元件一般采用韦安特性来定义,如电感元件的韦安特性曲线不是过原点的直线,则称其为非线性电感。非线性电感的电路符号和韦安特性曲线如图 14-6 所示。

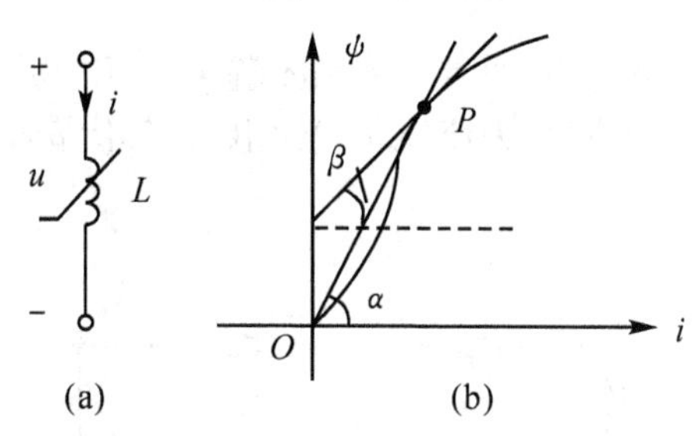

图 14-6 非线性电感及其韦安特性曲线

非线性电感的韦安特性有如下两种形式:

$$i = h(\psi)$$

$$\psi = f(i)$$

前者对应链控型非线性电感,后者对应流控型非线性电感。

同样,为了便于计算,也定义静态电感和动态电感。静态电感定义为

$$L = \frac{\psi}{i} \propto \tan\alpha$$

动态电感定义为

$$L_d = \frac{d\psi}{di} \propto \tan\beta$$

图 14-6 中,P 点的静态电感与 $\tan\alpha$ 成正比,动态电感与 $\tan\beta$ 成正比。

非线性电感亦有单调型,但大多数实际非线性电感元件都包含由铁磁材料所做成的铁心,由于铁磁材料存在磁滞现象,因此对应的韦安特性曲线都具有如图 14-7 所示的回线形

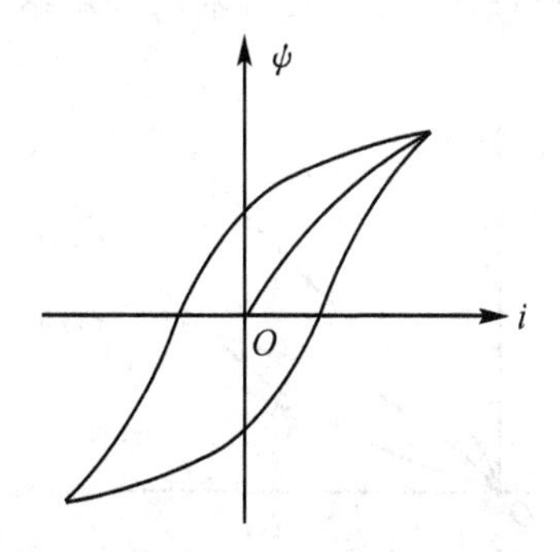

图 14-7 铁心电感的韦安特性曲线

式。显然，这种电感不论是电流还是磁链，都不是另一个物理量的单值函数，因此它既不是链控型，也不是流控型非线性电感。

14.2　分析非线性电阻电路的图解法

14.2.1　简单串并联非线性电阻电路的图解法

对简单串并联非线性电阻电路，通常可采用图解法进行分析。例如对图 14-8 所示的串联电阻电路，如设两个非线性电阻均为流控非线性电阻，其伏安特性方程分别为

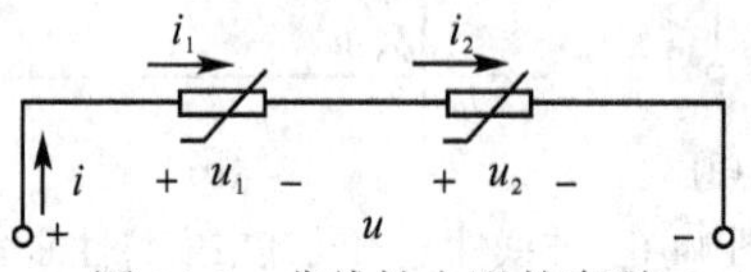

图 14-8　非线性电阻的串联

$$u_1=f_1(i_1)$$
$$u_2=f_2(i_2)$$

则可按基尔霍夫定律列出如下电路方程：

$$u=u_1+u_2$$
$$i=i_1=i_2$$

将伏安特性方程代入 KVL 方程，可得

$$u=f_1(i_1)+f_2(i_2)$$

将串联电路当做一个一端口，称端口的伏安特性为一端口的驱动点特性，记为

$$u=f(i)$$

结合上述方程，可得

$$u=f(i)=f_1(i)+f_2(i)$$

上式表明，该端口的驱动点特性反映了一个流控非线性电阻的伏安特性，因此两个流控非线性电阻串联的等效电阻仍为流控非线性电阻。该式还表明，等效非线性电阻的伏安特性即为两串联非线性电阻伏安特性之和，因此可采用图解法获得。如图 14-9 所示，只需将

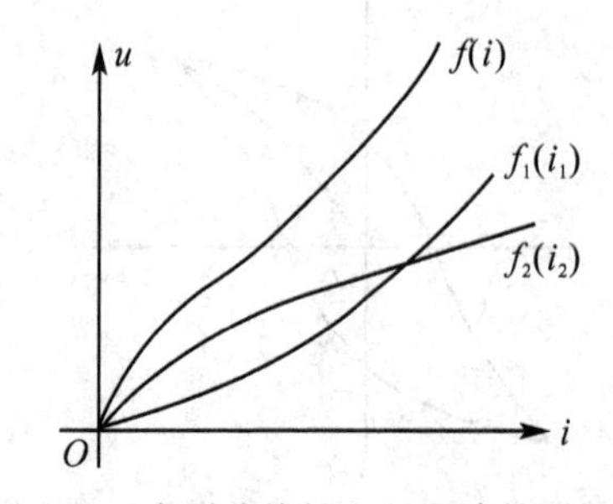

图 14-9　串联非线性电阻电路的图解法

与同一电流值对应的电压值 u_1 和 u_2 相加即可得到与该电流值对应的电压值 u，取不同的电流值，就可逐点绘出等效非线性电阻的伏安特性曲线。

极端情况下，如果串联电路由图 14-2 所示压控型非线性电阻和流控型非线性电阻构成，则等效非线性电阻的伏安特性既可能是电压的多值函数，也可能是电流的多值函数。因此，等效非线性电阻此时既不是压控型，也不是流控型，但该电阻的伏安特性曲线仍然可采用上述方法作图获得。

对由非线性电阻构成的并联电路，同样可采用类似的作图法求解，它与串联非线性电阻电路图解法的区别如下：

(1)串联非线性电阻电路根据 KVL，对某一给定的电流值，采用电压叠加的方法作图求解；

(2)并联非线性电阻电路则根据 KCL，对某一给定的电压值，采用电流叠加的方法作图求解。

交替使用上述方法，可求解一些较简单的串并联非线性电阻电路，而对较复杂的非线性电阻电路，则需采用其他方法。

14.2.2　非线性电阻电路静态工作点的图解法

图 14-10(a)所示为一个由线性电阻、直流电压源和非线性电阻构成的串联电路，设非线性电阻的伏安特性如图 14-10(b)所示，可采用上述图解法作出线性电阻和非线性电阻串联部分的伏安特性，然后根据给定的 U_0 值求取对应的电流值。电子电路中简单二极管电路具有如图所示的等效电路，该类非线性电路通常采用另一种称为“曲线相交法”的图解法求解以分析其工作状态。

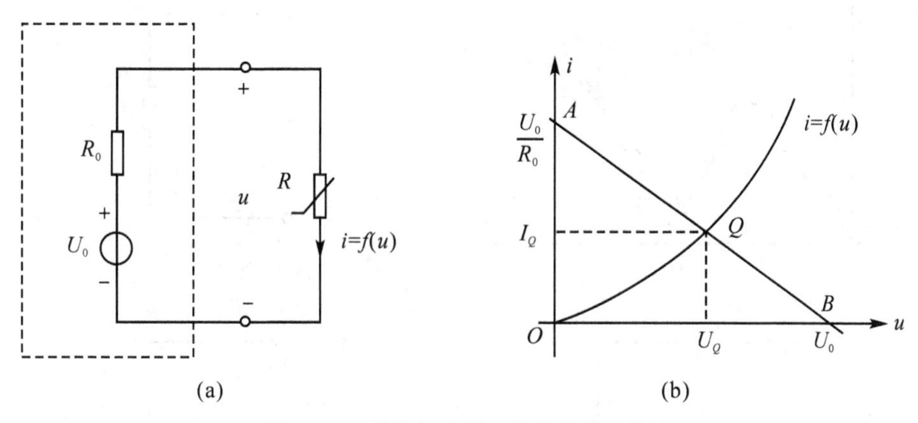

图 14-10　非线性电阻电路的静态工作点

图 14-10(a)中虚线框所示一端口为该电路的线性部分，其伏安特性为图 14-10(b)中经过点 A、B 的一条直线，直线方程为

$$u=U_0-R_0 i$$

该直线与非线性电阻的伏安特性曲线相交于图中的 Q 点，因此该点的对应值同时满足

直线方程和非线性方程 $i=f(u)$,所以是该电路的解。由于 Q 点的对应值描述了电路在直流电压源作用情况下的工作状态,所以称该点为电路的静态工作点。

14.3　分段线性化方法

分段线性化方法是分析非线性电路的一种常用的有效方法。该方法的特点是将非线性电路元件的特性曲线进行分段线性处理后,将非线性电路的求解过程分成若干个线性区段来进行。对每一个线性区段,确定出对应的等效电路后,就可应用线性电路的分析方法求解,从而求得非线性电路的近似解。

图 14-11(a)所示 N 形曲线是隧道二极管的伏安特性曲线,该曲线可用图中 3 段直线 $\overline{OA}$、$\overline{AB}$和$\overline{BC}$近似替代。各段直线的斜率为电路工作在该直线段内时的动态电导,分别记为 G_a、G_b 和 G_c。在每个直线段内,隧道二极管的伏安特性可用一个相应的线性电路来等效。

当 $0 \leqslant u \leqslant U_1$ 时,有

$$i=G_a u$$

因此,隧道二极管可用图 14-11(b)所示线性电导来等效。

当 $U_1 \leqslant u \leqslant U_2$ 时,有

$$i=G_a U_1+G_b(u-U_1)=G_b u-(G_b-G_a)U_1=G_b u-I_{sb}$$

其中,$I_{sb}=(G_b-G_a)U_1$ 为已知量,相当于一个独立电流源,故在该段可用如图 14-11(c)所示一个线性电导和一个电流源的并联电路来等效。

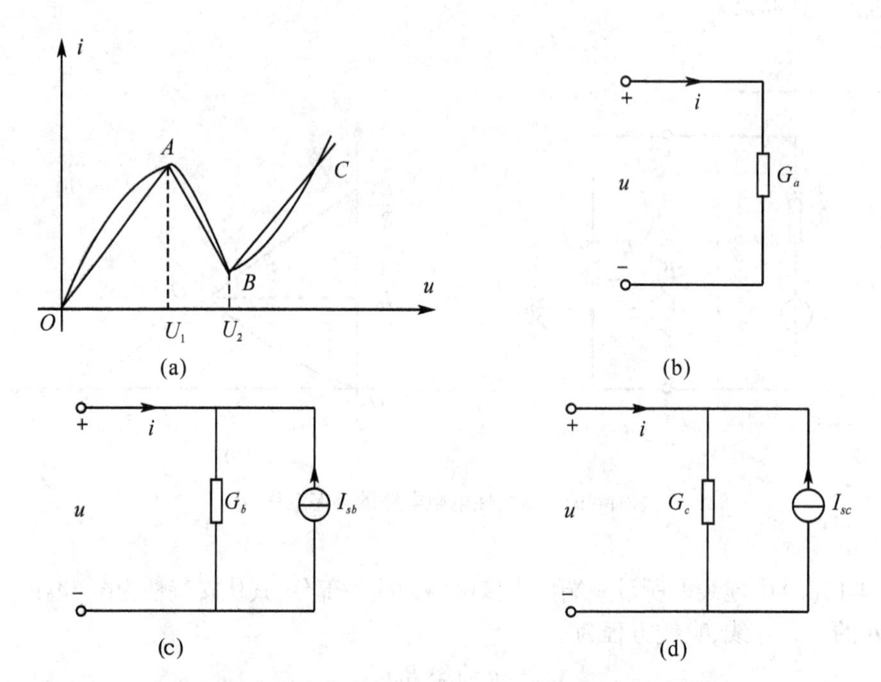

图 14-11　隧道二极管电路的分段线性化处理及等效电路

当 $U_2 \leqslant u$ 时,有

$$\begin{aligned} i &= G_a U_1 + G_b(U_2 - U_1) + G_c(u - U_2) \\ &= G_c u - (G_b - G_a)U_1 - (G_c - G_b)U_2 \\ &= G_c u - I_{sc} \end{aligned}$$

其中,$I_{sc} = (G_b - G_a)U_1 + (G_c - G_b)U_2$ 同样为已知量,相当于一个独立电流源,故在该段可用如图 14-11(d)所示线性电导和电流源的并联电路来等效。

14.4　小信号分析法

小信号分析法也是分析非线性电路的一种常用的有效方法,它主要应用于那些既有偏置直流电源作用,又有外加时变小信号作用的非线性电路,如电子电路中放大器的分析就属于这一类问题。

图 14-12(a)所示电路中有直流电压源 U_0 和随时间变化的电压源 $u_S(t)$ 共同作用,电阻 R_0 为线性电阻,R 为压控非线性电阻,其伏安特性为 $i=f(u)$,如图 14-12(b)所示。设在任意时刻都有 $U_0 >> |u_S(t)|$,即 $u_S(t)$ 相对于 U_0 来说是一个小信号。可采用下述步骤求解待求电量 u 和 i。

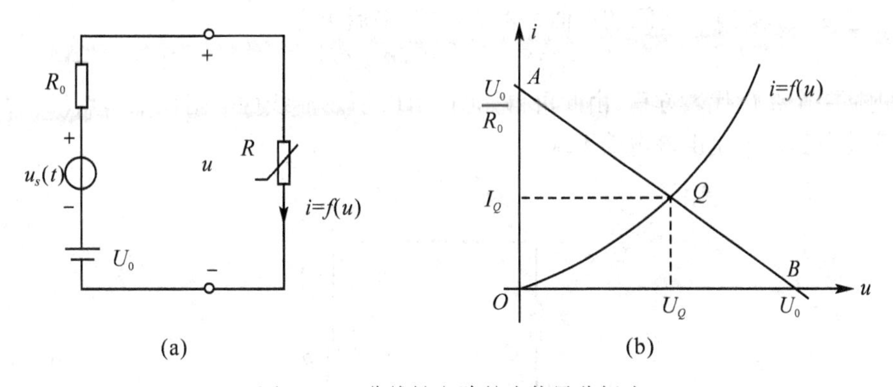

图 14-12　非线性电路的小信导分析法

对电路应用 KVL,可得

$$U_0 + u_S(t) = R_0 i + u$$

首先取 $u_S(t) = 0$,即考虑无小信号作用的情况,此时可如图 14-12(b)所示用图解法求出静态工作点(U_Q, I_Q)。当 $u_S(t) \neq 0$,即有信号电压作用时,由于 $U_0 >> |u_S(t)|$,所以待求解 u 和 i 必定处于工作点(U_Q, I_Q)附近,因此可将 u 和 i 近似表示为

$$u = U_Q + u_1(t)$$
$$i = I_Q + i_1(t)$$

式中,$u_1(t)$ 和 $i_1(t)$ 是由于小信号 $u_S(t)$ 作用所引起的偏差。在任何时候 $u_1(t)$、$i_1(t)$ 相对于 U_Q、I_Q 都很小。

根据非线性电阻的伏安特性,由上述两式可得

$$I_Q+i_1(t)=f(U_Q+u_1(t))$$

由于 $u_1(t)$ 很小，所以可将上式右侧用泰勒级数展开，略去二次项以上的高次项，则上式可写为

$$I_Q+i_1(t)\approx f(U_Q)+f'(U_Q)u_1(t)$$

由于 $I_Q=f(U_Q)$，所以有

$$i_1(t)\approx f'(U_Q)u_1(t)$$

又因为

$$f'(U_Q)=G_d=1/R_d$$

为非线性电阻在工作点 (U_Q,I_Q) 处的动态电导，所以

$$i_1(t)\approx G_d u_1(t)$$

或

$$u_1(t)\approx R_d i_1(t)$$

由于 G_d 在工作点处是一个常数，所以从上式可见，由小信号电压 $u_S(t)$ 产生的电压和电流分量 $u_1(t)$ 和 $i_1(t)$ 之间的关系是线性的，于是电路的 KVL 方程可写为

$$U_0+u_S(t)=R_0(I_Q+i_1(t))+U_Q+u_1(t)$$

其中，$U_0=R_0I_Q+U_Q$，故又可得

$$u_S(t)=R_0i_1(t)+u_1(t)$$

再利用上述 $u_1(t)$ 和 $i_1(t)$ 之间的近似线性关系式，最后可得

$$u_S(t)=R_0i_1(t)+R_di_1(t)$$

上式是一个线性代数方程，由此可得如图 14-13 所示非线性电阻在工作点 (U_Q,I_Q) 处的小信号等效电路。于是由该电路可求得

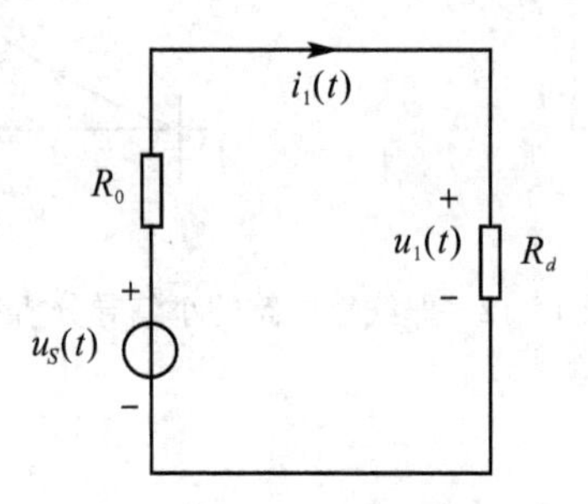

图 14-13　小信号等效电路

$$i_1(t)=\frac{u_S(t)}{R_0+R_d}$$

$$u_1(t)=R_di_1(t)=\frac{R_du_S(t)}{R_0+R_d}$$

例 14-1　设如图 14-14(a)所示电路中，压控非线性电阻的伏安特性如图 14-14(b)所示，其函数关系式为

$$i=f(u)=\begin{cases}u^2 & u>0\\0 & u<0\end{cases}$$

直流电流源电流 $I_0=20\text{A}$，线性电阻 $R_0=1\Omega$，小信号电流源电流 $i_S(t)=0.9\sin t\text{A}$。试求工作点和在工作点处由小信号所产生的电流和电压。

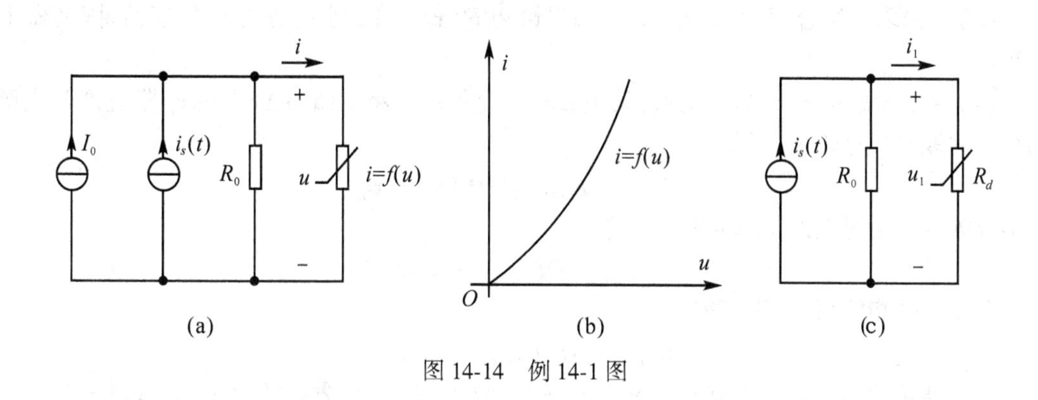

图 14-14　例 14-1 图

解　对图 14-14(a)应用 KCL，得

$$\frac{u}{R_0}+i=I_0+i_S$$

代入参数，得

$$u+f(u)=20+0.9\sin t$$

先求电路的静态工作点。令 $i_S(t)=0$，由上式得

$$u+u^2=20$$

由该方程可求得对应工作点的电压 $U_Q=4\text{V}$，再由非线性电阻的伏安特性得 $I_Q=16\text{A}$。工作点处的动态电导为

$$G_d=\frac{\mathrm{d}f(u)}{\mathrm{d}u}\bigg|_{u=U_Q}=2u\bigg|_{u=U_Q}=8\text{S}$$

由此可作出小信号等效电路如图 14-14(c)所示，从而可求出工作点处由小信号所产生的电流和电压分别为

$$u_1=\frac{1}{9}\times0.9\sin t=0.1\sin t\text{V}$$

$$i_1=8u_1=8\times0.1\sin t=0.8\sin t\text{A}$$

14.5　牛顿-拉夫逊法

一般非线性电路可根据基尔霍夫定律和元件特性列出相应的电路方程，对这些非线性电路方程，很难求出其解析解，通常可采用数值解法。牛顿-拉夫逊法是一种应用较广的求解非线性代数方程的数值解法。

设一般非线性代数方程组可表示为

$$\boldsymbol{F}(\boldsymbol{x})=\boldsymbol{0}$$

的 n 维向量形式，式中 $\boldsymbol{x}$ 为 n 维待求解向量。如果 $\boldsymbol{x}=\boldsymbol{x}^*$ 是方程组的解，则 $\boldsymbol{x}^*$ 显然应满足

$$\boldsymbol{F}(\boldsymbol{x}^*)=\boldsymbol{0}$$

用牛顿-拉夫逊法求解非线性代数方程的过程可分为如下几步：

(1)先选取一组合理的初始值 $\boldsymbol{x}_0$。如果恰巧 $\boldsymbol{F}(\boldsymbol{x}_0)=\boldsymbol{0}$，则 $\boldsymbol{x}_0$ 是方程的解，否则就做下一步；

(2)取 $\boldsymbol{x}_1=\boldsymbol{x}_0+\Delta\boldsymbol{x}_0$ 作为修正值，其中 $\Delta\boldsymbol{x}_0$ 应足够小。将 $\boldsymbol{F}(\boldsymbol{x}_0+\Delta\boldsymbol{x}_0)$ 在 $\boldsymbol{x}_0$ 附近展开成泰勒级数并取其线性部分，可得

$$\boldsymbol{F}(\boldsymbol{x}_1)\approx\boldsymbol{F}(\boldsymbol{x}_0)+\boldsymbol{DF}(\boldsymbol{x}_0)\Delta\boldsymbol{x}_0$$

式中，$\boldsymbol{DF}(\boldsymbol{x}_0)$ 为对应的 Jacobi 矩阵。令

$$\boldsymbol{F}(\boldsymbol{x}_0)+\boldsymbol{DF}(\boldsymbol{x}_0)\Delta\boldsymbol{x}_0=\boldsymbol{0}$$

若 Jacobi 矩阵可逆，则可得

$$\Delta\boldsymbol{x}_0=-(\boldsymbol{DF}(\boldsymbol{x}_0))^{-1}\boldsymbol{F}(\boldsymbol{x}_0)$$

由此便可确定出第一次修正值 $\boldsymbol{x}_1$。若 $\boldsymbol{F}(\boldsymbol{x}_1)=\boldsymbol{0}$，则 $\boldsymbol{x}_1$ 是方程的解；若 $\boldsymbol{F}(\boldsymbol{x}_1)\neq\boldsymbol{0}$，则用上述方法继续迭代，第 $k+1$ 次迭代的修正值为

$$\boldsymbol{x}_{k+1}=\boldsymbol{x}_k-(\boldsymbol{DF}(\boldsymbol{x}_k))^{-1}\boldsymbol{F}(\boldsymbol{x}_k)\boldsymbol{x}_0$$

该式成立的充分必要条件是 Jacobi 矩阵 $\boldsymbol{DF}(\boldsymbol{x}_k)$ 可逆。如果 $\boldsymbol{F}(\boldsymbol{x}_{k+1})=\boldsymbol{0}$，则 $\boldsymbol{x}^*=\boldsymbol{x}_{k+1}$ 是方程的解，否则继续迭代。但实际上只要 $\boldsymbol{F}(\boldsymbol{x}_{k+1})$ 足够小，即

$$\max_{1\leqslant j\leqslant n}|\boldsymbol{F}_j(\boldsymbol{x}_{k+1})|<\varepsilon\quad(j=1,2,\cdots,n)$$

就可认为迭代收敛。式中，ε 为按照计算精度要求预先取定的一个很小的正数。

例 14-2　图 14-15 所示非线性电阻电路中，已知 $i_S=2\text{A}$，$R_1=3\Omega$，R_2 为一非线性电阻，其伏安特性为 $i_2=u_2^2+2u_2$。试用牛顿-拉夫逊法求解节点电压 u_n（取 $\varepsilon=5\times10^{-5}$）。

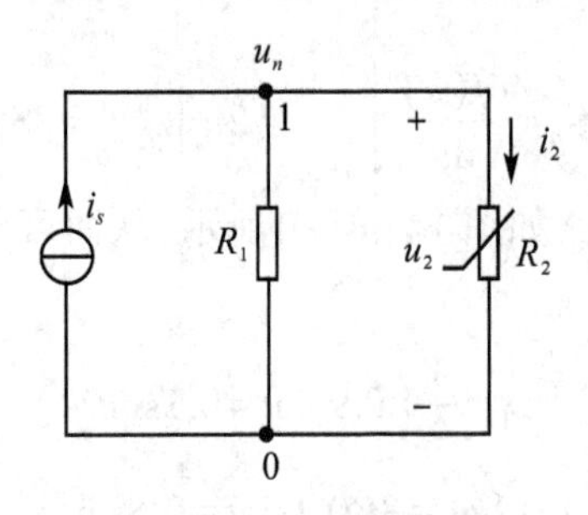

图 14-15　例 14-2 图

解　首先对节点 1 列出节点电压方程，利用 KCL，得

$$\frac{u_n}{R_1}+i_2-i_S=0$$

将参数值和非线性电阻伏安特性代入该方程，可得

$$F(u_n)=\frac{1}{3}u_n+u_n^2+2u_n-2=u_n^2+\frac{7}{3}u_n-2=0$$

由此得

$$DF(u_{nk})=\frac{7}{3}+2u_{nk}$$

按牛顿-拉夫逊法的迭代公式，得

$$u_{n(k+1)}=u_{nk}-\frac{F(u_{nk})}{DF(u_{nk})}=u_{nk}-\frac{u_{nk}^2+\frac{7}{3}u_{nk}-2}{\frac{7}{3}+2u_{nk}}=\frac{u_{nk}^2+2}{\frac{7}{3}+2u_{nk}}$$

取 $u_{n0}=0$，则迭代过程可如表 14-1 所示。

表 14-1

k	0	1	2	3	4
u_{nk}	0	0.857 14	0.675 63	0.666 69	0.666 67
$F(u_{nk})$	-2	0.734 69	0.032 95	0.000 09	0.000 01

迭代 4 次后，$F(u_{n4})=0.000\ 01<\varepsilon$，可停止迭代。得节点电压 $u_n=0.666\ 67\text{V}$。

14.6　非线性动态电路状态方程的列写

含有储能元件的非线性电路中，由于储能元件的电压电流关系是微分或者积分关系，所以对应的电路方程是微分方程或者积分方程，这类电路称为非线性动态电路。非线性动态电路目前常采用状态变量法进行分析。在列写非线性动态电路状态方程时，对压控型电容元件一般选电压 u_C 为状态变量，荷控型电容元件选电荷 q_C 为状态变量，流控型电感元件选电流 i_L 为状态变量，链控型电感元件选磁链 Ψ_L 为状态变量。含有非线性储能元件和非线性电阻元件的电路状态方程的列写比较复杂，有时甚至无法列出状态方程，其具体列写方法通过下述例题进行介绍。

例 14-3　图 14-16 所示 RC 电路中，R_1 为非线性电阻，C 为非线性电容，R 为线性电阻，试对下面 3 种情况列写电路的状态方程：

（1）R_1 为压控电阻，$i_1=u_{R_1}^2+u_{R_1}^3$；C 为压控电容，$q_C=u_C^2+u_C^3$。

（2）R_1 为压控电阻，$i_1=u_{R_1}^2+u_{R_1}^3$；C 为荷控电容，$u_C=q_C^2+q_C^3$。

（3）R_1 为流控电阻，$u_{R_1}=i_1^2+i_1^3$；C 为压控电容，$q_C=u_C^2+u_C^3$。

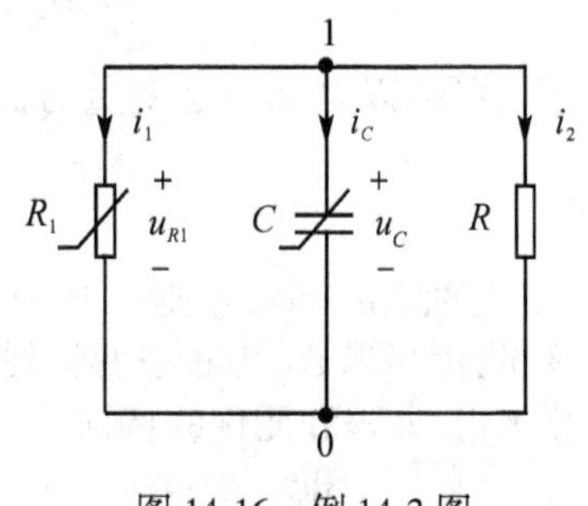

图 14-16　例 14-3 图

解　(1)对节点 1 列写 KCL 方程,可得

$$i_1+i_2+i_C=0$$

其中,

$$i_C=\frac{\mathrm{d}q}{\mathrm{d}t}=\frac{\mathrm{d}q}{\mathrm{d}u_C}\frac{\mathrm{d}u_C}{\mathrm{d}t}=C_d\frac{\mathrm{d}u_C}{\mathrm{d}t}=(3u_C^2+2u_C)\frac{\mathrm{d}u_C}{\mathrm{d}t}$$

于是可得

$$\frac{\mathrm{d}u_C}{\mathrm{d}t}=C_d^{-1}i_C=\frac{i_C}{3u_C^2+2u_C}=-\frac{i_1+i_2}{3u_C^2+2u_C}=-\frac{\dfrac{u_C^2+u_C^3+u_C}{R}}{3u_C^2+2u_C}$$

该式即为所求状态方程。

(2)此时,由于 q_C 不是 u_C 的单值函数,所以 i_C 亦不是 u_C 的单值函数,因此不能取 u_C 为状态变量,但可取 q_C 为状态变量列写状态方程。

由 KCL 方程和压控非线性电阻的特性方程可得状态方程为

$$\frac{\mathrm{d}q_C}{\mathrm{d}t}=i_C=-i_1-i_2=-(q_C^2+q_C^3)^2-(q_C^2+q_C^3)^3-\frac{q_C^2+q_C^3}{R}$$

(3)此时由于 i_1 不是 $u_{R1}=u_C$ 的单值函数,而 u_C 也不是 q_C 的单值函数,所以既不能取 u_C 为状态变量,也不能取 q_C 为状态变量,不然在 KCL 方程中将出现无法消除的非状态变量,从而该情况下无法列出状态方程。

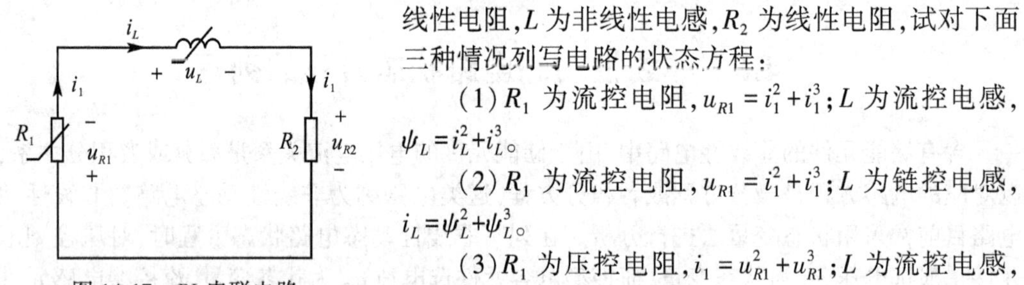

图 14-17　*RL* 串联电路

例 14-4　图 14-17 所示 *RL* 串联电路中,R_1 为非线性电阻,L 为非线性电感,R_2 为线性电阻,试对下面三种情况列写电路的状态方程:

(1)R_1 为流控电阻,$u_{R1}=i_1^2+i_1^3$;L 为流控电感,$\psi_L=i_L^2+i_L^3$。

(2)R_1 为流控电阻,$u_{R1}=i_1^2+i_1^3$;L 为链控电感,$i_L=\psi_L^2+\psi_L^3$。

(3)R_1 为压控电阻,$i_1=u_{R1}^2+u_{R1}^3$;L 为流控电感,$\psi_L=i_L^2+i_L^3$。

解　(1)对回路列 KVL 方程,有

$$u_{R1}+u_L+u_{R2}=0$$

代入各元件的特性方程,得

$$\frac{\mathrm{d}\psi_L}{\mathrm{d}t}=u_L=(2i_L+3i_L^2)\frac{\mathrm{d}i_L}{\mathrm{d}t}=-(i_1^2+i_1^3)-R_2i_L$$

于是可得以 i_L 为状态变量的状态方程

$$\frac{\mathrm{d}i_L}{\mathrm{d}t}=-\frac{R_2i_L+i_L^2+i_L^3}{2i_L+3i_L^2}$$

(2)此时,由于 ψ_L 不是 i_L 的单值函数,所以 u_L 亦不是 i_L 的单值函数,因此不能取 i_L 为状态变量,但可取 ψ_L 为状态变量列写状态方程。

由 KVL 方程和元件的特性方程可得状态方程为

$$\frac{\mathrm{d}\psi_L}{\mathrm{d}t}=u_L=-u_{R1}-R_2i_L=-(\psi_L^2+\psi_L^3)^2-(\psi_L^2+\psi_L^3)^3-R_2(\psi_L^2+\psi_L^3)$$

(3)此时,由非线性电阻特性方程知,u_{R1}不是$i_1=i_L$的单值函数,所以不能取i_L为状态变量;而由非线性电感特性方程知i_L,从而u_L又不是ψ_L的单值函数,因此也不能取ψ_L为状态变量。所以,此时不论取u_L还是ψ_L作状态变量,在KVL方程中都存在一个无法消除的非状态变量,从而该情况下无法列出状态方程。

非线性动态电路状态方程的一般形式为

$$\frac{\mathrm{d}x_k}{\mathrm{d}t}=f_k(x_1,x_2,\cdots,x_n,t)\quad(k=1,2,\cdots,n)\tag{14-1}$$

式中,$x_1,x_2,\cdots,x_n$为状态变量,t为时间变量。若在状态方程中时间变量t除了在$\frac{\mathrm{d}x}{\mathrm{d}t}$中以隐含形式出现外,不以任何显含形式出现,则状态方程的形式为

$$\frac{\mathrm{d}x_k}{\mathrm{d}t}=f_k(x_1,x_2,\cdots,x_n)\quad(k=1,2,\cdots,n)\tag{14-2}$$

方程(14-2)称为自治方程,对应的电路称为自治电路;方程(14-1)则称为非自治方程,对应的电路称为非自治电路。当电路中所有元件皆为非时变元件,电路处于零状态或以直流电源激励时,状态方程中不含独立的时间变量t,所列状态方程为自治方程,上述二例即为此种形式。

14.7　求解自治电路的分段线性法

一般来说,求解非线性动态电路要想得到解析解是困难的,因此常采用数值方法或近似方法求解。对自治电路,可将非线性元件的特性方程分段线性化处理后,再进行分段线性分析。本节简单介绍求解一阶非线性自治电路的分段线性法。

一阶非线性自治电路一般可分为如图14-18所示4种形式。图中N_1为有源非线性电阻性网络,N_2则可为有源线性或非线性电阻性网络,所含电源皆应为直流电源以满足自治电路的要求。下面选择两种较简单的情况进行分析以介绍分段线性法。

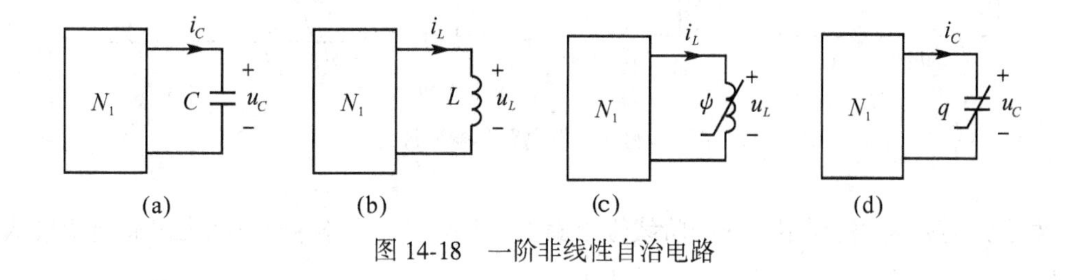

图14-18　一阶非线性自治电路

14.7.1　非线性电阻和线性电感构成的一阶非线性自治电路

图14-19(a)所示为一个由非线性电阻和线性电感构成的一阶非线性自治电路,非线性电阻的伏安特性如图14-19(b)所示,现采用分段线性法求该电路的零状态响应i_L。

先将非线性电阻的伏安特性曲线用如图14-19(b)所示的折线逼近,该折线的分段表达

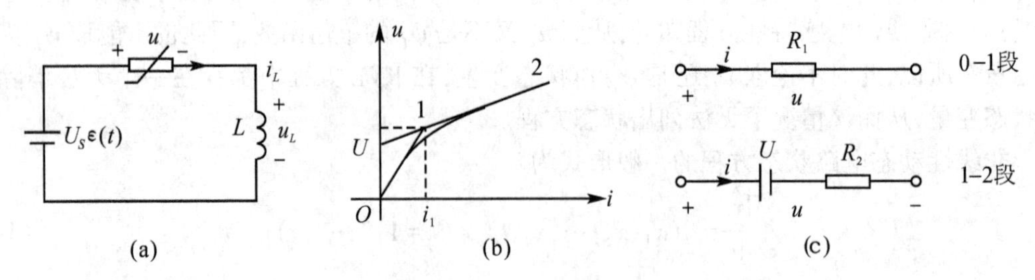

图 14-19　一阶非线性自治电路和非线性电阻的等效电路

式为

$$u=\begin{cases}R_1 i & 0\leqslant i\leqslant i_1\\ U+R_2 i & i_1\leqslant i\end{cases}$$

式中，R_1 和 R_2 分别为电路工作在各直线段时非线性电阻的等效线性电阻，$U=R_1i_1-R_2i_1$ 为第二段对应直线在电压轴上的截距。由于 R_1、R_2 和 U 皆为常数，故在将非线性电阻分成如此两段处理后，其各段对应的等效电路为如图 14-19(c)所示的线性电路。

在此基础上，根据电路的工作状态可确定各线性段对应的响应时间区域。由于图 14-19(a)所示电路描述的是一个直流电压源通过非线性电阻对处于零状态情况下的电感充磁的过程，换路瞬间电感电流不突变，所以换路后电感电流将从零开始随充磁时间的增加而增长，最终达到稳态值。因此对应 0—1 段的响应时间为 $0\leqslant t\leqslant t_1$，$t_1$ 为与电流 i_1 对应的时间；对应 1—2 段的时间为 $t_1\leqslant t<\infty$。由此可作出各段时间内该电路的等效电路如图 14-20(a)、(b)所示。

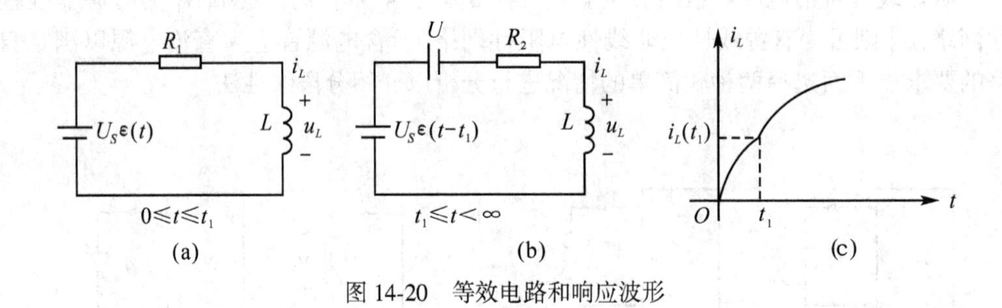

图 14-20　等效电路和响应波形

对上述等效电路，利用求解一阶线性电路的三要素法，可得各段时间内电感电流的表达式如下：

$$i_L=\begin{cases}\dfrac{U_S}{R_1}(1-e^{-\frac{R_1}{L}t}) & 0\leqslant t\leqslant t_1\\ \dfrac{U_S-U}{R_2}+\left[\dfrac{U_S}{R_1}(1-e^{-\frac{R_1}{L}t_1})-\dfrac{U_S-U}{R_2}\right]e^{-\frac{R_2}{L}(t-t_1)} & t_1\leqslant t<\infty\end{cases}$$

i_L 的波形如图 14-20(c)所示。

14.7.2 线性电阻和非线性电容构成的一阶非线性自治电路

图 14-21(a)所示为一个由线性电阻和非线性电容构成的一阶非线性自治电路,非线性电容的库伏特性如图 14-21(b)所示,采用分段线性法分析该电路的零状态响应 u_C。

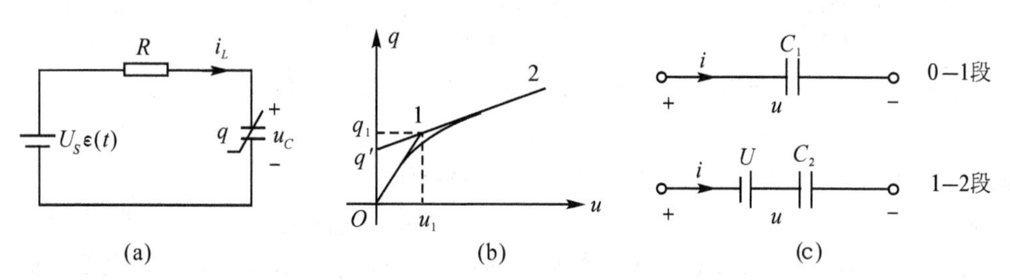

图 14-21 一阶非线性自治电路和非线性电容的等效电路

先将非线性电容的库伏特性曲线用如图 14-21(b)所示的折线逼近,该折线的分段表达式为

$$q=\begin{cases}C_1u & 0\leqslant u\leqslant u_1\\ q'+C_2u & u_1\leqslant u\end{cases}$$

或

$$u=\begin{cases}\dfrac{q}{C_1} & 0\leqslant q\leqslant q_1\\ \dfrac{q}{C_2}-U & q_1\leqslant q\end{cases}$$

式中,C_1 和 C_2 分别为电路工作在各直线段时非线性电容的线性等效电容,为常数。$q'=C_1u_1-C_2u_1$ 为第二段直线在电荷轴上的截距,$U=q'/C_2$ 为常数,可作为等效电压源。故在将非线性电容分段线性处理后,其各线性段对应的等效电路为如图 14-21(c)所示的线性电路。

根据上述等效电路和电路的工作状态可确定各线段对应的响应时间区域。由于图 14-21(a)所示电路描述的是一个直流电压源通过线性电阻对处于零状态情况下的电容充电的过程,换路瞬间电容电压不突变,所以换路后电容电压将从零开始随充电时间的增加而增长,最终达到稳态值。因此对应 0—1 段的响应时间为 $0\leqslant t\leqslant t_1$,$t_1$ 为与电压 u_1 对应的时间;对应 1—2 段的时间为 $t_1\leqslant t<\infty$。由此可作出各段时间内该电路的等效电路,如图 14-22(a)、(b)所示。

对各等效电路,利用三要素法,可得各段时间内电容电压的表达式如下:

$$u_C=\begin{cases}U_S(1-e^{-\frac{t}{RC_1}}) & 0\leqslant t\leqslant t_1\\ U_S+U+\left[U_S(1-e^{-\frac{t_1}{RC_1}})-(U_S+U)\right]e^{-\frac{t-t_1}{RC_2}} & t_1\leqslant t\end{cases}$$

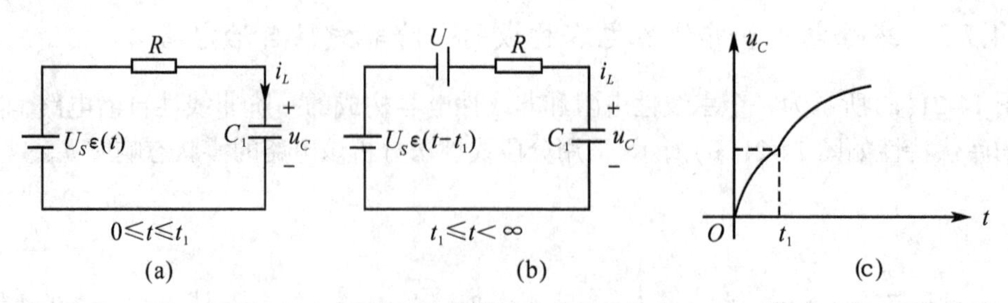

图 14-22　非线性电容等效电路和零状态响应波形

由该式可作出 u_C 的零状态响应波形如图 14-22(c)所示。

例 14-5　如图 14-23(a)所示为一个由非线性电阻和线性电容构成的一阶非线性自治电路,已知 $U_S=200\text{V}$,$C=10\mu\text{F}$,将非线性电阻按图 14-23(b)所示分成两段线性处理后得到其伏安特性的分段表达式为

$$u=\begin{cases}1\,000i & 0\leqslant i\leqslant 0.1\\ 50+500i & 0.1\leqslant i\end{cases}$$

式中,电压单位为 V,电流单位为 A。非线性电阻的分段等效电路如图 14-23(c)所示,求零状态响应 u_C。

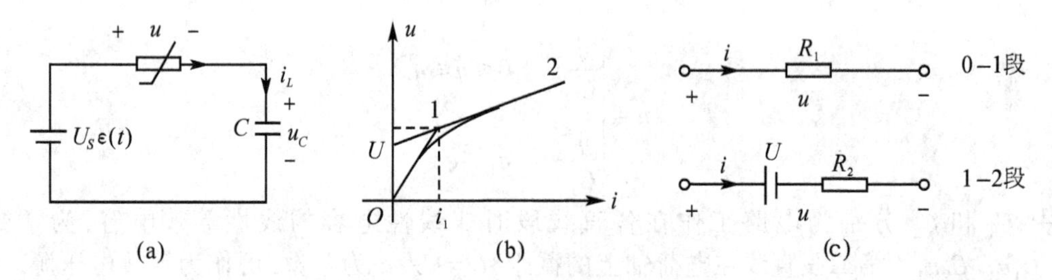

图 14-23　含线性电容的一阶非线性自治电路和非线性电阻的等效电路

解　由非线性电阻伏安特性的分段表达式可知其各线性段的等效电阻分别为 $R_1=1\,000\Omega$,$R_2=500\Omega$,第二段的等效电压源电压 $U=50\text{V}$。由于该电路的工作状态表现为一个直流电压源通过非线性电阻对电容充电的过程,换路后瞬间 $u_C(0_+)=0$,$i_C(0_+)$达到最大值,随后充电电流 i_C 随充电时间的增加而减小,最终趋于零。因此对应 1—2 段的响应时间为 $0\leqslant t\leqslant t_1$,$t_1$ 为与电压 i_1 对应的时间;对应 0—1 段的时间为 $t_1\leqslant t<\infty$。由此可作出各段时间内该电路的等效电路如图 14-24(a)、(b)所示。

对图 14-24(a)等效电路,利用三要素法,可得 $0\leqslant t\leqslant t_1$ 时电容电压和电流的表达式如下:

$$u_C=(U_S-U)(1-\mathrm{e}^{-\frac{t}{R_2C}})=150(1-\mathrm{e}^{-200t})\qquad 0\leqslant t\leqslant t_1$$

$$i_C=C\frac{\mathrm{d}u_C}{\mathrm{d}t}=0.3\mathrm{e}^{-200t}$$

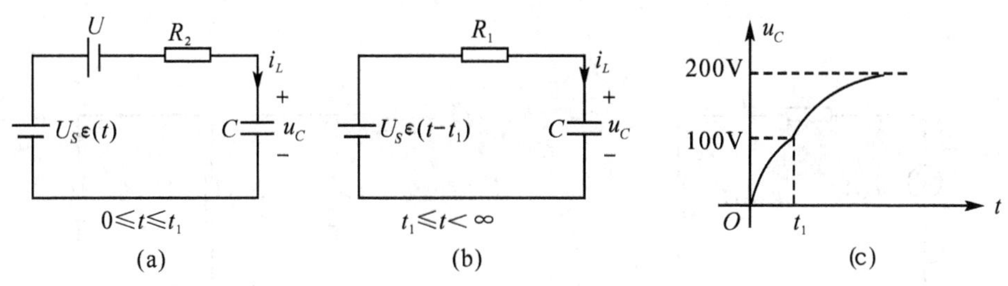

图 14-24　等效电路和零状态响应波形

由 $i_1=0.1\text{A}$ 可求得

$$t_1=\frac{\ln\dfrac{0.3}{0.1}}{200}=5.49\text{ms}$$

由图 14-24(b)所示等效电路，可得 $t_1\leqslant t$ 时电容电压的表达式为

$$\begin{aligned}u_C&=U_S+\left[(U_S-U)(1-\mathrm{e}^{-\frac{t_1}{R_2C}})-U_S\right]\mathrm{e}^{-\frac{t-t_1}{R_1C}}\\&=200+[150(1-\mathrm{e}^{-200\times0.005\,49})-200]\mathrm{e}^{-100(t-t_1)}\\&=200-100\mathrm{e}^{-100(t-t_1)}\end{aligned}$$

对应的响应波形如图 14-24(c)所示。

习　题

14-1　如题 14-1 图所示电路中，二极管的伏安特性为 $i_\mathrm{d}=10^{-6}(\mathrm{e}^{40u_\mathrm{d}}-1)\text{A}$，$u_\mathrm{d}$ 为二极管的压降，单位为 V。已知 $R_1=R_2=0.5\Omega$，$R_3=0.75\Omega$，$U_S=2\text{V}$，试用图解法求出静态工作点。

14-2　如题 14-2 图所示电路中，$I_0=10\text{A}$，$i_S=\cos t\text{A}$，$R=1\Omega$，非线性电阻的伏安特性为 $i=2u^2(u\geqslant0)$，试用小信号分析法求电压 u。

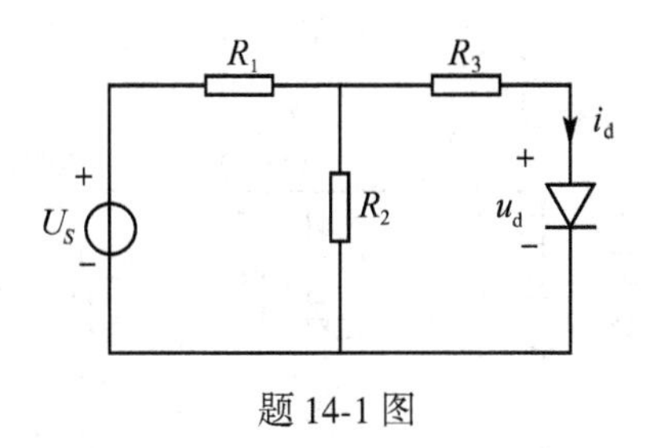

题 14-1 图

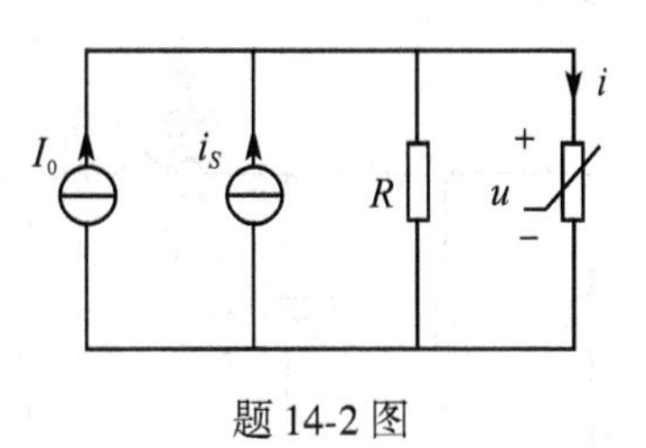

题 14-2 图

14-3　如题 14-3 图所示非线性电阻电路中，非线性电阻的伏安特性为 $u=2i+i^3$，且已知当 $u_S(t)=0$时，回路中的电流为 1A。如果 $u_S(t)=\sin\omega t$，试用小信号分析法求回路中的电流 i。

14-4　如题 14-4 图所示非线性电阻电路中，非线性电阻的伏安特性为 $i=u^2+2u$，

$R=3\Omega, I_S=2A$,用图解法求 u, i。

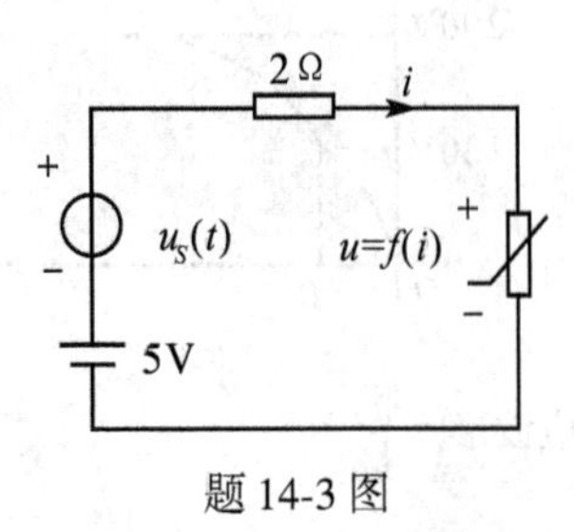

题 14-3 图

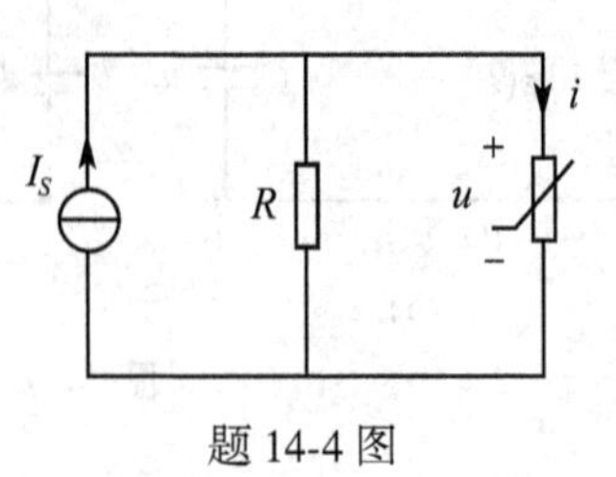

题 14-4 图

14-5　如题 14-5 图所示非线性电阻电路中,已知 $R_1=4\Omega, R_2=12\Omega, U_S=8V, R_3$ 的伏安特性为 $i_3=5u_3^3/3$,取初始估值 $u_3^{(0)}=0.5V$,试用牛顿-拉夫逊法求非线性电阻两端的电压和流过其中的电流。

14-6　如题 14-6 图所示非线性电阻电路中,已知二极管的伏安特性为 $i_2=0.1(e^{40u_2}-1)A$, $R=0.4\Omega, I_0=0.673A, u_2$ 单位为 V,用牛顿-拉夫逊法求 u_2 和 i_2。

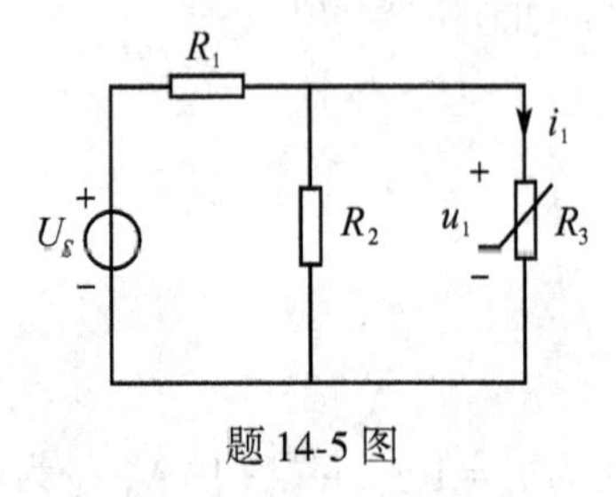

题 14-5 图

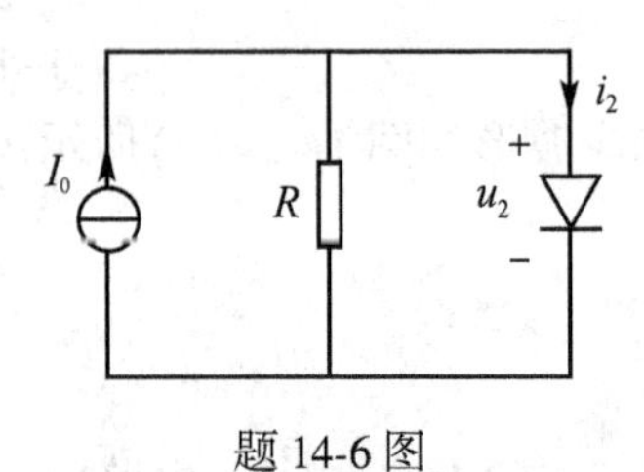

题 14-6 图

14-7　如题 14-7 图所示非线性电路中,已知非线性电容和非线性电感的特性曲线方程分别为 $u_C=f(q), i_L=g(\psi)$。试写出电路的状态方程。

14-8　如题 14-8 图所示电路中,已知 $i_1=f_1(\psi_1), i_2=f_2(\psi_2), u_C=f_3(q)$,试写出电路的状态方程。

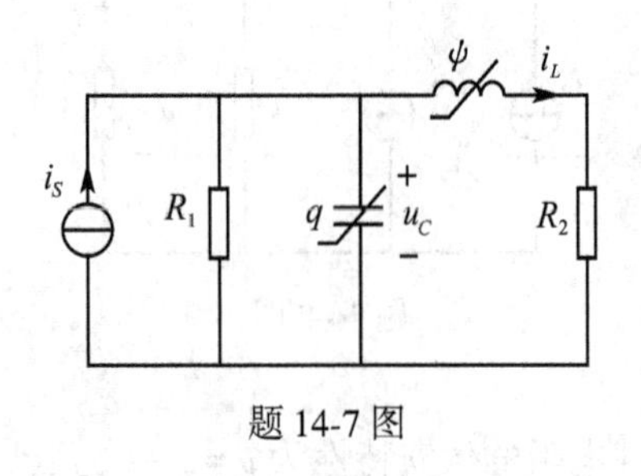

题 14-7 图

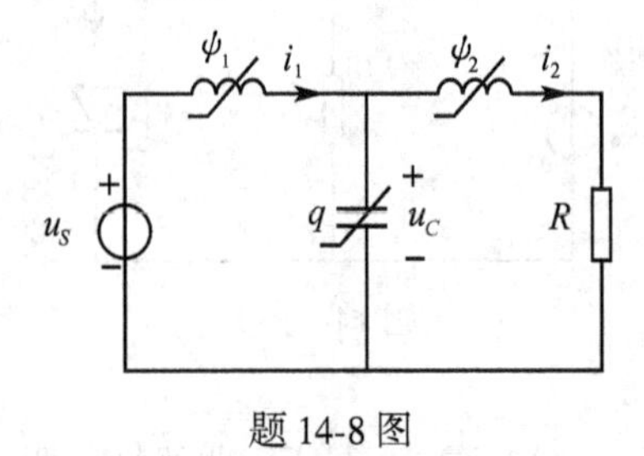

题 14-8 图

14-9　如题 14-9(a)图所示电路中,已知 $I_S=4A, L=1H$,非线性电阻元件的特性曲线如题 14-9(b)图所示，求电路的零状态响应 i_L。

14-10　如题 14-10 图所示电路中，已知非线性电阻特性方程为 $u=i^3$，$u_C(0_-)=U_0$，$t=0$ 时，开关 S 闭合，试求 $t\geqslant 0_+$ 时的 $u_C(t)$。

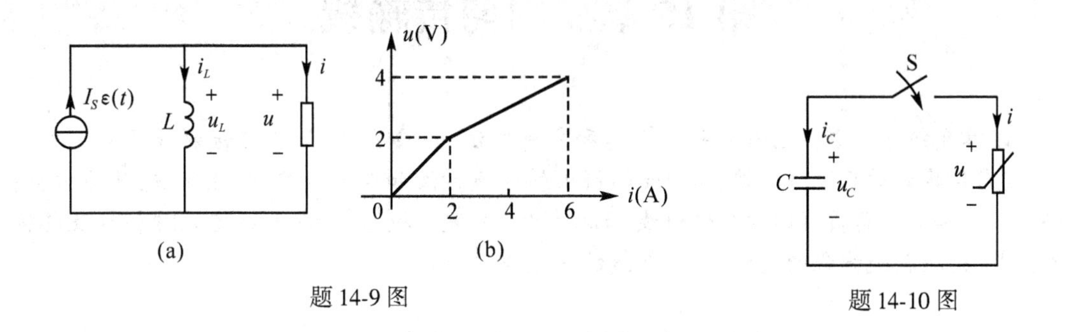

题 14-9 图

题 14-10 图

第 15 章　均匀传输线

本章介绍分布参数电路的基本概念和分析方法，主要内容有：均匀传输线及其基本方程；均匀传输线的正弦稳态解；均匀传输线上的电压行波和电流行波；特性阻抗，传输常数；终端匹配和接任意负载的均匀传输线；无损耗线，驻波的概念，开路和短路无损耗线及其输入阻抗；无损耗线方程的通解；无损耗线的波过程；彼德生法则。

15.1　均匀传输线及其基本方程

15.1.1　分布参数电路的基本概念

本书前面章节所介绍的内容都属于集中参数电路的范畴。集中参数电路的特点是用理想化的集中元件来代替实际电路元件和连接导线，以构成电路模型，这样处理后，使实际电路的分析过程得以简化。严格地说，所有实际电路都是分布参数电路。在导体上，电阻按一定的规律分布在它的每一部分；同样，导体的每一部分也存在电感；任何两段导体间均存在电容和漏电导，因此在导体上电路参数是按一定规律分布的。导体分布电容和分布电导的存在使得导体的分布电阻和分布电感不能再用串联化简的方法合并成集中电阻和集中电感。集中参数电路实际上是分布参数电路的近似处理结果，而且这样处理也是有条件的。能否用集中参数电路代替分布参数电路，除了需考虑分布电容和分布电导的影响外，还应考虑电磁波传播的时延效应。

根据电磁场的理论，电磁波是以一定速度传播的，所以信号或电能沿导体传播需要时间，因此会使导体上信号或电能的传播出现时延效应。导体越长，时延效应越明显。

例如，我国电力系统供电频率为 50Hz，对应波长

$$\lambda=\frac{v}{f}=3\times\frac{10^8}{50}=6\times10^6\text{m}$$

若设输电线长为 1 500km，线路始端输出电压为 $u_1=\sqrt{2}U\sin 2\pi ft$，则该电压从线路始端传输到末端所需时间为

$$t_1=1.5\times\frac{10^6}{3\times10^8}=0.005\text{s}$$

如不考虑因导线阻抗引起的电压衰减和相位变化，则线路末端电压为

$$u_2=\sqrt{2}U\sin 2\pi f(t-0.005)=\sqrt{2}U\sin(2\pi ft-0.5\pi)=\sqrt{2}U\cos 2\pi ft$$

因此由于时延效应使得线路始、末端电压相位相差 90°，如线路始端电压达到幅值，则线路末端电压将为零。此时，如将该导线当做集中元件来处理，将会得出错误的结论。

能否将分布参数电路用集中参数电路来代替,关键要看时延效应引起的误差是否在精度允许范围内。一般来说,只有当导体的几何尺寸与导体上所传播信号的波长相比很小时,才可当做集中参数电路来处理。例如,若上述输电线长为75km,则同样可得由于时延效应在线路始、末端引起的电压相位差为4.5°,此时将该导线当做集中元件来处理所带来的误差从工程角度上来说是可以接受的。

当电路元器件的几何尺寸与电路上所传播信号的波长相近时,不能将其当做集中元件来处理,必须根据分布参数电路的特点来对其进行分析处理。

15.1.2 均匀传输线及其基本方程

传输线是一类特殊的分布参数电路,其最典型的情况是如图15-1所示的双平行线。线的左端通常作为电源连接端,称为始端;线的右端则作为负载连接端,称为终端。两根导线中,与电压源正极和负载相连的导线称为来线,另一根称为回线。一般情况下,由于传输线上电磁波传播的时延效应,沿线各处的电流和电压既是时间 t 的函数,又是空间位置 x 的函数。如果传输线的电阻、电感、电导和电容等参数沿线均匀分布,则称其为均匀传输线。实际上,严格的均匀传输线是不存在的,但为了简化分析过程,在满足计算精度要求的前提下,可将实际传输线近似地当做均匀传输线处理。

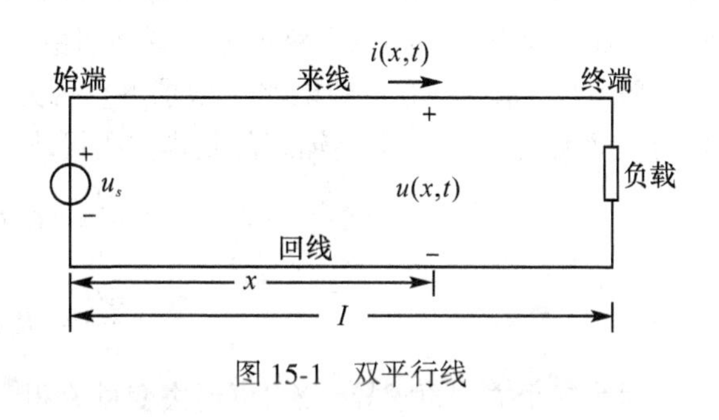

图15-1 双平行线

当均匀传输线的长度与传输线上所传播信号的波长相近时,需当做分布参数电路处理。但如果将该传输线无限分割成微元长度,则对其每一个微元段,其长度与信号波长相比将是无穷小,因此传输线的每一个微元段都可当做集中参数电路处理。如设某均匀传输线单位长度回线的电阻、电感和单位长度回线间的电导、电容分别为 R_0、L_0、G_0 和 C_0,每个微元段的长度为 dx,则可得如图15-2所示距线路始端距离为 x 处微元长度均匀传输线的电路模型。在该模型中,对节点 a 列写KCL方程,对回路 $abcda$ 列写KVL方程,可得

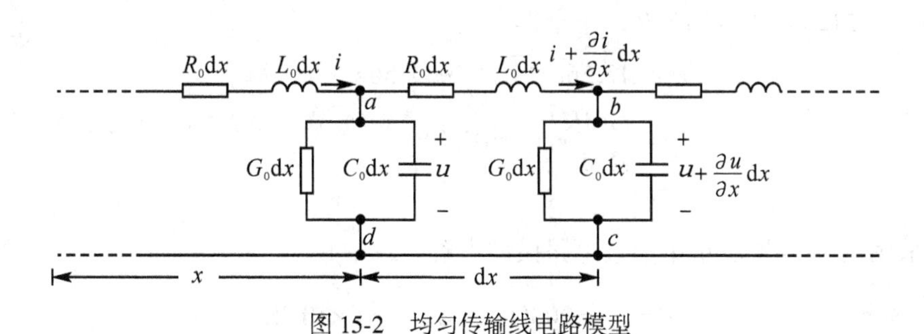

图15-2 均匀传输线电路模型

$$i=(G_0\mathrm{d}x)u+(C_0\mathrm{d}x)\frac{\partial u}{\partial t}+\left(i+\frac{\partial i}{\partial x}\mathrm{d}x\right) \tag{15-1}$$

$$u=(R_0\mathrm{d}x)\left(i+\frac{\partial i}{\partial x}\mathrm{d}x\right)+(L_0\mathrm{d}x)\frac{\partial}{\partial t}\left(i+\frac{\partial i}{\partial x}\mathrm{d}x\right)+\left(u+\frac{\partial u}{\partial x}\mathrm{d}x\right) \tag{15-2}$$

对上述二式进行整理化简并略去高阶微分项后,可得

$$\frac{\partial i}{\partial x}=-\left(G_0u+C_0\frac{\partial u}{\partial t}\right) \tag{15-3}$$

$$\frac{\partial u}{\partial x}=-\left(R_0i+L_0\frac{\partial i}{\partial t}\right) \tag{15-4}$$

式(15-3)、式(15-4)为均匀传输线的基本方程,是求解和分析均匀传输线的基础。给定均匀传输线的边界条件和初始条件,求解该方程式,就可得沿线各处的电流和电压。

例 15-1　图 15-3 所示为一长 200km 的传输线路,已知该传输线单位长度的参数分别为 $R_0=1\Omega/\mathrm{km}$,$G_0=5\times10^{-5}\mathrm{S/km}$,线路始端施加 200V 的直流电压源,终端短路。试分别用分布参数电路模型和集中参数电路模型计算终端稳态电流。

解　(1)采用分布参数电路模型求解。因为直流稳态情况下,沿线电压和电流的分布均与时间无关,所以均匀传输线的基本方程可改写为

$$\frac{\mathrm{d}I}{\mathrm{d}x}=-G_0U$$

$$\frac{\mathrm{d}U}{\mathrm{d}x}=-R_0I$$

对第二个方程再求导一次,可消去变量 I,得

$$\frac{\mathrm{d}^2U}{\mathrm{d}x^2}=R_0G_0U$$

该常微分方程的通解为

$$U=A_1\mathrm{e}^{-\alpha x}+A_2\mathrm{e}^{\alpha x}$$

式中,$\alpha=\sqrt{R_0G_0}=\sqrt{50}\times10^{-3}/\mathrm{km}$。将边界条件 $U(0)=U_S=200\mathrm{V}$,$U(200)=0$ 代入通解表达式,可得

$$A_1+A_2=200$$

$$A_1\mathrm{e}^{-200\times\sqrt{50}\times10^{-3}}+A_2\mathrm{e}^{200\times\sqrt{50}\times10^{-3}}=0$$

解得 $A_1=212.56$,$A_2=-12.56$。于是得

$$U=212.56\mathrm{e}^{-\sqrt{50}\times10^{-3}x}-12.56\mathrm{e}^{\sqrt{50}\times10^{-3}x}\mathrm{V}$$

$$I_2=-\frac{1}{R_0}\frac{\mathrm{d}U}{\mathrm{d}x}\bigg|_{x=l}=0.73\mathrm{A}$$

(2)采用图 15-4 所示集中参数电路模型求解。式中,

$$R=R_0l=200\Omega,G=G_0\frac{l}{2}=5\times10^{-3}\mathrm{S}$$

由图示电路可得

$$I_2=\frac{U_S}{R}=\frac{200}{200}=1\mathrm{A}$$

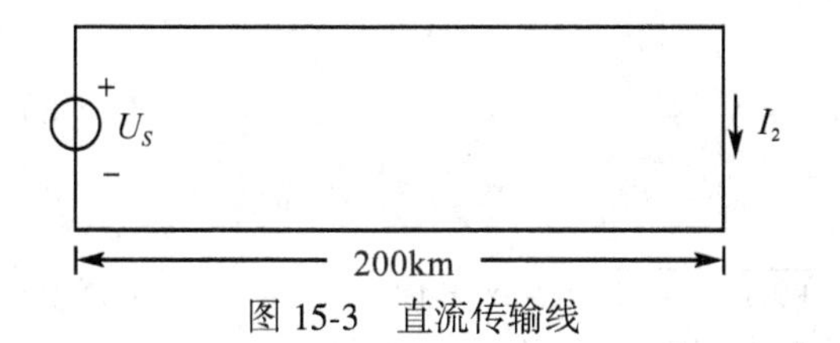

图 15-3 直流传输线

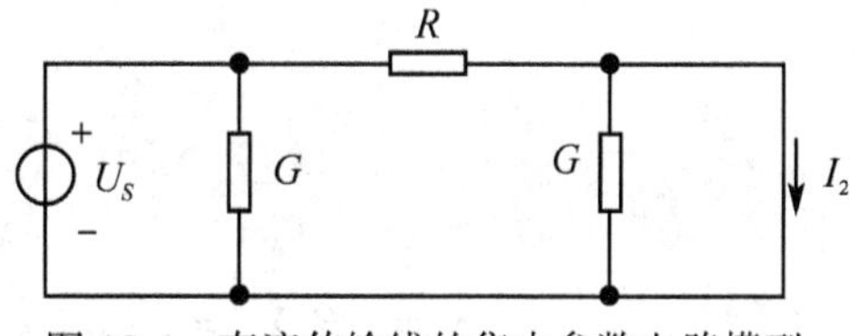

图 15-4 直流传输线的集中参数电路模型

将传输线当做集中参数电路处理带来的相对计算误差为(1−0.73)/0.73×100% = 37%。显然，这是忽略沿线分布的线间漏电流所导致的结果。

15.2 均匀传输线方程的正弦稳态解

15.2.1 正弦稳态情况下均匀传输线方程的通解

当均匀传输线终端接负载阻抗，始端施加角频率为 ω 的正弦交变电源时，稳态情况下沿线各处的电流和电压也是同频率的时间函数。利用相量法，可将这些电流和电压表示为如下形式：

$$u(x,t) = \mathrm{Im}[\sqrt{2}\dot{U}\mathrm{e}^{\mathrm{j}\omega t}]$$

$$i(x,t) = \mathrm{Im}[\sqrt{2}\dot{I}\mathrm{e}^{\mathrm{j}\omega t}]$$

式中，

$$\dot{U} = U(x)\mathrm{e}^{\mathrm{j}\psi_u(x)}$$

$$\dot{I} = I(x)\mathrm{e}^{\mathrm{j}\psi_i(x)}$$

将上述各式代入均匀传输线的基本方程式(15-3)、式(15-4)，经化简后可得

$$\frac{\mathrm{d}\dot{I}}{\mathrm{d}x} = -(G_0 + \mathrm{j}\omega C_0)\dot{U} = -Y_0\dot{U} \tag{15-5}$$

$$\frac{\mathrm{d}\dot{U}}{\mathrm{d}x} = -(R_0 + \mathrm{j}\omega L_0)\dot{I} = -Z_0\dot{I} \tag{15-6}$$

式中，$Y_0 = G_0 + \mathrm{j}\omega C_0$，为单位长度均匀传输线的线间导纳；$Z_0 = R_0 + \mathrm{j}\omega L_0$，为单位长度均匀传输线的阻抗。

由于式(15-5)、式(15-6)中电流和电压相量仅为空间位置 x 的函数，因此原来的一阶偏微分方程组化为相量形式的一阶常微分方程组。对方程式(15-5)、式(15-6)再求一次导数，可得

$$\frac{\mathrm{d}^2\dot{I}}{\mathrm{d}x^2} = -Y_0\frac{\mathrm{d}\dot{U}}{\mathrm{d}x}$$

$$\frac{\mathrm{d}^2\dot{U}}{\mathrm{d}x^2} = -Z_0\frac{\mathrm{d}\dot{I}}{\mathrm{d}x}$$

将式(15-5)、式(15-6)分别代入上述二式后，便可得

$$\frac{\mathrm{d}^2\dot{I}}{\mathrm{d}x^2}=Z_0Y_0\dot{I}=\gamma^2\dot{I} \tag{15-7}$$

$$\frac{\mathrm{d}^2\dot{U}}{\mathrm{d}x^2}=Z_0Y_0\dot{U}=\gamma^2\dot{U} \tag{15-8}$$

式中，

$$\gamma=\sqrt{Z_0Y_0}=\sqrt{(R_0+\mathrm{j}\omega L_0)(G_0+\mathrm{j}\omega C_0)}=\alpha+\mathrm{j}\beta \tag{15-9}$$

为一个与线路参数和频率有关的无量纲的常数，称为传输线的传播常数。

式(15-7)、式(15-8)的特征方程相同，为

$$p^2-\gamma^2=0$$

从而可解得特征根为

$$p=\pm\gamma$$

因此方程(15-8)的通解可写为

$$\dot{U}=A_1\mathrm{e}^{-\gamma x}+A_2\mathrm{e}^{\gamma x} \tag{15-10}$$

将式(15-10)代入式(15-6)，又可得

$$\dot{I}=-\frac{1}{Z_0}\frac{\mathrm{d}\dot{U}}{\mathrm{d}x}=\frac{\gamma}{Z_0}(A_1\mathrm{e}^{-\gamma x}-A_2\mathrm{e}^{\gamma x})$$

令 $Z_c=\dfrac{Z_0}{\gamma}=\sqrt{\dfrac{Z_0}{Y_0}}$，可得方程(15-7)的通解为

$$\dot{I}=\frac{1}{Z_c}(A_1\mathrm{e}^{-\gamma x}-A_2\mathrm{e}^{\gamma x}) \tag{15-11}$$

式中，Z_c 为一个与线路参数和频率有关的具有阻抗量纲的常数，称为传输线的波阻抗或特性阻抗。

两个通解中所包含的待定系数 A_1 和 A_2 可根据线路两端的边界条件来确定，具体计算可分为下面将要介绍的两种情况来讨论。

15.2.2　已知始端电压和电流时均匀传输线方程的正弦稳态解

如已知始端电压 $\dot{U}_1$ 和电流 $\dot{I}_1$，且以始端作计算距离 x 的起点，在通解表达式(15-10)、式(15-11)中，令 $x=0$，则可得

$$\dot{U}_1=A_1+A_2$$

$$\dot{I}_1=\frac{1}{Z_c}A_1-\frac{1}{Z_c}A_2$$

可解得

$$A_1=\frac{1}{2}(\dot{U}_1+Z_c\dot{I}_1)$$

$$A_2=\frac{1}{2}(\dot{U}_1-Z_c\dot{I}_1)$$

于是可得已知始端电压和电流时均匀传输线方程的正弦稳态解为

$$\dot{U}=\frac{1}{2}(\dot{U}_1+Z_c\dot{I}_1)\mathrm{e}^{-\gamma x}+\frac{1}{2}(\dot{U}_1-Z_c\dot{I}_1)\mathrm{e}^{\gamma x} \tag{15-12}$$

$$\dot{I}=\frac{1}{2}\left(\frac{\dot{U}_1}{Z_c}+\dot{I}_1\right)\mathrm{e}^{-\gamma x}-\frac{1}{2}\left(\frac{\dot{U}_1}{Z_c}-\dot{I}_1\right)\mathrm{e}^{\gamma x} \tag{15-13}$$

利用双曲函数可进一步将此二式简化为

$$\dot{U}=\dot{U}_1\mathrm{ch}\gamma x-Z_c\dot{I}_1\mathrm{sh}\gamma x \tag{15-14}$$

$$\dot{I}=-\frac{\dot{U}_1}{Z_c}\mathrm{sh}\gamma x+\dot{I}_1\mathrm{ch}\gamma x \tag{15-15}$$

式(15-14)和式(15-15)恰好是双端口网络以传输参数表示的端口方程,可将其写成如下矩阵形式:

$$\begin{bmatrix}\dot{U}\\ \dot{I}\end{bmatrix}=\begin{bmatrix}\mathrm{ch}\gamma x & -Z_c\mathrm{sh}\gamma x\\ -\frac{1}{Z_c}\mathrm{sh}\gamma x & \mathrm{ch}\gamma x\end{bmatrix}\begin{bmatrix}\dot{U}_1\\ \dot{I}_1\end{bmatrix} \tag{15-16}$$

15.2.3　已知终端电压和电流时均匀传输线方程的正弦稳态解

如已知终端电压$\dot{U}_2$和电流$\dot{I}_2$,且以始端作计算距离x的起点,在通解表达式(15-10)、式(15-11)中,令$x=l$,则可得

$$\dot{U}_2=A_1\mathrm{e}^{-\gamma l}+A_2\mathrm{e}^{\gamma l}$$

$$\dot{I}_2=\frac{1}{Z_c}A_1\mathrm{e}^{-\gamma l}-\frac{1}{Z_c}A_2\mathrm{e}^{\gamma l}$$

解得

$$A_1=\frac{1}{2}(\dot{U}_2+Z_c\dot{I}_2)\mathrm{e}^{\gamma l}$$

$$A_2=\frac{1}{2}(\dot{U}_2-Z_c\dot{I}_2)\mathrm{e}^{-\gamma l}$$

于是可得已知终端电压和电流时均匀传输线方程的正弦稳态解为

$$\dot{U}=\frac{1}{2}(\dot{U}_2+Z_c\dot{I}_2)\mathrm{e}^{\gamma(l-x)}+\frac{1}{2}(\dot{U}_2-Z_c\dot{I}_2)\mathrm{e}^{-\gamma(l-x)} \tag{15-17}$$

$$\dot{I}=\frac{1}{2}\left(\frac{\dot{U}_2}{Z_c}+\dot{I}_2\right)\mathrm{e}^{\gamma(l-x)}-\frac{1}{2}\left(\frac{\dot{U}_2}{Z_c}-\dot{I}_2\right)\mathrm{e}^{-\gamma(l-x)} \tag{15-18}$$

如将计算距离的起点改为传输线的终端,则$l-x$为线上任一点至终端的距离,记为x',则二式可改写为

$$\dot{U}=\frac{1}{2}(\dot{U}_2+Z_c\dot{I}_2)\mathrm{e}^{\gamma x'}+\frac{1}{2}(\dot{U}_2-Z_c\dot{I}_2)\mathrm{e}^{-\gamma x'} \tag{15-19}$$

$$\dot{I}=\frac{1}{2}\left(\frac{\dot{U}_2}{Z_c}+\dot{I}_2\right)\mathrm{e}^{\gamma x'}-\frac{1}{2}\left(\frac{\dot{U}_2}{Z_c}-\dot{I}_2\right)\mathrm{e}^{-\gamma x'} \tag{15-20}$$

同样,利用双曲函数可进一步将此二式简化为

$$\dot{U}=\dot{U}_2\mathrm{ch}\gamma x'+Z_c\dot{I}_2\mathrm{sh}\gamma x' \tag{15-21}$$

$$\dot{I}=\frac{\dot{U}_2}{Z_c}\text{sh}\gamma x'+\dot{I}_2\text{ch}\gamma x' \tag{15-22}$$

写成矩阵形式,即为

$$\begin{bmatrix}\dot{U}\\ \dot{I}\end{bmatrix}=\begin{bmatrix}\text{ch}\gamma x' & Z_c\text{sh}\gamma x'\\ \frac{1}{Z_c}\text{sh}\gamma x' & \text{ch}\gamma x'\end{bmatrix}\begin{bmatrix}\dot{U}_2\\ \dot{I}_2\end{bmatrix} \tag{15-23}$$

例 15-2　某三相高压输电线长 300km,线路参数为:$R_0=0.08\Omega/\text{km}$,$L_0=1.33\ \text{mH/km}$,$C_0=8.5\times10^{-3}\mu\text{F/km}$,$G_0=0.1\times10^{-6}\text{S/km}$。若要求终端在维持线电压为 220kV 的前提下输出 200MW 功率,功率因数为 0.9(感性),试求线路始端的相电压和相电流。

解　先求得

$$\begin{aligned}\gamma&=\sqrt{(R_0+\text{j}\omega L_0)(G_0+\text{j}\omega C_0)}\\&=\sqrt{(0.08+\text{j}2\pi\times50\times1.33\times10^{-3})(0.1\times10^{-6}+\text{j}2\pi\times50\times8.5\times10^{-9})}\\&=1.066\times10^{-3}\angle 83.51^\circ\ \text{km}^{-1}\end{aligned}$$

$$\begin{aligned}Z_c&=\sqrt{\frac{R_0+\text{j}\omega L_0}{G_0+\text{j}\omega C_0}}=\sqrt{\frac{0.08+\text{j}2\pi\times50\times1.33\times10^{-3}}{0.1\times10^{-6}+\text{j}2\pi\times50\times8.5\times10^{-9}}}\\&=400\angle -4.34^\circ\ \Omega\end{aligned}$$

$$\begin{aligned}\gamma l&=1.066\times10^{-3}\angle 83.51^\circ\times300\\&=0.036\,1+\text{j}0.317\,8\end{aligned}$$

$$\text{e}^{\gamma l}=\text{e}^{0.036\,1+\text{j}0.317\,8}=0.984\,8+\text{j}0.324\,2$$

$$\text{e}^{-\gamma l}=\text{e}^{-(0.036\,1+\text{j}0.317\,8)}=0.916\,1-\text{j}0.301\,6$$

$$\begin{aligned}\text{ch}\gamma l&=\frac{1}{2}(\text{e}^{\gamma l}+\text{e}^{-\gamma l})=\frac{1}{2}(0.984\,8+\text{j}0.324\,2+0.916\,1-\text{j}0.301\,6)\\&=0.950\,6\angle 0.68^\circ\end{aligned}$$

$$\begin{aligned}\text{sh}\gamma l&=\frac{1}{2}(\text{e}^{\gamma l}-\text{e}^{-\gamma l})=\frac{1}{2}(0.984\,8+\text{j}0.324\,2-0.916\,1+\text{j}0.301\,6)\\&=0.314\,8\angle 83.75^\circ\end{aligned}$$

设终端相电压为 $\dot{U}_2=\frac{220}{\sqrt{3}}\angle 0^\circ=127\angle 0^\circ\ \text{kV}$,则可得

$$I_2=\frac{P_2}{\sqrt{3}U_{l2}\cos\varphi_2}=\frac{200\times10^6}{\sqrt{3}\times220\times10^3\times0.9}=0.583\,2\text{kA}$$

又因

$$\varphi_2=\arccos0.9=25.84^\circ$$

所以

$$\dot{I}_2=0.583\,2\angle -25.84^\circ\ \text{kA}$$

于是可得始端相电压和相电流为

$$\begin{aligned}\dot{U}_1&=\dot{U}_2\text{ch}\gamma l+Z_C\dot{I}_2\ \text{sh}\gamma l\\&=127\times0.950\,6\angle 0.68^\circ+400\angle -4.34^\circ\times0.583\,2\angle -25.84^\circ\times0.314\,8\angle 83.75^\circ\end{aligned}$$

$$= 175.12\angle 20.22^\circ\ \text{kV}$$

$$\dot{I}_1 = \frac{\dot{U}_2}{Z_C}\text{sh}\gamma l + \dot{I}_2\text{ch}\gamma l$$

$$= \frac{127\angle 0^\circ}{400\angle -4.34^\circ} \times 0.314\,8\angle 83.75^\circ + 0.583\,2\angle -25.84^\circ \times 0.950\,6\angle 0.68^\circ$$

$$= 0.523\angle -15.05^\circ\ \text{kA}$$

15.3　均匀传输线上的电压和电流行波

15.3.1　均匀传输线方程的正弦稳态解对应的时间函数

由式(15-12)、式(15-13)可见,均匀传输线上任一点的电压和电流相量均由两个分量所构成,可将该式改写为

$$\dot{U} = \dot{U}_\varphi + \dot{U}_\psi \tag{15-24}$$

$$\dot{I} = \dot{I}_\varphi - \dot{I}_\psi \tag{15-25}$$

式中,

$$\dot{U}_\varphi = A_1 e^{-\gamma x} = \frac{1}{2}(\dot{U}_1 + Z_c\dot{I}_1)e^{-\gamma x} = Z_c\dot{I}_\varphi \tag{15-26}$$

$$\dot{U}_\psi = A_2 e^{\gamma x} = \frac{1}{2}(\dot{U}_1 - Z_c\dot{I}_1)e^{\gamma x} = Z_c\dot{I}_\psi \tag{15-27}$$

因为 A_1 和 A_2 都是与空间位置 x 无关的复数,所以可将它们分别写为

$$A_1 = U_\varphi e^{j\xi_1}$$

$$A_2 = U_\psi e^{j\xi_2}$$

于是式(15-26)和式(15-27)又可写成

$$\dot{U}_\varphi = U_\varphi e^{j\xi_1} e^{-j\gamma x} = U_\varphi e^{-\alpha x} e^{j(\xi_1 - \beta x)} \tag{15-28}$$

$$\dot{U}_\psi = U_\psi e^{j\xi_2} e^{j\gamma x} = U_\psi e^{\alpha x} e^{j(\xi_2 + \beta x)} \tag{15-29}$$

将这些向量化成对应的时间函数,可得

$$u_\varphi = \sqrt{2}U_\varphi e^{-\alpha x}\sin(\omega t - \beta x + \xi_1) \tag{15-30}$$

$$u_\psi = \sqrt{2}U_\psi e^{\alpha x}\sin(\omega t + \beta x + \xi_2) \tag{15-31}$$

同样,如记

$$Z_c = z_c\angle\theta$$

则可得

$$\dot{I}_\varphi = \frac{\dot{U}_\varphi}{Z_c} = \frac{U_\varphi}{z_c}e^{-\alpha x}e^{j(\xi_1 - \beta x - \theta)} \tag{15-32}$$

$$\dot{I}_\psi = \frac{\dot{U}_\psi}{Z_c} = \frac{U_\psi}{z_c}e^{\alpha x}e^{j(\xi_2 + \beta x - \theta)} \tag{15-33}$$

对应的时间函数为

$$i_{\varphi} = \sqrt{2}\,\frac{U_{\varphi}}{z_c}\mathrm{e}^{-\alpha x}\sin(\omega t - \beta x + \xi_1 - \theta) \tag{15-34}$$

$$i_{\psi} = \sqrt{2}\,\frac{U_{\psi}}{z_c}\mathrm{e}^{\alpha x}\sin(\omega t + \beta x + \xi_2 - \theta) \tag{15-35}$$

15.3.2　均匀传输线上的正向行波

式(15-30)所示既是时间 t 的函数,也是空间位置 x 的函数。如在传输线的任一固定点处观察 u_{φ},则它将以正弦规律随时间 t 交变;如在某一固定时刻来观察 u_{φ},则它将在传输线上以衰减正弦波的规律随 x 变化。

为了清楚地了解 u_{φ} 随 x、t 的变化规律,可对若干不同的时刻,作图给出传输线上 u_{φ} 的分布情况。图 15-5 中画出了两个不同时刻 u_{φ} 的沿线分布。由该图可见,当时间由 t_1 增加到 t_2 时,u_{φ} 的波形从传输线的始端向终端整体移动了一段距离,但幅值有所衰减,因此可将 u_{φ} 看做一个随时间增加从传输线的始端向终端运动的衰减正弦波,通常将其称为正向电压行波或电压入射波。

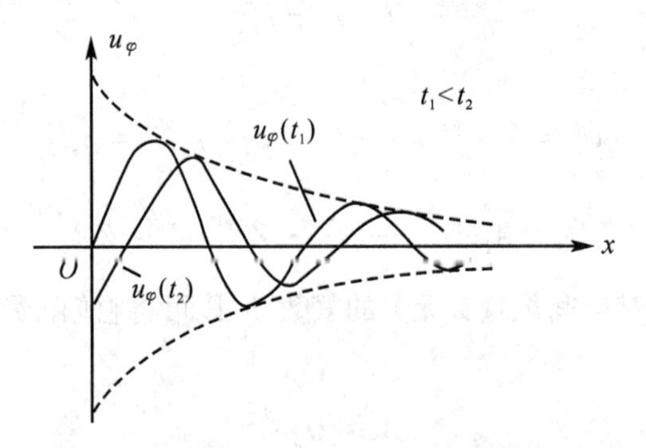

图 15-5　电压正向行波

为了便于分析正向电压行波的传播规律,可取 $\alpha = 0$,即将 u_{φ} 看做一个不衰减的正弦波,这时

$$u_{\varphi} = \sqrt{2}\,U_{\varphi}\sin(\omega t - \beta x + \xi_1) \tag{15-36}$$

显然,其传播规律完全取决于正弦波的相位。实际上,正弦波的具有任意确定相位的点沿传输线的运动规律也就反映了整个波的传播规律。记

$$\varphi = \omega t - \beta x + \xi_1$$

其中,φ 为任意给定的常数。对该式求微分,可得

$$\mathrm{d}\varphi = \omega\mathrm{d}t - \beta\mathrm{d}x = 0$$

于是可得

$$\mathrm{d}x = \frac{\omega}{\beta}\mathrm{d}t$$

上式表明所选定的点沿传输线移动的距离与时间成正比,因此该点将随时间的增加由传输线的始端向终端移动。

具有任意确定相位的点移动的速度称为相速,记为 v。由上式可得

$$v = \frac{\mathrm{d}x}{\mathrm{d}t} = \frac{\omega}{\beta} \tag{15-37}$$

由于 ω、β 是与所选相位无关的常数,所以 u_{φ} 的所有具有不同相位的点沿传输线运动的速度皆相同,因此相速也就是整个正向电压行波沿传输线传播的速度。

行波相位相差 2π 的两点间的距离称为行波的波长,记为 λ。由式(15-36)有

$$\omega t - \beta(x + \lambda) + \xi_1 - (\omega t - \beta x + \xi_1) = 2\pi$$

于是可得

$$\lambda = \frac{2\pi}{\beta} = \frac{2\pi f}{\beta f} = \frac{\omega}{\beta}T = vT \tag{15-38}$$

即 λ 也就是在一个周期的时间内行波所行进的距离。

在式(15-34)中取 $\alpha = 0$,可得

$$i_{\varphi} = \sqrt{2}\,\frac{U_{\varphi}}{z_c}\sin(\omega t - \beta x + \xi_1 - \theta) \tag{15-39}$$

同样可知,i_{φ} 也是一个与 u_{φ} 具有相同传播速度和方向的正向行波,但在相位上要滞后 u_{φ} 一个 θ 角。

15.3.3　均匀传输线上的反向行波

在式(15-31)中取 $\alpha = 0$,可得

$$u_{\psi} = \sqrt{2}U_{\psi}\sin(\omega t + \beta x + \xi_2) \tag{15-40}$$

同样,分析 u_{ψ} 的具有任意确定相位的点沿传输线的运动规律,可得相速为

$$v = \frac{\mathrm{d}x}{\mathrm{d}t} = -\frac{\omega}{\beta} \tag{15-41}$$

式(15-41)表明,u_{ψ} 与 u_{φ} 的传播速度大小相同,但方向相反,因此 u_{ψ} 将随时间的增加由传输线的终端向始端传播,故称其为反向电压行波。

同样可得

$$i_{\psi} = \sqrt{2}\,\frac{U_{\psi}}{z_c}\sin(\omega t + \beta x + \xi_2 - \theta) \tag{15-42}$$

即 i_{ψ} 是一个滞后于 u_{ψ} 的反向电流行波。

根据以上分析结果可作出传输线上电压、电流及相应行波的参考方向如图 15-6 所示。

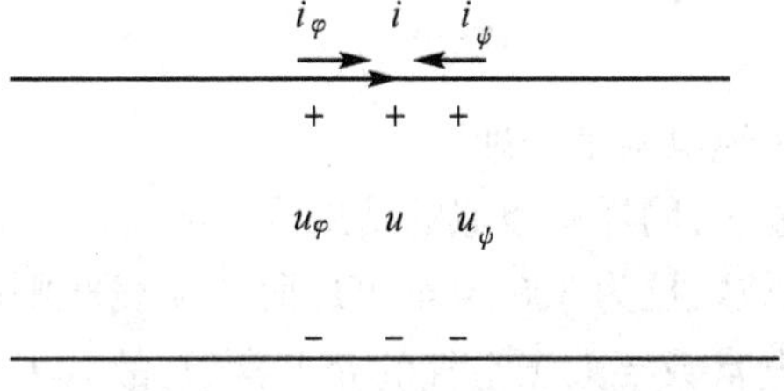

i_{φ}　i　i_{ψ}

\+　+　+

u_{φ}　u　u_{ψ}

\-　-　-

图 15-6　电压、电流及行波的参考方向

由该图和以上分析结果可得出如下结论：

传输线上任一点处的线间电压都是一个正向电压行波和一个反向电压行波叠加的结果，由于 u 与 u_φ 及 u_ψ 的参考方向相同，所以

$$u = u_\varphi + u_\psi$$

传输线上任一点处的电流也是由一个正向电流行波和一个反向电流行波叠加的结果，但由于 i、i_φ 与 i_ψ 的参考方向相反，所以

$$i = i_\varphi - i_\psi$$

15.4　特性阻抗与传播常数

15.4.1　均匀传输线的特性阻抗

特性阻抗 Z_c 是描述传输线性能的一个重要参数。由式(15-26)和式(15-27)可知，传输线的特性阻抗是同向电压、电流行波相量的比值，故又称为波阻抗。特性阻抗的值取决于线路参数和传输线上所传播的电磁波的频率，可写为

$$Z_c = \sqrt{\frac{Z_0}{Y_0}} = \sqrt{\frac{R_0 + j\omega L_0}{G_0 + j\omega C_0}} = z_c \angle \theta \tag{15-43}$$

式中，z_c 为波阻抗的模，θ 为阻抗角。

在直流情况下，有

$$Z_c = \sqrt{\frac{R_0}{G_0}} = z_c$$

此时特性阻抗为纯电阻。

满足条件 $R_0/L_0 = G_0/C_0$ 的传输线称为无畸变线。对无畸变线，有

$$Z_c = \sqrt{\frac{R_0\left(1 + j\omega\dfrac{L_0}{R_0}\right)}{G_0\left(1 + j\omega\dfrac{C_0}{G_0}\right)}} = \sqrt{\frac{R_0}{G_0}} = \sqrt{\frac{L_0}{C_0}}$$

其特性阻抗也是纯电阻。

对超高压输电线，由于导线截面积较大，所以 $\omega L_0 \gg R_0$，$\omega C_0 \gg G_0$，因此

$$Z_c \approx \sqrt{\frac{L_0}{C_0}}$$

即此时可近似将波阻抗当做纯电阻来处理。

对工作频率较高的传输线，同样有类似的结果。

一般情况下，架空线的波阻抗为 300 ~ 400Ω，而电缆线路则由于其线间距离要较架空线小且线间绝缘材料的介电常数要大于空气的介电常数，故其 C_0 要较架空线大，L_0 要较架空线小，所以电缆的波阻抗比架空线波阻抗小，常用的电缆波阻抗有 75Ω 和 50Ω 两种。

15.4.2　均匀传输线的传播常数

传播常数γ也是描述传输线性能的重要参数,其实部α称为传输线的衰减常数,反映了波传播过程中传输线的衰减性能,单位通常用dB/m;其虚部β称为传输线的相位常数,反映了波传播过程中的相位变化,单位通常用rad/m。

由式(15-9)可得

$$|\gamma|^2=\alpha^2+\beta^2=\sqrt{(R_0^2+\omega^2L_0^2)(G_0^2+\omega^2C_0^2)}$$

$$\gamma^2=\alpha^2-\beta^2+\mathrm{j}2\alpha\beta=(R_0G_0-\omega^2L_0C_0)+\mathrm{j}(G_0\omega L_0+R_0\omega C_0)$$

由以上二式可解得

$$\alpha=\sqrt{\frac{1}{2}\left[R_0G_0-\omega^2L_0C_0+\sqrt{(R_0^2+\omega^2L_0^2)(G_0^2+\omega^2C_0^2)}\right]}\tag{15-44}$$

$$\beta=\sqrt{\frac{1}{2}\left[\omega^2L_0C_0-R_0G_0+\sqrt{(R_0^2+\omega^2L_0^2)(G_0^2+\omega^2C_0^2)}\right]}\tag{15-45}$$

从以上二式可见,衰减常数α随R_0、G_0的增大而单调增长;相位常数β则随L_0、C_0和频率的增大而单调增长。对无畸变线,则由式(15-44)、式(15-45)可进一步求得

$$\alpha=\sqrt{R_0G_0}$$

$$\beta=\omega\sqrt{L_0C_0}$$

15.5　波的反射与终端接特性阻抗的传输线

15.5.1　波的反射与反射系数

设传输线终端所接负载阻抗为Z_2,由式(15-24)、式(15-25)可得传输线终端电压和电流相量分别为

$$\dot{U}_2=\dot{U}_{2\varphi}+\dot{U}_{2\psi}$$

$$\dot{I}_2=\dot{I}_{2\varphi}-\dot{I}_{2\psi}$$

于是可得

$$Z_2=\frac{\dot{U}_2}{\dot{I}_2}=\frac{\dot{U}_{2\varphi}+\dot{U}_{2\psi}}{\dot{I}_{2\varphi}-\dot{I}_{2\psi}}=\frac{Z_c\dot{I}_{2\varphi}+Z_c\dot{I}_{2\psi}}{\dot{I}_{2\varphi}-\dot{I}_{2\psi}}$$

因此有

$$Z_c\dot{I}_{2\varphi}+Z_c\dot{I}_{2\psi}=Z_2\dot{I}_{2\varphi}-Z_2\dot{I}_{2\psi}$$

从而可得

$$\frac{\dot{U}_{2\psi}}{\dot{U}_{2\varphi}}=\frac{\dot{I}_{2\psi}}{\dot{I}_{2\varphi}}=\frac{Z_2-Z_c}{Z_2+Z_c}=N\tag{15-46}$$

式中,N反映了线路终端反向电压(电流)行波与正向电压(电流)行波之间的关系,称为电压(电流)反射系数。

由式(15-46)可见,当线路终端负载阻抗 Z_2 与传输线波阻抗不相等时,反射系数不等于零,这时反向电压(电流)行波与正向电压(电流)行波成正比。由于只有电源才能输出电压和电流,所以正向电压(电流)行波实际上是由电源发出的入射波,而反向电压(电流)行波则是入射波传播到终端时由于负载阻抗与传输线波阻抗不相等而产生的反射波。

15.5.2　终端接特性阻抗的传输线

如果传输线终端所接负载阻抗与传输线波阻抗相等,则反射系数将等于零,反射波不再存在,这时称传输线处于匹配状态。此时,由式(15-19)、式(15-20)可得

$$\dot{U} = \dot{U}_2 e^{\gamma x'}$$

$$\dot{I} = \dot{I}_2 e^{\gamma x'}$$

传输线上任一点向终端看的输入阻抗为

$$Z_{in}(x') = \frac{\dot{U}}{\dot{I}} = \frac{\dot{U}_2}{\dot{I}_2} = Z_c$$

即传输线向终端看的输入阻抗处处相等,且等于波阻抗,所以匹配情况下波阻抗就是传输线的重复阻抗。

由于反射波在传播过程中将携带能量,而在匹配状态下由入射波传送至终端的能量将全部被负载所吸收,因此这时传输效率是最高的。

匹配状态下传输线传输的功率称为自然功率。此时线路末端负载吸收的有功功率为

$$P_2 = \mathrm{Re}[\dot{U}_2 \overset{*}{I}_2] = U_2 I_2 \cos\theta$$

式中,θ 为波阻抗的阻抗角。

线路始端电源发出的有功功率为

$$P_1 = \mathrm{Re}[\dot{U}_1 \dot{I}_1^*] = \mathrm{Re}[\dot{U}_2 e^{(\alpha+j\beta)l} I_2^* e^{(\alpha-j\beta l)}] = U_2 I_2 \cos\theta e^{2\alpha l} = P_2 e^{2\alpha l}$$

式中,l 为传输线的长度。于是可得传输效率为

$$\eta = \frac{P_2}{P_1} = e^{-2\alpha l} \tag{15-47}$$

15.6　终端接任意阻抗的传输线

15.6.1　终端开路的传输线

传输线终端开路时,相当于接无穷大的负载阻抗,此时由式(15-46)可得线路终端的反射系数为

$$N = \frac{Z_2 - Z_c}{Z_2 + Z_c} = 1$$

于是 $\dot{U}_{2\psi} = \dot{U}_{2\varphi}$,$\dot{I}_{2\psi} = \dot{I}_{2\varphi}$,故称线路终端发生了全反射。此时有

$$\dot{U}_2 = \dot{U}_{2\varphi} + \dot{U}_{2\psi} = 2\dot{U}_{2\varphi}$$

$$\dot{I}_2 = \dot{I}_{2\varphi} - \dot{I}_{2\psi} = 0$$

终端电压为入射波电压的 2 倍。

由式(15-23) 可得终端开路时线路上任一点的电压和电流相量为

$$\dot{U} = \dot{U}_2 \mathrm{ch}\gamma x' \tag{15-48}$$

$$\dot{I} = \frac{\dot{U}_2}{Z_c} \mathrm{sh}\gamma x' \tag{15-49}$$

为了便于分析沿线电压和电流的分布状况,可由二式求得其有效值分别为

$$U^2 = \frac{1}{2} U_2^2 (\mathrm{ch}2\alpha x' + \cos 2\beta x') \tag{15-50}$$

$$I^2 = \frac{1}{2Z_c^2} U_2^2 (\mathrm{ch}2\alpha x' - \cos 2\beta x') \tag{15-51}$$

由二式可作出 U^2 和 I^2 随 x 变化的波形曲线如图 15-7 所示。由该图可知,如终端开路传输线的长度等于四分之一个波长,则沿线电压分布将从线路始端到终端呈现单调上升状态,终端电压将远高于始端电压。这种现象称为空载线路的电容效应,是一个在高压输电线路运行时必须防范和避免的严重问题。

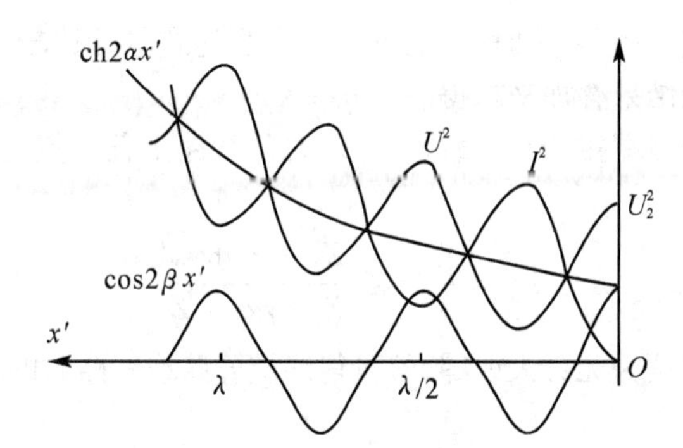

图 15-7 终端开路的传输线 U^2 和 I^2 的分布

15.6.2 终端短路的传输线

传输线终端短路时负载阻抗为零,此时由式(15-46) 可得线路终端的反射系数为

$$N = \frac{Z_2 - Z_c}{Z_2 + Z_c} = -1$$

于是 $\dot{U}_{2\psi} = -\dot{U}_{2\varphi}$,$\dot{I}_{2\psi} = -\dot{I}_{2\varphi}$,故称线路终端发生了负的全反射。此时有

$$\dot{U}_2 = \dot{U}_{2\varphi} + \dot{U}_{2\psi} = 0$$

$$\dot{I}_2 = \dot{I}_{2\varphi} - \dot{I}_{2\psi} = 2\dot{I}_{2\varphi}$$

终端电流为入射波电流的 2 倍。

由式(15-23) 可得终端短路时线路上任一点的电压和电流相量为

$$\dot{U} = Z_c \dot{I}_2 \text{sh}\gamma x' \tag{15-52}$$

$$\dot{I} = \dot{I}_2 \text{ch}\gamma x' \tag{15-53}$$

采用同样的方法,可求得对应的有效值为

$$U^2 = \frac{1}{2} z_c^2 I_2^2 (\text{ch}2\alpha x' - \cos 2\beta x') \tag{15-54}$$

$$I^2 = \frac{1}{2} I_2^2 (\text{ch}2\alpha x' + \cos 2\beta x') \tag{15-55}$$

将此二式与式(15-50)、式(15-51)比较,知此时 U^2 的分布与终端开路时 I^2 的分布相似,而 I^2 的分布则与终端开路时 U^2 的分布相似。

15.6.3　终端接任意负载的传输线

当传输线终端接任意负载阻抗 Z_2 时,在终端有 $\dot{U}_2 = Z_2 \dot{I}_2$。此时,线路上任一点的电压和电流相量为

$$\dot{U} = \dot{U}_2 \text{ch}\gamma x' + Z_c \dot{I}_2 \text{sh}\gamma x' = Z_2 \dot{I}_2 \text{ch}\gamma x' + Z_c \dot{I}_2 \text{sh}\gamma x'$$

$$\dot{I} = \frac{\dot{U}_2}{Z_c} \text{sh}\gamma x' + \dot{I}_2 \text{ch}\gamma x' = \frac{Z_2}{Z_c} \dot{I}_2 \text{sh}\gamma x' + \dot{I}_2 \text{ch}\gamma x'$$

将该式与终端开路和短路的两种情况下的对应表达式进行比较,易知此时的电压和电流可由开路和短路时的结果叠加来求得。

由上二式容易求得终端接任意负载阻抗 Z_2 时从线路上任一点向终端看进去的输入阻抗为

$$Z_{\text{in}} = \frac{\dot{U}}{\dot{I}} = Z_c \frac{Z_2 + Z_c \text{th}\gamma x'}{Z_2 \text{th}\gamma x' + Z_c} \tag{15-56}$$

在上式中取负载阻抗为无穷大或零,就可得终端开路或短路时的输入阻抗。

15.7　无损耗均匀传输线

理想情况下,如传输线的电阻 R_0 和线间漏电导 G_0 等于零,则在电磁波的传播过程中将不会产生损耗,满足此条件的均匀传输线称为无损耗均匀传输线,简称无损耗线。严格地说,这种理想情况实际上是不存在的,但有时将传输线当做无损耗线处理所获得的计算结果误差较小,而这样处理可使分析过程大为简化。例如,当工作频率较高时,有 $\omega L_0 \gg R_0$,$\omega C_0 \gg G_0$,这时将 R_0 和 G_0 忽略不计,所获得的计算结果从工程的角度出发可以接受,因此研究无损耗线有非常重要的实际意义。

15.7.1　无损耗传输线的正弦稳态解

对无损耗线,容易求得其传播常数为

$$\gamma = \sqrt{Z_0 Y_0} = \text{j}\omega\sqrt{L_0 C_0}$$

因此有 $\alpha = 0, \beta = \omega\sqrt{L_0 C_0}$。这时传输线的波阻抗为

$$Z_C = \sqrt{\frac{Z_0}{Y_0}} = \sqrt{\frac{L_0}{C_0}} = z_c$$

为一与频率无关的纯电阻。

此时有 $\mathrm{ch}\gamma x' = \mathrm{chj}\beta x' = \cos\beta x'$，$\mathrm{sh}\gamma x' = \mathrm{shj}\beta x' = \mathrm{j}\sin\beta x'$，所以由式(15-23)易得无损耗线的正弦稳态解为

$$\begin{bmatrix} \dot{U} \\ \dot{I} \end{bmatrix} = \begin{bmatrix} \cos\beta x' & \mathrm{j}z_c\sin\beta x' \\ \mathrm{j}\dfrac{1}{z_c}\sin\beta x' & \cos\beta x' \end{bmatrix} \begin{bmatrix} \dot{U}_2 \\ \dot{I}_2 \end{bmatrix} \tag{15-57}$$

当无损耗线终端接任意负载阻抗 Z_2 时，由式(15-56)易得从线路上任一点向终端看进去的输入阻抗为

$$Z_{\mathrm{in}} = z_c \frac{Z_2 + \mathrm{j}z_c\tan\beta x'}{\mathrm{j}Z_2\tan\beta x' + z_c} \tag{15-58}$$

从上一节的内容可知，终端接任意负载阻抗的无损耗线的电压和电流可由开路和短路时的结果叠加来求得，因此对此两种情况进行分析就可得到一般结果。

15.7.2 终端开路的无损耗传输线

无损耗线终端开路时，方程(15-57)变为

$$\dot{U} = \dot{U}_2\cos\beta x' \tag{15-59}$$

$$\dot{I} = \frac{1}{z_c}\mathrm{j}\dot{U}_2\sin\beta x' \tag{15-60}$$

如设终端电压为 $u_2 = \sqrt{2}U_2\sin\omega t$，则沿线电压电流分布的瞬时值表达式为

$$u = \sqrt{2}U_2\cos\beta x'\sin\omega t \tag{15-61}$$

$$i = \sqrt{2}\,\frac{1}{z_c}U_2\sin\beta x'\cos\omega t \tag{15-62}$$

利用积化和差公式，可将二式化为

$$u = \frac{1}{\sqrt{2}}U_2[\sin(\omega t + \beta x') + \sin(\omega t - \beta x')]$$

$$i = \frac{1}{\sqrt{2}z_c}U_2[\sin(\omega t + \beta x') - \sin(\omega t - \beta x')]$$

因此，u 与 i 分别为两个幅值相同、传播方向相反，且不衰减的正向电压(电流)行波和反向电压(电流)行波叠加的结果。

由式(15-61)、式(15-62)可知，此时电压幅值沿线按余弦函数分布，电流幅值按正弦函数分布，沿线各点的电压和电流则分别随时间按正弦函数和余弦函数的规律交变。图 15-8 作出了几个不同时刻电压和电流沿线的分布。从该图可见，在 $x' = \lambda/4, 3\lambda/4, \cdots$ 处，电压值总是固定为零，而电流则分别达到最大值或最小值；反之，在 $x' = 0, \lambda/2, \lambda, \cdots$ 处，电流值总是固定为零，而电压则分别达到最大值或最小值。这种波形称为驻波，电压、电流值固定为零处称为驻波的波节，而最大值与最小值处则称为波腹。

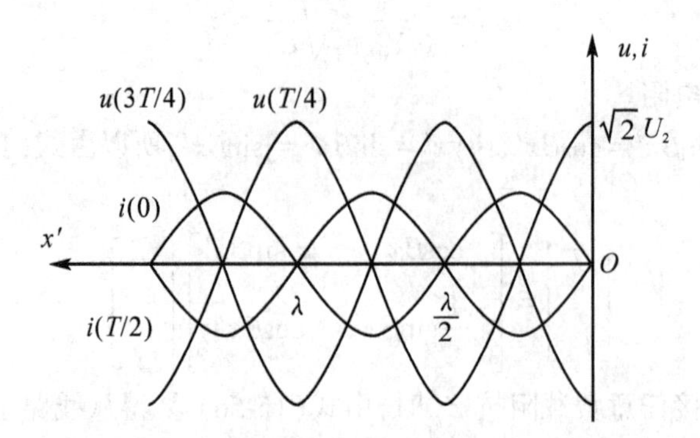

图 15-8　终端开路无损耗线的电压和电流分布

在电压或电流的波节处,总有 $U=0$ 或 $I=0$,因此经这些点传输的净功率恒等于零,这意味着波节处正向行波和反向行波所携带的功率正好完全抵消。这时,将线路从终端开始以 $\lambda/4$ 的长度分成若干段,则段与段之间将无净能量的交换,而在每个段的内部,其电容和电感则相互交换能量。

在式(15-58)中令 $Z_2=\infty$,可得终端开路时从线路上任一点向终端看进去的输入阻抗为

$$Z_{\text{in}}=-\text{j}z_c\cot\beta x' \tag{15-63}$$

由该式可见此时 Z_{in} 为一纯电抗,但其性质将随 x' 的位置而变化:

当 $0<x'<\dfrac{\lambda}{4}$ 时,$0<\beta x'<\dfrac{\pi}{2}$,$Z_{\text{in}}$ 呈容性;

当 $x'=\dfrac{\lambda}{4}$ 时,$\beta x'=\dfrac{\pi}{2}$,$Z_{\text{in}}=0$,相当于发生了短路或串联谐振;

当 $\dfrac{\lambda}{4}<x'<\dfrac{\lambda}{2}$ 时,$\dfrac{\pi}{2}<\beta x'<\pi$,$Z_{\text{in}}$ 呈感性;

当 $x'=\dfrac{\lambda}{2}$ 时,$\beta x'=\pi$,$Z_{\text{in}}=\infty$,相当于发生了开路或并联谐振;

当 x' 继续增大时,Z_{in} 又将按上述规律以 $\lambda/2$ 为周期变化。

Z_{in} 的分布曲线及其性质的变化规律如图 15-9 所示。

由于长度小于四分之一个波长的开路无损耗线呈容性,所以可用来替换电容。当电容量和所选无损耗线的波阻抗确定后,即可由式(15-63)求得所需无损耗线的长度。

15.7.3　终端短路的无损耗传输线

无损耗线终端短路时,方程(15-57)变为

$$\dot{U}=\text{j}z_c\dot{I}_2\sin\beta x' \tag{15-64}$$

$$\dot{I}=\dot{I}_2\cos\beta x' \tag{15-65}$$

如设终端电流为 $i_2=\sqrt{2}I_2\sin\omega t$,则沿线电压电流分布的瞬时值表达式可写为

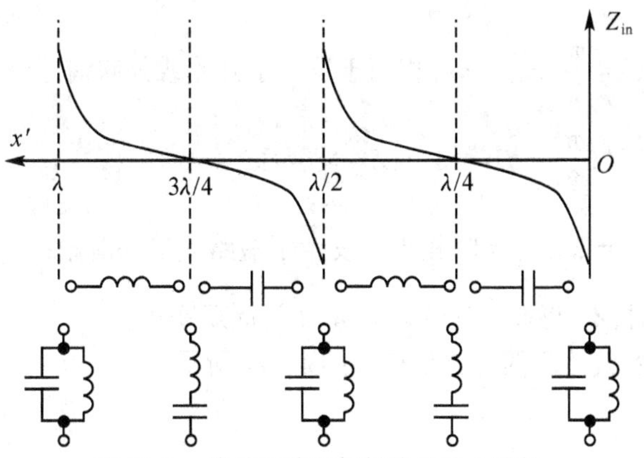

图 15-9 终端开路无损耗线的输入阻抗

$$u = \sqrt{2} z_c I_2 \sin\beta x' \cos\omega t \tag{15-66}$$

$$i = \sqrt{2} I_2 \cos\beta x' \sin\omega t \tag{15-67}$$

同样,u 与 i 也分别为两个幅值相同、传播方向相反,且不衰减的正向电压(电流)行波和反向电压(电流)行波叠加的结果。

图 15-10 所示为终端短路时几个不同时刻电压和电流沿线的分布。其波形同样为驻波,但波节和波腹出现的位置与终端开路时不同。由该图可见,此时电压波节和电流波腹出现在 $x' = 0, \frac{\lambda}{2}, \lambda, \cdots$ 处;而电流波节和电压波腹则出现在 $x' = \frac{\lambda}{4}, \frac{3\lambda}{4}, \cdots$ 处。

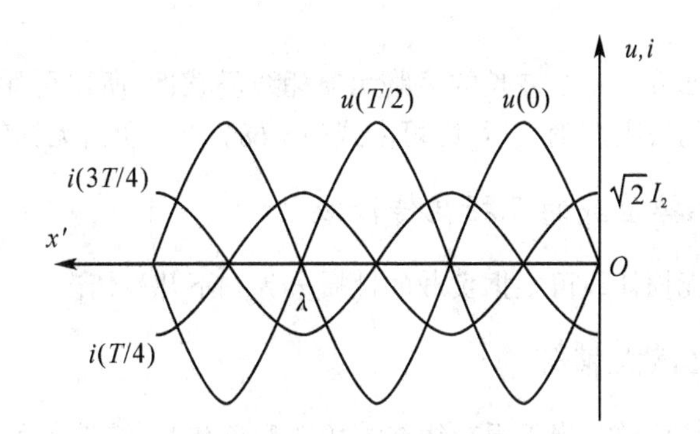

图 15-10 终端短路无损耗线的电压和电流分布

与终端开路类似,在式(15-58)中令 $Z_2 = 0$,可得终端短路时从线路上任一点向终端看进去的输入阻抗为

$$Z_{in} = \mathrm{j} z_c \tan\beta x' \tag{15-68}$$

由该式可见,此时 Z_{in} 亦为一纯电抗,但其性质随 x' 的位置而变化的规律不同:

当 $0 < x' < \frac{\lambda}{4}$ 时，$0 < \beta x' < \frac{\pi}{2}$，$Z_{\text{in}}$ 呈感性；

当 $x' = \frac{\lambda}{4}$ 时，$\beta x' = \frac{\pi}{2}$，$Z_{\text{in}} = \infty$，相当于发生了开路或并联谐振；

当 $\frac{\lambda}{4} < x' < \frac{\lambda}{2}$ 时，$\frac{\pi}{2} < \beta x' < \pi$，$Z_{\text{in}}$ 呈容性；

当 $x' = \frac{\lambda}{2}$ 时，$\beta x' = \pi$，$Z_{\text{in}} = 0$，相当于发生了短路或串联谐振；

当 x' 继续增大时，Z_{in} 将按上述规律以 $\lambda/2$ 为周期变化。

Z_{in} 的分布曲线及其性质的变化规律如图 15-11 所示。

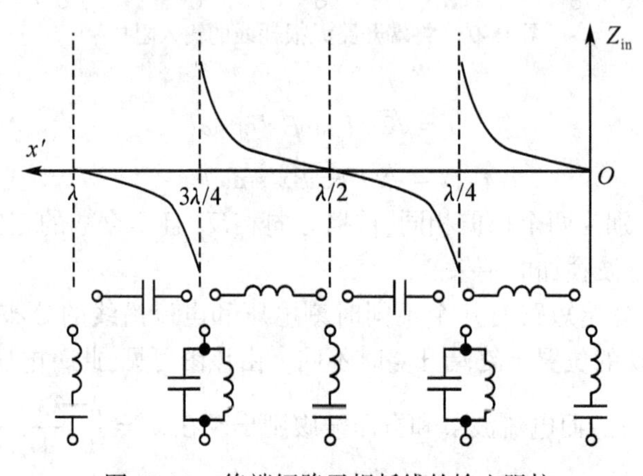

图 15-11　终端短路无损耗线的输入阻抗

由于长度小于四分之一个波长的短路无损耗线呈感性，所以可用来替换电感。当电感量和所选无损耗线的波阻抗确定后，即可由式(15-68)求得所需无损耗线的长度。

15.7.4　终端接负载的无损耗传输线

终端接负载的无损耗线可根据负载的性质分为如下几种情况：

1. 终端接匹配负载的情况

从 15.5 节的内容可知，当无损耗线终端接匹配负载时，终端反射系数为 0，终端将不产生反射，因此在无损耗线上只存在入射波，而无反射波。这时无损耗线处于纯行波状态，不再形成驻波。之所以出现这种状态，是因为无损耗线的匹配负载为纯电阻，入射波携带到终端的能量将全部被负载所消耗，因此不再形成反射波。

2. 终端接纯电抗的情况

当无损耗线终端接纯电抗时，由于此时线路终端不损耗能量，所以传输线上仍然会出现驻波，只是由于电容和电感分别可用一段长度小于四分之一个波长的开路或短路无损耗线

来代替,因此相当于加长了无损耗线的长度,从而使无损耗线上波节与波腹的分布发生变化。例如,当负载为电容时,终端反射系数为

$$N=\frac{1/\mathrm{j}\omega C-z_c}{1/\mathrm{j}\omega C+z_c}=\frac{1-\mathrm{j}\omega Cz_c}{1+\mathrm{j}\omega Cz_c}=\mathrm{e}^{-\mathrm{j}2\varphi}$$

式中,$\varphi=\arctan\omega Cz_c$。于是沿线电压分布的相量表达式为

$$\begin{aligned}\dot{U}&=\dot{U}_{2\varphi}\left[\mathrm{e}^{\mathrm{j}\beta x'}+\mathrm{e}^{-\mathrm{j}(\beta x'+2\varphi)}\right]=\dot{U}_{2\varphi}e^{-\mathrm{j}\varphi}\left[\mathrm{e}^{\mathrm{j}(\beta x'+\varphi)}+\mathrm{e}^{-\mathrm{j}(\beta x'+\varphi)}\right]\\&=2\dot{U}_{2\varphi}\mathrm{e}^{-\mathrm{j}\varphi}\cos\left[\beta\left(x'+\frac{\varphi}{\beta}\right)\right]\end{aligned}$$

若记 $\dot{U}_{2\varphi}=U_{2\varphi}\underline{/0^\circ}$,则可得沿线电压分布的瞬时值表达式

$$u=2\sqrt{2}U_{2\varphi}\cos\left[\beta\left(x'+\frac{\varphi}{\beta}\right)\right]\sin(\omega t-\varphi)$$

该式与终端开路无损耗线的电压分布表达式类似,所以沿线电压分布依然为驻波,但波节的位置出现在$\frac{\lambda}{4}-\frac{\varphi}{\beta},\frac{3\lambda}{4}-\frac{\varphi}{\beta},\cdots$处;波幅的位置出现在$-\frac{\varphi}{\beta},\frac{\lambda}{2}-\frac{\varphi}{\beta},\cdots$处。同样可知其电流分布也有相同的结果,因此终端接电容的无损耗线相当于一长度延长了 φ/β 的开路无损耗线。

采用同样的方法可证明终端接电感的无损耗线相当于一长度延长了的短路无损耗线。

3. 终端接任意负载的情况

当无损耗线终端接任意负载 Z_2 时,终端反射系数一般将是模值小于 1 的复数,这时将在终端产生反射。由于此时反射系数的绝对值小于 1,所以电压和电流反射波的幅值将小于入射波的幅值,因此沿线电压和电流是两个幅值不等、传播方向相反,且不衰减的正向电压(电流)行波和反向电压(电流)行波叠加的结果。这时无损耗线既不处于纯行波状态,也不处于纯驻波状态。如将正向电压(电流)行波分解为两部分,使其中一部分的幅值与反向电压(电流)行波的幅值相等,则该部分与反向电压(电流)行波叠加成驻波,剩余部分依然为行波,因此称无损耗线处于行驻波状态。例如,设负载为纯电阻 $R_2>z_c$,正向电压行波为

$$u_\varphi=\sqrt{2}U_\varphi\sin(\omega t+\beta x')$$

则反向电压行波为

$$u_\psi=\sqrt{2}NU_\varphi\sin(\omega t-\beta x')$$

如将 u_φ 分解为

$$u_\varphi=\sqrt{2}NU_\varphi\sin(\omega t+\beta x')+\sqrt{2}(1-N)U_\varphi\sin(\omega t+\beta x')=u_{\varphi1}+u_{\varphi2}$$

则 $u_{\varphi1}$ 将与 u_ψ 幅值相等,因此二者叠加的结果为驻波,而 $u_{\varphi2}$ 则为一纯行波。

显然,出现行驻波状态是负载不匹配的结果,通常用驻波比 S 来衡量负载的匹配程度。驻波比定义为

$$S=\frac{U_{\max}}{U_{\min}}=\frac{U_{2\varphi}+U_{2\psi}}{U_{2\varphi}-U_{2\psi}}=\frac{1+|N|}{1-|N|}\tag{15-69}$$

在负载匹配的情况下,反射系数为零,$S=1$。反射系数越大,驻波比也越大,驻波的成分就越大。当线路工作于纯驻波状态时,$|N|=1$,这时驻波比为无穷大。

15.7.5　无损耗传输线的应用

由于开路和短路无损耗线特殊的阻抗特性,使它们在超高频技术中获得了广泛的应用。例如,在超高频工作状态下,常用的电容器和电感线圈不能作为电容和电感元件来使用,可利用开路或短路无损耗线来替代。

在超高频情况下,采用固体介质绝缘子支撑传输线会产生很大的介质损耗,而采用长度为 $\lambda/4$ 的终端短路无损耗线作为绝缘子,则由于其输入阻抗为无穷大,从而几乎不消耗功率。

长度为 $\lambda/4$ 的终端短路无损耗线还可用来测量均匀传输线上的电压分布。如图 15-12 所示,用长度为 $\lambda/4$ 的无损耗线作测量引线,线终端接入热耦式毫安计,由于毫安计可看做短路,因此 A、B 两点间的电压与毫安计所测电流之间有如下关系:

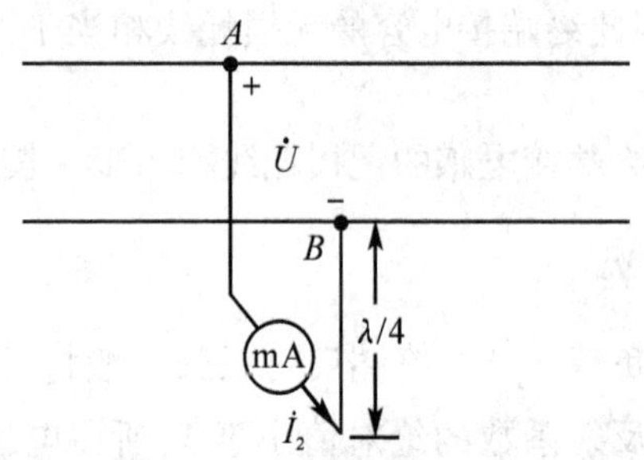

图 15-12　用$\frac{\lambda}{4}$无损耗线测量传输线电压分布

$$\dot{U}=\mathrm{j}z_c\dot{I}_2\sin\frac{\pi}{2}=\mathrm{j}z_c\dot{I}_2$$

由于测量引线入端阻抗为无穷大,所以可在不影响线路工作状态的前提下测得沿线电压分布。

长度为 $\lambda/4$ 的无损耗线还可用做阻抗变换器。如图 15-13 所示,当负载阻抗 Z_2 与传输线波阻抗 Z_{c1} 不匹配时,可在传输线与负载之间接入一段长度为 $\lambda/4$ 的无损耗线作阻抗变换

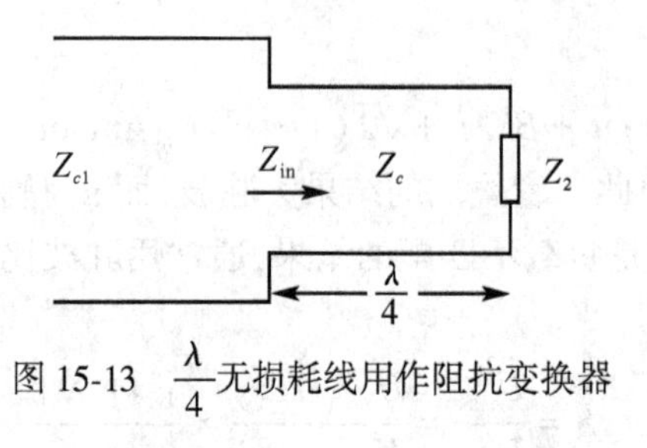

图 15-13　$\frac{\lambda}{4}$无损耗线用作阻抗变换器

器。这时该无损耗线的入端阻抗可由式(15-58)求得为

$$Z_{\text{in}}=z_c\frac{Z_2+\text{j}z_c\tan\beta\dfrac{\lambda}{4}}{\text{j}Z_2\tan\beta\dfrac{\lambda}{4}+z_c}=z_c\frac{Z_2+\text{j}z_c\tan\dfrac{2\pi}{\lambda}\dfrac{\lambda}{4}}{\text{j}Z_2\tan\dfrac{2\pi}{\lambda}\dfrac{\lambda}{4}+z_c}=\frac{z_c^2}{Z_2}$$

由该式即可得需接入的 $\lambda/4$ 的无损耗线的波阻抗。

例 15-3 如图 15-14 所示，无损耗线终端接有负载阻抗 $Z_2=\dfrac{1}{2}z_c$，试证明：

(1)存在一个离终端的距离 l_1，从这里向终端看进去的入端导纳的电导部分正好等于$\dfrac{1}{z_c}$，并求出该距离。

(2)如在 AA' 处并联一段具有相同波阻抗的短路无损耗线，则通过调节短路线的长度 l_2，可使无损耗线在 AA' 处重新获得匹配。满足条件的 l_2 应取何值?

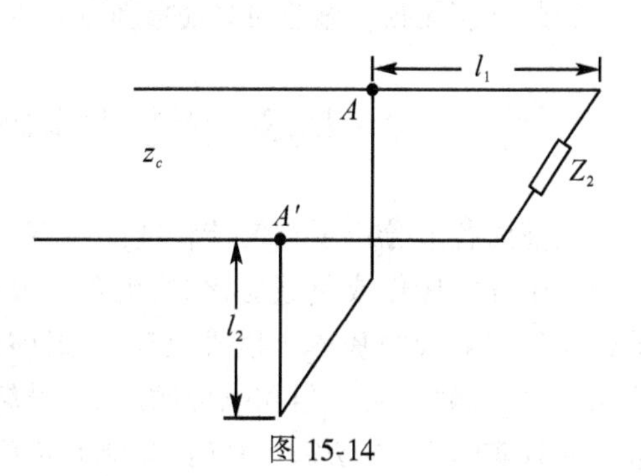

图 15-14

解 (1)终端接负载无损耗线从 AA' 处看进去的入端阻抗为

$$Z_{\text{in}1}=z_c\frac{\dfrac{z_c}{2}+\text{j}z_c\tan\beta l_1}{\dfrac{\text{j}z_c\tan\beta l_1}{2}+z_c}=z_c\frac{\dfrac{1}{2}+\text{j}\tan\beta l_1}{\dfrac{\text{j}\tan\beta l_1}{2}+1}$$

于是可得

$$Y_{\text{in}1}=\frac{1}{Z_{\text{in}1}}=\frac{1}{z_c}\frac{\dfrac{1}{2}+\dfrac{1}{2}\tan^2\beta l_1-\text{j}\dfrac{3}{4}\tan\beta l_1}{\dfrac{1}{4}+\tan^2\beta l_1}$$

令

$$\frac{1}{2}+\frac{1}{2}\tan^2\beta l_1=\frac{1}{4}+\tan^2\beta l_1$$

得

$$\tan\beta l_1=\tan\frac{2\pi}{\lambda}l_1=\frac{1}{\sqrt{2}}$$

可解得

$$l_1=0.097\ 9\lambda$$

$$Y_{\text{in}1}=\frac{1}{z_c}\left(1-\text{j}\frac{1}{\sqrt{2}}\right)$$

得证。

(2)欲使无损耗线在 AA' 处重新获得匹配,只需取短路无损耗线的入端阻抗为

$$Z_{\text{in2}}=\frac{1}{Y_{\text{in2}}}=\frac{1}{\dfrac{\text{j}}{\sqrt{2}z_c}}=-\text{j}\sqrt{2}z_c$$

由于短路无损耗线的入端阻抗为

$$Z_{\text{in2}}=\text{j}z_c\tan\beta l_2$$

于是可解得

$$l_2=0.348\lambda$$

因此可使无损耗线在 AA' 处重新获得匹配。

15.8　无损耗均匀传输线方程的通解

在前面各节分析了均匀传输线的稳定工作状态。和集中参数电路一样,当分布参数电路中发生开关操作或负载变化时,也会形成过渡过程。直接分析均匀传输线的过渡过程需求解均匀传输线的基本方程式(15-3)、式(15-4),比较困难。由于绝缘良好的架空线的损耗相当小,如忽略线路电阻和电导的影响,虽然只能获得近似解,但已足以满足工程计算的要求。而且实际上,在防雷计算时,只能对雷电波作粗略的估算,计算精确解意义也不大。

在方程式(15-3)、式(15-4)中取 $R_0=0,G_0=0$,即可得无损耗线的基本方程

$$\frac{\partial u}{\partial x}=-L_0\frac{\partial i}{\partial t}\tag{15-70}$$

$$\frac{\partial i}{\partial x}=-C_0\frac{\partial u}{\partial t}\tag{15-71}$$

对方程(15-70)关于 x 求导,对方程(15-71)关于 t 求导,可得

$$\frac{\partial^2 u}{\partial x^2}=-L_0\frac{\partial^2 i}{\partial t\partial x}$$

$$\frac{\partial^2 i}{\partial x\partial t}=-C_0\frac{\partial^2 u}{\partial t^2}$$

由二式即可得

$$\frac{\partial^2 u}{\partial x^2}=L_0C_0\frac{\partial^2 u}{\partial t^2}\tag{15-72}$$

方程(15-72)为典型的波动方程,其通解具有如下形式:

$$u(x,t)=u_\varphi(x-vt)+u_\psi(x+vt)\tag{15-73}$$

式中,$v=\dfrac{1}{\sqrt{L_0C_0}}$,而 $u_\varphi(x-vt)$ 和 $u_\psi(x+vt)$ 则是由边界条件和初始条件决定的待定函数。

电流的通解可由该式和上述偏微分方程得到。记 $y=x-vt,z=x+vt$,将式(15-73)代入式(15-71),可得

$$\frac{\partial i}{\partial x}=-C_0\frac{\partial u}{\partial t}=-C_0\left[\frac{\partial u_\varphi}{\partial y}\frac{\partial y}{\partial t}+\frac{\partial u_\psi}{\partial z}\frac{\partial z}{\partial t}\right]$$

$$=-C_0\left[\frac{\partial u_\varphi}{\partial x}(-v)+\frac{\partial u_\psi}{\partial x}v\right]=\frac{1}{z_c}\left[\frac{\partial u_\varphi}{\partial x}-\frac{\partial u_\psi}{\partial x}\right]$$

式中，$z_c=\sqrt{\dfrac{L_0}{C_0}}$为无损耗线的波阻抗，其值为纯电阻，与正弦稳态情况下无损耗线的波阻抗完全相同。

对该式两侧关于 x 积分，可得

$$i=\frac{1}{z_c}[u_\varphi(x-vt)-u_\psi(x+vt)]=i_\varphi-i_\psi \tag{15-74}$$

仿照 15.3 节的方法，可证明 u_φ、i_φ 是以 v 为速度从线路始端向终端传播的正向行波，而 u_ψ、i_ψ 为反向行波。

15.9 传输线上波的产生

15.9.1 无损耗线与电压源接通时波的产生

无损耗线接通理想电压源是一种产生波过程的典型情况。如图 15-15(a)所示，当无损耗线始端在 $t=0$ 瞬间经开关接通电压值为 U_0 的理想电压源时，线路始端电压马上由零变为 U_0，该电压以速度 v 从始端向终端传播，形成正向电压行波。根据上节所得结论，知道此时应有一个与正向电压行波伴随的正向电流行波同时从始端发出，该电流值为 $I_0=\dfrac{U_0}{z_c}$。经过时间 t，波传播的距离为 vt，当 vt 小于线路长度 l 时，线路上将不会出现反射波。于是，波所到达之处沿线电压电流都分别由零变成 U_0 和 I_0；波未到达之处，沿线电压电流仍为零，因此形成如图 15-15(b)所示的矩形波。

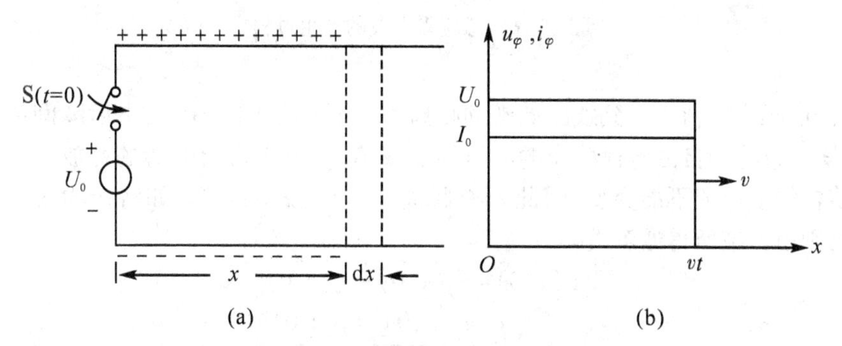

图 15-15 无损耗线接通理想电压源的波过程

随着正向电压和电流行波的传播，将在无损耗线的周围建立起电磁场，线路始端电压源所发出的能量也将转化成电磁场的能量形式。如图 15-15(a)所示，设经过微元时间 dt，入射波传播的距离为 dx，则在该段时间内，无损耗线上新增的电场能量、磁场能量和总能量分别为

$$\mathrm{d}W_c=\frac{1}{2}C_0U_0^2\mathrm{d}x$$

$$dW_L=\frac{1}{2}L_0I_0^2dx=\frac{1}{2}L_0\left(\frac{U_0}{z_c}\right)^2dx=\frac{1}{2}C_0U_0^2dx=dW_c$$

$$dW=dW_c+dW_L=C_0U_0^2dx=L_0I_0^2dx$$

由于新增能量与传输线的位置无关,所以电磁场能量在无损耗线上均匀地分布,且由上式可知电场能量等于磁场能量。

波传播过程中无损耗线吸收的功率为

$$p=\frac{dW}{dt}=C_0U_0^2\frac{dx}{dt}=C_0U_0^2v=\frac{U_0^2}{z_c}=U_0I_0$$

恰好等于线路始端电压源发出的功率。

15.9.2　感应雷导致的传输线上的雷电波

雷击传输线附近地面时在传输线上出现感应雷也是产生波过程的一种典型情况。

如图 15-16(a)所示,在雷击大地前,由于带电云层的作用,会在架空线上感应出与雷云电荷异号的受约束的自由电荷。

如图 15-16(b)所示,雷击大地时带电云层迅速对地放电,使导线上感应的受约束自由电荷摆脱束缚,该自由电荷以波速向传输线两侧传播,从而形成行波。

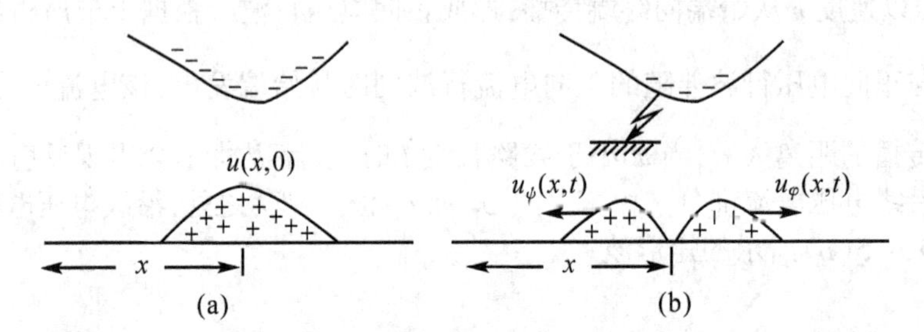

图 15-16　感应雷电波的产生过程

设雷击前感应电荷中心到线路始端的距离为 x,雷击瞬间 $t=0$,雷击后瞬间离始端距离为 x 处由摆脱束缚的自由电荷感应的电压为 $u(x,0)$。由于雷云电荷的释放不可能瞬间完成,所以传输线上电流不能突变,因此 $t=0$ 瞬间,应有 $i(x,0)=0$。如将传输线近似当无损耗线处理,则由上节所得通解可得

$$u(x,0)=u_\varphi(x,0)+u_\psi(x,0)$$

$$i(x,0)=\frac{u_\varphi(x,0)}{z_c}-\frac{u_\psi(x,0)}{z_c}=0$$

于是可得

$$u_\varphi(x,0)=u_\psi(x,0)=\frac{1}{2}u(x,0)$$

$$i_\varphi(x,0)=i_\psi(x,0)=\frac{1}{2}\frac{u(x,0)}{z_c}$$

这表明传输线上 x 处正向电压行波和反向电压行波的初始值恰好等于感应电压

$u(x,0)$的一半。由于此时 x 处并无反射发生,所以实际上 u_ψ 与 u_φ 一样,都是入射波,它们同时从 x 处出发,分别向线路始端和终端传播。

15.10　无损耗线上波的入射和反射

无损耗线上产生的入射波传播到终端时,有可能形成反射。无损耗线上波的反射及沿线电压和电流的分布随终端负载的不同而异,因此需分成如下几种不同情况讨论。

15.10.1　终端负载匹配时无损耗线上波的入射

如图 15-17 所示,当无损耗线终端接匹配负载 $R=z_c$,线路始端接通理想电压源时,线路上会形成入射波。当 $t\geqslant l/v$ 时,入射波到达线路终端,由于匹配情况下终端反射系数为零,所以在线路终端不形成反射波。此时,终端负载电压和电流分别为

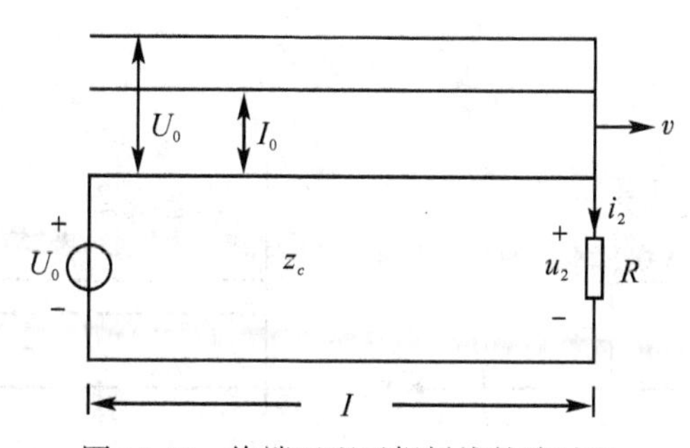

图 15-17　终端匹配无损耗线的波过程

$$u_2=u_\varphi=U_0$$

$$i_2=\frac{u_2}{R_2}=\frac{u_\varphi}{z_c}=i_\varphi=I_0$$

负载吸收的功率为

$$p=u_2i_2=U_0I_0$$

等于电源发出的功率,因此入射波所携带的由电源发出的电能全部被负载所吸收。

15.10.2　终端开路时无损耗线上波的入射和反射

当无损耗线终端开路,始端接通理想电压源时,由电源发出的入射波将以速度 $v=\frac{1}{\sqrt{L_0C_0}}$从始端向终端传播。这时无损耗线上的波过程需分不同的时段进行讨论。

(1)设理想电压源在 $t=0$ 瞬间接通。则当 $0\leqslant t<\frac{l}{v}$时,入射波未到达终端,因此反射波尚未形成。这时沿线电压和电流分布如图 15-18(a)所示。在入射波所到达之处,沿线电压和电流分别为 U_0 和 I_0;入射波未到达之处,沿线电压和电流均为零。

(2) 当$\frac{l}{v}\leqslant t<\frac{2l}{v}$时，入射波已到达终端。由于开路情况下终端反射系数为 1，因此在终端形成"+"的全反射，从而反射波电压和电流大小与入射波电压和电流大小相等，并以相同的速度从终端向始端传播。如图 15-18(b) 所示，反射波所到达之处，沿线电压和电流分别变为

$$u=u_{\varphi}+u_{\psi}=2U_0$$

$$i=i_{\varphi}-i_{\psi}=0$$

这时，在 $2l-vt\leqslant x\leqslant l$ 的线段上电流处处为零，因此该段线路上不再储存有磁场能量，而该段线路上单位长度储存的电场能量则变为

$$W_c=\frac{1}{2}C_0(2U_0)^2=2C_0U_0^2$$

为仅有入射波时单位长度线路储存的电磁场能量的 2 倍。这是由于原来储存在该段线路上的磁场能量转化为电场能量，同时由于电源仍在不断地发出能量以及反射波和入射波携带的能量相等的缘故。

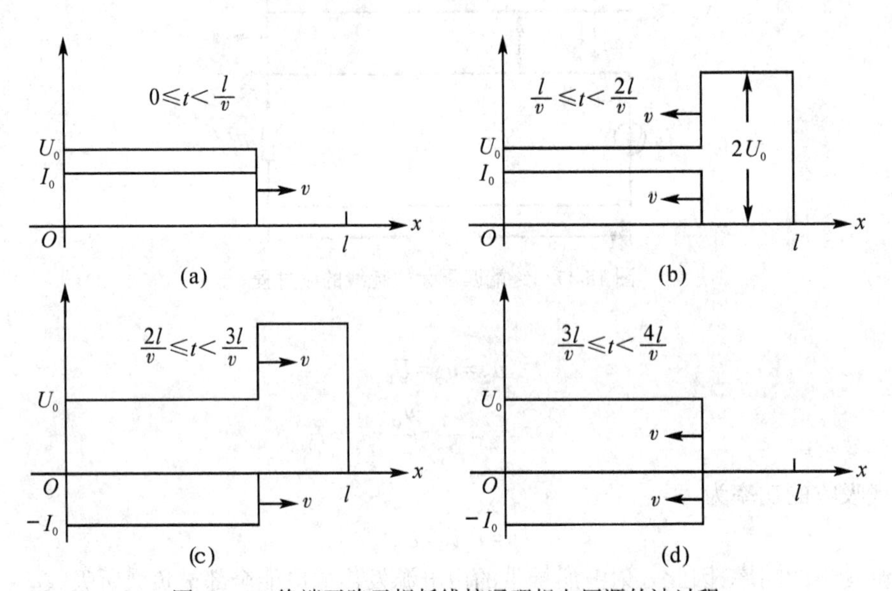

图 15-18　终端开路无损耗线接通理想电压源的波过程

(3) 在 $t=\frac{2l}{v}$瞬间，终端产生的反射波恰好到达始端。由于始端须维持 $u=U_0$，所以当反射波到达始端瞬间，波前处的电压应立即下降到 U_0。这一过程可看做始端产生了电压为 $u_{\varphi(2)}=-U_0$ 的第二次入射波，或看做反射波在始端形成了新的反射，而理想电压源内阻抗为零，始端反射系数为-1，所以能维持始端电压不变。所以当$\frac{2l}{v}\leqslant t<\frac{3l}{v}$时，第二次入射波所到之处，沿线电压又都变为 U_0，而电流则变为

$$i=i_{\varphi}-i_{\psi}+i_{\varphi(2)}=I_0-I_0+\frac{-U_0}{z_c}=-I_0$$

因此沿线电压、电流分布如图 15-18(c)所示。

(4)当$\frac{3l}{v}\leqslant t<\frac{4l}{v}$时,第二次入射波又已到达终端,并在终端形成"+"的全反射。新的反射波所到之处,沿线电压和电流分别变为

$$u=u_{\varphi}+u_{\psi}+u_{\varphi(2)}+u_{\psi(2)}=U_0+U_0-U_0-U_0=0$$
$$i=i_{\varphi(2)}-i_{\psi(2)}=-I_0-(-I_0)=0$$

这时沿线电压、电流分布如图 15-18(d)所示。

在 $t=\frac{4l}{v}$瞬间,$u_{\psi(2)}$和 $i_{\psi(2)}$恰好到达始端,这时沿线电压、电流全部变为零,而始端为了维持电压不变,又将发出新的入射波,其过程与第一个时段的情况完全相同。因此,终端开路无损耗线始端接通理想电压源的波过程以 $T=4l/v$ 为周期变化。

15.10.3　终端短路时无损耗线上波的入射和反射

无损耗线终端短路,始端接通理想电压源的情况同样需分不同的时段进行讨论。

(1)设理想电压源在 $t=0$ 瞬间接通。当 $0\leqslant t<\frac{l}{v}$时,则沿线电压和电流分布如图 15-19(a)所示,与同时段内终端开路的情况完全相同。

(2)当$\frac{l}{v}\leqslant t<\frac{2l}{v}$时,入射波已到达终端。由于短路情况下终端反射系数为-1,因此在终端形成"-"的全反射,从而反射波电压和电流大小与入射波电压和电流大小相等,但符号相反,以相同的速度从终端向始端传播。如图 15-19(b)所示,反射波所到达之处,沿线电压和电流分别变为

$$u=u_{\varphi}+u_{\psi}=U_0+(-U_0)=0$$
$$i=i_{\varphi}-i_{\psi}=I_0-(-I_0)=2I_0$$

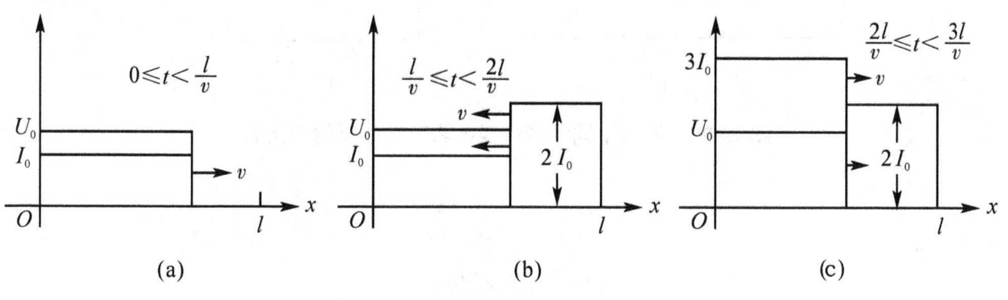

图 15-19　终端短路无损耗线接通理想电压源的波过程

(3)在 $t=\frac{2l}{v}$瞬间,终端产生的反射波恰好到达始端。始端为了维持 $u=U_0$,在反射波到

达始端瞬间,应立即发出 $u_{\varphi(2)}=U_0$ 的第二次入射波,使波前处的电压立即上升到 U_0。因此,当$\frac{2l}{v}\leqslant t<\frac{3l}{v}$时,第二次入射波所到之处,沿线电压又都变为 U_0,而电流则变为

$$i=i_\varphi-i_\psi+i_{\varphi(2)}=I_0-(-I_0)+\frac{u_{\varphi(2)}}{z_c}=3I_0$$

这时沿线电压、电流分布如图 15-19(c)所示。

进一步分析可知,沿线电压分布将以 $T=2l/v$ 为周期变化,而电流则随时间的增加不断地增大直至无穷大。

15.11　无损耗线上波的折射

在无损耗线终端接另一条传输线或不匹配负载等情况下,连接处将不会形成全反射,其典型情况主要有如下几种。

15.11.1　两条不同无损耗线串联的情况

如图 15-20(a)所示,设两条波阻抗不相等的无损耗线串联,幅值为 u_φ 的电压波沿第一条无损耗线入射。当入射波到达连接处 AB 时,由于波阻抗不等,所以会形成反射。这时入射波的一部分将从连接处反射回去,而另一部分则通过连接处进入第二条无损耗线继续向前传播。沿第二条无损耗线向前传播的这部分波称为折射波,可记折射波电压和电流分别为 $u_{\varphi2}$ 和 $i_{\varphi2}$。由于连接处左右两侧电压和电流必须连续,如第二条无损耗线上尚未出现电压和电流反射波,则有

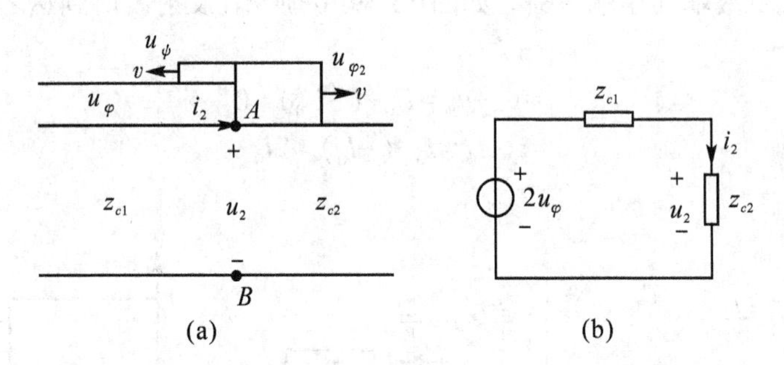

图 15-20　两段不同无损耗线串联时波的反射与折射

$$u_{\varphi2}=u_2=u_\varphi+u_\psi$$
$$i_{\varphi2}=i_2=i_\varphi-i_\psi$$

由于 $u_{\varphi2}=z_{c2}i_{\varphi2}=z_{c2}i_2$, $u_\varphi=z_{c1}i_\varphi$, $u_\psi=z_{c1}i_\psi$,所以可得

$$z_{c2}i_2=u_\varphi+u_\psi$$
$$z_{c1}i_2=z_{c1}i_\varphi-z_{c1}i_\psi=u_\varphi-u_\psi$$

两式相加,得

$$(z_{c1}+z_{c2})i_2=2u_\varphi \tag{15-75}$$

于是可得

$$i_2=\frac{2u_\varphi}{z_{c1}+z_{c2}}$$

$$u_2=\frac{z_{c2}}{z_{c1}+z_{c2}}=2u_\varphi$$

$$u_\psi=u_2-u_\varphi=\frac{z_{c2}-z_{c1}}{z_{c1}+z_{c2}}u_\varphi=Nu_\varphi$$

式中，N 为反射系数，其表达式与正弦稳态情况下的式(15-46)相同。

上述式(15-75)对应的关系可用图 15-20(b)所示集中参数电路等效，由此可获得完全相同的计算结果。这表明，在产生入射波的无损耗线上只出现一次反射，在与其相连的第二段无损耗线上只出现折射波而无反射波的前提下，连接处的电压和电流与"$2u_\varphi$"的理想电压源电压成正比，第一段无损耗线的波阻抗相当于一电源内阻抗，而第二段无损耗线的波阻抗则相当于接在连接处的负载阻抗。

上述关系虽然是从一个具体的例子所得到的，但可推广到一般情况，并由此得到一条重要的定理，即等值集中参数定理，又称为彼得逊法则。该定理指出：当有入射波流动的传输线终端连接其他传输线或集中参数元件时，对连接处而言，第一段传输线可用一个等于来波电压两倍的理想电压源与第一段传输线波阻抗的串联组合等效。

利用彼得逊法则，可使很多类似问题的分析变得简单易行。

15.11.2　终端接不匹配负载的情况

如图 15-21(a)所示，当无损耗线终端连接一不匹配负载电阻，任意形状电压波沿无损耗线入射时，根据彼得逊法则，可利用图 15-21(b)所示等效电路计算负载电压和电流。

由该电路易得

$$u_2=\frac{R}{R+z_c}2u_\varphi$$

$$i_2=\frac{2u_\varphi}{R+z_c}$$

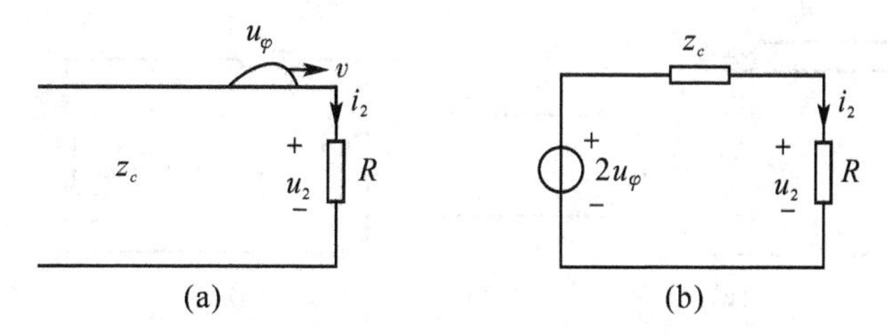

图 15-21　负载不匹配无损耗线上波的反射与折射

由此即可进一步求得无损耗线上的反射波电压和电流。

15.11.3　两条不同无损耗线间串联电感的情况

如图 15-22(a)所示,当两条不同无损耗线经电感串联,直角电压波沿第一条无损耗线入射,第二条无损耗线上尚未出现反射波或即使反射波已出现但该反射波尚未传播到连接处时,可根据彼得逊法则,得到图 15-22(b)所示的等效电路。

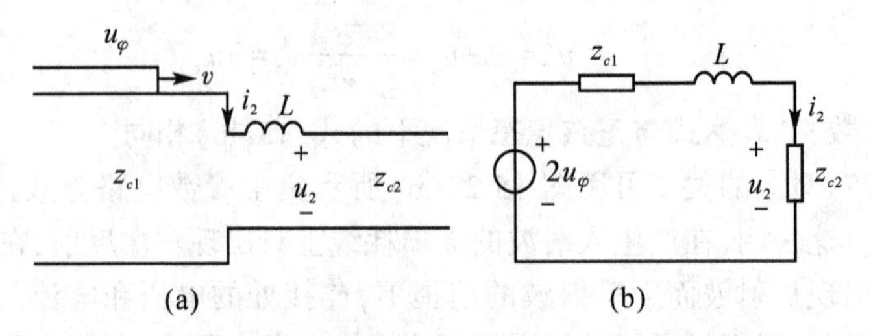

图 15-22　无损耗线间串联电感时波的反射和折射

由于来波到达前电感未储存能量,如设来波到达连接处的瞬间 $t=0$,则利用三要素法由等效电路可得

$$i_2=\frac{2u_\varphi}{z_{c1}+z_{c2}}(1-e^{-\frac{t}{\tau}})$$

$$u_2=z_{c2}i_2=\frac{2u_\varphi z_{c2}}{z_{c1}+z_{c2}}(1-e^{-\frac{t}{\tau}})$$

式中,$\tau=\dfrac{L}{z_{c1}+z_{c2}}$为等效电路的时间常数。

15.11.4　无损耗线连接电容的情况

图 15-23(a)所示为两条不同无损耗线间连接电容的情况。当直角电压波沿第一条无损耗线入射,第二条无损耗线上尚未出现反射波或即使反射波已出现但该反射波尚未传播到连接处时,可根据彼得逊法则,利用图 15-23(b)所示等效电路计算连接处的电压和电流。

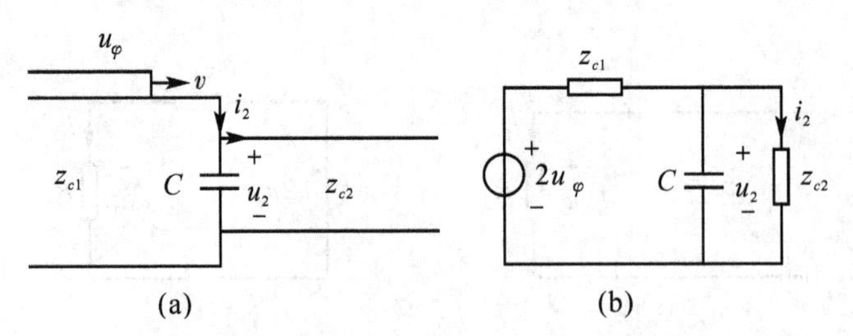

图 15-23　无损耗线间连接电容时波的反射和折射

设来波到达前电容未储存能量,来波到达连接处的瞬间 $t=0$,则利用三要素法由等效电

路可得

$$u_2=\frac{z_{c2}}{z_{c1}+z_{c2}}2u_\varphi(1-e^{-\frac{t}{\tau}})$$

式中，$\tau=\frac{z_{c1}\times z_{c2}}{z_{c1}+z_{c2}}C$ 为图 15-23(b)所示等效电路的时间常数。

习　题

15-1　某直流高压输电线的参数为 $R_0=0.1\Omega/\text{km}$，$G_0=0.025\times10^{-6}\text{S/km}$，其长度为 500km。当传输线始端电压为 400kV，终端接匹配负载电阻时，求终端电压和电流及所传输的功率值。

15-2　某架空电话线长 100km，传输信号频率为 800Hz 时线路波阻抗 $Z_c=585\angle-6.1°\ \Omega$，传播常数 $\gamma=17.6\times10^{-3}\angle82°\ \text{l/km}$。设终端电压和电流分别为 $u_2=10\sqrt{2}\sin\omega tV$，$i_2=10^{-2}\sqrt{2}\sin(\omega t+30°)\text{A}$。试求始端电压和电流的瞬时值。

15-3　某电力传输线参数为 $R_0=0.3\Omega/\text{km}$，$L_0=2.89\text{mH/km}$，$C_0=3.85\times10^{-9}\text{F/km}$，$G_0$ 忽略不计。试求其特性阻抗、传播常数、相速和波长。

15-4　某三相高压输电线长 300km，线路参数为：$R_0=0.075\Omega/\text{km}$，$L_0=1.276\text{mH/km}$，$C_0=8.75\times10^{-3}\mu\text{F/km}$，线间漏电导极小，可忽略不计。若要求终端在维持线电压为 220kV 的前提下输出 150MW 三相功率，功率因数为 0.98(感性)，试求线路始端电压、电流和输电效率。

15-5　某电缆上的电压分布为

$$u(x,t)=10\sqrt{2}e^{-0.044x}\sin\left(5\,000t-0.046x+\frac{\pi}{6}\right)\text{V}$$

(1)试说明该电压是正向行波还是反向行波；

(2)求该电缆的传播常数及该电压波的波长和相速；

(3)若该电缆的波阻抗为 $50\angle-10.2°$，求相应的电流行波表达式。

15-6　在信号频率为 300MHz 的情况下，以一长度 $l<\frac{\lambda}{4}$ 的开路无损耗线作电容器使用。已知该无损耗线的波阻抗为 377Ω，若需电容 $C=100\text{pF}$，则线的长度应取多少？若采用短路无损耗线，则线的长度又应取多少？

15-7　如题 15-7 图所示，两段长度均为 $\frac{\lambda}{8}$，波阻抗分别为 $Z_{c1}=75\Omega$、$Z_{c2}=50\Omega$ 的无损耗线相连接，终端所接负载阻抗为 $Z_2=50+\text{j}50\Omega$，试求始端的输入阻抗。

15-8　一长度为 l，波阻抗为 50Ω 的无损耗线终端接一个 100Ω 的负载电阻，$t=0$ 瞬间一个幅值为 100V 的无限长直角电压波从线路始端入射，波速为 v。试作出 $t=\frac{3l}{v}$ 时沿线的电压、电流分布图。

15-9　三条波阻抗分别为 $Z_{c1}=500\Omega$，$Z_{c2}=400\Omega$，$Z_{c3}=600\Omega$ 的无损耗线如题 15-9 图所

示连接,一个 100kV 的矩形电压波从第一条无损耗线始端向终端传播,求进入第二和第三两条无损耗线的折射波的电压、电流。

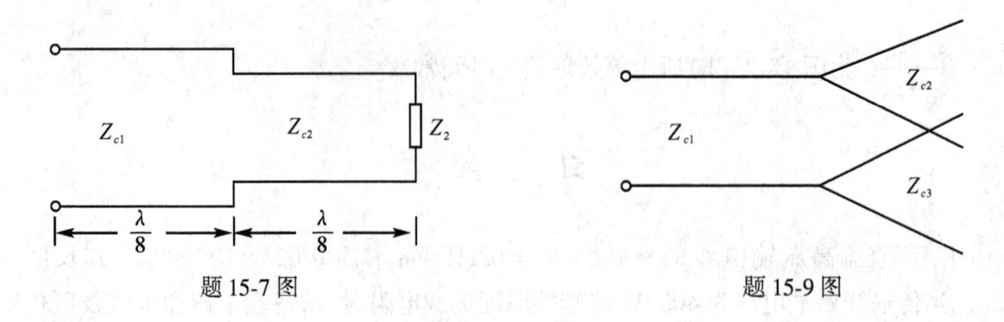

题 15-7 图　　题 15-9 图

15-10　一个幅值为 220kV 的无限长直角电压波从波阻抗为 500Ω 的架空无损耗线始端向终端传播,线路终端连接波阻抗为 50Ω 的电缆,在架空线与电缆的连接处并联一个电容值为 2 000pF 的电容,试求波到达连接处后电容电压的变化规律。

附录A 磁 路

本附录介绍磁路的基本分析方法,主要内容有磁场与铁磁材料;磁路的基本概念;磁路的基本定律;直流磁路的计算;交变磁通作用下的损耗和交流铁心线圈。

A.1 磁场与铁磁材料

从物理学的内容可知,通过导体的电流会在导体的周围激发出磁场,反映磁场特性的物理量为磁感应强度矢量,磁感应强度矢量与电流之间的关系满足毕奥-萨伐定理。磁场中各点的磁感应强度可用通过该点的磁感应线的疏密程度来描述,磁感应线总是按右手螺旋定则围绕着产生它的电流而闭合的。穿过磁场中某一截面的磁感应强度矢量的通量称为磁通,定义为

$$\boldsymbol{\Phi} = \int_S \boldsymbol{B} \cdot \mathrm{d}\boldsymbol{S}$$

利用毕奥-萨伐定理可以证明磁通的连续性,即通过任一闭合曲面的磁通恒等于零,因此有

$$\oint_S \boldsymbol{B} \cdot \mathrm{d}\boldsymbol{S} = 0$$

实验结果表明,载流回路在其他物质中产生的磁场与它在真空中产生的磁场有所不同。这是因为物质内部运动着的带电粒子形成分子电流,在没有外磁场作用时,这些分子电流的方向杂乱无章,它们产生的磁场相互抵消,对外不显磁性。当有外磁场作用时,分子电流所产生的磁场不再相互抵消,而是产生一个与外磁场同方向的磁场。这时称物质处于被磁化状态。通常采用磁化强度矢量 $\boldsymbol{M}$ 来表示物质的磁化程度。对各向同性的物质,$\boldsymbol{M}$ 与另一物理量磁场强度矢量 $\boldsymbol{H}$ 之间存在线性关系

$$\boldsymbol{M} = \chi_m \boldsymbol{H}$$

式中,χ_m 称为磁化率。$\boldsymbol{B}$ 与 $\boldsymbol{M}$ 和 $\boldsymbol{H}$ 之间存在关系:

$$\boldsymbol{B} = \mu_0(\boldsymbol{H} + \boldsymbol{M}) = \mu_0(1 + \chi_m)\boldsymbol{H} = \mu_0\mu_r\boldsymbol{H} = \mu\boldsymbol{H} \tag{A-1}$$

式中,μ 称为物质的磁导率;$\mu_0 = 4\pi \times 10^{-7}\mathrm{H/m}$,是物质为真空时的磁导率;$\mu_r$ 称为相对磁导率。

μ 是衡量物质的导磁性能的一个重要参数,按其大小可将物质划分为顺磁物质、反磁物质和铁磁物质。顺磁物质的磁导率略大于真空的磁导率 μ_0,反磁物质的磁导率略小于 μ_0,而铁磁物质的 $\mu \gg \mu_0$,甚至大到几千、几万倍。这是因为铁磁物质内部存在很多很小的自发的磁化区域,它们相当为一块一块的小磁铁,称为磁畴。在没有外磁场作用时,各个磁畴的

排列是杂乱无章的,其磁场相互抵消,对外不显磁性;在有外磁场作用时,磁畴的排列方向与外磁场一致,形成附加磁场,使铁磁物质内部的磁感应强度大大地增强,从而铁磁物质具有高磁导率。由于除了铁磁物质外,其他物质的磁导率与μ_0都相差无几,所以在工程中都近似取这些物质的磁导率为μ_0。

铁磁物质的μ不但比μ_0大得多,且与磁场强度和物质磁状态的历史有关,所以铁磁物质的μ不是一个常数。

铁磁物质的磁状态可由磁化曲线来描述。磁化曲线可用图A-1所示环形闭合铁心线圈利用试验方法获得。对从未磁化(或完全去磁后)的铁心,调节注入铁心线圈的电流,使其由零逐渐增大,此时铁心中的磁场强度亦随之增大,测得对应于不同H值的磁感应强度B,便可绘制出如图A-2所示的B-H曲线,这条曲线称为铁磁物质的原始磁化曲线。由该条曲线和式(A-1)即可求得该图中的μ-H曲线。

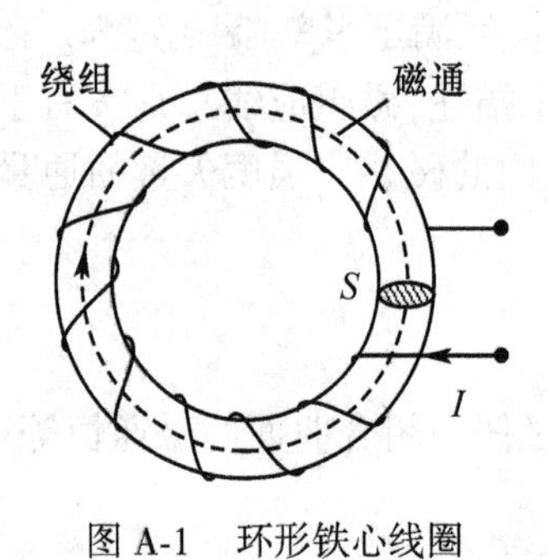

图A-1　环形铁心线圈

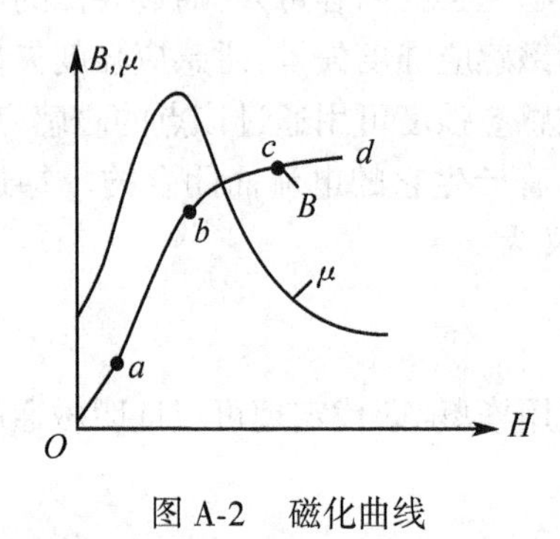

图A-2　磁化曲线

由原始磁化曲线可见,当外磁场由零逐渐增大时,开始磁感应强度B随磁场强度H的增加而缓慢地增加(图A-2中Oa段),然后B随H的增加而迅速增加(ab段),此后,增加的速度减慢(bc段)进而逐渐趋向于饱和(cd段)。

如在不超过饱和工作点的情况下将磁场强度由零增加到某最大值$+H_{max}$,则磁感应强度将沿原始磁化曲线上升至对应的最大值B_{max}。然后再减小H,此时由于物质的磁滞特性,磁感应强度将不再沿原始磁化曲线减小,而是如图A-3所示大于该曲线上的对应值,且当H值减小到零时,B并不减小到零,而是等于某值B_r。B_r称为剩余磁感应强度。为了去掉剩磁,必须改变电流的方向,即改变所加外磁场的方向。当H由零继续减小达到$-H_c$时,才能使B减小到零。磁场强度H_c称为矫顽磁力。当反方向的电流继续增加时,磁性材料开始被反方向磁化。当H达到$-H_{max}$时,$B=-B_{max}$。再减小反方向电流至零,使H值增加到零,此时又将出现反方向的剩磁$-B_r$。

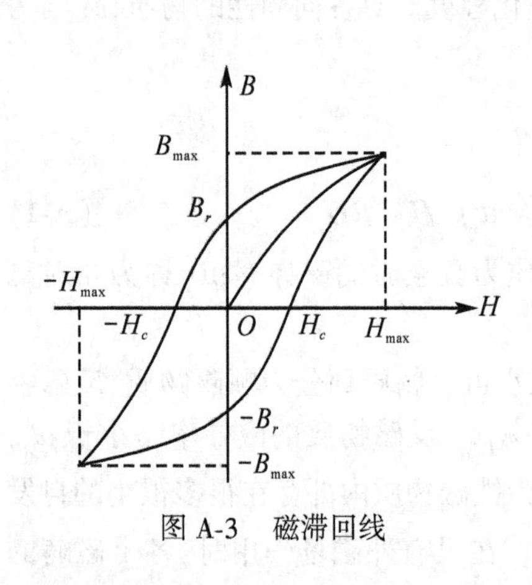

图A-3　磁滞回线

然后再施加正方向的电流,当 $H=H_c$ 时,才能又使 B 等于零。继续增加电流,当 $H=H_{max}$ 时,又使 $B=B_{max}$。这样反复磁化,得到如图 A-3 所示的闭合环形曲线,称为磁滞回线。

不同铁磁物质的磁滞回线具有不同的形状,回线所包围的面积大小也不一样。磁滞回线狭窄、回线面积较小的铁磁材料磁导率高、矫顽磁力较小,称为软磁材料,如硅钢片、铁镍合金、铁淦氧磁体、纯铁、铸铁和铸钢等,都是软磁材料,常用来制作电机、变压器和继电器的铁心。磁滞回线较宽、回线面积较大的铁磁材料具有较大的矫顽磁力,称为硬磁材料,如碳钢、钴钢、镍钴合金及钡铁氧体等,主要用来制作永久磁铁。此外,还有一类磁滞回线形状如矩形的铁磁材料,此类材料只需很小的外磁场就可磁化并达到饱和,磁化后去掉外磁场仍保持接近饱和时的磁性。这类材料一般是铁氧体,常用来制作电子计算机存储器的磁心。

A.2　磁路的基本概念

在实际工程中,存在很多根据电磁感应原理制造的设备,为了在这些设备中形成集中的强磁场,常将线圈绕在由铁磁材料制成的铁心上。由于铁磁材料的导磁能力比铁心周围的非铁磁材料要高得多,从而可将由流经该线圈的电流所产生的磁通的大部分约束在由铁心及空隙所形成的路径中,形成主磁通,而只产生极少的漏磁通。主磁通所通过的路径即称为磁路。

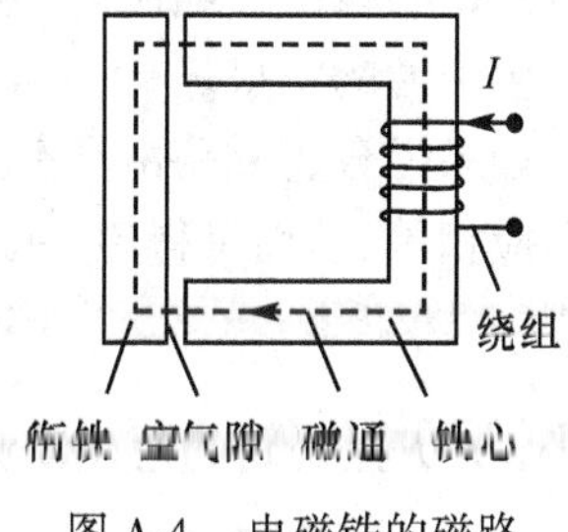

图 A-4　电磁铁的磁路

图 A-4 所示为电磁铁的磁路,其主磁通经过铁心、衔铁和空气隙形成闭合路径,所以其磁路由这三部分串联而成。

在漏磁通较小的前提下,忽略其影响,可利用设备中主磁通近似均匀分布或分段均匀分布的特点,借助类似于电路的分析方法,使这类设备中的磁场分析大大简化。这种分析方法就是磁路的分析方法。由于磁路的分析方法与电路类似,所以同样可用磁路的基尔霍夫定律和欧姆定律。

A.3　磁路的基本定律

设图 A-5 所示无分支磁路由某种铁磁材料构成,其横截面面积为 S,平均长度为 l。若平均长度比横截面的尺寸大得多,则可近似认为磁通在横截面上的分布是均匀的,即有

$$\Phi = BS \tag{A-2}$$

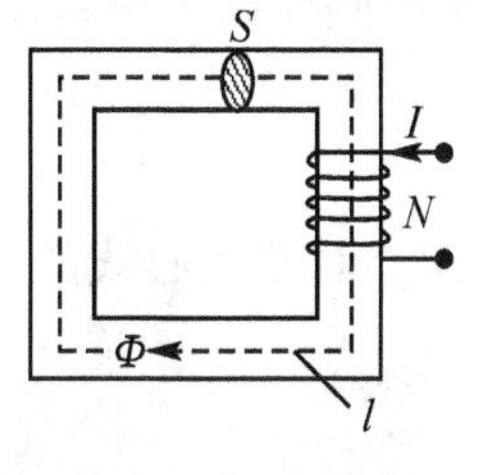

图 A-5　无分支磁路

式中,B 是磁路中平均长度线上的磁感应强度。

根据安培环路定律,有

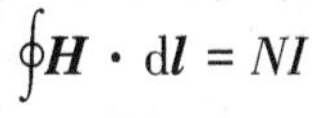

$$\oint \boldsymbol{H} \cdot \mathrm{d}\boldsymbol{l} = NI$$

式中,N 为线圈的匝数。

由于磁路中平均长度线上各点的磁场强度矢量相同,且方向又处处与 $\mathrm{d}\boldsymbol{l}$ 的方向一致,所以可求得该积分值,从而可得

$$Hl = NI \tag{A-3}$$

由式(A-2)、式(A-3) 并结合 $B=\mu H$ 可得

$$\Phi=\frac{NI}{\dfrac{l}{\mu S}} \tag{A-4}$$

该式在形式上与电路的欧姆定律相似。其中,Φ 对应于电路中的电流 I,NI 对应于电路中的电动势 E,因此将 NI 定义为磁动势,记为 F;$l/\mu S$ 对应于电路中的电阻 $R=l/\gamma S$,因此将其称为磁阻,记为 R_m。于是由式(A-4) 可得磁路的欧姆定律表达式

$$F=R_m\Phi \tag{A-5}$$

式中,磁动势 F 的单位为安,记为 A;磁阻 R_m 的单位为 1/H,记为 H^{-1};磁通的单位为韦伯(Wb)。

若令 $G_m=1/R_m$,则该式又可写为

$$\Phi=G_mF \tag{A-6}$$

式中,G_m 称为磁导,单位为 H。

由磁动势的定义可知,对给定磁路,在铁心线圈的匝数确定不变的情况下,磁动势大小与流经铁心线圈的电流大小成正比,因此,就如电流是产生磁通的源泉一样,磁动势亦可看做产生磁通的源泉。

如果无分支磁路由具有不同截面的几段组成,则根据磁通的连续性可知通过各截面的磁通应相等,从而可得磁路欧姆定律的一般形式

$$\sum F=\Phi\sum R_m \tag{A-7}$$

式中,$\sum F$ 是磁路的总磁动势,当 I 的方向与 Φ 的方向符合右手螺旋关系时,F 前取"+"号,反之取"-"号;$\sum R_m$ 是磁路中各段磁阻之和。

与电路中的电压 U 相对应,定义

$$U_m=\int H\cdot \mathrm{d}l=Hl \tag{A-8}$$

为该积分段磁路的磁压。因为 $Hl=\dfrac{1}{\mu S}\Phi=R_m\Phi$,所以

$$U_m=R_m\Phi \tag{A-9}$$

该式适用于磁路中具有相同截面的任何一段。

需要指出的是,由于磁导率 μ 随磁场强度 H 的大小非线性变化,所以磁阻不再是一个常数,因此一般情况下磁动势和磁压与磁通之间的关系不再是线性关系。

利用磁动势、磁压和磁阻的定义,可将图 A-5 所示无分支磁路用集中元件表示的等效磁路(图 A-6) 来代替。类似于电路的分析,可写出该磁路的方程:

$$F=U_m=R_m\Phi$$

该式与简单电路的 KVL 方程类似,称为磁路的基尔霍夫磁压定律。对多铁心线圈、多段不同截面磁路的一般情况,基尔霍夫磁压定律具有如下一般形式:

$$\sum F=\sum U_m=\sum R_m\Phi$$

或

$$\sum NI = \sum Hl = \sum R_m \Phi$$

同样,还可得到类似于电路中基尔霍夫电流定律的磁路的基尔霍夫磁通定律。

图 A-7 所示磁路包含两个匝数分别为 N_1 和 N_2 的线圈,其磁路分为三段,各段所通过的磁通分别为 Φ_1、Φ_2 和 Φ_3,各电流和磁通的参考方向如图所示。

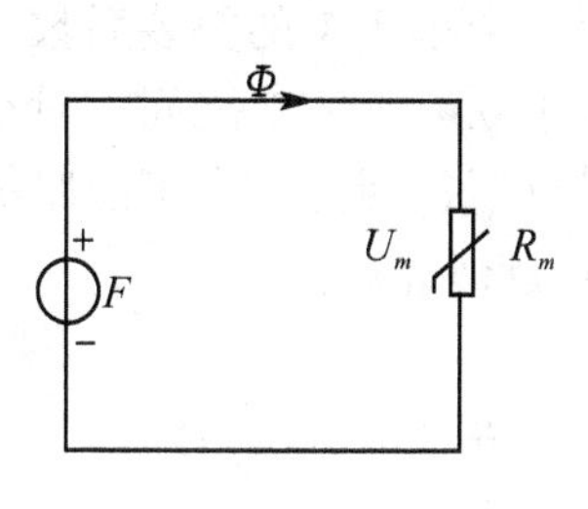

图 A-6　无分支磁路的磁路图

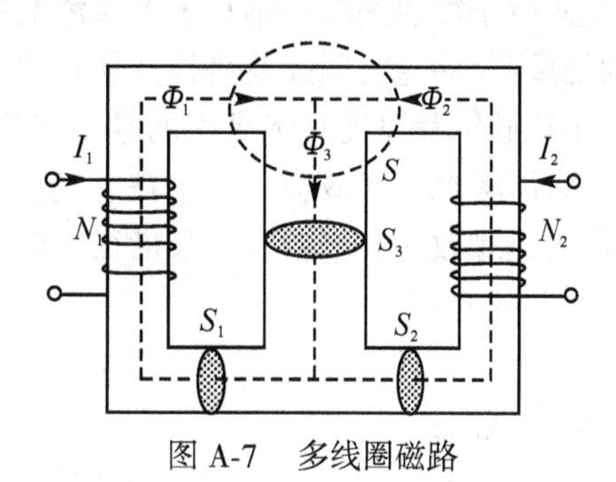

图 A-7　多线圈磁路

在 Φ_1、Φ_2 和 Φ_3 的汇合处作一封闭面 S,根据磁通连续性原理,可知在忽略漏磁通的情况下,进入封闭面 S 的总磁通为零,即有

$$\Phi_1 + \Phi_2 - \Phi_3 = 0$$

该式与电路的 KCL 在形式上相似,称为磁路的基尔霍夫磁通定律。如考虑漏磁通,磁通连续性原理和基尔霍夫磁通定律依然成立,不过应计入漏磁通。

应当指出的是,虽然磁路定律和电路定律在形式上相似,但绝不表明二者具有相同的物理本质。实质上,磁路是有限范围内的磁场,而电路是有限范围内的电流场,所以它们在很多方面都显示出不同。例如,在电路中有电动势时不一定有电流;但在磁路中有磁动势则必然伴随着磁通,即使磁路中有气隙存在,磁通也不中断。

A.4　直流磁路的计算

如果流经铁心线圈的电流是直流电流,则此时所产生的磁通是恒定的,在线圈中不会产生感应电动势,因此直流铁心线圈的分析和计算问题仅仅是直流磁路的分析和计算问题。

根据磁路结构的不同,可将直流磁路分成无分支直流磁路和有分支直流磁路两种类型。而按照已知量和待求量的区别,又可将其计算分为如下两种情况:

(1) 给定磁通或磁感应强度,然后按照所给定的磁通和构成磁路的材料及各部分的尺寸去求取产生该磁通所需的磁动势;

(2) 已知磁动势和磁路的材料及各部分的尺寸求取磁通。

A.4.1　无分支直流磁路的计算

1. 已知磁通时无分支直流磁路的计算

无分支直流磁路的特点是在忽略漏磁通的情况下,磁路中磁通处处相等。已知磁通时其分析计算过程可按如下步骤进行：

(1) 将磁路按不同的材料和不同的截面积划分成若干段。

在对磁路进行分段时要保证每一段磁路的材料相同、截面积相等。

(2) 计算各段磁路的截面积和平均长度。

对一般的铁心，其磁路的截面积可用它们的几何尺寸直接进行计算。对硅钢片叠制成的铁心，由于需要去除硅钢片上绝缘漆的厚度，其实际的有效截面积比按它们的几何尺寸计算的结果要小一些，因此要将按几何尺寸计算的结果乘一个小于1的叠装系数。叠装系数的大小与硅钢片厚度和绝缘漆的厚度有关，其值一般介于0.9 ~ 0.97之间。对空气隙构成的磁路，需考虑边缘效应。由于在空气隙中，磁通会向外扩张，因此增大了磁路的有效截面积，称为边缘效应。当空气隙长度很短时，可用下述公式近似计算：

矩形截面：

$$S=(a+\delta)(b+\delta)\approx ab+(a+b)\delta \qquad \delta\leqslant \min(a,b)/5$$

圆形截面：

$$S=\pi(r+\delta/2)^2\approx \pi r^2+\pi r\delta \qquad \delta\leqslant r/5$$

式中，S 为空气隙的有效截面积，δ 为空气隙长度，a、b 为矩形截面的长和宽，r 为圆形截面的半径。

(3) 计算各段磁路的磁感应强度。

根据已知的磁通、有效截面积 S 利用式 $B=\Phi/S$ 计算各段磁路的磁感应强度。

(4) 根据每一段的磁感应强度计算相应的磁场强度。

对铁磁材料可查对应的基本磁化曲线；对空气隙可利用式 $H_0=B_0/\mu_0$ 计算。

(5) 根据每一段的平均长度和磁场强度求出该段的磁压。

利用式(A-8)根据每一段的平均长度和磁场强度求出该段的磁压。

(6) 根据基尔霍夫磁压定律求取所需的磁动势。

例 A-1　图A-8所示为由硅钢片和空气隙构成的无分支磁路，磁路各段的尺寸已标明在图中，长度单位为mm，硅钢片的叠装系数为0.9，励磁绕组的匝数为120匝，求在该磁路中获得 $\Phi=15\times10^{-4}$ Wb 所需的励磁电流。

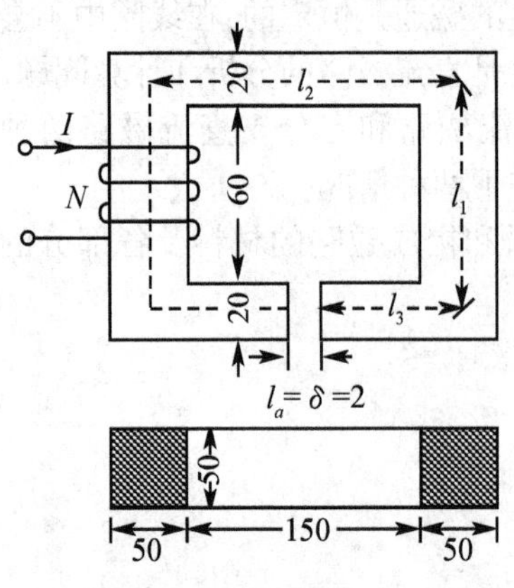

图A-8　无分支磁路

解　(1) 磁路由两种材料构成且硅钢片部分具有两种不同的截面积，所以应将磁路分为3段来计算。

(2) 各段的磁路的平均长度和截面积分别为

$$l_1=60+20=80\text{mm}$$

$$l_2=150+50=200\text{mm}$$

$$l_3=(200-2)\div 2=99\text{mm}$$

$$l_a=2\text{mm}$$

$$S_1=50\times50\times0.9=2\ 250\text{mm}^2$$

$$S_2=S_3=50\times20\times0.9=900\text{mm}^2$$

$$S_a=20\times50+(20+50)\times2=1\ 140\text{mm}^2$$

（3）各段的磁感应强度分别为

$$B_1 = \frac{\Phi}{S_1} = \frac{15 \times 10^{-4}}{2\,250 \times 10^{-6}} = 0.667\text{Wb/m}^2$$

$$B_2 = B_3 = \frac{\Phi}{S_2} = \frac{15 \times 10^{-4}}{900 \times 10^{-6}} = 1.667\text{Wb/m}^2$$

$$B_a = \frac{\Phi}{S_a} = \frac{15 \times 10^{-4}}{1\,140 \times 10^{-6}} = 1.316\text{Wb/m}^2$$

（4）由图 A-9 所示基本磁化曲线查得各段铁心的磁场强度分别为

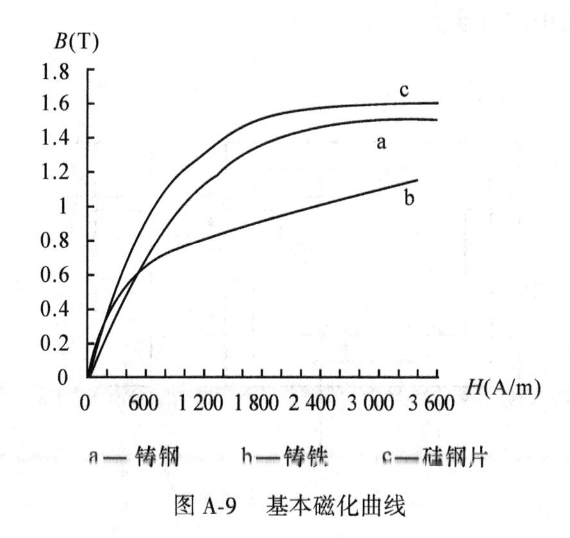

图 A-9　基本磁化曲线

$$H_1 = 170\text{A/m}$$

$$H_2 = 4\,500\text{A/m}$$

$$H_a = \frac{B_a}{\mu_0} = \frac{1.316}{4\pi \times 10^{-7}} = 1.048 \times 10^6\text{A/m}$$

（5）从而可求得各段磁路的磁压分别为

$$H_1 l_1 = 170 \times 80 \times 10^{-3} = 13.6\text{A}$$

$$H_2 l_2 = 4\,500 \times 200 \times 10^{-3} = 900\text{A}$$

$$H_3 l_3 = 4\,500 \times 99 \times 10^{-3} = 445.5\text{A}$$

$$H_a l_a = 1.048 \times 10^6 \times 2 \times 10^{-3} = 2\,096\text{A}$$

（6）总磁动势为

$$\begin{aligned} F &= 2H_1 l_1 + H_2 l_2 + 2H_3 l_3 + H_a l_a \\ &= 2 \times 13.6 + 900 + 2 \times 445.5 + 2\,096 = 3\,914.2\text{A} \end{aligned}$$

（7）最后可求得所需的励磁电流为

$$I=\frac{F}{N}=\frac{3\ 914.2}{120}=32.62\text{A}$$

2. 已知磁动势时无分支直流磁路的计算

求解该类问题时虽然总磁动势已知,但由于各段磁路上磁压的分布情况是未知的,从而无法直接计算各段磁路上的磁场强度,进而求取磁通。该类问题的计算较第一类问题要困难些,通常采用试探法或作图法来求解。下面通过例题介绍这两种方法。

例 A-2 如图 A-10 所示磁路中,铁心部分用硅钢片叠制而成,叠装系数为 0.94,铁心截面为正方形,$a=b=1\text{cm}$,$l_1=6\text{cm}$,$l_2=3\text{cm}$,空气隙$\delta=0.2\text{cm}$,线圈的匝数$N=1\ 000$匝,线圈电流$I=0.35\text{A}$,求磁路中的磁通。

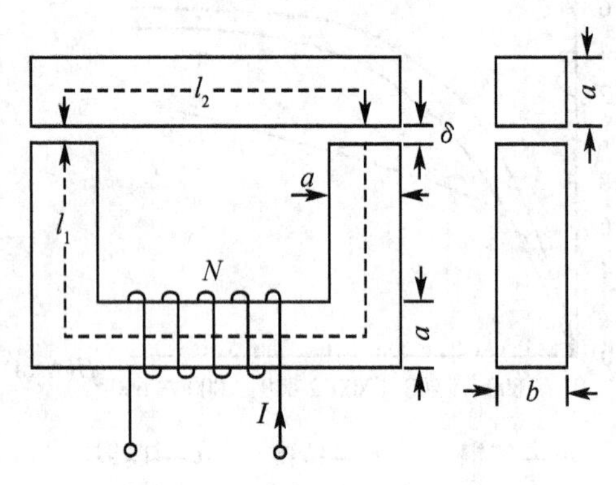

图 A-10 例 A-2 磁路图

解法一 用试探法求解。首先求得总磁动势为

$$F=NI=1\ 000\times0.35=350\text{A}$$

(1) 第一次试探。

为使第一次试探所获磁通值不至于偏离实际值太远,可采用简化方法确定试探初值。由于空气隙的磁阻远大于铁心部分的磁阻,可认为这个磁路的磁动势都作用在空气隙中,从而通过计算空气隙磁路的磁通来获得初值。

空气隙的有效截面积为

$$S_0=(a+\delta)(b+\delta)=(1+0.02)(1+0.02)\times10^{-4}=1.04\times10^{-4}\text{m}^2$$

空气隙磁阻为

$$R_{m0}=\frac{l_0}{\mu_0S_0}=\frac{2\times0.2\times10^{-3}}{4\pi\times10^{-7}\times1.04\times10^{-4}}=3.06\times10^{6\ -1}\text{H}$$

第一次试探值为

$$\Phi_1=\frac{F}{R_{m0}}=\frac{350}{3.06\times10^6}=1.144\times10^{-4}\text{Wb}$$

再用该试探值计算产生该磁通所需的磁动势以进行验算。铁心的有效截面积为

$$S = 0.01 \times 0.01 \times 0.94 = 0.94 \times 10^{-4}\text{m}^2$$

铁心中的磁感应强度为

$$B = \frac{\Phi_1}{S} = \frac{1.144 \times 10^{-4}}{0.94 \times 10^{-4}} = 1.217\text{Wb/m}^2$$

查基本磁化曲线得磁场强度为

$$H = 900\text{A/m}$$

铁心的磁压降为

$$U_{m1} = H(l_1 + l_2) = 900 \times 9 \times 10^{-2} = 81\text{A}$$

空气隙的磁压降为

$$U_{m01} = F = 350\text{A}$$

所需的磁动势为

$$F_{m1} = U_{m01} + U_{m1} = 350 + 81 = 431\text{A}$$

因为 $F_{m1} > F_m$，Φ_1 偏大，应选较小的磁通再进行试探。

(2) 第二次试探。

由于第一次试探获得的磁动势计算值比给定值大 23.14%，可将空气隙的磁压降减小 22%，即可取

$$U_{m02} = (1 - 0.22)U_{m01} = 273\text{A}$$

由此可得磁通的第二次计算值

$$\Phi_2 = \frac{U_{m02}}{R_{m0}} = \frac{273}{3.06 \times 10^6} = 0.892\ 2 \times 10^{-4}\text{Wb}$$

验算求得铁心中的磁感应强度

$$B_2 = \frac{\Phi_2}{S} = \frac{0.892\ 2 \times 10^{-4}}{0.94 \times 10^{-4}} = 0.949\ 1\text{Wb/m}^2$$

查基本磁化曲线得磁场强度

$$H = 475\text{A/m}$$

铁心的磁压降为

$$U_{m2} = H(l_1 + l_2) = 475 \times 9 \times 10^{-2} = 42.75\text{A}$$

所需的磁动势为

$$F_{m2} = U_{m02} + U_{m2} = 273 + 42.75 = 315.75\text{A}$$

该值又比给定值偏小约 9.8%。

(3) 第三次试探。

再将空气隙的磁压降增大 10%，取

$$U_{m03} = 1.01U_{m02} = 300.3\text{A}$$

求得

$$\Phi_3 = \frac{U_{m03}}{R_{m0}} = \frac{300.3}{3.06 \times 10^6} = 0.981\ 4 \times 10^{-4}\text{Wb}$$

验算得

$$B=\frac{\Phi_3}{S}=\frac{0.981\,4\times10^{-4}}{0.94\times10^{-4}}=1.044\text{Wb/m}^2$$

查曲线得

$$H=590\text{A}$$

铁心的磁压降为

$$U_{m3}=590\times9\times10^{-2}=53.1\text{A}$$

可得磁动势为

$$F_{m3}=300.4+53.1=353.5\text{A}$$

该值与给定磁动势的误差仅约为1%,因此可取

$$\Phi=\Phi_3=0.981\,4\times10^{-4}\text{Wb}$$

解法二 用图解法求解。对本例由铁心和空气隙构成的串联磁路,根据基尔霍夫磁压定律,可列出方程

$$U_m=F-U_{m0}=F-R_{m0}\Phi$$

在 F 给定,空气隙磁阻 R_{m0} 为常数的情况下,该式描述了铁心磁压与磁通之间的线性关系,如图A-11直线所示。

又由于

$$U_m=H(l_1+l_2)$$

$$\Phi=BS$$

再结合铁心材料的磁化曲线 $B=B(H)$,可作出 U_m 与 Φ 的关系曲线 $U_m(\Phi)$,如图A-11所示。图中两曲线的交点即为所求解,其横坐标为所求磁通值,约为 1.0×10^{-4}Wb;纵坐标为铁心中的磁压,约为53A。

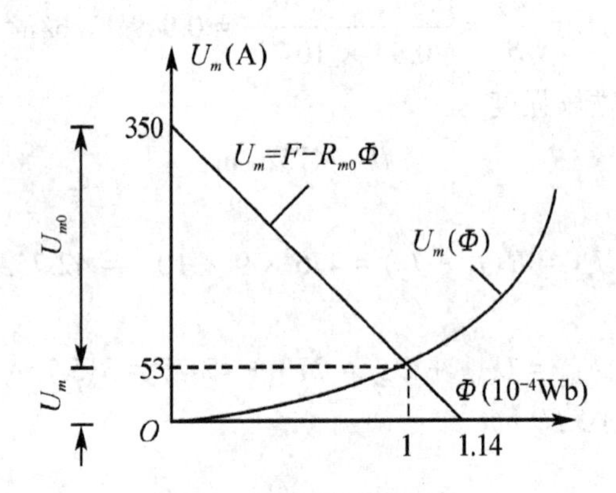

图A-11 作图法解磁路

A.4.2 有分支直流磁路的计算

有分支直流磁路的计算较为复杂。如果给定的是通过空气隙的磁通,尚可直接求出所需磁动势;但如果给定的是通过其他支路的磁通,则有一部分必须采用试探法或作图法来计

算。对给定空气隙磁通的情况,下面通过实例介绍其算法。

例 A-3　一由铸钢和空气隙构成的有分支直流磁路的结构和尺寸如图 A-12 所示,图中长度单位为 m,线圈匝数 $N = 1\,000$ 匝。如希望在空气隙中获得磁通 $\Phi_0 = 6 \times 10^{-4}\text{Wb}$,问线圈中应通以多大的电流?

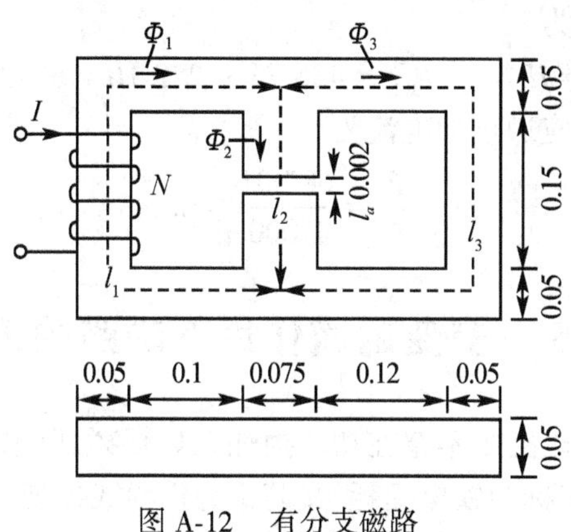

图 A-12　有分支磁路

解　由图中各磁通的参考方向和磁路定律,可列出如下基本方程:

$$\Phi_1 = \Phi_2 + \Phi_3$$

$$H_a l_a + H_2 l_2 = H_3 l_3$$

$$NI = H_1 l_1 + H_3 l_3$$

上述方程是求解该问题的基础。

(1) 首先因通过中间磁路 l_2 的磁通 Φ_2 和空气隙磁通 Φ_0 相等,所以可求出该磁路的磁感应强度

$$B_2 = \frac{\Phi_2}{S_2} = \frac{6 \times 10^{-4}}{0.075 \times 0.05} = 0.16\text{Wb/m}^2$$

查铸钢的磁化曲线得该段磁路的磁场强度为 $H_2 = 125\text{A/m}$。空气隙的磁感应强度和磁场强度分别为

$$B_0 = \frac{\Phi_0}{S_0} = \frac{6 \times 10^{-4}}{(0.075 + 0.002)(0.05 + 0.002)} = 0.149\,9\text{Wb/m}^2$$

$$H_0 = \frac{B_0}{\mu_0} = \frac{0.149\,9}{4\pi \times 10^{-7}} = 119\,347\text{A/m}$$

(2) 由此可求得

$$H_3 = \frac{H_a l_a + H_2 l_2}{l_3} = \frac{119\,347 \times 0.002 + 125 \times 0.198}{0.565} = 446.3\text{A/m}$$

查铸钢的磁化曲线得 $B_3 = 0.65\text{Wb/m}^2$,于是可求得

$$\Phi_3 = B_3 S_3 = 0.65 \times 0.05^2 = 16.25 \times 10^{-4}\text{Wb}$$

(3) 于是可求得

$$\Phi_1 = \Phi_2 + \Phi_3 = 6 \times 10^{-4} + 16.25 \times 10^{-4} = 22.25 \times 10^{-4}\text{Wb}$$

$$B_1 = \frac{\Phi_1}{S_1} = \frac{22.25 \times 10^{-4}}{0.05 \times 0.05} = 0.89\text{Wb/m}^2$$

查铸钢的磁化曲线得 $H_1 = 830\text{A/m}$,从而求得

$$H_1 l_1 = 830 \times 0.525 = 435.75\text{A}$$

(4) 可求得总磁动势为

$$F = H_1 l_1 + H_3 l_3 = 435.75 + 252.16 = 687.91\text{A}$$

(5) 最后求得线圈中应通过的电流为

$$I = \frac{F}{N} = \frac{687.91}{1\,000} = 0.688\text{A}$$

A.5　交变磁通作用下磁路的损耗

在恒定磁通作用下的磁路中不存在功率损耗。如果磁通随时间交变,则会在磁路中产生涡流损耗和磁滞损耗,统称为铁磁损耗,又简称为铁损或铁耗。

A.5.1　涡流和涡流损耗

根据电磁感应原理,当磁路中的磁通随时间交变时,会在铁心中感生出一个旋涡状电动势,从而感应出电流,这个电流在垂直于磁通方向的平面上围绕磁感应线呈旋涡状流动(如图A-13(a)所示),因此称为涡流。该电流通过涡流回路电阻产生热损耗,称为涡流损耗。为了减小涡流损耗,导磁铁心通常采用涂有绝缘漆的薄硅钢片叠装而成。由于硅有较高的电阻率,采用薄硅钢片后又加长了涡流路径从而使涡流电阻增大;同时,硅钢片很薄,使通过每片硅钢片的磁通较整个铁心大为减小,从而使每片中的感生电动势降低,因此可以达到减小涡流的目的。

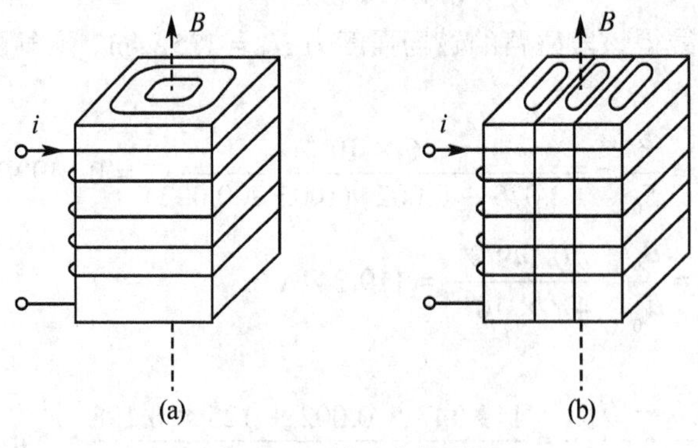

图A-13　铁心中的涡流

当薄片铁心中通过正弦交变磁通时,单位体积铁心内的涡流损耗可按下式近似计算:

$$P_e = \sigma \pi^2 f^2 d^2 B_m^2 / 6$$

式中，σ 为铁心材料的电导率，f 为电源频率，d 为叠片厚度，B_m 为磁感应强度幅值。

对涡流损耗严格的计算不能用上式进行，必须采用电磁场的数值分析方法来计算。

A.5.2 磁滞损耗

铁心在交变磁通作用下，内部的磁畴不断地改变方向造成摩擦发热从而产生能量损耗，称为磁滞损耗。可以证明，磁滞损耗功率与铁磁物质的磁滞回线所包围的面积成正比。工程上常采用下述经验公式计算磁滞损耗功率：

$$P_h = \sigma_h f V B_m^n$$

式中，σ_h 为与铁心材料有关的系数；V 为铁心的体积；指数 n 与 B_m 的值有关，当 $B_m < 1\text{T}$ 时其值可取为1.6，当 $B_m > 1\text{T}$ 时其值可取为2。

A.6 交流铁心线圈

当铁心线圈中通以交变电流时，将产生交变的磁通，这些磁通的大部分经铁心闭合形成主磁通 Φ，很小部分通过空气或其他非磁性材料闭合，形成漏磁通 Φ_σ（如图A-14所示）。交变的主磁通和漏磁通将分别在线圈中感应出电压 u_0 和 u_σ，同时电流还会在线圈电阻 R 上产生压降和损耗。该损耗不同于前面所述的铁磁损耗，它是由电流通过线圈发热造成的损耗，称为铜损。由KVL可得线圈端电压为

$$u = u_R + u_0 + u_\sigma = Ri + N\frac{\mathrm{d}\Phi}{\mathrm{d}t} + \frac{\mathrm{d}\Psi_\sigma}{\mathrm{d}t}$$

$$= Ri + N\frac{\mathrm{d}\Phi}{\mathrm{d}t} + L_\sigma\frac{\mathrm{d}i}{\mathrm{d}t}$$

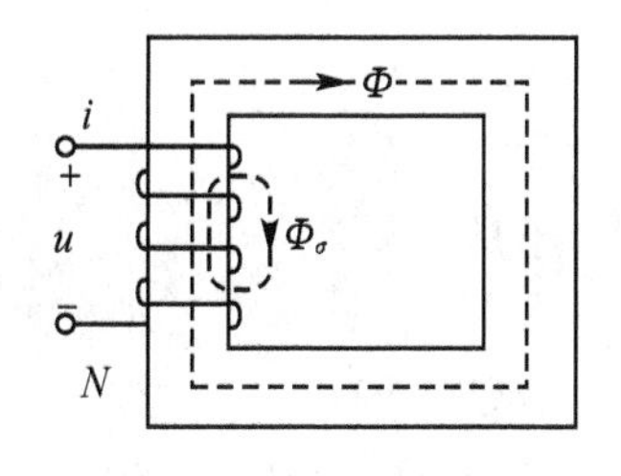

图A-14 交流铁心线圈

式中，u_R、u_σ 和 u_0 分别为线圈电阻压降、漏磁通和主磁通感生的压降；Ψ_σ 为漏磁链；L_σ 称为漏磁电感。因为漏磁通 Φ_σ 主要通过空气和其他非磁性材料，所以可认为 i 与 Ψ_σ 近似成线性关系，漏磁电感为常数；而通过铁心部分的主磁通 Φ 则显然与 i 成非线性关系。

通常 u_R、u_σ 都比 u_0 要小得多，所以 $u \approx u_0$，因此当线圈外加端电压为正弦电压时，主磁通亦是正弦交变磁通，但电流则是非正弦波。为了简化计算且便于应用相量法，往往采用等效正弦电流代替该非正弦电流，条件是两者的有效值相等且替代后有功功率保持不变。如此处理后，线圈外加正弦电压时可将交流铁心线圈用图A-15所示电路来等效。

图A-15中，G_0 为反映线圈铁磁损耗 P_{Fe} 的电导，因此有

$$G_0 = \frac{P_{\text{Fe}}}{U_0^2} = \frac{I_a}{U_0}$$

显然，$\dot{I}_a$ 与 $\dot{U}_0$ 同相位为反映铁损的电流分量，即电流的有功分量，简称为铁损电流。

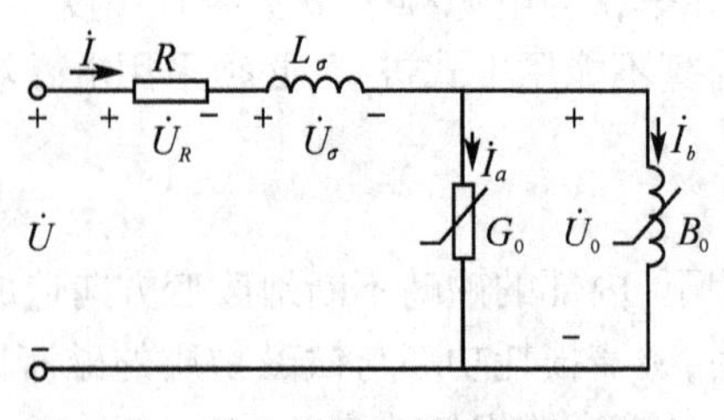

图 A-15 铁心线圈的等效电路

B_0 为描述励磁电流与主磁通及主磁通所产生的感应电压关系的感性电纳，$\dot{I}_b$ 称为磁化电流，是电流 $\dot{I}$ 的无功分量。G_0 和 B_0 的值都与铁心的饱和程度有关，一般来说都不是常数，因此为非线性元件。

例 A-4 已知某铁心线圈的线圈电阻 $R=0.5\Omega$，漏电抗 $X_\sigma=\omega L_\sigma=1\Omega$，在外加100V工频电压时测得 $I=10\text{A}$，$P=200\text{W}$，试求铁损、铜损和电流的有功分量、无功分量。

解 铜损为

$$P_{\text{Cu}}=RI^2=0.5\times10^2=50\text{W}$$

铁损为

$$P_{\text{Fe}}=P-P_{\text{Cu}}=200-50=150\text{W}$$

计 $\dot{I}=I\angle 0°$，$\dot{U}=U\angle\varphi$，$\dot{U}_0=U_0\angle\varphi_0$，则可得总的功率因数为

$$\cos\varphi=\frac{P}{UI}=\frac{200}{100\times10}=0.2$$

$$\varphi=78.5°$$

于是

$$\dot{U}=U\angle\varphi=100\angle 78.5°$$

所以

$$\dot{U}_0=\dot{U}-(R+\text{j}\omega L_\sigma)\dot{I}=100\angle 78.5°-(0.5+\text{j}1)\times10\angle 0°=89.2\angle 80.4°\ \text{V}$$

于是可得电流的有功分量、无功分量分别为

$$I_a=I\cos\varphi_0=1.67\text{A}$$

$$I_b=I\sin\varphi_0=9.86\text{A}$$

习 题

A-1 某铸钢圆环磁路，其 $l=73.6\text{cm}$，$S=4.5\text{cm}^2$，$N=500$。试求：

（1）在磁路中产生 $6\times10^{-4}\text{Wb}$ 的磁通所需的电流；

（2）线圈电流 $I=2\text{A}$ 时磁路中的磁通。

A-2 某一开有气隙的铸钢圆环磁路，气隙长度 $l_0=2\text{mm}$，铸钢部分长度 $l=40\text{cm}$，截面积 $S=4.5\text{cm}^2$，所绕线圈匝数为 $N=200$，忽略边缘效应。试求：

(1) 在气隙中产生 6×10^{-4}Wb 的磁通所需的电流；

(2) 线圈电流 $I=15$A 时气隙中的磁通。

A-3　题 A-3 图所示由叠装系数为 0.95 的硅钢片叠装而成的磁路中，各段磁路的尺寸如图所示，单位为 m，线圈匝数 $N=500$，若要在右边柱磁路中获得 $\Phi=0.0014$Wb 的磁通，问需要在线圈中施加多大的电流？

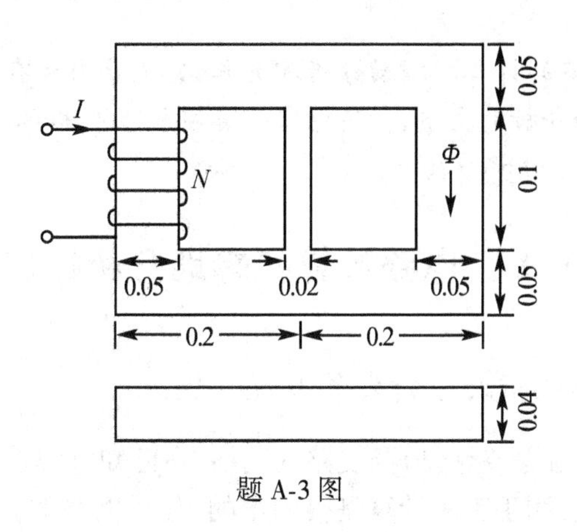

题 A-3 图

A-4　在一线圈电阻为 1.75Ω 的铁心线圈上施加正弦电压，测得 $U=120$V，$I=2$A，$P=70$W，若忽略漏磁通，试求铁心损耗并计算参数 G_0 和 B_0 的值。

附录B　电路计算机辅助分析简介

本附录主要介绍电路的计算机辅助分析相关知识，主要内容有：电路计算机辅助分析发展概况；电路计算机辅助分析的主要内容；电路计算机辅助分析的思路和步骤；电路数学模型的建立；PSPICE 软件的初步知识。

B.1　电路计算机辅助分析概况

B.1.1　电路计算机辅助分析发展概况

对于一个具有10个独立节点、20条支路的网络，在已知电源及负载参数情况下，要求出各支路的电压、电流响应，用手工来计算是很困难的；如果网络的独立节点数在20个以上，那就更困难了。可是随着电力工程和电工技术的发展，网络越来越复杂，计算量也越来越大，就不得不寻求新的电路分析方法。随着电子计算机应用的普及和计算机技术的不断发展，这一问题得到解决。20世纪40年代第一台电子计算机问世后，科学家们就开始了应用计算机辅助电路设计和分析，但当时应用的领域很有限。随着计算机技术和各种算法语言的发展，计算机辅助分析得到了迅速的发展和越来越广泛的应用，相继出现了各种语言，应用于不同目标的软件开发。1961年诞生了第一个求解电路方程的程序，叫SPARC。1962年美国IMB公司发表了一个叫TAP的电路分析程序。近几十年来发表的各种各样的程序就更多了，而且更为完善和先进，如美国的PSPICE、ASTAP，丹麦的NAP2等。在我国，由于各种原因，计算机的普及起步较晚，但近年来发展迅速。现在，计算机辅助分析已成为科技工作者不可缺少的分析和仿真手段。

电路的计算机辅助分析是一种借助计算机作为计算、绘图工具，对电路问题进行分析的方法。它是一种分析或模拟的工具；从某种意义上说，它也是设计的工具。它要求分析的电路必须已知拓扑结构、各种元件参数和激励信息；当然，也可以是设计中各种方案的参数，而这些参数就是送入计算机的主要原始数据，经计算机运算输出结果后，由设计者或计算者自行分析，分析结果是否正确、合理或电路结构、元件参数存在的问题，进而确定网络改进的方案。从这方面看，它是辅助电路设计的一个有力工具，它可以为设计者提供各种各样有参考价值或直接有用的数据。这一点在电力工程的许多设计中常常遇到，如电力系统短路电流计算、电网潮流计算、电力系统继电保护整定计算，等等。本附录介绍的仅局限于电路的一些有关问题，提供解决电路分析的思路和方法，可为其他专业课程的学习打下一定的基础。

B.1.2 电路计算机辅助分析的主要内容

电路分析有线性与非线性、稳态与动态、交流与直流之分。从分析的问题来看,电路计算机辅助分析的主要内容如下:

(1) 线性与非线性直流网络分析。求解线性元件在直流激励下的响应,称为线性电路的直流分析。求解含有非线性元件网络在直流激励下的响应,称为非线性电路的直流分析。激励固定不变时的状态分析,就是直流工作点的分析。这种分析也可用来计算小信号交流分析的线性化模型参数和瞬态分析的初值,通过直流分析可得到各个元件的直流工作点和功耗的大小。

(2) 线性与非线性交流网络分析。求解线性元件电路在正弦函数激励下的响应,称为线性交流网络分析。求解含有非线性元件的网络在正弦函数激励下的响应,称为非线性交流网络分析。当激励和参数稳定时,称为稳态分析;当激励为小信号时,称为交流小信号分析。

(3) 网络瞬态分析。当电路中含有储能元件,且在某时刻电路的元件参数或电路结构发生变化时,对网络响应变化规律的分析称为网络的瞬态分析(也称动态分析),它也分线性和非线性两种。

(4) 电路的灵敏度和最坏情况分析。给定元件的容差值,在最大容差情况下,对电路性能最坏、最差情况的分析。也就是找出电路在最坏的元件参数容差组合和与之相应电路性能的分析,这种分析也称容差分析。

另外,还有网络的输入-输出特性分析、为检查成批元件特性的统计分析、将噪声源作为激励的噪声分析等。尽管分析的问题很多,但最基本的是直流分析(*DC*)、交流分析(*AC*)和瞬态分析(*TR*)3 种,其他分析均可在这 3 种分析的基础上进行。

B.1.3 电路计算机辅助分析的思路和步骤

应用计算机辅助电路分析,首要的任务是根据分析的目的和要求确定合适的数学模型和计算方法,然后根据这两者编写出计算机辅助分析的源程序,最后输入原始数据,由计算机计算后输出结果,供计算者使用和分析。计算机辅助电路分析一般有 3 种不同程度的程序设计方案。第一种是计算者用手工写出电路方程,然后编写求解方程的程序并用计算机求解方程,这是最低程度的方法;第二种是计算者将电路的拓扑结构和元件参数,激励的信息和源程序输入计算机,由计算机建立电路方程并求解,这是中等程度的方法,目前使用的电网潮流计算软件就是这种程序设计方案;第三种方案是计算者直接在计算机的显示设备上作图,由计算机自动识图,形成电路方程并求解,这是全自动的高级方案,PSPICE 就是基于这一设计思想的应用软件。对于第二种方案,其程序框图如图 B-1 所示。大体步骤如下:

(1) 按一定的规则,对网络的节点(或回路、割集)和支路进行编号,列写出网络拓扑结构参数、元件参数、激励源参数的数据表,并按所选用的方式输入计算机。

(2) 根据所确定的数学模型和计算方法,编制程序,输入计算机。

(3) 运行程序,形成电路方程,求解方程,输出结果(显示或打印)。

(4) 分析结果,确定改进电路设计的方案。

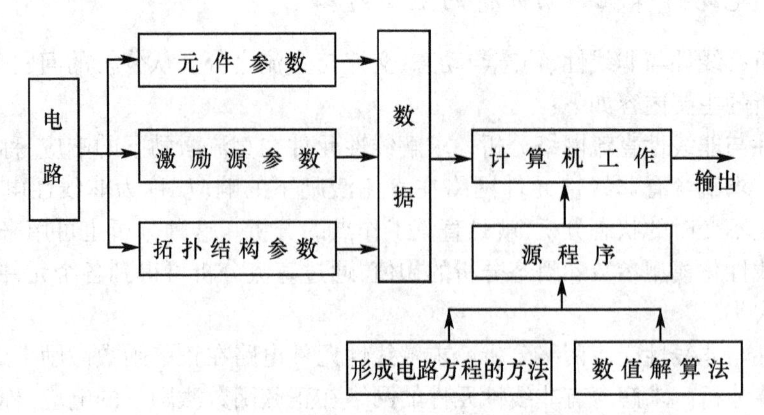

图 B-1　电路计算机辅助分析程序框图

B.2　电路的计算机辅助分析

本节仅以线性直流电路为例,进行计算机辅助分析。

B.2.1　建立数学模型

线性直流电路分析选用节点分析法,采用的支路模型如图 11-2 所示。当实际电路中的电压源、电流源和受控源的方向与典型支路中的方向一致时取正值,否则取负值;当电压源为零则将其短路,当电流源为零则将其开路。设网络的支路数为 b,独立节点数为 n,对全部支路和节点分别予以编号,参考节点的编号为零,典型支路中 k 取值为 1 到 b。由网络的连接方式和元件参数可以得到关联矩阵 $\boldsymbol{A}$、支路导纳矩阵 $\boldsymbol{Y}$、有源支路电压源列向量 $\boldsymbol{U}_S$、有源支路电流源列向量 $\boldsymbol{I}_S$、各支路电压列向量 $\boldsymbol{U}$、各支路电流列向量 $\boldsymbol{I}$。

由上述矩阵和下面的方程

KCL:　　$\boldsymbol{AI}=\boldsymbol{0}$

KVL:　　$\boldsymbol{U}=\boldsymbol{A}^{\mathrm{T}}\boldsymbol{U}_n$

支路方程:　　$\boldsymbol{I}=\boldsymbol{Y}(\boldsymbol{U}+\boldsymbol{U}_S)-\boldsymbol{I}_S$

可以推导出节电电压方程的矩阵形式为

$$\boldsymbol{Y}_n\boldsymbol{U}_n=\boldsymbol{J}_n$$

其中:$\boldsymbol{Y}_n=\boldsymbol{AYA}^{\mathrm{T}}$,$\boldsymbol{J}_n=\boldsymbol{AI}_S-\boldsymbol{AYU}_S$。

B.2.2　编制程序并计算

选一种合适的算法语言(如 FORTRAN、C 等),编制程序进行以上矩阵运算,形成节点电压方程;再选一种合适的数值计算方法(如高斯消去法、稀疏矩阵法等),通过编程来求解节点电压方程,计算出节点电压、支路电压和支路电流,最后以适当的方式输出计算结果。

下面给出一个具体电路的分析情况。电路如图 B-2(a) 所示,它的网络图如图 B-2(b)

所示。

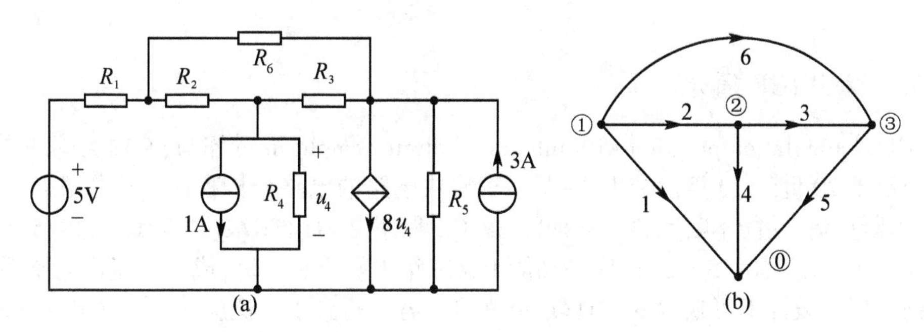

图 B-2　算例电路及其图

电路的拓扑信息：独立节点数 $n=3$，支路数 $b=6$，受控源数 $s=1$。将电路的支路与节点关联性质和元件参数分别以二维数组形式输入计算机，电压源和电流源参数的正、负号，应参照典型支路来确定。为了验证输入数据是否有误，可以在程序设计时设置一段小程序，用以显示上述参数：

支路	元件值	起始节点	终止节点	电压源	电流源	电压控制电流源
1	.5	1	0	− 5	0	0
2	2	1	2	0	0	0
3	2	2	3	0	0	0
4	1.5	2	0	0	− 1	0
5	1	3	0	0	3	$8u_4$
6	1	1	3	0	0	0

在核实参数无误的情况下，启动计算程序。计算完成后显示出计算结果如下：

节点	电压
1	3.152738
2	.5706051
3	.7492796

支路电压电流

b	电阻电压	电阻电流	支路电压	支路电流
1	− 1.847E + 00	− 3.695E + 00	3.153E + 00	− 3.695E + 00
2	2.582E + 00	1.291E + 00	2.582E + 00	1.291E + 00
3	− 1.787E − 01	− 8.934E − 02	− 1.787E − 01	− 8.934E − 02
4	5.706E − 01	3.804E − 01	5.706E − 01	1.380E + 00
5	7.493E − 01	7.493E − 01	7.493E − 01	2.314E + 00
6	2.403E + 00	2.403E + 00	2.403E + 00	2.403E + 00

以上显示的支路电流，与图 B-2(b) 所示的电流参考方向一致时为正，否则为负；支路电压与支路电流为相关联参考方向。

B.3　基于 PSPICE 的电路计算机辅助分析

B.3.1　PSPICE 简介

SPICE是simulation program with integrated circuit emphasis的缩写,它由美国加州大学伯克利分校于20世纪70年代推出,主要用于集成电路的电路分析程序。该软件自问世以来,版本不断更新,功能不断完善。早期的SPICE程序由FORTRAN语言编写,1985年采用C语言改写,改写后称为SPICE3,它在功能上又有很大扩充和改进,成为大规模电子系统计算机辅助分析与设计不可缺少的仿真软件,在世界各国得到了广泛应用。SPICE于1988年被定为美国国家工业标准。

随着个人电脑的快速发展,SPICE软件在世界范围的应用进一步扩大,美国MicroSim公司于1984年在伯克利分校SPICE的基础上,推出了能在PC机上运行的SPICE软件,即PSPICE软件,使得SPICE软件不仅可以在大型机上运行,同时也可以在微型机上运行。PSPICE5.0以上版本基于Windows操作环境,PSPICE有工业版(Production Version)和教学版(Evaluation Version)。PSPICE软件中包含了电路分析所需的元件(如电阻、电容、电感等)模型、电源模型、受控源模型以及电路分析所需的直流分析(电阻电路分析)、交流分析(正弦稳态分析)、瞬态分析(动态电路时域分析)等分析功能;在输出分析结果时,可以在电路图上显示节点电压和支路电流。

B.3.2　PSPICE 基本组成

PSPICE的基本程序模块有:Design Manger程序、Schematics程序、PspiceA _ D程序、PSpice Optimizer程序和PCBoards和Accessories程序组下的Probe程序、Stimulus Editor程序、Parts程序等。

1. Design Manger 程序

设计管理器,用于设定用户目录,管理用户设计文档,启动各项程序。

2. Schematics 程序

该程序可完成用户作业图形文件的生成,既可以生成新的电路原理图文件,又可以打开已有的原理图文件。用户从电路元器件图形符号库中调出所需的元器件符号,固定在屏幕适当位置,按需求给元器件参数赋值,在元器件间连线即构成电路原理图。

3. PspiceA _ D 程序

该程序为电路模拟计算程序。它将用户输入文件的电路拓扑结构及元器件参数信息形成电路方程,求方程的数值解,其功能主要是实现对用户输入文件的模拟分析计算。

4. Probe 程序

Probe程序为PSPICE的输出图形后处理程序。它的输入文件为用户作业文本文件或作业图形文件经运行后形成的后缀为.dat 的数据文件。它可以起到万用表、示波器和扫频仪的作用,把运行结果以波形曲线的形式非常直观地在屏幕上显示出来。

5. Stimulus Editor 程序

该程序为信号源编辑程序。可以帮助用户快速完成模拟信号源和数字信号源的建立与修改,并能够很直观地显示出这些信号源的工作波形。

6. Parts 程序

该程序项的主要功能是从器件特性中直接提取模型参数,利用厂家提供的有源器件及集成电路的特性参数,采用曲线拟合等优化算法,计算并确定相应的模型参数,得到参数的最优解,建立有源器件的 PSPICE 模型及集成电路的 PSPICE 模型。

7. Pspice Optimizer 电路设计优化程序

8. PCBoards 印刷电路板版图编辑

B.3.3 电路仿真基本步骤

用 PSPICE 进行电路仿真的基本步骤如下:

(1) 确定电路初始方案。用户根据设计指标要求,首先应确定电路拓扑结构及元器件参数的初始方案。

(2) 建立电路作业输入文件。首先要调用图标工具中相应的图标画电路图,编辑修改元器件标号和参数,保存画好的电路图。

(3) 设置分析功能。在 Windows 环境下启动 PSPICE 软件,进入 Schematics 程序项,在调出要分析的电路原理图文件后,进入 Analysis\Setup 项,对电路的特性分析类型进行设置,然后点亮 Simulate 对电路进行仿真分析。

(4) 仿真。选择菜单项 Analysis\Simulate 或相应的图标,开始仿真。

(5) 输出并观察仿真运行结果。调用 Pspice 模拟计算程序完成 PSPICE 对电路的模拟分析;调用 Probe 图形处理程序完成用图形方式显示分析运行结果。

B.3.4 PSPICE 应用示例

1. 直流电路的计算机仿真分析

例 B-1 应用 PSPICE 求解图 B-3 所示电路各节点电压和各支路电流。

操作步骤:

(1) 绘制电路图。

(2) 选择开始 \ 程序 \Designlab eval8\Schematics,单击进入原理图编辑状态。

(3) 调电路元件。选择 Draw\Get New Part 项,从库中调出 R、IDC、EGND。或在 Part Name 栏中键入元件名称,回车调出元件,将元件拖放至合适位置。

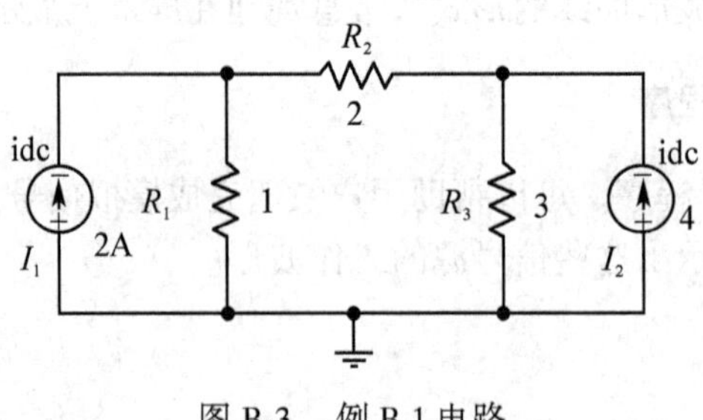

图 B-3　例 B.1 电路

(4) 电路布线。选择 Draw\Wire 项(或单击相应图标),进行连线并将原理图存盘。

(5) 参数设置。双击元器件,修改其参数。

(6) 分析设置。静态工作点分析是其他分析的基础,不需要进行设置。若进行其他分析,需设置相应分析参数。

(7) 模拟分析。选择 Analysis\Simulation 项,若设置正确,静态工作点参数可直接在原理图上显示。若未出现节点电压和支路电流,选中 Analysis\Display Results on Schematic\Enable、Enable Voltage Display、Enable Current Display 项(或点击相应图标)。则节点电压和支路电流显示在原理图上,如图 B-4 所示。

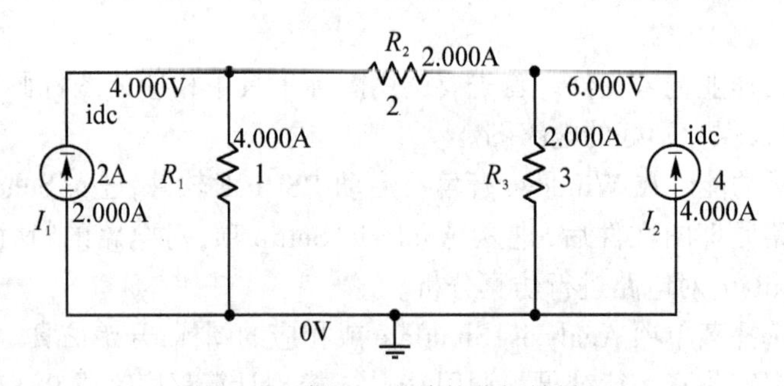

图 B-4　例 B-1 电路的分析结果

例 B-2　(1) 应用PSPICE求解图B-5所示电路各节点电压和各支路电流。(2) 在0 ~ 12V 范围内,调节电压源 V_{s1} 的源电压,观察负载电阻 R_L 的电流的变化。总结 I_{RL} 与 V_{s1} 之间的关系。

操作步骤:

(1) 按图 B-5 所示在 PSPICE 的 Schematics 环境下编辑电路,包括取元件、输入参数、连线和设置节点。注意电路中必须设置接地符表示零节点。编辑完成后存盘。

(2) 单击 Analysis\Electrical Rule Check,对电路作电路规则检查。常见的错误有:节点重复编号、元件名称属性重复、出现零电阻回路、有悬浮节点和无零参考点等。若出现电路规则错误,将提示错误信息,并告知不能成功创建电路网表。如果没有错误,即可进行仿

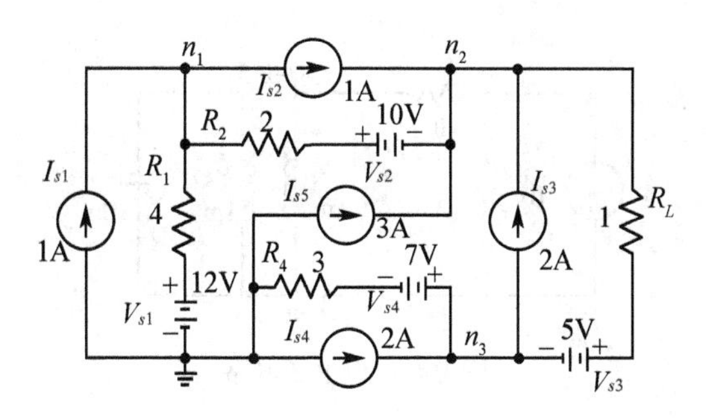

图 B-5　例 B-2 电路

真计算工作。

(3) 单击 Analysis\Simulate，调用 PspeceA/D 程序对当前电路仿真计算。在直流分析中，观察各节点电压，可单击 V 图标；观察各支路电流可单击 I 图标。

(4) 为完成实验任务(2)，需对步骤(1)所编辑的电路作直流扫描分析设置(DC Sweep)。扫描变量为电压源，扫描变量名为 V_{s1}，起始扫描点为 0，终止扫描点为 12，扫描变量增量为 1，扫描类型为线性。

(5) 设置输出方式。单击支路电流标识图标，拖动支路电流标识符，将其放置在图 B-5 所示电路的 R_L 支路，以获取支路电流与电压源 V_{s1} 的关系曲线。从 SPECIAL 库取 IPRINT 打印机与 R_l 串联，以获取支路电流与电压源 V_{s1} 的关系的数值输出。其中，IPRINT 的属性设置中设置 dc = $I(R_L)$，其余缺省不设。

(6) 设置仿真后自动调用图形后处理程序。运行仿真程序，输出计算结果如下：

电压源 V_{s1}	负载 R_L 的电流	电压源 V_{s1}	负载 R_L 的电流
0.000E + 00	1.400E + 00	1.000E + 00	1.500E + 00
2.000E + 00	1.600E + 00	3.000E + 00	1.700E + 00
4.000E + 00	1.800E + 00	5.000E + 00	1.900E + 00
6.000E + 00	2.000E + 00	7.000E + 00	2.100E + 00
8.000E + 00	2.200E + 00	9.000E + 00	2.300E + 00
1.000E + 01	2.400E + 00	1.100E + 01	2.500E + 00
1.200E + 01	2.600E + 00		

(7) 仿真计算结果分析：负载 R_L 的电流与电压源 V_{s1} 的关系为

$$I_{RL} = 1.4 + 1.2\frac{V_{s1}}{12}$$

其电流最大值 2.6A，最小电流为 1.4A。

2. 正弦交流稳态电路的计算机仿真分析

例 B-3　实验电路如图 B-6 所示，其中正弦电源的角频率为 10krad/s。仿真计算该电路两个回路的电流。

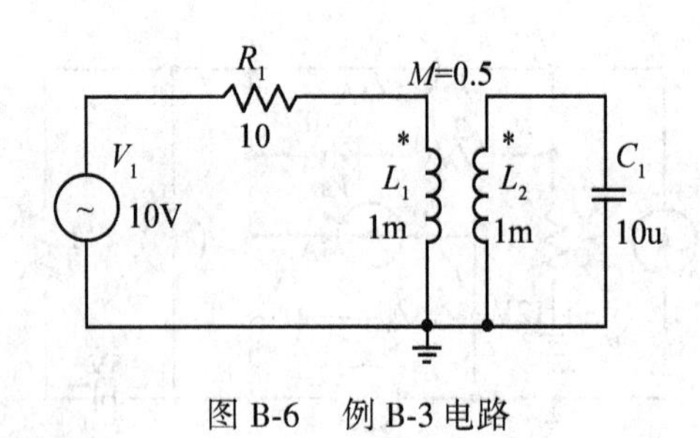

图 B-6　例 B-3 电路

仿真实验操作：

编辑电路时，互感元件位于 Analog. s1b 库中，元件名为 XFRM_LINEAR，其中参数设置分别为两个自感系数和耦合系数 COUPLING。

分析设为 AC Sweep 类型，但扫描点数设为 1，扫描起始频率和终止频率相等，均为 10 000/2π Hz。

为获得计算结果，分别在两个回路设置电流打印机标识符，其属性设置分别为 $I(R_1)$ 和 $I(C_1)$。仿真电路如图 B-7 所示。

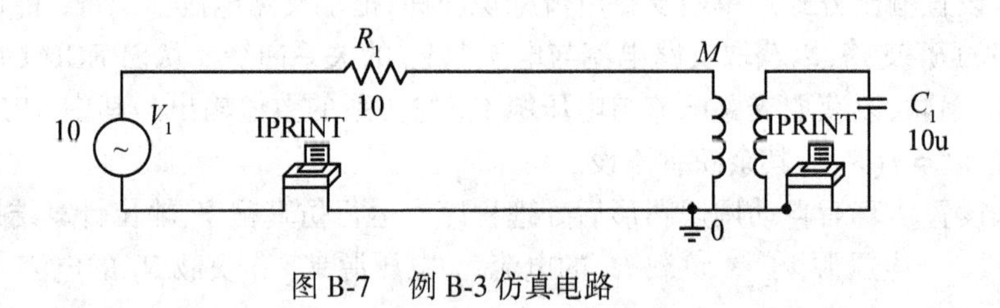

图 B-7　例 B-3 仿真电路

仿真计算的数值输出结果如下：

FREQ	IM(R1)	IP(R1)	IR(R1)	II(R1)
1.592E + 03	2.268E - 03	-8.999E + 01	6.171E - 08	-2.484 - 04
FREQ	IM(C1)	IP(C1)	IR(C1)	II(C1)
1.592E + 03	2.004E + 00	9.001E + 01	-4.967E - 04	2.000E + 00

由此可见，该电路电源回路的电流近似为零，电容回路的电流为 2A。

例 B-4　实验电路如图 B-8 所示。其中 V_S 是可调频、调幅的正弦电压源，该电源经一双口网络，带动 *RC* 并联负载，问当电源的幅值和频率为多少时，负载可获得最大值为 5V 的电压。

电路分析分两步进行：

第一步：调频求得负载获取最大电压幅值时所对应的电源频率。此时，设电源幅值为 1V。电压输出点设置在 n_1 处，观测负载电压的图形输出曲线，如图 B-9 所示，可见在频率为 87Hz 时，负载获得最大电压，电压值为 285.54mV。数值输出如下：

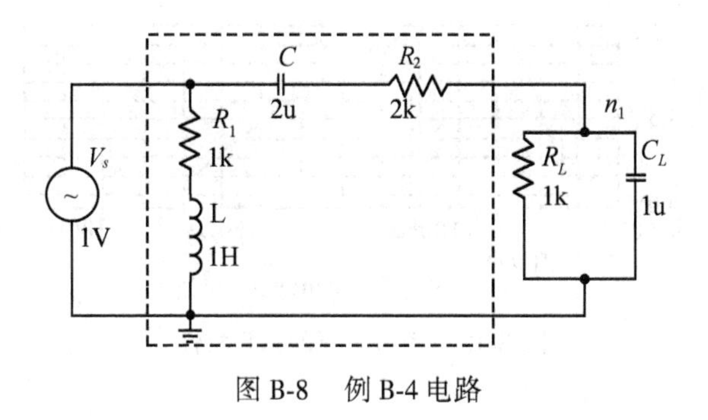

图 B-8　例 B-4 电路

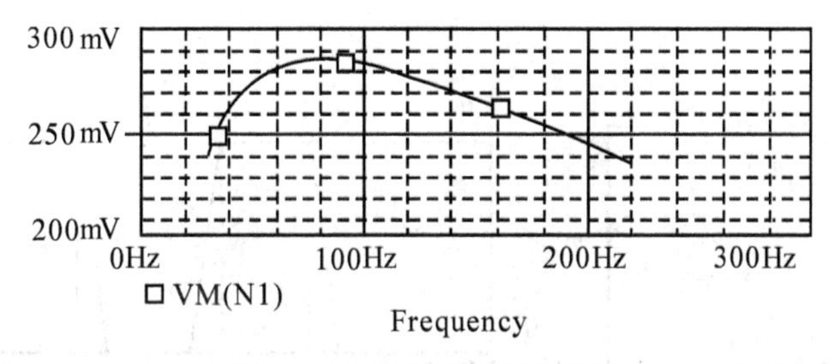

图 B-9　负载电压的幅频特性

FREQ	VM(N1)	FREQ	VM(N1)
3.000E + 01	2.395E − 01	4.889E + 01	2.744E − 01
6.778E + 01	2.845E − 01	8.667E + 01	2.854E − 01
1.056E + 02	2.820E − 01	1.244E + 02	2.762E − 01
1.433E + 02	2.692E − 01	1.622E + 02	2.613E − 01
1.811E + 02	2.530E − 01	2.000E + 02	2.445E − 01

第二步：根据齐性定理，将电压源 V_S 的幅值扩大 5V/285.54mV = 17.52 倍，即设置电源电压幅值为17.52V，可在负载获得幅值为5V的最大电压。负载输出电压与频率关系的曲线如图 B-10 所示，数值输出如下：

FREQ	VM(N1)	FREQ	VM(N1)
3.000E + 01	4.197E + 00	4.889E + 01	4.808E + 00
6.778E + 01	4.985E + 00	8.667E + 01	5.000E + 00
1.056E + 02	4.940E + 00	1.244E + 02	4.840E + 00
1.433E + 02	4.716E + 00	1.622E + 02	4.578E + 00
1.811E + 02	4.433E + 00	2.000E + 02	4.284E + 00

仿真计算数值输出的结果证明，对电源的选择符合设计要求。

3. 一阶动态电路的计算机仿真分析

例 B-5　试分析图 B-11(a) 所示 *RC* 串联电路在方波激励下的全响应。其中方波激励

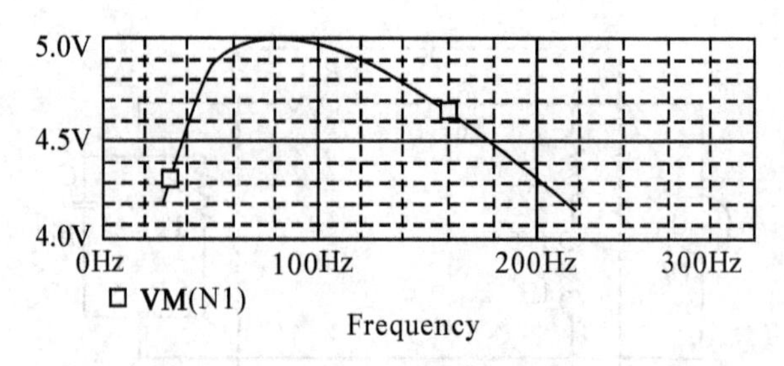

图 B-10　负载电压的幅频特性

如图 B-11(b) 所示。电容初始电压为 2V。

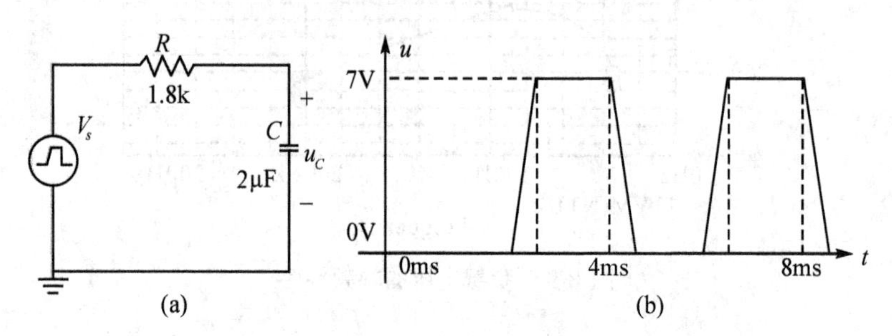

图 B-11　*RC* 串联实验电路及激励波形

操作步骤:

(1) 编辑电路。其中方波电源是Source. S1b库中的VPULSE电源。根据图B-11(b) 所示的波形,对 VPULSE 的属性的意义列于表中。

方波激励的属性意义

V_1 = 0	方波低电平
V_2 = 7	方波高电平
TD = 2ms	第一方波上升时间
TR = 0.001μs	方波上升沿时间
TF = 0.001μs	方波下降沿时间
PW = 2ms	方波高电平宽度
PER = 4ms	方波周期

(2) 设置分析类型为 Transient。其中 Print Step 设为 2ms,Final Time 设为 40ms。

(3) 设置输出方式。为了观察电容电压的充放电过程与方波激励的关系,设置两个节点电压标识符以获取激励和电容电压的波形,设置打印电压标识符(VPRINT) 以获取电容电压数值输出。

(4) 仿真计算及结果分析。经仿真计算得到图形输出如图 B-12 所示。

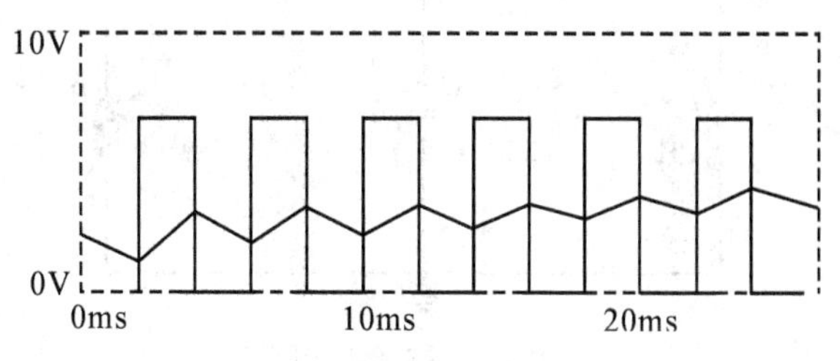

图 B-12　电容电压与激励的波形

从输出波形可见,电容的工作过程是连续的充放电过程:开始阶段电容放电,达到最小值,当第一个方脉冲开始以后,经历一个逐渐的“爬坡过程”,最后输出成稳定的状态,产生一个近似的三角波。从电容电压的数值输出可以精确看到这个“爬坡过程”的详细情况。最后电容电压输出波形稳定在最大值为 4.450V,最小值为 2.550V。

电容电压的数值输出如下:

TIME	$V(n_1)$	TIME	$V(n_1)$
0.000E + 00	2.000E + 00	2.000E - 03	1.146E + 00
4.000E - 03	3.645E + 00	6.000E - 03	2.089E + 00
8.000E - 03	4.186E + 00	1.000E - 02	2.399E + 00
1.200E - 02	4.363E + 00	1.400E - 02	2.500E + 00
1.600E - 02	4.421E + 00	1.800E - 02	2.534E + 00
2.000E - 02	4.440E + 00	2.200E - 02	2.545E + 00
2.400E - 02	4.447E + 00	2.600E - 02	2.548E + 00
2.800E - 02	4.449E + 00	3.000E - 02	2.550E + 00
3.200E - 02	4.449E + 00	3.400E - 02	2.550E + 00
3.600E - 02	4.450E + 00	3.800E - 02	2.550E + 00
4.000E - 02	4.450E + 00		

最后电容电压输出波形稳定在最大值为 4.45V,最小值为 2.55V。

4. 二阶动态电路的计算机仿真分析

例 B-6　电路如图 B-13 所示。其中电感电流 i_L 的初始值为 10A,电容电压 u_C 的初始值为 0V,可变电阻的变化范围为 6 ~ 36Ω。分析当电阻在可调范围内变化时,电路的动态过程。

操作步骤:

(1) 编辑电路。其中可变电阻位于 Analog. slb 库,元件名为 R _ var。该元件的属性设置过程如下:

首先,单击可变电阻元件符号,弹出属性设置对话框,设置 VALUE = var,SET = 1。

其次,从 Special. s1b 库中取出 PARAM,放置电路旁,单击 PARAM 弹出对话框,设置

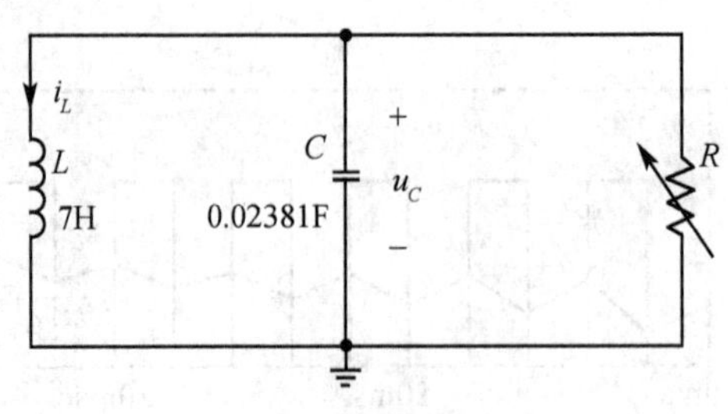

图 B-13　仿真实验例题

NAME1 = var, VALUE1 = 6。其余项缺省。

(2) 设置节点电压标识符于节点 n_1,以获取该节点电压的图形输出。设置 VPRINT 符号于相同节点,以获取该节点电压的数值输出。

(3) 单击 Analysis\Setup,设置参数分析类型 Parametric,弹出对话框,设置 Name = var, StartValue = 6, EndValue = 36, Increment = 10。单击 OK 返回编辑电路图窗口。

(4) 单击 Analysis\Setup,设置电路分析类型为 Transient。设置 Print Step 为 1s, Final Time 为 6s。仿真电路如图 B-14 所示。

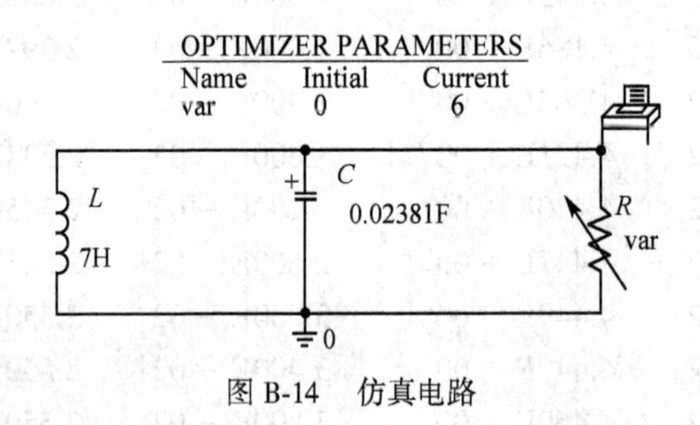

图 B-14　仿真电路

(5) 进行仿真计算,输出波形。由波形可见,随着可变电阻从小到大的调节,电路的暂态过程从过阻尼,经历临界状态,直到欠阻尼衰减振荡。

对应不同电阻值的电容电压数值输出如下:

时间(s)	电容电压(V)			
	$R = 6\Omega$	$R = 16\Omega$	$R = 26\Omega$	$R = 36\Omega$
0.000E + 00	1.999E − 02	2.000E − 02	2.000E − 02	2.000E − 02
1.000E + 00	3.072E + 01	4.874E + 01	6.093E + 01	6.952E + 01
2.000E + 00	1.136E + 01	− 1.265E + 01	− 3.661E + 01	− 5.567E + 01
3.000E + 00	4.172E + 00	− 3.336E − 01	9.720E + 01	2.284E + 01
4.000E + 00	1.531E + 00	1.038E + 00	1.603E + 00	− 6.987E − 01
5.000E + 00	5.631E − 01	− 2.469E − 01	− 2.971E + 00	− 6.755E + 00

6.000E + 00 2.065E - 01 - 1.239E - 02 1.478E - 00 5.690E + 00

例 B-7 电路如图 B-15 所示,已知 $R_1 = 20\text{k}\Omega, R_2 = 30\Omega, L_1 = 200\text{mH}, C_1 = 5\text{F}$,电压源 $u_S(\text{t}) = 5\varepsilon(t)\text{V}$,其中 $\varepsilon(t)$ 为单位阶跃函数。$u_{C1}(0) = 20\text{V}, i_{L1}(0) = 0.2\text{A}$。求 $u_{C1}(t)$ 并绘制 $u_{C1}(t)$ 波形,设时间区间为 0 ~ 50ms,打印时间间隔为 0.1ms。

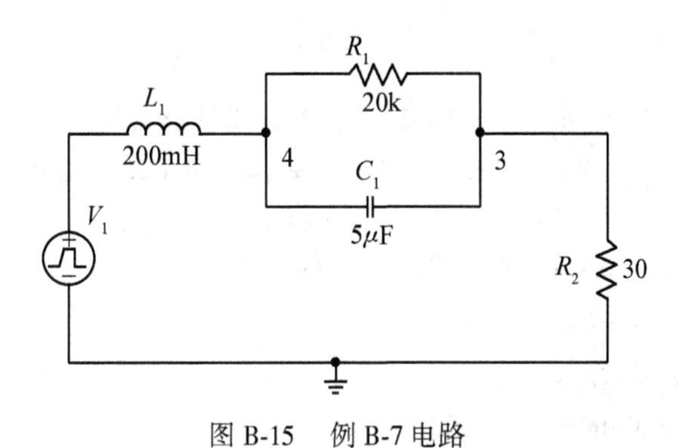

图 B-15 例 B-7 电路

操作步骤:

(1) 绘制电路图:电压源选择 VPULSE,参数设置 $V_1 = 0, V_2 = 5$,电感 L_1 参数设置 $IC = 0.2\text{A}$, 电容 C_1 参数设置 VC = 20V。为观察 u_{C1},在 C_1 两端设置 Label 为 4、3。

(2) 分析设置:选择 Analysis\Setup\Transient,设置时间区间为 50ms。

(3) 分析结果:选取 Trace\Add,在 Trace Expression 中填入 V(4) - V(3),结果如图 B-16 所示。

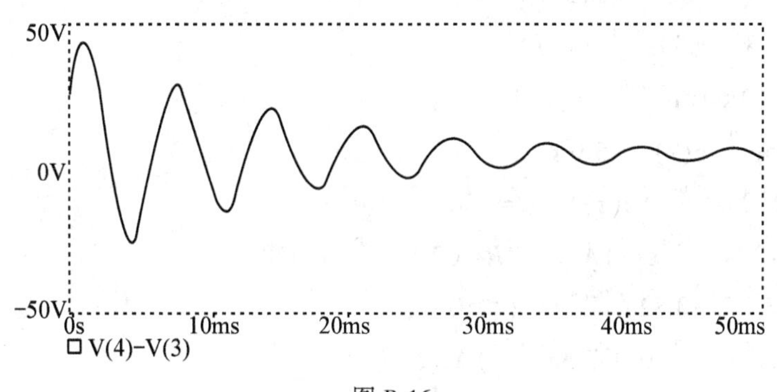

图 B-16

习题参考答案

9-1 (1) $i_1(0_+)=0, i_2(0_+)=4A, i(0_+)=4A, u_L(0_+)=20V, u_C(0_+)=0$;

(2) $i_1(\infty)=4A, i_2(\infty)=0, i(\infty)=4A, u_L(\infty)=0, u_C(\infty)=20V$

9-2 (1) $i(0_+)=i_1(0_+)=5A, i_L(0_+)=0, u_C(0_+)=0$;

(2) $i(\infty)=i_1(\infty)=5A, i_2(\infty)=0, u_C(\infty)=50V$

9-3 $u_C(t)=60e^{-100t}V; i=-15e^{-100t}mA$

9-4 $i_L(t)=2e^{-24t}A; u_L=-480e^{-24t}V$

9-5 250V;22.5MΩ;69.08min;18kA;40μs

9-6 $u_C(t)=50e -500tV(t\geqslant 0_+); i_2(t)=0.25e^{-500t}A(t\geqslant 0_+)$

9-7 $R_1=0.75\Omega; U_S=5V$

9-8 $3+3e^{-20\times 10^6 t}V(0\leqslant t\leqslant 2\mu s); -6e^{-30\times 10^6 t}V\ (t\geqslant 2\mu s)$

9-9 $[0.5(1-e^{-20\times 10^3 t})+e^{-1.33\times 10^3 t}]V\ (t\geqslant 0_+)$

9-10 $(-5+15e^{-10t})V(t\geqslant 0_+)$

9-11 $[2.77\sin(314t+11.3°)-0.543e^{-472t}]V\ (t\geqslant 0_+)$

$[0.277\sin(314t+11.3°)-0.054\ 3e^{-472t}]A\ (t\geqslant 0_+)$

9-12 $u_L=[5e^{-t}\varepsilon(t)+5e^{-(t-2)}\varepsilon(t-2)-10e^{-(t-4)}\varepsilon(t-4)]V$

9-13 $i_L(t)=(3.33-3.33e^{-10t})\varepsilon(t)A$

9-14 $i(t)=(2.22\times 10^6 e^{-5\times 10^6 t})\varepsilon(t)A$

9-15 $u_L=-0.75e^{-0.5t}\varepsilon(t)+1.5\delta(t)V$

9-16 $u_2=(100-25e^{-0.025t})\varepsilon(t)V; u_3=25e^{-0.025t}\varepsilon(t)V$

$i=u_3/R=2.5e^{-0.025t}\varepsilon(t)A; P=i^2R=62.5e^{-0.05t}\varepsilon(t)W$

9-17 (1) $(50e^{-11.27t}-0.82e^{-88.73t})V\ (t\geqslant 0_+)$;

$(0.057e^{-11.27t}-0.007\ 3e^{-88.73t})A\ (t\geqslant 0_+)$;

(2) $57.74e^{-50t}\sin(866t+60°)V(t\geqslant 0_+)$;

$0.058e^{-50t}\sin 86.6tA\quad (t\geqslant 0_+)$

9-18 $11.55e^{-0.5t}\sin 0.866t\quad \varepsilon(t)V$

9-19 $1.115e^{-0.5t}\sin 0.866t\quad \varepsilon(t)A; 1.115e^{-0.5t}\sin(0.866t+120°)\quad \varepsilon(t)V$;

9-20 $2(e^{-t}-e^{-2t})\varepsilon(t)V; 0.004(e^{-t}-e^{-2t})\varepsilon(t)mA$;

9-22 $2(1-e^{-t})\varepsilon(t)-2[1-e^{-(t-1)}]\varepsilon(t-1)V$

9-23 (1) $i=874te^{-35\,000t}$A;$u_c=50\,000e^{-35\,000t}(1+35\,000t)$V;

$t_m=28.6\mu s$;$i_{max}=9\,190$A;$u_c(t_m)=36\,770$V

(2) $i=5\,460(e^{-7\,297t}-e^{-1\,675t})$A;$u_c=52\,280e^{-7\,297t}-2\,278e^{-1\,675t}$V;

$t_m=19.5\mu s$;$i_{max}=4\,529$A;$u_c(t_m)=45\,270$V

10-1 (1) $\frac{6}{s^3}+\frac{5}{s^2}-\frac{4}{s}$; (2) $\frac{1}{s}+\frac{e^{-s}}{s}$;

(3) $\frac{1}{(s+\alpha)^2}$; (4) $\frac{\omega}{(s+\alpha)^2+\omega^2}$;

(5) $\frac{s\sin\theta+\omega\cos\theta}{s^2+\omega^2}$; (6) $\frac{1}{2}\left(\frac{1}{s}+\frac{s}{s^2+4\omega^2}\right)$

10-2 (1) $2.5e^{-2t}-e^{-t}$;

(2) $\delta(t)+1.5e^{-t}+0.5e^{-3t}$;

(3) $e^{-t}-(t+1)e^{-2t}$;

(4) $0.5e^{-t}-0.5\sqrt{2}e^{-t}\cos(2t+45°)$;

(5) $0.1+0.5e^{-2t}-0.6e^{-5t}$;

(6) $2\times0.559e^{-t}\cos(2t+26.57°)$

10-5 (a) $\frac{14s^2+12s+2}{7s+1}$; (b) $\frac{100s^2+53s+4}{10s^2+12s+1}$

10-6 $300e^{-100t}$V$(t\geqslant0_+)$;$-75e^{-100t}$mA$(t\geqslant0_+)$

10-7 $0.5e^{-12t}$A$(t\geqslant0_+)$;$-30e^{-12t}$V$(t\geqslant0_+)$

10-8 $200-66.7e^{-6\,666.7t}\varepsilon(t)$V;$(200-66.7e^{-6\,666.7t})\varepsilon(t)$V

$0.89e^{-6\,666.7t}\varepsilon(t)-1.33\times10^{-4}\ \ \delta(t)$A;

$0.44e^{-6\,666.7t}\varepsilon(t)+1.33\times10^{-4}\ \ \delta(t)$A

10-9 $(2+1.75e^{-12.5t})\varepsilon(t)$A

10-10 $te^{-1}\varepsilon(t)+(t-1)e^{-(t-1)}\varepsilon(t-1)$A;

$[\delta(t)-2e^{-t}+te^{-t}]\varepsilon(t)+[\varepsilon(t-1)-2e^{-(t-1)}+(t-1)e^{-(t-1)}]\varepsilon(t-1)$A

10-11 $i_1=33.3-3.33e^{-1.5t}$A$(t\geqslant0_+)$

10-12 $i=7.66e^{-3t}\cos(4t+38.4°)A(t\geqslant0_+)$

10-13 $i_2=e^{-6t}-e^{-5t}+te^{-5t}A(t\geqslant0_+)$;$u_C=2(e^{-6t}-e^{-5t}+te^{-5t})V(t\geqslant0_+)$

10-14 $u_c(t)=2.62\sin(5t-23.2°)-5.63e^{-2t}+8.66e^{-5t}V(t\geqslant0_+)$

10-15 (1) $u_c(t)=0.5\cos0.707t\varepsilon(t)$V;

(2) $u_c(t)=2.5\delta(t)-1.768\sin0.707t\varepsilon(t)$V

10-16 $\frac{5s+9}{s^2+3s+2}$

10-17 $\frac{2s+3}{s+1}$

10-18 $-1.5\mathrm{e}^{-0.5t}\varepsilon(t)+3\delta(t)\,\mathrm{V}$

10-19 $(50-12.5\mathrm{e}^{-0.025t})\varepsilon(t)\,\mathrm{V}$；$12.5\mathrm{e}^{-0.025t}\varepsilon(t)\,\mathrm{V}$

10-20 (a) $Z_{ab}(s)=\dfrac{s+1}{(s+1-j)(s+1+j)}$； (b) $Z_{ab}(s)=\dfrac{(s+1)(2s+1)}{3s^2+3s+1}$

10-21 $H(s)=\dfrac{1}{(s+1)^2+1}$；$h(t)=\mathrm{e}^{-t}\sin t\varepsilon(t)$

$i(t)=0.5[1-\mathrm{e}^{-t}(\cos t+\sin t)]\varepsilon(t)-0.5\{1-\mathrm{e}^{-(t-1)}$
$[\cos(t-1)+\sin(t-1)]\}\varepsilon(t-1)\,\mathrm{A}$

11-1 (a)$\boldsymbol{A}_{\mathrm{a}}=\begin{bmatrix}-1&1&1&0&0&0&-1&0\\0&-1&0&1&-1&0&0&0\\0&0&0&0&1&1&1&-1\\1&0&-1&-1&0&-1&0&1\end{bmatrix}$；

$\boldsymbol{A}=\begin{bmatrix}-1&1&1&0&0&0&-1&0\\0&-1&0&1&-1&0&0&0\\0&0&0&0&1&1&1&-1\end{bmatrix}$

(b)$\boldsymbol{A}_{\mathrm{a}}=\begin{bmatrix}-1&1&1&0&0\\0&0&-1&1&1\\1&-1&0&-1&-1\end{bmatrix}$； $\boldsymbol{A}=\begin{bmatrix}-1&1&1&0&0\\0&0&-1&1&1\end{bmatrix}$

11-3 $\boldsymbol{B}=\begin{bmatrix}1&0&1&-1&0&0&0&0&0\\0&1&0&-1&1&0&0&0&0\\0&0&0&0&-1&1&0&-1&0\\0&0&0&0&0&0&-1&1&1\end{bmatrix}$ $\boldsymbol{Q}=\begin{bmatrix}-1&0&1&0&0&0&0&0&0\\1&1&0&1&0&0&0&0&0\\0&-1&0&0&1&1&0&0&0\\0&0&0&0&0&1&0&1&-1\\0&0&0&0&0&0&1&0&1\end{bmatrix}$

11-4 $\boldsymbol{B}=\begin{bmatrix}-1&1&-1&0&0&0&0\\0&0&-1&1&-1&0&0\\0&0&0&0&-1&1&-1\end{bmatrix}$ $\boldsymbol{Q}=\begin{bmatrix}1&1&0&0&0&0&0\\0&1&1&1&0&0&0\\0&0&0&1&1&1&0\\0&0&0&0&0&1&1\end{bmatrix}$

11-5 $\begin{bmatrix}3&-2\\-2&3\end{bmatrix}\begin{bmatrix}U_{n_1}\\U_{n_2}\end{bmatrix}=\begin{bmatrix}-4\\9\end{bmatrix}$

11-6

$$\begin{bmatrix}\dfrac{1}{R_1}+\dfrac{1}{\mathrm{j}\omega L_3}+\mathrm{j}\omega C_8 & -\dfrac{1}{\mathrm{j}\omega L_3} & 0 & -\mathrm{j}\omega C_8\\ -\dfrac{1}{\mathrm{j}\omega L_3} & \dfrac{1}{\mathrm{j}\omega L_3}+\dfrac{1}{\mathrm{j}\omega L_4}+\mathrm{j}\omega C_6 & -\dfrac{1}{\mathrm{j}\omega L_4} & 0\\ 0 & -\dfrac{1}{\mathrm{j}\omega L_4} & \dfrac{1}{\mathrm{j}\omega L_4}+\dfrac{1}{\mathrm{j}\omega L_5}+\mathrm{j}\omega C_7 & -\dfrac{1}{\mathrm{j}\omega L_5}\\ -\mathrm{j}\omega C_8 & 0 & -\dfrac{1}{\mathrm{j}\omega L_5} & \dfrac{1}{R_2}+\dfrac{1}{\mathrm{j}\omega L_5}+\mathrm{j}\omega C_8\end{bmatrix}\begin{bmatrix}\dot{U}_{n_1}\\\dot{U}_{n_2}\\\dot{U}_{n_3}\\\dot{U}_{n_4}\end{bmatrix}=\begin{bmatrix}\dot{I}_{s1}\\0\\0\\\dot{U}_{s2}/R_2\end{bmatrix}$$

11-7

$$\begin{bmatrix} R_1+\mathrm{j}\omega L_3+\frac{1}{\mathrm{j}\omega C_6} & -\frac{1}{\mathrm{j}\omega C_6} & 0 & -\mathrm{j}\omega L_3 \\ -\frac{1}{\mathrm{j}\omega C_6} & \mathrm{j}\omega L_4+\frac{1}{\mathrm{j}\omega C_6}+\frac{1}{\mathrm{j}\omega C_7} & -\frac{1}{\mathrm{j}\omega C_7} & -\mathrm{j}\omega L_4 \\ 0 & -\frac{1}{\mathrm{j}\omega C_7} & R_2+\mathrm{j}\omega L_5+\frac{1}{\mathrm{j}\omega C_7} & -\mathrm{j}\omega L_5 \\ -\mathrm{j}\omega L_3 & -\mathrm{j}\omega L_4 & -\mathrm{j}\omega L_5 & \mathrm{j}\omega L_3+\mathrm{j}\omega L_4+\mathrm{j}\omega L_5+\frac{1}{\mathrm{j}\omega C_5} \end{bmatrix} \begin{bmatrix} \dot{I}_{l_1} \\ \dot{I}_{l_2} \\ \dot{I}_{l_3} \\ \dot{I}_{l_4} \end{bmatrix} = \begin{bmatrix} R_1\dot{I}_{s_1} \\ 0 \\ -\dot{U}_{s_2} \\ 0 \end{bmatrix}$$

11-8 $$\begin{bmatrix} 6 & 1 & -3 \\ 1 & 4 & 1 \\ -3 & 1 & 5 \end{bmatrix} \begin{bmatrix} U_{q_1} \\ U_{q_2} \\ U_{q_3} \end{bmatrix} = \begin{bmatrix} 2 \\ 1 \\ -1 \end{bmatrix}$$

11-9 $$\begin{bmatrix} \frac{\mathrm{d}u_C}{\mathrm{d}t} \\ \frac{\mathrm{d}i_L}{\mathrm{d}t} \end{bmatrix} = \begin{bmatrix} -\frac{1}{CR_1} & -\frac{1}{C} \\ \frac{1}{L} & -\frac{R_2}{L} \end{bmatrix} \begin{bmatrix} u_C \\ i_L \end{bmatrix} + \begin{bmatrix} \frac{1}{CR_1} \\ 0 \end{bmatrix} u_S$$

11-10 $$\begin{bmatrix} \dot{x}_1 \\ \dot{x}_2 \\ \dot{x}_3 \end{bmatrix} = \begin{bmatrix} 0 & \frac{1}{C} & -\frac{1}{C} \\ -\frac{1}{L_1} & -\frac{R_2}{L_1} & 0 \\ \frac{1}{L_2} & 0 & -\frac{R_1}{L_2} \end{bmatrix} \begin{bmatrix} x_1 \\ x_2 \\ x_3 \end{bmatrix} + \begin{bmatrix} 0 & 0 \\ 0 & +\frac{R_2}{L_1} \\ -\frac{1}{L_2} & 0 \end{bmatrix} \begin{bmatrix} u_S \\ i_S \end{bmatrix}$$

11-11 $$\begin{bmatrix} \dot{x}_1 \\ \dot{x}_2 \\ \dot{x}_3 \end{bmatrix} = \begin{bmatrix} 0 & \frac{1}{C} & \frac{1}{C} \\ -\frac{1}{L_1} & -\frac{R_1R_2}{L_1(R_1+R_2)} & -\frac{R_1R_2}{L_1(R_1+R_2)} \\ -\frac{1}{L_2} & -\frac{R_1R_2}{L_2(R_1+R_2)} & -\frac{R_1R_2}{L_2(R_1+R_2)} \end{bmatrix} \begin{bmatrix} x_1 \\ x_2 \\ x_3 \end{bmatrix} + \begin{bmatrix} 0 \\ \frac{R_1}{L_1(R_1+R_2)} \\ -\frac{R_2}{L_2(R_1+R_2)} \end{bmatrix} u_S$$

$$\begin{bmatrix} u_{R_1} \\ u_{R_2} \end{bmatrix} = \begin{bmatrix} 0 & -\frac{R_1R_2}{R_1+R_2} & -\frac{R_1R_2}{R_1+R_2} \\ 0 & \frac{R_1R_2}{R_1+R_2} & \frac{R_1R_2}{R_1+R_2} \end{bmatrix} \begin{bmatrix} u_C \\ i_{L_1} \\ i_{L_2} \end{bmatrix} + \begin{bmatrix} \frac{R_1}{R_1+R_2} \\ \frac{R_2}{R_1+R_2} \end{bmatrix} u_S$$

12-1 （a） $\boldsymbol{Y}=\begin{bmatrix} Y & -Y \\ -Y & Y \end{bmatrix}$ （b） $Y_{11}=\frac{1}{Z_1}, Y_{12}=Y_{21}=-\frac{1}{Z_1}, Y_{22}=\frac{1}{Z_1}+\frac{1}{Z_2}$

（c） $\boldsymbol{Y}=\frac{1}{(Z_1+Z_2)(Z_2+Z_3)-Z_2^2}\begin{bmatrix} Z_2+Z_3 & -Z_2 \\ -Z_2 & Z_1+Z_2 \end{bmatrix}$

(d) $\boldsymbol{Y}=\begin{bmatrix} \frac{1}{Z} & -\frac{3}{Z} \\ -\frac{1}{Z} & \frac{3}{Z} \end{bmatrix}$

12-2 (a) $\boldsymbol{Z}=\begin{bmatrix} Z & Z \\ Z & Z \end{bmatrix}$

(b) $\boldsymbol{Z}_{11}=Z_3+Z_1=Z_1, Z_{12}=Z_{21}=Z_1, Z_{22}=Z_1+Z_2$

(c) $\boldsymbol{Z}=\frac{1}{(Y_1+Y_2)(Y_2+Y_3)-Y_2^2}\begin{bmatrix} Y_2+Y_3 & Y_2 \\ Y_2 & Y_1+Y_2 \end{bmatrix}$

(d) $\boldsymbol{Z}=\begin{bmatrix} \mathrm{j}\left(\omega L-\frac{1}{\omega c}\right) & r-\mathrm{j}\frac{1}{\omega c} \\ -\mathrm{j}\frac{1}{\omega c} & R+r-\mathrm{j}\frac{1}{\omega c} \end{bmatrix}$

(e) $\boldsymbol{Z}=\begin{bmatrix} \frac{Z}{1+gZ} & \frac{Z}{1+gZ} \\ \frac{Z}{1+gZ} & \frac{Z}{1+gZ} \end{bmatrix}$

12-3 (a) $\boldsymbol{Y}=\begin{bmatrix} \frac{5}{3} & -\frac{4}{3} \\ -\frac{4}{3} & \frac{5}{3} \end{bmatrix}$, $\boldsymbol{Z}=\begin{bmatrix} \frac{5}{3} & \frac{4}{3} \\ \frac{4}{3} & \frac{5}{3} \end{bmatrix}$

(b) $\boldsymbol{Y}=\begin{bmatrix} \frac{3}{4} & -\frac{1}{4} \\ -\frac{1}{4} & \frac{3}{4} \end{bmatrix}$, $\boldsymbol{Z}=\begin{bmatrix} \frac{3}{2} & \frac{1}{2} \\ \frac{1}{2} & \frac{3}{2} \end{bmatrix}$

12-4 (a) $\boldsymbol{H}=\begin{bmatrix} \frac{1}{2} & 1 \\ 0 & -1 \end{bmatrix}$ (b) $\boldsymbol{H}=\begin{bmatrix} \frac{23}{5} & \frac{2}{5} \\ \frac{4}{5} & \frac{1}{5} \end{bmatrix}$

12-5 (a) $\boldsymbol{T}=\begin{bmatrix} 1 & 0 \\ Y & 1 \end{bmatrix}$ (b) $\boldsymbol{T}=\begin{bmatrix} 1 & Z \\ 0 & 1 \end{bmatrix}$

(c) $\boldsymbol{T}=\begin{bmatrix} \frac{L_1}{M} & \mathrm{j}\omega\frac{L_1L_2-M^2}{M} \\ -\mathrm{j}\frac{1}{\omega M} & \frac{L_2}{M} \end{bmatrix}$

(d) $\boldsymbol{T}=\begin{bmatrix} 1+\frac{Z_1}{Z_2} & Z_1+Z_3+\frac{Z_1Z_3}{Z_2} \\ \frac{1}{Z_2} & 1+\frac{Z_3}{Z_2} \end{bmatrix}$

（e）$\boldsymbol{T}=\begin{bmatrix} 1+\dfrac{Y_3}{Y_2} & \dfrac{1}{Y_2} \\ Y_1+Y_3+\dfrac{Y_1Y_3}{Y_2} & 1+\dfrac{Y_1}{Y_2} \end{bmatrix}$

（f）$\boldsymbol{T}=\begin{bmatrix} n & 0 \\ 0 & \dfrac{1}{n} \end{bmatrix}$

12-6 （a）$Z_1=7\Omega, Z_2=-2\Omega, Z_3=5\Omega$

（b）$Y_a=3\text{S}, Y_b=2\text{S}, Y_c=1\text{S}$，在端口 2-2′加 $2\dot{U}_1$ 的 VCCS。

（c）$Y_a=0.6\text{S}, Y_b=-0.5\text{S}, Y_c=20.5\text{S}$，端口 1-1′加$-0.5\dot{U}_2$ 的 VCCS。

12-7 $R_1=R_2=R_3=5\Omega, r=3\Omega$

12-8 （a）$Z_c=\sqrt{\dfrac{2L}{C}-\omega^2L^2}$ （b）$Z_c=\sqrt{\dfrac{\omega^2L^2}{2\omega^2LC-1}}$

12-9 $\boldsymbol{Y}=\begin{bmatrix} \dfrac{R_2+R_3}{R_2^2+2R_2R_3}+\dfrac{1}{R_1} & -\left(\dfrac{R_3}{R_2^2+2R_2R_3}+\dfrac{1}{R_1}\right) \\ -\dfrac{R_3}{R_2^2+2R_2R_3}+\dfrac{1}{R_1} & \dfrac{R_2+R_3}{R_2^2+2R_2R_3}+\dfrac{1}{R_1} \end{bmatrix}$

$\boldsymbol{Z}=\begin{bmatrix} \dfrac{R_2(R_1+R_2)}{R_1+2R_2}+R_3 & \dfrac{R_2^2}{R_1+2R_2}+R_3 \\ \dfrac{R_2^2}{R_1+2R_2}+R_3 & \dfrac{R_2(R_1+R_2)}{R_1+2R_2}+R_3 \end{bmatrix}$

12-10 $\boldsymbol{Y}=\begin{bmatrix} \dfrac{\text{j}\omega c(1+\text{j}\omega CR)}{1+2\text{j}\omega CR}+\dfrac{1+\text{j}\omega CR}{R(2+\text{j}\omega CR)} & \dfrac{\omega^2C^2R}{1+2\text{j}\omega CR}-\dfrac{1}{R(2+\text{j}\omega CR)} \\ \dfrac{\omega^2C^2R}{1+2\text{j}\omega CR}-\dfrac{1}{R(2+\text{j}\omega CR)} & \dfrac{\text{j}\omega C(1+\text{j}\omega CR)}{1+2\text{j}\omega CR}+\dfrac{1+\text{j}\omega CR}{R(2+\text{j}\omega CR)} \end{bmatrix}$

12-11 （a）$\boldsymbol{T}=\begin{bmatrix} 1-5\omega^2R^2C^2+\text{j}6\omega RC-\text{j}\omega^3R^3C^3 & 3R-\omega^2R^3C^2+\text{j}4\omega R^2C \\ -4\omega^2RC^2+\text{j}3\omega C-\text{j}\omega^3R^2C^3 & 1-\omega^2R^2C^2+\text{j}3\omega RC \end{bmatrix}$

（b）$\boldsymbol{T}=\begin{bmatrix} 1-3\omega^2LC+\omega^4L^2C^2 & \text{j}2\omega L+\text{j}\omega^3L^2C \\ \text{j}3\omega C-\text{j}4\omega^3LC^2+\text{j}\omega^5L^2C^3 & 1-3\omega^2LC+\omega^4L^2C^2 \end{bmatrix}$

12-12 （a）$\boldsymbol{T}=\begin{bmatrix} A & AZ+B \\ C & CZ+D \end{bmatrix}$ （b）$\boldsymbol{T}=\begin{bmatrix} A+BY & B \\ C+DY & D \end{bmatrix}$

12-13 $Z_{\text{in}}=\dfrac{R_1(1+\text{j}\omega C_2R_2)+n^2R_2(1+\text{j}\omega C_1R_1)}{1+\text{j}\omega R_2(n^2C_1+C_2)}$

13-1 $u_0=-\dfrac{R_f}{R_1}u_{s1}+\left(1+\dfrac{R_f}{R_1}\right)u_{s2}$

13-2 $R_1=3.33\text{k}\Omega, R_2=50\text{k}\Omega$

13-3 $\dfrac{U_2(s)}{U_1(s)}=-\dfrac{R_2}{R_1(1+SCR_2)}$

13-4 $i_L=\dfrac{R_2R_3u_1}{R_L(R_2R_3-R_1R_4)-R_1R_3R_4}$

当 $R_2R_3=R_1R_4$ 时,$i_L=-\dfrac{R_2}{R_1R_4}u_1$,与 R_L 无关

13-5 $u_o=-\dfrac{R_1R_2+R_2R_3+R_3R_1}{RR_3}(u_{s1}+u_{s2})$

13-6 $\dfrac{u_o}{u_{in}}=-\dfrac{R_2R_3(R_4+R_5)}{R_1(R_2R_4+R_2R_5+R_3R_4)}$

13-7 $k=0, R_5=\dfrac{10}{11}\text{k}\Omega, \dfrac{u_o}{u_{in}}=-10$

$k=1, R_4=\dfrac{20}{99}\text{k}\Omega, \dfrac{u_o}{u_{in}}=10$

13-8 利用级联的方法可求得图(a)所示双端口的 **T** 参数矩阵为

$$\boldsymbol{T}=\begin{bmatrix}0 & r\\ \dfrac{1}{r} & 0\end{bmatrix}\begin{bmatrix}1 & 0\\ SC & 1\end{bmatrix}\begin{bmatrix}0 & r\\ \dfrac{1}{r} & 0\end{bmatrix}=\begin{bmatrix}1 & sr^2c\\ 0 & 1\end{bmatrix}$$

与图(b)所示双端口 **T** 参数矩阵相同,所以知其等效。

13-9 $n=\dfrac{r_1}{r_2}=\dfrac{g_2}{g_1}$,$g_1$ 与 g_2 分别是第一级与第二级回转器的回转电导。

13-10 $\boldsymbol{T}=\begin{bmatrix}\dfrac{1}{ngR} & \dfrac{1}{ng}\\ ng & 0\end{bmatrix}$, $Z_{in}=\dfrac{1}{n^2g^2R}$

13-11 $\dfrac{\dot{U}_2}{\dot{U}_1}=\dfrac{gR_2}{(1+\text{j}\omega c_1R_1)(1+\text{j}\omega c_2R_2)+R_1R_2g^2}$

13-12 $\boldsymbol{T}=\begin{bmatrix}1 & 0\\ 0 & -k\end{bmatrix}\begin{bmatrix}1 & R\\ 0 & 1\end{bmatrix}\begin{bmatrix}1 & 0\\ -\dfrac{1}{R} & 1\end{bmatrix}\begin{bmatrix}1 & R\\ 0 & 1\end{bmatrix}=\begin{bmatrix}0 & R\\ \dfrac{k}{R} & 0\end{bmatrix}$

取 $k=1$,则该矩阵即为回转电阻为 R 的回转器的 **T** 参数矩阵,从而知其等效为一回转器。

13-13 $Z_{in}(s)=-\dfrac{n^2}{kg^2(sL+R)}$

14-1 0.34V, 0.66A

14-2 $2+\cos t/9\text{A}$

14-3 $1+\dfrac{1}{7}\sin\omega t\text{A}$

14-4 0.667V，1.8A

14-5 1V，1.667V

14-6 $i_2=0.1(e^{40u_2}-1)$ A

14-7 0.047V，0.555A

14-9 $i_L=\begin{cases}6-6e^{-0.5t}\text{A},0\leqslant t\leqslant 0.81\\4-2e^{-(t-0.81)}\text{A},0.81\leqslant t\end{cases}$

14-10 $u_C(t)=-\dfrac{2t}{3C}+U_0^{\frac{2}{3}}$ V

15-1 390kV，195A，76.05MW

15-2 $u_1=8.93\sqrt{2}\sin(\omega t+119.5°)$ V，$i_1=0.019\sqrt{2}\sin(\omega t+106.1°)$ A

15-3 $Z_c=889.1\angle-9.14°\Omega$，$\gamma=(0.1709+\text{j}1.061\ 8)\times10^{-3}$

$v=295.9\times10^3$km/s，$\lambda=591\ 7.7$km

15-4 $U_{l1}=254$kV，$I_{l1}=0.377$kA，$\eta=93.2\%$

15-5 $\beta=0.044+\text{j}0.046$，$\lambda=136.57$km，$v=108.7\times10^3$km/s

$i(x,t)=0.2\sqrt{2}e^{-0.044x}\sin(5\ 000t-0.046x+\dfrac{\pi}{6}+10.2°)$

15-6 0.247 8m，0.497 8m

15-7 43.9−j20.1Ω

15-9 64.9kV，162.3A，108.2A

15-10 $40(1-e^{-11t})$kV

A-1 (1)2.5A；(2)5.4×10^{-4}Wb

A-2 (1)14.01A；(2)6.16×10^{-4}Wb

A-3 1.41A

A-4 $P_{\text{cu}}=7$W；$P_{\text{Fe}}=63$W；$G_0=4.779\times10^{-3}$S；$B_0=16.8\times10^{-3}$S